U0321512

天勤计算机考研高分笔记系列

2015版计算机网络高分笔记

第3版

周　伟　梁　鹏　主编

机 械 工 业 出 版 社

本书针对近几年全国计算机学科专业综合考试大纲的“计算机网络”部分进行了深入解读，以一种独创的方式对考试大纲知识点进行了讲解，即从考生的视角剖析知识难点；以通俗易懂的语言取代晦涩难懂的专业术语；以成功考生的亲身经历指引复习方向；以风趣幽默的笔触缓解考研压力。读者对书中的知识点讲解有任何疑问都可与作者进行在线互动，为考生解决复习中的疑难点，提高考生的复习效率。

根据计算机专业研究生入学考试形势的变化（逐渐实行非统考），书中对大量非统考知识点进行了讲解，使本书所包含的知识点除覆盖统考大纲的所有内容外，还包括了各自主命题高校所要求的知识点。

本书可作为参加计算机专业研究生入学考试的复习指导用书（包括统考和非统考），也可作为全国各大高校计算机专业或非计算机专业的学生学习“计算机网络”课程的辅导用书。

（编辑邮箱：jinacmp@163.com）

图书在版编目（CIP）数据

2015版计算机网络高分笔记 / 周伟，梁鹏主编. —3版. —北京：机械工业出版社，2014.4

（天勤计算机考研高分笔记系列）

ISBN 978-7-111-46268-2

Ⅰ. ①2… Ⅱ. ①周… ②梁 Ⅲ. ①计算机网络—研究生—入学考试—自学参考资料 Ⅳ. ①TP393

中国版本图书馆CIP数据核字（2014）第061415号

机械工业出版社（北京市百万庄大街22号 邮政编码 100037）

策划编辑：吉 玲 责任编辑：吉 玲 范成欣 吴晋瑜 刘丽敏

封面设计：张 静 责任印制：乔 宇

保定市中画美凯印刷有限公司印刷

2014年4月第3版第1次印刷

184mm×260mm · 16.75印张 · 422千字

标准书号：ISBN 978-7-111-46268-2

定价：36.00元

凡购本书，如有缺页、倒页、脱页，由本社发行部调换

电话服务

社服务中心：（010）88361066

销 售 一 部：（010）68326294

销 售 二 部：（010）88379649

读者购书热线：（010）88379203

网络服务

教 材 网：http://www.cmpedu.com

机工官网：http://www.cmpbook.com

机工官博：http://weibo.com/cmp1952

序

欣看《2015 版数据结构高分笔记》《2015 版计算机组成原理高分笔记》《2015 版操作系统高分笔记》《2015 版计算机网络高分笔记》等辅导教材问世了，这对于有志考研的同学可谓是一大幸事。“它山之石，可以攻玉”，参考一下亲身经历过考研并取得了优秀成绩的“过来人”的经验，必定有益于对考研知识点的复习和掌握。

考上研究生是无数考生的目标，能够以优异的成绩考上名牌大学的计算机或软件工程学科的研究生，更是许多考生的梦想。如何学习或复习相关课程，如何打好扎实的理论基础、练好过硬的实践本领，如何抓住要领，掌握主要的知识点并获得考试的经验，先行者已经给考生们带路了。“高分笔记”的编者们在认真总结了考研体会，整理了考研的备战经验，参考了多种考研专业教材后，精心编写了这套系列辅导书。

“天勤计算机考研高分笔记系列”辅导教材的特点是：

✧ 贴近考生。编者们都亲身经历了考研，他们的视角与以往辅导教材不同，是从复习考研的学生的角度理解教材的知识点——哪些地方理解有困难，哪些地方需要整理思路，处处为考生着想，有很好的引导作用。

✧ 重点突出。编者们在复习过程中做了大量习题，并经历了考研的严峻考验，对重要的知识点以及考试出现频率高的题型都了如指掌。因此，在复习内容的取舍上进行了精细的考虑，以便使读者可以抓住重点，有效地复习。

✧ 分析透彻。编者们在复习过程中对主要辅导教材的许多习题都深入分析并实践过，对重要知识点做过相关实验并有总结。因此，解题思路明确，叙述条理清晰，对问题求解的步骤和结果的分析透彻，不但可以帮助考生扩展思路，还有助于引导考生举一反三。

计算机专业综合基础考试已经进行了 6 年，今后考试的走向如何，这可能是考生最关心的问题了。我想，这要从考试命题的规则入手来讨论。

以清华大学为例，学校把研究生入学考试定性为选拔性考试。研究生入学考试试题主要测试考生对本学科的专业基础知识、基本理论和基本技能掌握的程度。因此，出题范围不应超出本科教学大纲和硕士生培养目标，并尽可能覆盖一级学科的知识面，一般本学科、本专业本科毕业的优秀考生都能取得及格以上的成绩。

实际上，全国计算机专业研究生入学联考的命题原则也是如此，各学科的主要知识点都是命题的重点。一般知识要考，比较难的知识（较深难度的知识）也要考。从 2009 年以来几年的考试分析可知，考试的出题范围基本符合考试大纲，都覆盖了各大知识点，但题量有所侧重。因此，考生一开始不要抱侥幸的心理去押题，应踏踏实实读好书，认认真真做好复习题，仔仔细细归纳问题解决的思路，夯实基础，增长本事，然后再考虑重点复习。以下几条规律可供考生参考：

✧ 出过题的知识点还会有题，对于出题频率高的知识点，今后出题的可能性也大。

✧ 选择题大部分题目涉及基本概念，主要考查各个知识点的定义、特点的理解，个别选择题会涉及相应延伸的概念。

✧ 综合应用题分为两部分：简作题和设计题。简作题的重点在于设计和计算；设计题的重点在于算法、实验或综合应用。

常言道："学习不怕根基浅，只要迈步总不迟"，只要大家努力了，收获总会有的。

清华大学　殷人昆

前　言

《天勤计算机考研高分笔记系列》丛书简介

天勤计算机考研高分笔记系列丛书包括《2015 版数据结构高分笔记》《2015 版计算机组成原理高分笔记》《2015 版操作系统高分笔记》以及《2015 版计算机网络高分笔记》等，这是一套针对计算机专业考研的辅导书。它在 2010 年夏天诞生于一群考生之手，其写作风格、特色突出表现为：以学生的视角剖析知识难点；以通俗易懂的语言取代晦涩难懂的专业术语；以成功考生的亲身经历指引复习方向；以风趣幽默的笔触缓解考研压力。高分笔记系列丛书从成书的那一日起就不断接受读者的反馈意见，为了更好地与读者沟通，遂成立了天勤论坛（www.csbiji.com）。论坛名取自古训天道酬勤，以明示考生考研之路艰辛，其成功非勤而无以致。为了让考生可以随时复习知识点以及实时的获取答疑服务，天勤技术团队针对每个科目开发出了配套的手机客户端（扫描封面二维码进行下载，或者访问网址 koudaitiku.com 进行下载），功能如下：

（1）收录所有必备的记忆知识点，方便考生随时随地享受学习的乐趣，进而提高复习效率；

（2）收录经典习题，随时随地测试复习情况；

（3）在线答疑功能，看书有不会的只需拍一张照片，即可将疑问发送到作者手机，答疑内容实时返回读者手机，从此告别论坛低效率的答疑模式；

（4）答疑精华实时推送，作者将定时整理出考生最常问的疑问，并推送给所有手机客户端的考生。

我们相信高分笔记系列丛书再加上配套的手机客户端，带给考生的将是更高效、更明确、更轻松、更愉快的复习过程。

最后，尽管在近 4 年的时间内我们对这套丛书进行了不断的修订和完善，但是要使其真正成为考研界计算机专业考生必选的辅导用书，4 年的时间是远远不够的。我们希望全国各地的高分笔记系列丛书的读者都能够将自己对此书的批评性建议反馈给天勤论坛，编者将会以此为依据对丛书各册进行完善。

当然，在这里还想感谢的是 94936 部队自动化工作站对本书的写作提供了很多具有参考价值的资料，特此感谢。

更多相关的计算机专业考研资讯、资料请关注天勤论坛。

参加本书编写的人员有：周伟，王勇，王征兴，王征勇，霍宇驰，董明昊，王辉，郑华斌，王长仁，刘泱，刘桐，章露捷，刘建萍，刘炳瑞，刘菁，孙琪，施伟，金苍宏，蔡明婉，吴雪霞，周政强，孙建兴，周政斌，叶萍，孔蓓，率四杰，张继建，胡素素，邱纪虎，率方杰，李玉兰，率秀颂，梁鹏。

《2015版计算机网络高分笔记》简介

2015版修订说明：《2015版计算机网络高分笔记》严格按照去年最新大纲编写，将大纲不作要求的知识点讲解一并删除。此外，编者将近一年来论坛答疑的精华内容再次融入了知识点讲解，使其更加完善。最后，编者在部分章节增加了一些习题。

推荐教材：《计算机网络》（第5版），谢希仁编著。

2015版有如下特点：

1．本书写作非常细致，让读者很容易上手

为了让读者更加轻松地学习和理解计算机网络课程考研的相关知识点，本书对于每个知识点都进行了非常细致的讲解。某些难点、抽象的概念还通过讲故事的方法去帮助读者学习和理解，以使读者每学习一个知识点即可掌握一个知识点。

2．囊括成千上万条考研疑问

天勤论坛作为一个计算机专业考研学习的交流平台，每年都积累成千上万条考研疑问，编者将具有代表性的疑问收录在本书中，并且给出了详细的讲解。

3．及时总结、及时练习

本书中每讲完一些易混易错的知识点都会进行总结。同时，为了让考生即学即用、加深印象，每章最后均给出了大量的经典习题。这些习题紧扣所讲知识点，让考生及时练习，巩固提高。为了方便考生检验学习效果，书中对所有练习题都给出了最详细的解答。

4．题源的新颖性

众所周知，计算机网络课程的题源是相当少的，所以出题老师已经将出题的意向转为软件工程师（以下简称软工）和网络工程师（以下简称网工）的历年考题。例如，选项中出现Ⅰ、Ⅱ、Ⅲ进行多选的题型就来源于“网工”和“软工”考试的历年真题。由此可知，“网工”和“软工”的习题是相当重要的。当然，考生不用自己花费时间去找，在本书中已经收录了近10年来“软工”和“网工”考试的历年真题，经过悉心的挑选，已把超纲的部分删除，最后筛选出来的都是最经典的考研题目。另外，编者也针对相应的考研知识点模仿此类题型，自创了不少高质量的题目，目的就是希望考生在平时做题的过程中能够更近距离地体验到做真题的感觉。

5．配套的手机学习客户端

阅读建议

由于计算机网络这门课程的特殊性，建议考生先通读一遍教材，对计算网络科目形成一个宏观的框架。在这个框架中，考生肯定会存在很多的细节疑问，如“计算机网络为什么要分层”等非常抽象的问题，感觉这些知识就像是被硬塞进脑海一样，完全不知道为什么。没有关系，这是很正常的。请将这些疑问记在笔记本上，然后带着疑问通读本书，再通过一些经典习题的练习，相信可以解决考生大部分的疑问。当然，如果读者觉得还有疑问没能通过本书得到解决，可以将疑问发布至天勤论坛的“计算机网络答疑版块”，编者将会尽最大努力协助解决。当然，你也可以下载我们的手机客户端获取答疑服务，方式：扫描封面二维码进行下载，或者访问网址koudaitiku.com进行下载。

编　者

目 录

天勤论坛
计算机考研

第1章　计算机网络体系结构

大纲要求

（一）计算机网络概述

1．计算机网络的概念、组成与功能

2．计算机网络的分类

3．计算机网络的标准化工作及相关组织

（二）计算机网络体系结构与参考模型

1．计算机网络分层结构

2．计算机网络协议、接口、服务等概念

3．ISO/OSI 参考模型和 TCP/IP 模型

考点与要点分析

核心考点

1．（★★★★）OSI 参考模型与 TCP/IP 模型（连续考 5 年）

2．（★★★）掌握计算机网络协议、接口、服务等概念

3．（★★）掌握网络体系结构的概念，分层的必要性（包括 5 层和 7 层结构）

4．（★）无连接服务和面向连接服务的联系与区别

基础要点

1．计算机网络的概念、组成与一些基本功能

2．计算机网络的各种分类方法

3．计算机网络的标准化工作及相关组织

4．计算机网络分层结构

5．计算机网络协议、接口、服务等概念

6．TCP/IP 模型和 ISO/OSI 参考模型

本章知识体系框架图

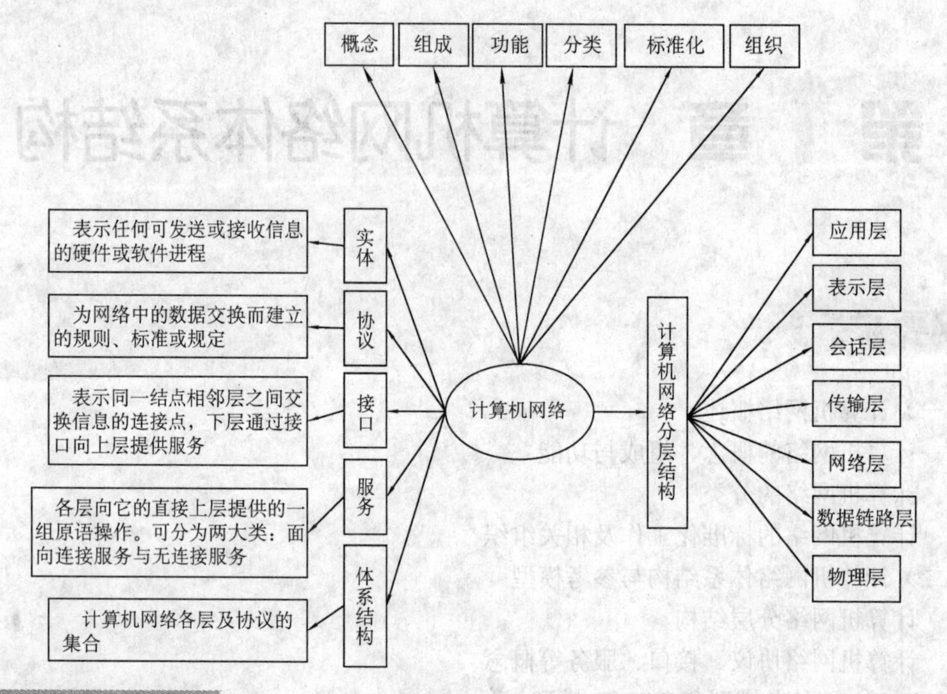

知识点讲解

在讲解此章知识点之前，首先说明计算机网络中最令人迷惑的单位换算以及最令人费解的抽象概念。

1. MB/s 与 Mbit/s 的区别以及“K”与“k”的含义

解析：1）MB/s 的含义是兆字节每秒，Mbit/s 的含义是兆比特每秒。前者是指每秒传输的字节数量，后者是指每秒传输的比特（位）数，二者是完全不同的。在计算机中每 8 位为一字节，即 1B=8bit，因此 1MB/s=8Mbit/s。例如，家庭上网一般都是 2M、4M 带宽，而这个 2M 默认就是 2Mbit/s，而不是 2MB/s，由于 2M=2000k，因此 2M 带宽用户的下载速度被限制在 $\frac{2\text{Mbit/s}}{8}$=250kB/s。

2）关于 K 和 k，在此作一个一般性总结。当描述磁盘容量时（即计算机领域），用 KB，$K=2^{10}$；当描述带宽或者数据传输率时（即通信领域），用 kbit/s，$k=10^3$。以上仅仅是根据笔者的做题经验给出的一般性总结。<u>**但是**</u>，读者可能在看某些教材的习题解析时，发现以上的总结根本不适用，甚至仍无法确定，这些都是不可避免的。鉴于此，编者认为，判断 K（或 k）的取值最稳妥的解决办法有如下两种：

① 哪个好约分取哪个，因为一般题目给的都是比较简洁的答案，特别是历年真题。（适用范围 99%）

② 参考大纲解析或者教育部给的历年真题解析，看看教育部认为“K（k）”是多少。（适用范围 100%）

2.“计算机网络为什么采用分层结构”这种问题太抽象，无法理解

解析：这里用一个小的生活实例来解释。任何一个公司都是从小企业创办而来的，当公司规模很小（比如只有一个老总和 3 个员工）时，老总和员工可以同处于一个平面，不需要分层，员工可以直接向老总汇报问题。但是，如果该公司是诸如微软这样的公司（也就是计

算机网络具有相当大的规模时），比尔·盖茨当然处于最高层，他的作用就是实现公司的长远发展，而不可能每天与公司的员工讨论某功能模块应该使用哪种算法。同理，当网络结构大时，就必须要分层，并且每一层都需实现所对应的功能，这样才会有更好的发展。但是，分层又不能太多，如果分层太多，资源浪费就很多。所以，TCP/IP 折中地采用了 4 层结构模型（**在教材中为了更好地描述各层的工作原理经常被看作 5 层**）。

1.1　计算机网络概述

1.1.1　计算机网络的概念、组成与功能

1．计算机网络的概念

最简洁的定义：计算机网络就是一些互联的、自治的计算机系统的集合。

注意：在计算机网络发展的不同阶段，对计算机网络的定义是不一样的，但这个不是考试重点。

☞ **可能疑问点：**什么是自治计算机？

解析：**自治计算机**就是能够进行自我管理、配置和维护的计算机，也就是现在的计算机；而像以前的终端（只有显示器，仅仅显示数据），则不能称之为自治计算机。

2．计算机网络的组成

（1）物理组成

从物理组成上看，计算机网络包括硬件、软件、协议三大部分。

1）硬件。由**主机、通信处理机**（或称为前端处理器）、**通信线路**（包括有线线路和无线线路等）和**交换设备**（交换机等连接设备）组成。

2）软件。主要包括实现资源共享的软件和方便用户使用的各种工具软件（如 QQ）。

3）协议。就是一种规则，如汽车在道路上行驶必须遵循交通规则一样，数据在线路上传输也必须遵循一定的规则。关于协议，1.2.2 小节会更详细地讲解。

（2）功能组成

从功能组成上看，计算机网络由**通信子网**和**资源子网**两部分构成。

1）**通信子网。**由各种传输介质、通信设备和相应的网络协议组成，为网络提供数据传输、交换和控制能力，实现联网计算机之间的数据通信。

2）**资源子网。**由主机、终端以及各种软件资源、信息资源组成，负责全网的数据处理业务，向网络用户提供各种网络资源与服务。

注意：通信子网包括物理层、数据链路层和网络层，请读者务必记住！

☞ **可能疑问点：**为什么会存在 4 层交换机？如果这样，通信子网不就把传输层也包含进去了吗？

解析：有些网络高手来考研，总是会结合自身的工作经验来解释考研的知识点，从而造成了一些不必要的疑问。没错，确实有 4 层交换机，**但是考研的知识点一定不能使用现实生活中的一些状况来解释**，应试以教材为准。考研知识点里的交换机就是工作在数据链路层，即所谓的二层交换机。

3．计算机网络的功能

数据通信：是计算机网络**最基本和最重要**的功能，包括连接控制、传输控制、差错控制、

流量控制、路由选择、多路复用等子功能。

资源共享：包括数据资源、软件资源以及硬件资源。

分布式处理：当计算机网络中的某个计算机系统负荷过重时，可以将其处理的任务传送给网络中的其他计算机系统进行处理，利用空闲计算机资源提高整个系统的利用率。

信息综合处理：将分散在各地计算机中的数据资料进行集中处理或分级处理，如自动订票系统、银行金融系统、数据采集与处理系统等。

负载均衡：将工作任务均衡地分配给计算机网络中的各台计算机。

提高可靠性：计算机网络中的各台计算机可以通过网络互为替代机。

当然，为了满足人们的学习、工作和生活需要，计算机网络还有其他一些功能，如远程教育、电子化办公与服务、娱乐等。

☞ **可能疑问点：**什么是分布式计算机系统？与计算机网络比较有什么区别？

解析：分布式计算机系统最主要的特点是整个系统中的各台计算机对用户都是透明的。用户通过输入命令可以运行程序，但用户并不知道具体是哪一台计算机在为他运行程序。操作系统为用户选择一台最合适的计算机来运行其程序，并将运行的结果传送到合适的地方。

计算机网络则不同，用户必须首先在欲运行程序的计算机上进行登录；然后按照计算机的地址，将程序通过计算机网络传送到该计算机上去运行；最后根据用户命令将结果传送到指定的计算机。

1.1.2 计算机网络的分类

编者觉得将教材上非重要考点的背景信息照搬过来没有任何意义，但是为了满足考生第二遍复习的需要，下面仅列出分类，不作详细展开。

1）按分布范围分类。广域网、城域网、局域网、个人区域网。

2）按拓扑结构分类。星形网络、总线型网络、环形网络、网状形网络。

3）按传输技术分类。广播式网络、点对点网络。

4）按使用者分类。公用网、专用网。

5）按数据交换技术分类。电路交换网络、报文交换网络、分组交换网络。

注意：接入网（AN）了解即可！

1.1.3 计算机网络的标准化工作及相关组织

1．计算机网络的标准化工作

计算机网络的标准化需要经历以下4个步骤：①因特网草案；②建议标准（RFC文档）；③草案标准；④因特网标准。

2．相关组织

相关组织有国际标准化组织（ISO）、国际电信联盟（ITU）、美国电气和电子工程师协会（IEEE）等。

1.2 计算机网络体系结构与参考模型

1.2.1 计算机网络分层结构

依据一定的规则，将分层后的网络从低层到高层依次称为第1层、第2层、…、第n层。

每一层都有属于自己的名称，如第1层称为物理层，第2层称为数据链路层。下面介绍几个概念。

1）**实体。**任何可发送或接收信息的硬件或软件进程，通常是一个特定的软件模块。

2）**对等层。**不同机器上的同一层。

3）**对等实体。**同一层上的实体。

以上概念第一次看可能比较抽象，考生可这样理解：A省和B省分别表示不同的机器，可将A省和B省的各层干部看成**实体**，将A省省长职位和B省省长职位看成**对等层**，而将此对等层上的实体，即A省省长和B省省长，可看成**对等实体**。

下面再介绍几个专业术语。

1）**服务数据单元（SDU）**。第n层的服务数据单元，记作n-SDU。

2）**协议控制信息（PCI）**。第n层的协议控制信息，记作n-PCI。

3）**接口控制信息（ICI）**。第n层的接口控制信息，记作n-ICI。

4）**协议数据单元（PDU）**。第n层的服务数据单元（SDU）+第n层的协议控制信息（PCI）=第n层的协议数据单元，即n-SDU+n-PCI=n-PDU，表示的是**同等层对等实体间**传送的数据单元。另外，n-PDU=(n−1)-SDU。这个公式看完，后面的内容就会很清楚。例如，网络层的整个IP分组交到数据链路层，整个IP分组成为数据链路层的数据部分（现在不理解可直接跳过）。

5）**接口数据单元（IDU）**。第n层的服务数据单元（SDU）+第n层的接口控制信息（ICI）=第n层的接口数据单元，即n-SDU+n-ICI=n-IDU，表示的是在**相邻层接口间**传送的数据单元。

1.2.2 计算机网络协议、接口、服务等概念

1．协议

协议是一种规则，并且是**控制两个对等实体**进行通信的规则，也就是水平的。

协议由以下3个部分组成。

1）**语义。**对构成协议元素的含义的解释，即“讲什么”。

2）**语法。**数据与控制信息的结构或格式，即“怎么讲”。

3）**同步。**规定了事件的执行顺序。

2．接口

接口又被称为服务访问点，从物理层开始，每一层都向上层提供服务访问点，即**没有接口就不能提供服务**。

3．服务

服务指下层为相邻上层提供的功能调用。协议是水平的，而服务则是垂直的，即下层向上层通过接口提供服务。服务分为以下3类。

（1）面向连接的服务和面向无连接的服务

1）面向连接的服务。当通信双方通信时，要事先建立一条通信线路，该线路包括建立连接、使用连接和释放连接3个过程。TCP（后面介绍）就是一种面向连接服务的协议，电话系统是一个面向连接的模式。

2）面向无连接的服务。通信双方不需要事先建立一条通信线路，而是把每个带有目的地址的包（报文分组）传送到线路上，由系统选定路线进行传输。IP和UDP（后面介绍）就是

两种无连接服务的协议，邮政系统是一个无连接的模式。

面向连接与面向无连接的对比见表 1-1。

表 1-1　面向连接与面向无连接的对比

服　务	优　点	缺　点
面向连接	**可靠信息流**（只要被接收的都是正确的）、**信息回复确认**（每收到信息就发送一个回复，告诉对方已经收到此信息；如果收到的信息是错误的，告诉对方重新发送该信息）	**占用通信信道**
面向无连接	**不占用通信信道**	**信息流可能丢失**（在传输的过程中，信息可能丢失，对方可能收不到）、**信息无回复确认**（收到信息直接收下，不告诉对方已经收到）

故事助记：你每年都要给女朋友写 12 封信（每月一封），有两种送达方式可选择。第一种：你可以每个月找一个非常可靠的朋友帮你送到，这样你可以保证信从第一封到最后一封都是按序到达，且不会丢失（面向连接）。第二种：通过邮局发送，因为邮局很有可能在发送的过程中丢失信件，即使不丢失也有可能 3 月份的信比 2 月份的信早到（面向无连接）。

（2）有应答服务与无应答服务（了解）

1）有应答服务。指接收方在收到数据后向发送方给出相应的应答。

2）无应答服务。指接收方收到数据后不自动给出应答。

（3）可靠服务与不可靠服务

1）可靠服务。指网络具有检错、纠错、应答机制，能保证数据正确、可靠地传送到目的地。

2）不可靠服务。指网络不能保证数据正确、可靠地传送到目的地，网络只能是尽量正确、可靠，是一种“尽力而为”的服务。

注意：并非在一个层内完成的全部功能都称为服务，只有那些**能够被高一层实体“看得见”的功能**才称为服务。

关于服务不得不知的“内幕”：

1）第 n 层的实体不仅要使用第 n-1 层的服务，还要向第 n+1 层提供本层的服务，该服务是第 n 层及其以下**各层所提供服务的总和**。最高层向用户提供服务。

2）上一层只能通过相邻层的接口使用下一层的服务，而不能调用其他层的服务，即下一层提供服务的实现细节对上一层透明。

☞ **可能疑问点：**怎样理解透明？

解析：用户只需要清楚手机上的每个按钮具有什么样的功能，尽管使用其功能即可，至于这个功能内部是怎么实现的，用户并不需要知道，这就是透明。

1.2.3 ISO/OSI 参考模型和 TCP/IP 模型

1．5 层结构的总结

OSI 参考模型具有 7 层结构，而 TCP/IP 模型仅有 4 层结构（一般看作 5 层）。在 OSI 参考模型中表示层和会话层不是重点，大致浏览一遍即可，无须深究，所以只需掌握 5 层结构即可。读者应该能快速地默写出 5 层结构以及每层所完成的任务、功能、协议（遇到选择题能选对即可），5 层参考模型各层的总结见表 1-2。

表 1-2　5 层参考模型各层的总结

层次	内容
应用层 *（用户对用户）*	**任务：** 提供系统与用户的接口 **功能：** ①文件传输；②访问和管理；③电子邮件服务 **协议：** FTP、SMTP、POP3、HTTP
传输层（运输层） *（应用对应用 进程对进程）*	**传输单位：** 报文段（TCP）或用户数据报（UDP） **任务：** 负责主机中两个进程之间的通信 **功能：** ①为端到端连接提供可靠的传输服务；②为端到端连接提供流量控制、差错控制、服务质量等管理服务 **协议：** TCP、UDP
网络层（网际层、IP 层） *（主机对主机）*	**传输单位：** 数据报 **所实现的硬件：** 路由器 **任务：** ①将传输层传下来的报文段封装成分组；②选择适当的路由，使传输层传下来的分组能够交付到目的主机 **功能：** ①为传输层提供服务；②组包和拆包；③路由选择；④拥塞控制 **协议：** ICMP、ARP、RARP、IP、IGMP
数据链路层（链路层）	**传输单位：** 帧 **所实现的硬件：** 交换机、网桥 **任务：** 将网络层传下来的 IP 数据报组装成帧 **功能：** ①链路连接的建立、拆除、分离；②帧定界和帧同步；③差错检测 **协议：** PPP、HDLC、ARQ
物理层	**传输单位：** 比特 **所实现的硬件：** 集线器、中继器 **任务：** 透明地传输比特流 **功能：** 为数据端设备提供传送数据通路

📖 补充知识点：主机 A 和主机 B 通信的实质是什么？

故事助记：我们把 A 栋楼和 B 栋楼看作两台主机，A 栋楼的甲想把某物品给 B 栋楼的乙，甲和乙分别看成主机上的两个进程，则类似两台主机传送数据，那么甲所给的物品不能仅仅只放在 B 栋楼的门口，肯定要将物品交到乙的手上才行，所以说两台主机的通信实质上是两台主机的进程在相互通信。再补充一点：假设 A、B 宿舍都是单人间，每个房间只有一个人（一个进程），那么房间号就是端口号（后面讲解 TCP 时会详细讲解端口号）。

📖 补充知识点：会话层与表示层的基本功能补充（了解）

1）会话层。会话层的主要功能是在两个结点间建立、维护和释放面向用户的连接，并对会话进行管理和控制，保证会话数据可靠传送。既然会话层和传输层都有建立连接，那么二者之间有什么区别？例如，作为某公司的老总，你要求秘书给某某打个电话。这时你就相当于会话层，而秘书相当于传输层。因为由你提出建立连接的请求，但是不必自己动手去查号码簿和拨号，而是由秘书打电话，建立传输连接。当对方拿起电话时，传输层连接建立成功，秘书将电话递给你，此时会话层连接建立成功。

2）表示层。负责处理在两个内部数据表示结构不同的通信系统间交换信息的表示格式（数据格式转换，2013 年统考真题考查了此功能），为数据加密和解密以及为提高传输效率提供必需的数据压缩及解压等功能。

2．OSI 参考模型和 TCP/IP 模型的区别

OSI 参考模型和 TCP/IP 模型的特性对比见表 1-3。

表 1-3 OSI 参考模型和 TCP/IP 模型的特性对比

OSI 参考模型	TCP/IP 模型
① 3 个主要概念：服务、接口、协议 ② 协议有很好的隐藏性 ③ 产生在协议发明之前 ④ 共有 7 层 网络层：连接和无连接 传输层：仅有面向连接	① 没有明确区分服务、接口、协议 ② 产生在协议发明之后 ③ 共有 4 层（不是 5 层） 网络层：仅有无连接 传输层：面向连接和无连接

☞ **可能疑问点：**TCP/IP 模型是 4 层还是 5 层？

解析：一般教材上讲解的 5 层模型是综合 OSI 和 TCP/IP 的优点，才有了 5 层模型。**TCP/IP 一定是 4 层模型**（因为 TCP/IP 模型的网络接口层包含了 5 层模型的物理层和数据链路层，注意出选择题）。

📖 **补充知识点：**关于 OSI 参考模型的工作原理（了解即可，考生应重点关注 5 层模型）。

解析：下面通过给朋友发一封电子邮件的例子来解释 7 层的工作原理。在发电子邮件的过程中，首先要在应用层编辑这封信件，然后再把编辑好的信件发给表示层，这时表示层会把这封信件加密，当然也可以不加密，为了提高速度，表示层要把它压缩，然后再传给会话层，这时会话层就会把信息发给你，并提示你要给别人发邮件了，要你准备好，然后再把这个信息发送给传输层，这时传输层就会把这封信件分段（其原因是数据无法一次被传输，所以要分段），然后被分段的信件被传输到网络层，这时网络层会对数据段再次进行封装并加入报头（形成数据报），其实从应用层开始每往下层传输一次就会加入一次报头（**在数据链路层既要加报头又要加报尾**）及其相关信息。不仅如此，网络层还要对传输路径进行一种选择，之后再传给数据链路层，数据链路层将这些数据报封装成帧（这里就是人们通常所说的以太网），最后再把这个信息发送到物理层形成比特流，进而送到传输媒体（或者直接称为网线），这时信件就会变成比特流在网线上传输了，此时你的计算机就完成了发送过程，而你朋友的计算机负责接收该电子邮件，自然这个过程就是与发送过程相反的了。

1.3 计算机网络的性能指标（补充）

1）时延。是指数据从网络或链路的一端传送到另一端所需要的时间，有时也被称为延迟或迟延。网络时延由以下几部分组成。

① 发送时延（或者称为传输时延）：主机或路由器发送数据帧所需要的时间，即从发送数据帧的第一位算起到该帧的最后一位发送完毕所需要的时间。因此，**发送时延也被称为传输时延**。发送时延的计算公式为

发送时延=数据帧长度（bit）/发送速率（bit/s）

由以上公式可以得出：对于某网络，发送时延并非固定不变，而是与发送的帧长成正比。

② 传播时延。是指电磁波在信道中传播一定的距离所需要的时间。传播时延的计算公式为

传播时延=信道长度（m）/电磁波在信道上的传播速度（m/s）

③ 处理时延。是指主机或路由器在接收到分组时进行处理所需要的时间。

④ 排队时延。分组在进入网络传输时，要经过许多路由器，但分组在进入路由器后要先

在输入队列中排队等待处理，在路由器确定了转发接口后，还需要在输出队列中排队等待转发，这就产生了排队时延。

总时延=发送时延+传播时延+处理时延+排队时延

注意：一般在做题时，排队时延和处理时延都忽略不计（除非题目说明要加）。另外，对于高速网络链路，提高的仅是**数据发送速率**而不是比特在链路上的传播速度。提高数据的发送速率只是减小了数据的发送时延，参考例 1-1。

论坛答疑：既然有发送时延，为什么没有接收时延？

解析：事实上接收时延包含在发送时延和传播时延当中，当这两个时延结束时，接收时延也就结束了。

2）时延带宽积。时延带宽积又称为以比特为单位的链路长度。

时延带宽积=传播时延×带宽

3）往返时间。从发送方发送数据开始，到发送方收到来自接收方的确认消息（接收方收到数据后便立即发送确认），总共经历的时间。

4）利用率。包括**信道利用率**和**网络利用率**两种。

信道利用率指某信道有百分之几的时间是被利用的（有数据通过）。完全空闲的信道的利用率为零。

网络利用率是全网络的信道利用率的加权平均值。但是需要注意一点，不是信道利用率与网络利用率越高越好，因为利用率越高，会导致数据在路由器中转发时延过长。

【例 1-1】　判断下面两个结论的正误。①带宽为 1Mbit/s 的网络比带宽为 1kbit/s 的网络的比特流在链路的传播速率要高很多。②带宽为 1Mbit/s 的网络比带宽为 1kbit/s 的网络的数据传输率大得多。

解析：在过去的通信干线中用来传送模拟信号时，**带宽**是指信号的最高频率与最低频率之差，单位为 Hz。随着数字信号在通信中的广泛应用，带宽表示在数据链路上每秒传输的比特数，不是字节数，所以一般带宽的单位是 Mbit/s（或者直接写 M），而不是 MB/s。即使是 MB/s，也要转换成 Mbit/s（转换方法就是直接乘以 8）。带宽越宽的含义就是发送每一比特的速度变快，而不是每一比特在数据链路的传播速度变快。就好比某中学有两扇门，一个大门，一个小门，当放学时，大门肯定每秒出去的人数更多，对应带宽越大，但无论是从大门还是小门走出之后，每个同学在回家路上的速度都是一样的。所以，前一个结论是错误的，而正确的描述应该是带宽为 1Mbit/s 的网络和带宽为 1kbit/s 的网络的比特流在链路上的传播速度是一样的。

数据传输率是由总时延（总时延=发送时延+传播时延+处理时延+排队时延）决定的，而带宽仅决定了发送时延，比如 A 同学从大门走出去比 B 同学从小门走出去节省 10s，但是 A 和 B 同学从学校到家各自的时间都是 1h，这样总时延就几乎一样了。在这种情况下，带宽为 1Mbit/s 的网络比带宽为 1kbit/s 的网络的数据传输率大不了多少。如果 A、B 同学都住在学校对面（出了大门回家只需 10s），在这种情况下，带宽为 1Mbit/s 的网络比带宽为 1kbit/s 的网络的数据传输率就有可能大很多。综上所述，后一个结论也是错误的。

【例 1-2】　计算下列情况的总时延（从发出第一位开始到收到最后一位为止）。

1）在通路上配置一个存储转发交换机的 10Mbit/s 以太网，分组大小是 5000 位。假定每条链路的传播时延是 10μs，并且交换机在接收完分组后立即转发（没有处理时延）。

2）跟 1）的情况相同，但有 3 个交换机。

3）跟1）的情况相同，但是假定交换机实施直通交换：它可以在收到分组的开头200位后就转发分组（就是说5000位的分组不用等待交换机接收完就可以转发，所以只有前面200位被交换机挡住，后面的4800位就好像中间没有交换机，所以称为直通）。

解析：1）发送一位的延迟是1bit/(10×10^{6}bit/s)=0.1μs，一个分组由5000位组成，在每条链路上的发送时延是500μs，分组在每条链路上的传播时延都是10μs，因此总时延=500μs×2+10μs×2=1020μs（500μs×2是因为发送数据的主机和交换机各有一次转发）。

2）3个交换机共有4条链路，所以总延迟=500μs×4+10μs×4=2040μs。

3）使用直通交换，首先有一个500μs的发送时延，两个10μs的传播时延，而20μs的交换机转发延迟就不需要算了，因为与 500μs 的发送时延重叠了，因此总延迟=500μs×1+10μs×2=520μs（这里不乘以2是因为5000位只要前200位到了交换机就开始转发）。

习题

1．比特的传播时延与链路带宽的关系是（　　）。

A．没有关系　　B．反比关系
C．正比关系　　D．无法确定

2．计算机网络中可以没有的是（　　）。

A．客户机　　B．操作系统
C．服务器　　D．数据库管理系统

3．在OSI参考模型中，提供流量控制功能的层是第__（1）__层；提供建立、维护和拆除端到端连接的层是__（2）__；为数据分组提供在网络中路由功能的是__（3）__；传输层提供__（4）__的数据传送；为网络层实体提供数据发送和接收功能和过程的是__（5）__。

（1）A．1、2、3　B．2、3、4　C．3、4、5　D．4、5、6
（2）A．物理层　B．数据链路层　C．会话层　D．传输层
（3）A．物理层　B．数据链路层　C．网络层　D．传输层
（4）A．主机进程之间　B．网络之间　C．数据链路之间　D．物理线路之间
（5）A．物理层　B．数据链路层　C．会话层　D．传输层

4．计算机网络的基本分类方法主要有两种：一种是根据网络所使用的传输技术；另一种是根据（　　）。

A．网络协议　　B．网络操作系统类型
C．覆盖范围与规模　　D．网络服务器类型与规模

5．计算机网络从逻辑功能上可分为（　　）。

Ⅰ．资源子网　Ⅱ．局域网　Ⅲ．通信子网　Ⅳ．广域网
A．Ⅱ、Ⅳ　　B．Ⅰ、Ⅲ
C．Ⅰ、Ⅳ　　D．Ⅲ、Ⅳ

6．计算机网络最基本的功能是（　　）。

Ⅰ．流量控制　　Ⅱ．路由选择
Ⅲ．分布式处理　　Ⅳ．传输控制
A．Ⅰ、Ⅱ、Ⅳ　　B．Ⅰ、Ⅲ、Ⅳ
C．Ⅰ、Ⅳ　　D．Ⅲ、Ⅳ

7．世界上第一个计算机网络是（　　）。

A．ARPANET　　B．因特网

C．NSFnet　　D．CERNET

8．物理层、数据链路层、网络层、传输层的传输单位（或 PDU）分别是（　　）。

Ⅰ．帧　　Ⅱ．比特　　Ⅲ．报文段　　Ⅳ．数据报

A．Ⅰ、Ⅱ、Ⅳ、Ⅲ　　B．Ⅱ、Ⅰ、Ⅳ、Ⅲ

C．Ⅰ、Ⅳ、Ⅱ、Ⅲ　　D．Ⅲ、Ⅳ、Ⅱ、Ⅰ

9．设某段电路的传播时延是 10ms，带宽为 10Mbit/s，则该段电路的时延带宽积为（　　）。

A．2×10^5bit　　B．4×10^5bit

C．1×10^5bit　　D．8×10^5bit

10．（2010 年统考真题）下列选项中，不属于网络体系结构所描述的内容是（　　）。

A．网络的层次　　B．每一层使用的协议

C．协议的内部实现细节　　D．每一层必须完成的功能

11．在 OSI 参考模型中，第 N 层与它之上的第 N+1 层的关系是（　　）。

A．第 N 层为第 N+1 层提供服务

B．第 N+1 层将从第 N 层接收的报文添加一个报头

C．第 N 层使用第 N+1 层提供的服务

D．第 N 层使用第 N+1 层提供的协议

12．（2009 年统考真题）在 OSI 参考模型中，自下而上第一个提供端到端服务的是（　　）。

A．数据链路层　　B．传输层

C．会话层　　D．应用层

13．计算机网络可分为通信子网和资源子网。下列属于通信子网的是（　　）。

Ⅰ．网桥　　Ⅱ．交换机　　Ⅲ．计算机软件　　Ⅳ．路由器

A．Ⅰ、Ⅱ、Ⅳ　　B．Ⅱ、Ⅲ、Ⅳ

C．Ⅰ、Ⅲ、Ⅳ　　D．Ⅰ、Ⅱ、Ⅲ

14．（　　）是计算机网络中的 OSI 参考模型的 3 个主要概念。

A．服务、接口、协议　　B．结构、模型、交换

C．子网、层次、端口　　D．广域网、城域网、局域网

15．计算机网络拓扑结构主要取决于它的（　　）。

A．资源子网　　B．路由器

C．通信子网　　D．交换机

16．TCP/IP 模型中一共有（　　）层。

A．3　　B．4　　C．5　　D．7

17．TCP/IP 模型中的网络接口层对应 OSI 参考模型的（　　）。

Ⅰ．物理层　　Ⅱ．数据链路层　　Ⅲ．网络层　　Ⅳ．传输层

A．Ⅰ、Ⅱ　　B．Ⅱ、Ⅲ

C．Ⅰ、Ⅲ　　D．Ⅱ、Ⅳ

18．网络协议是计算机网络和分布系统中互相通信的__（1）__间交换信息时必须遵守的规则的集合。协议的关键成分中__（2）__是数据和控制信息的结构或格式；__（3）__是用于协调和进行差错处理的控制信息；同步是对事件实现顺序的详细说明。

（1）A．相邻层实体　B．对等层实体　C．同一层实体　D．不同层实体
（2）A．语义实体　B．语法　C．服务　D．词法
（3）A．语义　B．差错控制　C．协议　D．协同控制

19．一般来说，学校的网络按照空间分类属于（　）。
A．多机系统　B．局域网　C．城域网　D．广域网

20．局域网和广域网之间的差异是（　）。
A．所使用的传输介质不同　B．所覆盖的范围不同
C．所使用的协议不同　D．B和C

21．因特网采用的核心技术是（　）。
A．TCP/IP　B．局域网技术
C．远程通信技术　D．光纤技术

22．下列说法中，错误的是（　）。
Ⅰ．广播式网络一般只包含3层，即物理层、数据链路层和网络层
Ⅱ．Internet的核心协议是TCP/IP
Ⅲ．在Internet中，网络层的服务访问点是端口号
A．Ⅰ、Ⅱ、Ⅲ　B．只有Ⅲ
C．Ⅰ、Ⅲ　D．Ⅰ、Ⅱ

23．在n个结点的星形拓扑结构中，有（　）条物理链路。
A．$n-1$　B．n
C．$n\times(n-1)$　D．$n\times(n+1)/2$

24．下列关于广播式网络的说法中，错误的是（　）。
A．共享广播信道　B．不存在路由选择问题
C．可以不要网络层　D．不需要服务访问点

25．当数据由主机A送传至主机B时，不参与数据封装工作的是（　）。
A．物理层　B．数据链路层
C．网络层　D．传输层

26．上下邻层实体之间的接口被称为服务访问点，应用层的服务访问点也被称为（　）。
A．用户界面　B．网卡接口
C．IP地址　D．MAC地址

27．（2011年统考真题）TCP/IP模型的网络层提供的是（　）。
A．无连接不可靠的数据报服务　B．无连接可靠的数据报服务
C．有连接不可靠的虚电路服务　D．有连接可靠的虚电路服务

28．（2012年统考真题）在TCP/IP体系结构中，直接为ICMP提供服务的协议是（　）。
A．PPP　B．IP　C．UDP　D．TCP

29．（2013年统考真题）在OSI参考模型中，下列功能需由应用层的相邻层实现的是（　）。
A．对话管理　B．数据格式转换
C．路由选择　D．可靠数据传输

30．考虑一个最大距离为2km的局域网，当带宽为多少时，传播时延（传播速度为2×10^8m/s）等于100B分组的发送时延？对于512B分组结果又当如何？

31．有两个网络，它们都提供可靠的面向连接的服务，一个提供可靠的字节流，另一个提供可靠的报文流。请问两者是否相同？为什么？

32．什么叫发送时延？什么叫传播时延？如果收发两端之间的传输距离为 10km，信号在媒体上的传输速率为 2.0×10^5km/s，数据长度为 1000B，数据发送速率为 100kbit/s，试计算它的发送时延和传播时延。

33．在下列情况下，计算传送 1000KB 文件所需要的总时间，即从开始传送时起直到文件的最后一位到达目的地为止的时间。假定往返时间（RTT）是 100ms，一个分组是 1KB（即 1024B）的数据，在开始传送整个文件数据之前进行的起始握手过程需要 2RTT 的时间。

1）带宽是 1.5Mbit/s，数据分组可连续发送。

2）带宽是 1.5Mbit/s，但在结束发送每一个数据分组之后，必须等待一个 RTT 才能发送下一个数据分组。

3）假设带宽是无限大的值，即取发送时间为 0，并且在等待每个 RTT 后可发送多达 20 个分组。

4）假设带宽是无限大的值，在紧接起始握手后可以发送一个分组，此后，在第 1 次等待 RTT 后可发送 2^1 个分组，在第 2 次等待 RTT 后可发送 2^2 个分组，…，在第 n 次等待 RTT 后可发送 2^n 个分组。

34．假设在地球和某行星之间建立一条传输速率为 100Mbit/s 的链路，从该行星到地球的距离大约是 150 000km，数据在链路上以光速 3×10^8m/s 传输。

1）试计算该链路的最小 RTT。

2）使用 RTT 作为延迟，计算该链路的“延迟×带宽”值。

3）在 2）中计算的“延迟×带宽”值的含义是什么？

4）如果在月亮上用一个照相机拍摄地球的照片，并把它们以数字形式保存到磁盘上。不妨设照片总大小为 6.25MB，如果要将这些照片传向地球，试问从发送数据请求到接收方接收完所有数据最少要花费多少时间（忽略发送方数据请求报文与接收方应答报文的长度，并且接收方处理请求报文的时间也忽略）？

35．下面的过程表示源结点的一个用户发送一个信息给目标结点的一个用户所发生的事件序列，但是顺序被打乱了，请结合本章学到的知识予以排序。

① 当信息通过源结点时，每一层都给它加上控制信息。

② 在源结点的网络用户产生信息。

③ 在目标结点的网络用户接收信息。

④ 信息向上通过目标结点的各个网络层次，每一层都除去它的控制信息。

⑤ 信息以电信号的形式通过物理链路发送。

⑥ 信息传给源结点的最高层（OSI 参考模型的应用层）。

习题答案

1．解析：A。传播时延=信道长度/电磁波在信道上的传播速率，而链路的带宽仅能衡量发送时延（参考例 1-1），所以说比特的传播时延与链路带宽没有任何关系。

2．解析：D。从物理组成上看，计算机网络由硬件、软件和协议组成。客户机是用户访问网络的出入口，是必不可少的硬件设备。服务器是提供服务、存储信息的设备，也是必不可少的。只是在P2P模式下，服务器不一定是固定的某台机器，但在网络中一定存在充当服务器角色的计算机。操作系统是最基本的软件，肯定必不可少。数据库管理系统用于管理数据库，在一个计算机网络中，可能没有数据库系统，所以数据库管理系统是可以没有的。

3．解析：B、D、C、A、B。

流量控制是指使得发送数据不要太快，要使得接收端来得及接收。在OSI参考模型中，从数据链路层开始，以上各层均有流量控制功能，但是目前提供流量控制的主要是数据链路层、网络层和传输层（现在只需知道流量控制的概念以及哪些层有，至于怎么实现会在后续章节进一步介绍）。

只有传输层才使用端口，所以提供建立、维护和拆除端到端连接的层是传输层。

路由功能就是为每一个分组选择最适当的路径传送，而网络层提供了这一功能。

传输层是主机进程之间的通话，而网络层是主机之间的通话，比如，某人要将一件物品从A栋楼送到B栋楼的某个人，那么主机之间的通信就好比只要将此物品放到B栋楼就行，至于送给谁则不管；而主机进程之间的通信就好比要将该物品送到B栋楼指定的某人手上，而这个人在这栋楼的房间号就是端口号，因为传输层用到了端口号，要送给指定人才行，所以属于主机进程之间的通信。

下一层为上一层提供服务，而网络层的下一层是数据链路层，所以为网络层实体提供数据发送、接收功能和过程的是数据链路层。

4．解析：C。计算机网络常采用的分类方法有两种。根据网络所使用的传输技术分类：广播式网络（Broadcast Networks）和点对点网络（Point-to-Point Networks）；根据网络的覆盖范围与规模分类：广域网（WAN）、局域网（LAN）和城域网（MAN）。

5．解析：B。这种题型变相地考了多项选择，是出题频率较高一种题型，它全面地考查了考生对该知识点的掌握情况。从计算机网络组成的角度来看，典型的计算机网络从逻辑功能上可以分为两部分：资源子网和通信子网。资源子网由主计算机系统、终端、终端控制器、联网外部设备、各种软件资源与信息资源等组成。资源子网负责全网的数据处理业务，负责向网络用户提供各种网络资源与网络服务。通信子网（只有物理层、数据链路层和网络层）由通信控制处理机、通信线路与其他通信设备组成，负责完成网络数据传输、转发等通信处理任务。

6．解析：A。**数据通信**是计算机网络**最基本**的功能，包括连接控制、传输控制、差错控制、流量控制、路由选择、多路复用等子功能。可见Ⅰ、Ⅱ、Ⅳ都属于数据通信，即最基本的功能，而Ⅲ只是计算机网络的功能，不是最基本的功能。

7．解析：A。由于该题属于大纲内容，必须提示，只需记住即可（一般只需记住带有“第一”字眼的概念）。

8．解析：B。物理层的传输单位为比特，数据链路层的传输单位为帧，网络层的传输单位为IP数据报（或者数据报），传输层的传输单位为报文段（有人可能会考虑传输层不是有UDP数据报吗？难道UDP不是在传输层吗？确实是这样的，但是传输层传输单位准确的名称还是称为报文段比较准确，记住即可）。

9．解析：C。由公式可知时延带宽积=传播时延×信道带宽，所以时延带宽积=$10\times10^{-3}\times10\times10^{6}$bit=$1\times10^{5}$bit。

10．解析：C。显然网络的**层次**（如7层结构和5层结构）、每一层使用的**协议**、每一层必须完成的**功能**在教材中都有提及，唯有协议的内部实现细节没有提及（内部实现细节由工

作人员完成，我们并不需要知道）。

11．解析：A。协议与服务的区别：协议是对等实体（比如两栋 7 层的楼房，两栋楼房的相同层即为对等实体）之间进行逻辑通信而定义的规则或规约的集合，其关键要素是语法、语义和同步；而服务是指一个系统中的下层向上层提供的功能。协议和服务的关系：一个协议包括两个方面，即对上层提供服务和对协议本身的实现。协议与服务的关系如图 1-1 所示，所以第 N 层为第 N+1 层提供服务。

12．解析：B。在 OSI 参考模型中，传输层提供了端口号，实现了为应用进程之间提供端到端的逻辑通信。虽然选项中没有网络层，但是要提示一下，网络层仅仅是为主机之间提供逻辑通信。

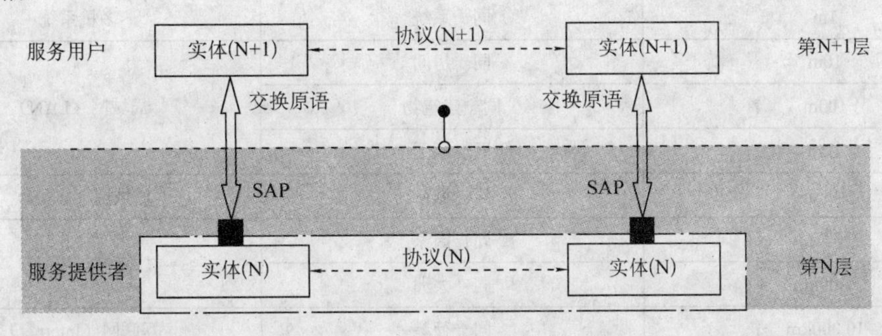

图 1-1　协议与服务的关系

13．解析：A。参考第 5 题的解析可知，网桥、交换机、路由器都属于通信子网，而只有计算机软件属于资源子网。

14．解析：A。计算机网络中要做到有条不紊地交换数据，就必须遵守一些事先约定好的原则，这些原则就是**协议**。在协议的控制下，两个对等实体之间的通信使得本层能够向上一层提供服务。要实现本层协议，还需要使用下一层提供的**服务**，而提供服务就是交换信息，而要交换信息就需要通过**接口**（这里的接口和计算机组成的接口完全不同，不要混淆）去交换信息，所以说服务、接口、协议是计算机网络中的 OSI 参考模型的 3 个主要概念。

15．解析：C。计算机网络拓扑结构是通过网中结点（路由器、主机等）与通信线路（网线）之间的几何关系（如总线型、环形）表示的网络结构，而通信子网包括物理层、数据链路层、网络层，而诸如集线器、交换机、路由器就是分别在物理层、数据链路层、网络层工作的，所以拓扑结构主要是指通信子网的拓扑结构。

16．解析：B。在考研大纲中，考到的有物理层、数据链路层、网络层、传输层和应用层，不少同学会选 5 层，其实 TCP/IP 模型只有 4 层，而现在研究 5 层仅仅是为了读者更清楚地了解 TCP/IP 模型的工作原理，千万不要混淆。

17．解析：A。OSI 参考模型与 TCP/IP 模型的对应关系如图 1-2 所示。

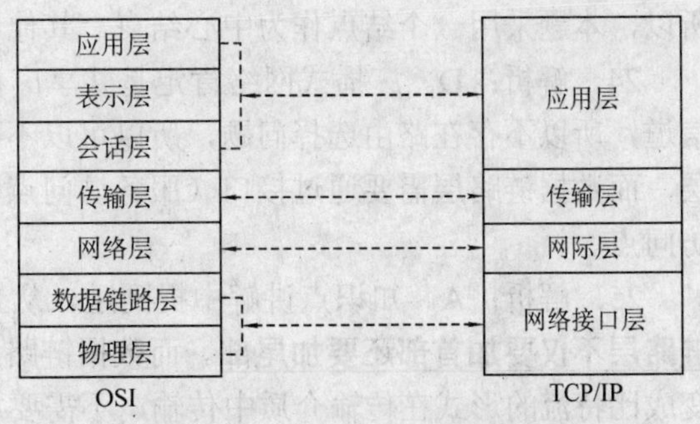

图 1-2　OSI 参考模型与 TCP/IP 模型的对应关系

18．解析：B、B、A。本题是计算机网络中最基本的知识，一定要牢固掌握。网络协议是控制两个同等层实体（即不同结点的同一层）进行通信的规则的集合，而网络协议主要由以下 3 个要素组成。

语义：协议的语义是对构成协议的元素的含义的解释，即“讲什么”。

语法：数据和控制信息的结构或格式，即“怎么讲”。

同步：规定了事件的执行顺序。

19．解析：B。校园网在空间距离上划分应该属于局域网，见表 1-4。

表 1-4　网络在空间上的划分

<table>
<tr><th>处理器之间的距离</th><th>网络中处理器所处的区域</th><th>划分标准</th></tr>
<tr><td>0.1m</td><td>一个电路板上</td><td>数据流机器</td></tr>
<tr><td>1m</td><td>同一系统</td><td>多机系统</td></tr>
<tr><td>10m</td><td>同一房间</td><td rowspan="3">局域网（LAN）</td></tr>
<tr><td>100m</td><td>同一建筑物</td></tr>
<tr><td>1km</td><td>同一园区</td></tr>
<tr><td>10km</td><td>同一城市</td><td>城域网（MAN）</td></tr>
<tr><td>100km</td><td>同一国家</td><td rowspan="2">广域网（WAN）</td></tr>
<tr><td>1000km</td><td>同一大洲</td></tr>
<tr><td>10 000km</td><td>同一行星</td><td>互联网（Internet）</td></tr>
</table>

20．解析：D。广域网（WAN）和局域网（LAN）之间的差异是它们覆盖的范围不同（见 19 题解析），除此之外它们使用的协议也有差异。由于广域网通信线路长，信号可靠度不高，因此运用了一系列**差错控制、流量控制**手段。局域网由于其通信线路距离较短，信道质量较高，因此局域网协议的目标主要是实现**信道复用**和**提高速度**，而局域网和广域网使用的传输介质可能是相同的。

21．解析：A。在因特网上，计算机之间进行信息交换和资源共享时必须要有一个共同遵守的约定，不然数据是没有办法传输的，而这种约定在因特网中称为协议。当前因特网普遍采用分组交换技术的 TCP/IP，它属于因特网的核心技术。

22．解析：C。由于广播式网络并不存在路由选择问题，故没有网络层，故Ⅰ错误；Internet 的核心协议是 TCP/IP，故Ⅱ正确；在 Internet 中，网络层的服务访问点是 IP 地址，传输层的服务访问点是端口号，故Ⅲ错误。

23．解析：A。星形拓扑结构是用一个结点作为中心结点，其他结点直接与中心结点相连构成的网络。中心结点可以是文件服务器，也可以是连接设备。常见的中心结点为集线器。所以，本题采用一个结点作为中心结点，其他 n-1 个结点都分别与其相连。

24．解析：D。广播式网络肯定是共享广播信道。另外，因为广播式网络属于共享广播信道，所以不存在路由选择问题，所以可以不要网络层。由于广播式网络肯定需要数据链路层，而数据链路层需要通过接口（服务访问点）来获得物理层提供的服务，因此必须要服务访问点。

25．解析：A。知识点讲解中提到过，从上层往下层传输时，需要加上一个首部，**数据链路层不仅要加首部还要加尾部**。而数据链路层传输到物理层，仅仅是将数据链路层中的帧变成比特流的形式在传输介质中传输，不需要加首部，即不需要数据封装。

26．解析：A。服务访问点（SAP）是一个层次系统的上下层之间进行通信的接口，第 N

层的 SAP 就是第 N+1 层可以访问第 N 层服务的地方，针对应用层而言，用户界面就是其服务访问点。

总结：服务访问点是邻层实体之间的逻辑接口。从物理层开始，每一层都向上层提供服务访问点。一般而言，物理层的服务访问点是**网卡接口**，数据链路层的服务访问点是 **MAC 地址（网卡地址）**，网络层的服务访问点是 **IP 地址（网络地址）**，传输层的服务访问点是**端口号**，应用层的服务访问点是**用户界面**。

27．解析：A。首先，网络层的传输采用的是 IP 分组，IP 分组中头部含有源 IP 地址和目的 IP 地址，并不是一个虚电路号，所以网络层采用的是数据报服务；其次，IP 分组的头部也没有对分组进行编号和提供校验字段，所以网络层提供的是不可靠服务；最后，IP 分组首部也没有相关的建立连接的字段，所以网络层属于无连接。其实，在知识点讲解部分的表 1-3 中已经很明确地说明了 TCP/IP 模型的网络层仅提供无连接的服务。

28．解析：B。选项 A：PPP 在 TCP/IP 体系结构中属于网络接口层协议（在 ISO/OSI 体系结构中属于数据链路层协议），所以 PPP 为网络层提供服务。

选项 B：ICMP 属于网络层协议，ICMP 报文直接作为 IP 数据报的数据，然后再加上 IP 数据报的首部进行传送，所以 IP 直接为 ICMP 提供服务。

选项 C 和 D：UDP 和 TCP 都属于传输层协议，为应用层提供服务。

29．解析：B。此题有两个考点：

1）应用层相邻层是哪一层？

2）该层主要的功能是什么？

应用层相邻层为**表示层**，表示层是 OSI 7 层协议的第 6 层。表示层的目的是表示出用户看得懂的数据格式，实现与数据表示有关的功能，主要完成数据字符集的转换、数据格式化和文本压缩、数据加密、解密等工作，因此选择 B 选项。对话管理是会话层完成的（会话和对话听起来很像）功能；路由选择是网络层完成的功能；可靠数据传输是传输层完成的功能。

30．解析：首先传播时延为

$$2\times10^3\,\text{m}\div(2\times10^8\,\text{m/s})=10^{-5}\,\text{s}=10\mu\text{s}$$

1）分组大小为 100B。

假设带宽为 x，要使得传播时延等于发送时延，则带宽为

$$x=100\text{B}\div10\mu\text{s}=10\text{MB/s}=80\text{Mbit/s}$$

2）分组大小为 512B。

假设带宽为 y，要使传播时延等于发送时延，则带宽为

$$y=512\text{B}\div10\mu\text{s}=51.2\text{MB/s}=409.6\text{Mbit/s}$$

31．解析：不相同。在报文流中，网络保持对报文边界的跟踪；而在字节流中，网络不作这样的跟踪，例如，一个进程向一条连接写了 1024B，稍后又写了 1024B，那么接收方共读了 2048B。对于报文流，接收方将得到两个报文，每个报文 1024B。而对于字节流，报文边界不被识别，接收方将全部 2048B 当作一个整体，在此已经体现不出原先有两个不同报文的事实。

32．解析：发送时延是指结点在发送数据时使数据块从结点进入到传输介质所需要的时间，此题的发送时延=数据块长度/信道带宽=1000B/100kbit/s=1000×8bit/100kbit/s=0.08s。

传播时延是指电磁波在信道中传播一定的距离所需要的时间，此题的传播时延=信道长度/信号在媒体上的传输速率=10km/(2×10^5km/s)=0.00005s。

33．解析：提示，前面提到过，如果题目没有说考虑排队时延、处理时延就无须考虑。

1）由提示可知，总时延=发送时延+传播时延+握手时间，其中握手时间是题目增加的。发送时延=$1000\text{KB} \div 1.5\text{Mbit/s} \approx 5.46\text{s}$，传播时延=$\text{RTT} \div 2$=50ms=0.05s，握手时间=$2\times\text{RTT}$=200ms=0.2s，所以总时延=5.46s+0.05s+0.2s=5.71s。

2）直接在1）的基础上加999RTT即可，所以总时延=5.71s+999×0.1s=105.61s。

3）发送时延为0，只需计算传播时延即可。由于每个分组为1KB，因此大小为1000KB的文件应该分为1000个分组。由于每个RTT后可发送20个分组，因此一共需要50次才可发完。第1次的传播时延包含在第2次的等待时间里，依此类推，从第2次开始，每次都需要等待1个RTT，一直到第50次发送为止，一共需要等待49个RTT，但是最后一次还需要0.5RTT的传播时延（**再次提醒：**在本次等待的RTT中一定是包含了上次传输的传播时延，所以不要认为还需另外计算传播时延，当然最后一次需要计算传播时延）。所以，总的传播时延=2RTT（握手时间）+49RTT+0.5RTT=51.5RTT=5.15s。

4）首先需要计算等待几次RTT可以发送完所有分组，假设需要x次，即$1+2+4+\cdots+2^x \geqslant 1000$，可得$2^{x+1}-1 \geqslant 1000$，得到x=9。所以，总的传播时延=2RTT（握手时间）+9RTT+0.5RTT=11.5RTT=1.15s。

34．解析：

1）RTT表示往返时延，计算的最小RTT=$2\times150000000\text{m}/(3\times10^8\text{m/s})$=1s。

2）“延迟×带宽”$=1\text{s}\times100\text{Mbit/s}=100\text{Mbit}=12.5\text{MB}$。

3）“延迟×带宽”的含义。收到对方响应之前所能发送的数据量。

4）从发送数据请求到接收方接收完所有的数据应该分为4个部分。月球向地球发送数据请求报文的传播时延、地球应答报文的传播时延、月球发送照片的发送时延、照片的传播时延。首先需要计算接收方发送照片的发送时延，即$(6.25\times8\text{Mbit})/(100\text{Mbit/s})=0.5\text{s}$。由于数据请求报文的传播时延+应答报文的传播时延+照片的传播时延=1.5RTT，因此总时间=0.5s+1.5s=2s。

35．解析：正确的顺序如下。

②→⑥→①→⑤→④→③

第2章 物理层

大纲要求

（一）通信基础

1．信道、信号、带宽、码元、波特、速率、信源与信宿等基本概念

2．奈奎斯特定理与香农定理

3．编码与调制

4．电路交换、报文交换与分组交换

5．数据报与虚电路

（二）传输介质

1．双绞线、同轴电缆、光纤与无线传输介质

2．物理层接口的特性

（三）物理层设备

1．中继器

2．集线器

考点与要点分析

核心考点

1.（★★★）掌握奈奎斯特定理和香农定理

2.（★★）掌握电路交换、报文交换与分组交换的工作方式与特点（从未考过）

3.（★★）理解中继器和集线器的功能以及实现原理

4.（★★）理解通信基础的基本概念

基础要点

1．数据通信的基本知识

2．奈奎斯特定理和香农定理的含义

3．模拟信号和数字信号的编码与调制技术

4．电路交换技术、报文交换技术与分组交换技术

5．虚电路和数据报的工作方式与特点

6．物理层各种传输介质的特点以及物理层接口的特点

7．中继器和集线器的功能

本章知识体系框架图

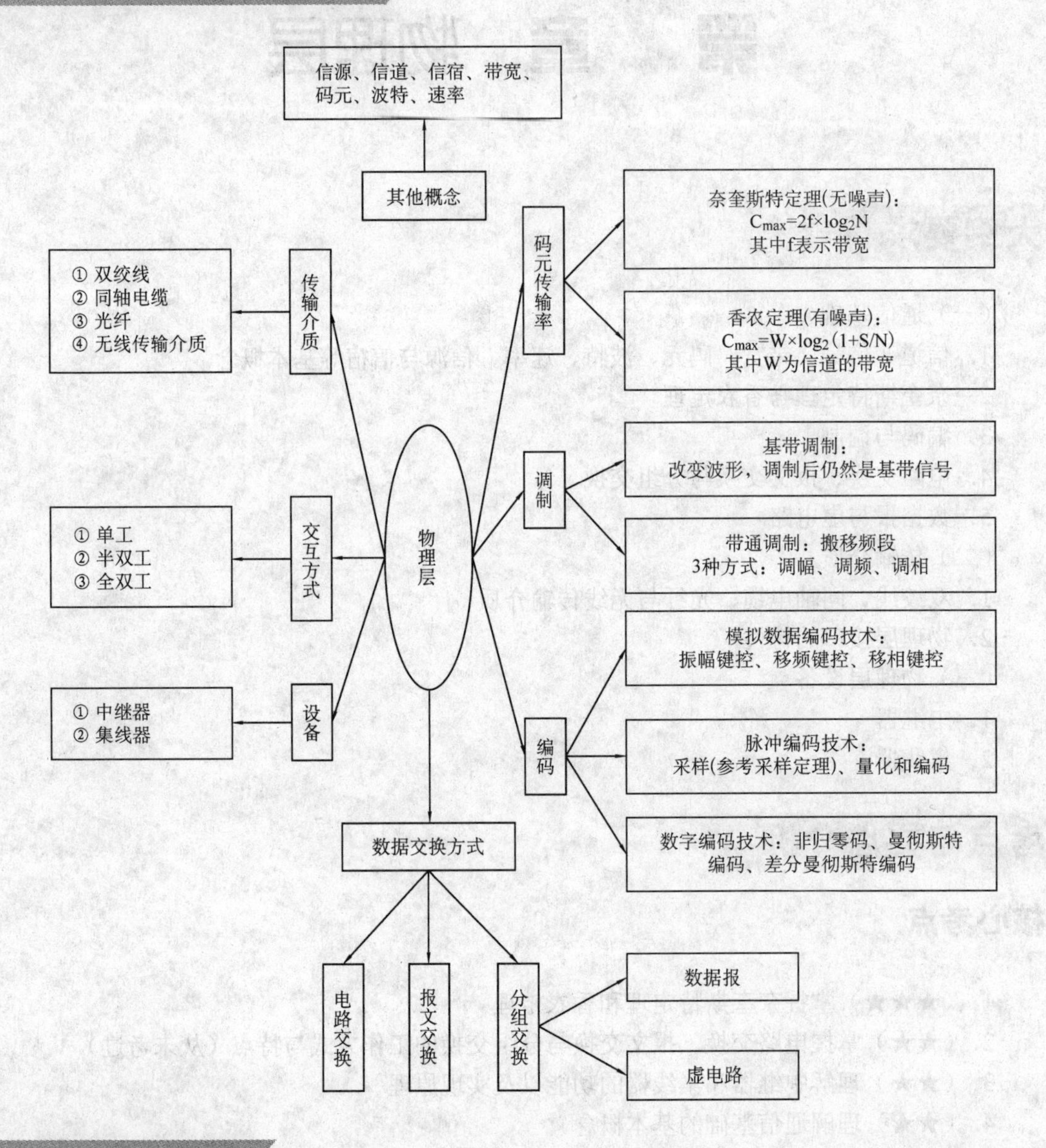

知识点讲解

2.1 通信基础

2.1.1 信号、信源、信道、信宿的基本概念

1. 信号

信号： 数据的电气或电磁的表现（就是将数据用另外一种形态表现出来，就好像水转换成冰，其实质还是水，仅仅是形态变了）。而数据是传送信息（如图片和文字等）的实体。

注意 1：无论数据或信号，都既可以是模拟的，也可以是数字的。“模拟的”就是连续变化的，如图 2-1 所示；而“数字的”表示取值仅允许是有限的离散值，如图 2-2 所示。

注意 2：信道上传送的信号分为基带信号和宽带信号。**基带信号**是将数字信号 0 和 1 直接用两种不同的电压表示，然后传送到数字信道上去传输，称为**基带传输**；**宽带信号**是将基带信号进行调制后形成模拟信号，然后再传送到模拟信道上去传输，称为**宽带传输**。总之，记住一句话：**基带对应数字信号，宽带对应模拟信号**。

注意 3：宽带传输在考研中可以等同于频带传输（都是传输模拟信号），只是宽带传输比频带传输有更多的子信道，并且这些子信道都可以同时发送信号。

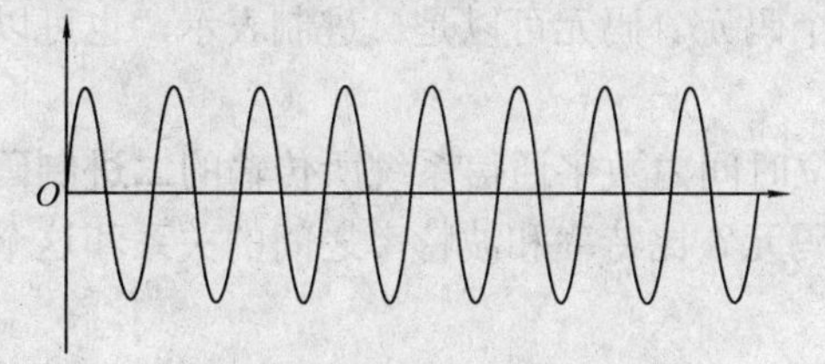

图 2-1 模拟信号

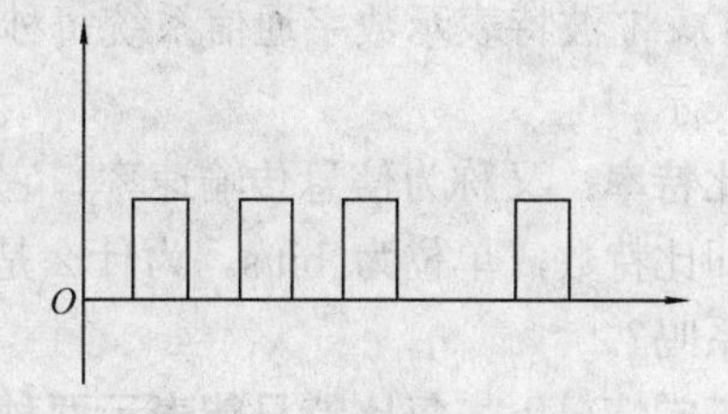

图 2-2 数字信号

2．信源、信道、信宿（虽然大纲删除了信源与信宿，但还是需要了解）

信源：字面理解就是信息的源泉，也就是通信过程中产生和发送信息的设备或计算机。

信道：字面理解就是信息传送的道路，也就是信号的传输媒质，分为有线信道和无线信道，人们常说的双绞线和人造卫星传播信号分别是有线信道和无线信道的典型代表。

信宿：字面理解就是信息的归宿地，也就是通信过程中接收和处理信息的设备或计算机。

故事助记：某公司要将货物从 A 地运送到 B 地（通过铁路），B 地把货物加工为成品销售给用户。这里的 A 地就是信源，铁路就是信道，B 地就是信宿，货物就是数据，货物加工成的成品就是信息。信号、数据、信息三者的关系则是：比如在使用万用表时，输入（电）信号得到（电压/电流）数据，数据通过整理就是信息。

🕮 **补充知识点：**数据传输方式、通信方式与通信模式（了解即可）。

解析：**数据传输方式**分为串行传输和并行传输。串行传输：一个一个比特按照时间顺序传输（远距离传输经常采用）。并行传输：多个比特通过多条通信信道同时传输（近距离传输经常采用）。

通信方式分为同步通信和异步通信。

同步通信：要求接收端的时钟频率和发送端的时钟频率相等，以便使接收端对收到的比特流的采样判决时间是准确的。

异步通信：发送数据以字节为单位，对每一字节**增加一个起始比特和一个终止比特**，共 10bit。接收端接收到起始比特，便开始对这个数据单元的 10bit 进行处理。它的特点是发送端发送完一个字节后，可以经过任意长的时间间隔再发送下一个字节。相对来说，同步通信技术较复杂，价格昂贵，但通信效率较高；而异步通信开销较大，价格低廉，使用具有一般精度的时钟来进行数据通信。

通信模式分为单向通信（单工）、双向交替通信（半双工）和双向同时通信（全双工）。

单工：只有一个方向的通信而没有反方向的交互，如有线广播电视。

半双工：通信双方都可以发送信息，但不能双方同时发送，也不能同时接收。

全双工：通信双方可以同时发送和接收信息。

2.1.2 带宽、码元、波特、速率的基本概念

1．速率、波特、码元

在计算机网络中，速率顾名思义是指数据的传输速率，即单位时间内传输的数据量。一般速率有两种描述形式：波特率和比特率。

波特率： 又称为码元传输速率，它表示单位时间内数字通信系统所传输的**码元个数**（也可以称为**脉冲个数或者信号变化的次数**，对理解某些题有好处，一定记住！），单位是波特（Baud）。1 波特表示数字通信系统每秒传输 1 个码元。码元可以是二进制表示，也可以是多进制表示。

比特率： 又称为信息传输速率，它表示单位时间内数字通信系统所传输的**二进制码元**个数，即比特数，单位为 bit/s。为什么是二进制码元？比特率和波特率之间的关系和这个进制有联系吗？

正常情况下，**每比特只能表示两种信号变化（0 或 1），可看成二进制**。此时每个码元只能携带 1bit 的信息（因为 $2^1=2$），所以在数量上，波特率就和比特率相等了。因此，在二进制码元的情况下，比特率在数量上和波特率是相等的。但是，一个码元仅携带一个比特，数据率很低，所以编码专家想办法让一个码元携带更多的比特，以此来提高传输速率，即通过一些手段将信号的变化次数增加，从而让一个码元携带更多的比特，例如，增加到 16 种信号变化（可以看成十六进制），那么自然就需要 4bit（$\log_2 16=4$，记住这个公式！）来表示，此时一个码元携带了 4bit，传输数据率大大增加。如果可以通过某些手段达到无穷种信号变化，数据传输速率就可以无限大。香农发现了极限速率（后讲），但至今没有人想出办法达到无穷种信号变化。

注意： 以上的讨论都是在**有噪声**的情况下。

2．带宽

带宽分为模拟信号的带宽和数字信号的带宽。第 1 章就已经提到过，在过去很长一段时间里，通信的主干线路传送的是模拟信号，此时带宽的定义为：**通信线路允许通过的信号频带范围，就是允许通过的最高频率减去最低频率**，例如，某通信线路允许通过的最低频率为 300Hz，最高频率为 3400Hz，则该通信线路的带宽就为 3100Hz。

但是，在计算机网络中，带宽不是以上的定义。此时的带宽是用来表示**网络的通信线路所能传送数据的能力**。因此，带宽表示在单位时间内从网络中的某一点到另一点所能通过的“最高数据率”。显然，此时带宽的单位不再是 Hz，而是 bit/s，读作“比特每秒”。

2.1.3 奈奎斯特定理与香农定理

1．采样定理

讲解带宽的时候提到，在通信领域带宽是指信号最高频率与最低频率之差，单位为 Hz。因此将模拟信号转换成数字信号时，假设原始信号中的最大频率为 f，那么采样频率 $f_{采样}$必须大于或等于最大频率 f 的两倍，才能保证采样后的数字信号完整保留原始模拟信号的信息（只需记住结论，不要试图证明，切记！）。另外，采样定理又称为奈奎斯特定理。

2．奈奎斯特定理

具体的信道所能通过的频率范围总是有限的（因为具体的信道带宽是确定的），所以信号

中的大部分**高频分量**就过不去了，这样在传输的过程中会衰减，导致在接收端收到的信号的波形就失去了码元之间的清晰界限，这种现象叫做**码间串扰**。所以是不是应该去寻找在保证不出现码间串扰的条件下的码元传输速率的最大值呢？没错，这就是奈奎斯特定理的由来。奈奎斯特在**采样定理和无噪声**的基础上，提出了奈奎斯特定理。奈奎斯特定理的公式为

$$C_{max}=f_{采样}\times\log_2N=2f\times\log_2N\text{（bit/s）}$$

式中，f 表示**理想低通信道**的带宽；N 表示每个码元的离散电平的数目。

注意：低通信道就是信号的频率只要不超过某个上限值，都可以不失真地通过信道，而频率超过该上限值则不能通过。也就是说，低通信道**没有下限，只有上限**。理想低通信道的最高码元传输速率是每秒两个码元。当然还有一种叫**理想带通信道，**只允许上、下限之间的信号频率成分不失真地通过，其他频率成分不能通过。也就是说，带通信道**有上、下限**。理想带通信道的最高码元传输速率是每秒一个码元。考研考查的基本都是理想低通信道，带通信道了解即可。

由以上公式可知，奈奎斯特定理仅仅是给出了在无噪声情况下**码元的最大传输速率**，即 2f，并没有给出最大数据传输率。那是不是可以改变 $\log_2N$？没错，只要 N 足够大，即编码足够好，使得一个码元携带无穷个比特，那么最大数据传输速率 C_{max} 就可以**无穷大**（记住！）。

【例 2-1】 对一个无噪声的 4kHz 信道进行采样，可达到的最大数据传输率是（ ）。

A．4kbit/s　　B．8kbit/s

C．1kbit/s　　D．无限大

解析：D。在 4kHz 的信道上，采样频率需要 8kHz（即每秒可进行 8k 次采样）。如果每次采样可以取得 16bit 的数据，那么信道就可以发送 128kbit/s。如果每个采样可以取得 1024bit 的数据，那么信道就可以发送 8Mbit/s 的数据。所以说只要编码编得足够好（每个码元能携带更多的比特），最高码元传输速率是可以无限大的。

另外一种直观的解释就是使用奈奎斯特公式，无噪声最大数据传输率 $C_{max}=f_{采样}\times\log_2N=2f\times\log_2N$(其中 f 表示带宽)$=8k\times\log_2N$，而这个 N 可以无穷大。

注意：这里的关键在于信道是无噪声的，如果是在一个**有噪声的 4kHz** 的信道中，根据香农定理则不允许最大数据传输率为无限大。

3．香农定理

介绍香农定理之前需要引入一个概念，即**信噪比**。要清楚噪声的影响是相对的，也就是说，信号较强，噪声的影响就相对较小（两者是同时变化的，仅考虑两者之一是没有任何意义的），所以求信号的平均功率和噪声的平均功率之比（记为 S/N，读作“信噪比”）才有意义，即

$$信噪比(dB)=10\log_{10}(S/N)\text{（dB）}$$

引入信噪比之后可得出香农公式

$$C_{max}=W\times\log_2(1+S/N)\text{（bit/s）}$$

其中，W 为信道的带宽，所以要想提高最大数据传输速率，就应设法提高传输线路的带宽或者设法提高所传信号的信噪比。

从以上公式可以得出以下结论：

1）要使信息的**极限传输速率**提高，就必须提高信道的带宽或信道中的信噪比。换句话说，只要信道的带宽或信道中的信噪比固定了，极限传输速率就固定了。

2）只要信息的传输速率低于信道的极限传输速率，就一定能找到某种方法来实现无差错

的传输。

3）实际信道的传输速率要比极限速率低不少。

☞ **可能疑问点：**在有噪声的情况下，"要想提高信息的传输速率，或者必须设法提高传输线路的带宽，或者必须设法提高所传信号的信噪比，此外没有其他办法"（见相关教材），不是还可以让每个码元携带更多的比特，这也是可以提高信息的传输速率的，怎么说没有其他办法了呢？

解析：这里所要表达的意思是要提高香农公式所确定的**极限速率**只能提高带宽和信噪比，仅通过改善编码（改善编码仅仅是在极限传输速率范围内提高传输速率）是不可能超过香农公式算出的速率的。所以说要想**提高信息的传输极限速率**，一定要提高带宽和信噪比，此外别无他法。千万不要把奈奎斯特定理和香农定理搞混，因为它们讨论的前提条件是不一样的，前者是无噪声，后者是有噪声。

【例 2-2】 电话系统的典型参数是信道带宽为 3000Hz，信噪比为 30dB，则该系统的最大数据传输率为（ ）。

A. 3kbit/s　　B. 6kbit/s
C. 30kbit/s　　D. 64kbit/s

解析：C。电话系统的信道是有噪声的信道，所以该题应该用香农公式来求解。S/N 为信噪比，若要换算为 dB，则为 $10\log_{10}(S/N)$，因此依题意有

$$10\log_{10}(S/N)=30，可解出 S/N=1000$$

根据香农公式，最大数据传输率=$3000\log_2(1+S/N)\approx30$kbit/s。

总结：奈奎斯特定理公式和香农公式的主要区别是什么？这两个公式对数据通信的意义是什么？

解析：**奈奎斯特定理公式**指出了**码元传输的速率是受限的**，不能任意提高，否则在接收端就无法正确判定码元是 1 还是 0（因为有码元之间的相互干扰）。奈奎斯特定理公式是在理想条件下推导出来的。在实际条件下，最高码元传输速率要比理想条件下得出的数值还要小些。电信技术人员的任务就是要在实际条件下，寻找出较好的传输码元波形，将比特转换为较为合适的传输信号。需要注意的是，奈奎斯特定理公式并没有对信息传输速率（bit/s）给出限制（也就是可以无限大）。要提高信息传输速率就必须使每个传输的码元能够代表许多个比特的信息，这就需要有很好的编码技术。

香农公式给出了**信息传输速率的极限**，即对于一定的传输带宽（以 Hz 为单位）和一定的信噪比，信息传输速率的上限就确定了。这个极限是不能够突破的。要想提高信息的极限传输速率，或者必须设法提高传输线路的带宽，或者必须设法提高所传信号的信噪比，此外没有其他办法。至少到现在为止，还没有听说有谁能够突破香农公式给出的信息传输速率的极限。香农公式告诉人们，若要得到无限大的信息传输速率，只有两个办法：要么使用无限大的传输带宽（这显然不可能）；要么使信号的信噪比为无限大，即采用没有噪声的传输信道或使用无限大的发送功率（当然这些也都是不可能的）。

2.1.4 编码与调制

模拟数据和数字数据都可以转换为模拟信号或数字信号。将模拟数据或数字数据（可统称为数据）转换为模拟信号的过程称为调制；将模拟数据或数字数据转换为数字信号的过程称为编码，如图 2-3 所示。

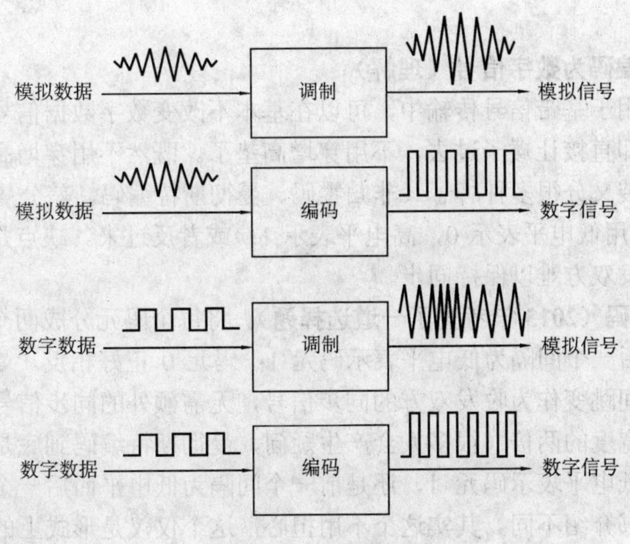

图 2-3　调制与编码

1．调制

（1）数字数据调制为模拟信号（理解）

虽然数字化已成为当今的趋势，但这并不等于说使用数字数据和数字信号就是“先进的”，也不等于说使用模拟数据和模拟信号就是“落后的”。数据究竟应当是数字的还是模拟的，是由所产生的数据的性质决定的。

数字数据调制技术在发送端将数字信号转换为模拟信号，而在接收端将模拟信号还原为数字信号，分别对应于调制解调器的调制和解调过程。考研中理解这两种转换即可，其他的了解即可。

故事助记：调制解调器的调制是为了将数字数据转换成模拟信号，因为数字数据含有太多的低频成分（可以看成**矮个子**），而该信道不让他过去的原因有两种：

1）太矮了（都是低频成分），不让他过去。

2）他穿的衣服不适合该场合（低频成分不能与信道的特性相适应）。

针对以上两种原因，可以想出两种办法。

针对第一种原因：让他变高。

针对第二种原因：换件正式的西装。

这样就引入了两种调制。

1）**带通调制（把矮个子变高）**：类似于增高垫，让矮个子变高了，这样就可以过去了，即教材所讲的将基带信号的频率范围搬移到较高的频段以便在信道中传输由此引出了 3 种方式：调幅、调频和调相。

2）**基带调制（换件西装）**：给基带信号的低频成分改变波形，使之适应信道的特性（也就是说给矮个子穿上西装，改变一下外表，使之适应这个场合）；但是穿上西装仍然是矮子，也就是说基带信号的低频成分改变波形仍然是基带信号，没有变成其他信号。

（2）模拟数据调制为模拟信号（了解，考的概率约为 0）

模拟数据调制为模拟信号主要有以下原因：

1）为了实现传输的有效性，可能需要较高的频率。

2）充分利用带宽。

2．编码

（1）数字数据编码为数字信号（理解）

数字数据编码用于基带信号传输中，可以在基本不改变数字数据信号频率的情况下，直接传输数字信号，即直接让矮子过去，不用穿增高垫了。既然不用穿增高垫，那就必须穿西装过去，而现在西装又分很多种牌子（非归零码、曼彻斯特编码、差分曼彻斯特编码）。

1）**非归零码。**用低电平表示 0，高电平表示 1；或者反过来。缺点是无法判断一个码元的开始和结束，收发双方难以保持同步。

2）**曼彻斯特编码（2013 年考查了一道选择题）。**将每个码元分成两个相等的间隔。前一个间隔为高电平而后一个间隔为低电平表示码元 1；码元 0 正好相反。曼彻斯特编码的特点是将每个码元的中间跳变作为收发双方的同步信号，无需额外的同步信号；但它所占的频带宽度是原始的基带宽度的两倍（很多人会产生疑问，曼彻斯特编码到底是前一个间隔为高电平而后一个间隔为低电平表示码元 1，还是前一个间隔为低电平而后一个间隔为高电平表示码元 1？不同辅导书介绍不同。其实这个不用担心，这个仅仅是形式上的，考试的时候试卷肯定会说明）。

3）**差分曼彻斯特编码。**若码元为 1，则其前半个码元的电平与上一个码元的后半个码元的电平一样；若码元为 0，则其前半个码元的电平与上一个码元的后半个码元的电平相反。在每个码元的中间，都有一次电平的跳转。该编码技术较复杂，但抗干扰性较好。

（2）模拟数据编码为数字信号（了解）

此编码最典型的例子就是脉冲编码调制。

脉冲编码调制：只需记住 3 个步骤，采样（参考采样定理）、量化和编码以及它是将模拟数据进行数字信号编码即可。

2.1.5 电路交换、报文交换与分组交换

电路交换、报文交换和分组交换的数据传输方式如图 2-4 所示。

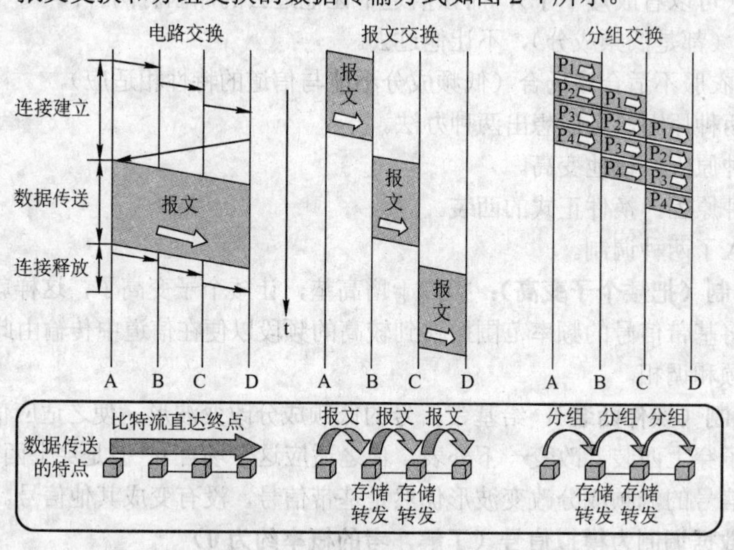

图 2-4　电路交换、报文交换和分组交换的数据传输方式

1．电路交换

电路交换：由于电路交换在通信之前要在通信双方之间**建立一条被双方独占的物理通路**

（由通信双方之间的交换设备和链路逐段连接而成），因此有以下优缺点。

优点：

1）**通信时延小。**由于通信线路为通信双方用户专用，数据直达，因此传输数据的时延非常小。

2）**实时性强。**通信双方之间的物理通路一旦建立，双方可以随时通信，所以实时性强。

3）**有序传输。**双方通信时按发送顺序传送数据，不存在失序问题。

4）**适用范围广。**电路交换既适用于传输模拟信号，也适用于传输数字信号。

5）**控制简单。**电路交换的交换设备（交换机等）及控制均较简单。

6）**避免冲突。**不同的通信双方拥有不同的信道，不会出现争用物理信道的问题。

缺点：

1）**建立连接时间长。**电路交换建立连接的平均时间相对计算机通信来说太长。

2）**信道利用率低。**电路交换连接建立后，物理通路被通信双方独占，即使通信线路空闲，也不能供其他用户使用，因而信道利用率低。

3）**缺乏统一标准。**当电路交换时，数据直达，不同类型、不同规格、不同速率的终端很难相互进行通信，也难以在通信过程中进行差错控制。

4）**灵活性差。**只要通信双方建立的通路中的任何一个结点出了故障，就必须重新拨号建立新的连接。

2．报文交换

报文交换：数据交换的单位是报文，报文携带有目标地址、源地址等信息。报文交换在交换结点采用存储转发的传输方式，因而有以下优缺点。

优点：

1）**无需建立连接。**报文交换不需要为通信双方预先建立一条专用的通信线路，不存在建立连接时延，用户可随时发送报文。

2）**动态分配线路。**当发送方把报文交给交换设备时，交换设备先存储整个报文，然后选择一条合适的空闲线路，将报文传送出去。

3）**提高可靠性。**如果某条传输路径发生故障，可重新选择另一条路径传输数据，所以提高了传输的可靠性。

4）**提高线路利用率。**通信双方不是固定占有一条通信线路，而是在不同的时间一段一段地部分占有这条物理通路，因而大大提高了通信线路的利用率。

5）**提供多目标服务。**一个报文可以同时发送到多个目的地址，这在电路交换中是很难实现的。

缺点：

1）由于数据进入交换结点后要经历存储、转发这一过程，从而引起转发时延（包括接收报文、检验正确性、排队、发送时间等）。

2）报文交换对报文的大小没有限制，这就要求网络结点需要有较大的存储缓存空间。

注意：报文交换主要用在早期的电报通信网中，现在用得较少，通常被较先进的分组交换方式所取代。

3．分组交换

分组交换：分组交换仍采用存储转发传输方式，但将一个长报文先分割为若干个较短的分组，然后把这些分组（携带源、目的地址和编号信息）逐个地发送出去，因此分组交换除了具有报文的优点外，与报文交换相比有以下优缺点。

优点：

1）**加速传输。**因为分组是逐个传输，所以可以使后一个分组的存储操作与前一个分组的转发操作并行，这种流水线式传输方式减少了报文的传输时间。此外，传输一个分组所需的缓冲区比传输一份报文所需的缓冲区小得多，这样因缓冲区不足而等待发送的几率及等待的时间也必然少得多。

2）**简化了存储管理。**因为分组的长度固定，相应的缓冲区的大小也固定，在交换结点中存储器的管理通常被简化为对缓冲区的管理，相对比较容易。

3）**减少了出错几率和重发数据量。**因为分组较短，其出错几率必然减少，所以每次重发的数据量也就大大减少，这样不仅提高了可靠性，也减少了传输时延。

缺点：

1）**存在传输时延。**尽管分组交换比报文交换的传输时延少，但相对于电路交换仍存在存储转发时延，而且其结点交换机必须具有更强的处理能力。

2）当分组交换采用数据报服务时，可能出现失序、丢失或重复分组，分组到达目的结点时，要对分组按编号进行排序等工作，增加了麻烦。若采用虚电路服务，虽然无失序问题，但有呼叫建立、数据传输和虚电路释放3个过程。

总之，若要传送的数据量很大，且其传送时间远大于呼叫时间，则采用电路交换较为合适；当端到端的通路由很多段的链路组成时，采用分组交换传送数据较为合适。从提高整个网络的信道利用率上看，报文交换和分组交换优于电路交换，其中分组交换比报文交换的时延小，尤其适合于计算机之间的突发式的数据通信。

🕮 **补充知识点：**报文与分组有什么区别？

故事助记：某人要运送一个1000kg的物品（完整的报文，通常将要发送的完整数据称为一个报文），但是每个箱子只能装100kg，所以必须把这个物品分成10份，然后分别装入10个箱子，而且每个箱子都要写上寄件人地址（源地址）和收件人地址（目的地址），组成首部，这样**首部+物品**就组成一个分组，等10个分组全部到达了目的地，把箱子扔了（去除首部，首部包含源地址和目的地址，当然还有其他，把箱子的壳当作其他东西，箱子上的那张快递单当作源地址和目的地址），然后拼成原来的物品（完整的报文）。可能会产生疑问，这10个箱子的东西能按照原来的顺序拼接吗（因为不一定是按序到达的）？先别急，全部奥秘都在首部，网络层学习完就全部明白了。

☞ **可能疑问点：**电路交换和面向连接是等同的，而分组交换和无连接是等同的，对吗？

解析：不对，电路交换一定是面向连接的，而分组交换则存在面向连接和无连接两种情况（参考知识点讲解中的2.1.6小节）。

电路交换：就是在A和B要通信的开始，必须先建立一条从A到B的连接（中间可能经过很多的交换结点）。当A到B的连接建立后，通信就沿着这条路径进行。A和B在通信期间始终占用这条信道（全程占用），即使在通信的信号暂时不在通信路径上流动时（如打电话时双方暂时停止说话），也是同样地占用信道。通信完毕时释放所占用的信道，即断开连接，将通信资源还给网络，以便让其他用户可以使用。因此，电路交换是使用面向连接的服务。

分组交换：也可以使用面向连接服务，例如，X.25网络、帧中继网络或ATM网络（这些仅是例子，这些网络不需要懂）都属于分组交换网。然而，这种面向连接的分组交换网在传送用户数据之前必须先建立连接，数据传送完毕后还必须释放连接。因此，使用面向连接

服务的可以是电路交换，也可以是分组交换。

面向连接和无连接往往可以在不同的层次上来讨论，例如，在数据链路层，HDLC 是面向连接的，而 PPP 和以太网使用的 CSMA/CD 协议是无连接的。在网络层，X.25 协议是面向连接的，而 IP 是无连接的。在传输层，TCP 是面向连接的，而 UDP 是无连接的。但是不能说："TCP 是电路交换"，而应当说："TCP 可以向应用层提供面向连接的服务"。

总结：电路交换与分组交换的特性比较。

解析：见表 2-1。

表 2-1　电路交换与分组交换的特性比较

比较标准	电路交换	分组交换
建立连接	要求	不要求
专用物理路径	是	否
每个分组沿着规定的路径	是	否
分组按序到达	是	否
路由器的瘫痪对整体产生影响	是	否
可用带宽	固定	动态
可能拥塞的时间点	建立呼叫连接的时候	每个分组传送的时候
可能有浪费的带宽	是	否
使用存储转发	否	是
透明性	是（信息以数字信号形式在数据通路中"透明"传输，交换机对用户的数据信息不存储、分析和处理）	否（每到一个路由器都要对分组首部进行分析，然后转发到下一个路由器）
收费	每分钟（打电话是按照分钟计算的，肯定不是说一句话付一句话的钱，从这个角度也可以推出打电话是电路交换）	每个分组（手机上网是按流量算的，不是按分钟算的，从这个角度也可以推出因特网使用的是分组交换）

2.1.6 数据报与虚电路

2.1.5 小节讲解分组交换的缺点时提到了分组交换可进一步分为面向连接的虚电路方式和无连接的数据报方式。

1．数据报

如图 2-5 所示，假设主机 A 给主机 B 发送一个报文，高层协议会将报文拆分成若干个带

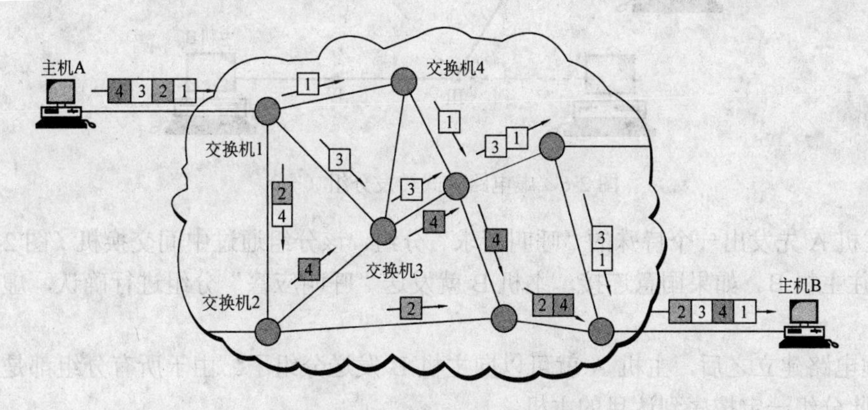

图 2-5　数据报方式转发分组

有序号和完整目的地址的分组，交换机根据转发表转发分组。其原理如下：

1）首先主机A先将分组逐个地发往与它直接相连的交换机1，交换机1将主机A发来的分组缓存。

2）然后查找自己的转发表，不同时刻转发表的内容可能不相同，因此有的分组转发给交换机2，有的分组转发给交换机3和交换机4。

3）依次类推，直到所有分组到达主机B。

注意：当分组正在链路交换机1-交换机2、链路交换机1-交换机3等链路上传送分组时，分组并不占用网络其他部分的资源。换句话说，当主机A在发送分组时，主机B也可同时发送分组。

由以上分析可知数据报方式具有以下特点：

1）发送分组前无需建立连接。

2）网络尽最大努力交付，传输不保证可靠性，即可能丢失。每个分组都是被独立处理的，所以转发的路径可能不同，因此不一定按序到达接收方。

3）在具有多个分组的报文中，交换机尚未接收完第二个分组，已经收到的第一个分组就可以转发出去，不仅减小了延迟，而且大大提高了吞吐量。

4）当某一台交换机或一段链路故障时，可相应地更新转发表，寻找到另一条替代路径转发分组，对故障适应能力强。

5）发送方和接收方不独占某一链路，所以资源利用率高。

2．虚电路

虚电路方式要求在发送数据之前，在源主机和目的主机之间建立一条虚连接。一旦虚连接建立以后，用户发送的数据（以分组为单位）将通过该路径按顺序传送到达目的主机。当通信完成之后用户发出释放虚电路请求，由网络清除该虚连接。

以上描述是不是有一种似曾相识的感觉？没错，虚电路方式与电路交换方式极其相似。其实虚电路方式就是将数据报方式与电路交换方式结合起来，充分发挥二者优点。由以上分析可知，虚电路方式的通信过程分为3个阶段：虚电路建立、数据传输与虚电路释放阶段。

如图2-6和图2-7所示，假设主机A给主机B发送一个报文，原理如下：

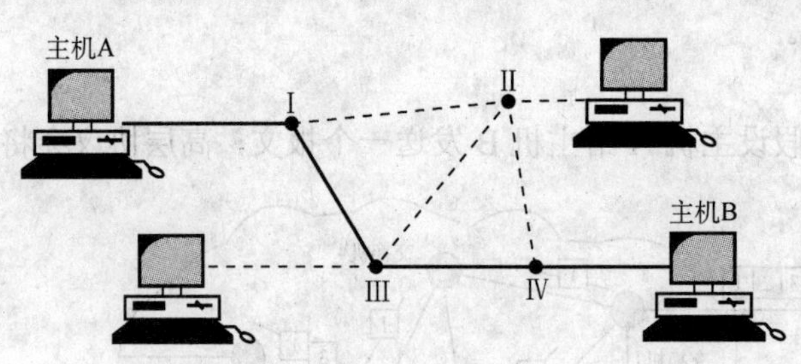

图2-6　虚电路方式转发分组（一）

1）主机A先发出一个特殊的“呼叫请求”分组，该分组通过中间交换机（图2-6中的小圆点）送往主机B。如果同意连接，主机B就发送“呼叫应答”分组进行确认，虚电路就建立好了。

2）虚电路建立之后，主机A就可以向主机B发送分组了。由于所有分组都是走同样的路径，因此分组一定按序到达目的主机。

3）分组传输结束后，主机通过发送“释放请求”分组以拆除虚电路，整个连接就断开了。

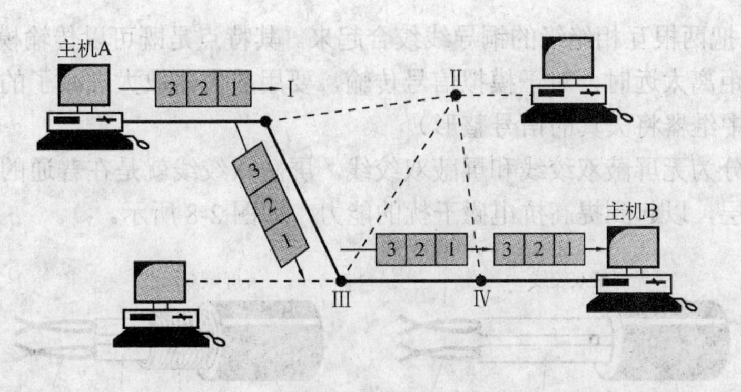

图 2-7 虚电路方式转发分组（二）

由以上分析可知虚电路方式具有以下特点：

1）用户之间通信必须建立连接，数据传输过程中不再需要寻找路径，相对数据报方式时延较小。

2）通常分组走同样的路径，所以分组一定是按序到达目的主机的。

3）分组首部并不包含目的地址，而是包含虚电路标识符，相对数据报方式开销小。

4）当某个交换机或某条链路出现故障而彻底失效时，所有经过该交换机或该链路的虚电路将遭到破坏。

总结：数据报服务与虚电路服务的特性比较。

解析：见表 2-2。

表 2-2 数据报服务与虚电路服务的特性比较

比较标准	数据报服务	虚电路服务
连接的建立	不需要	需要
地址信息	每个分组包含完整的源地址和目的地址	每个分组包含一个虚电路号
状态信息	路由器不保留任何有关连接的状态信息	每个虚电路都要求路由器为每个连接建立表项
分组的转发	每个分组有独立的路径	当虚电路建立的时候选择路径，所有分组都沿着这条路径
路由器失效的影响	没有	所有经过此失效的路由器的虚电路都将终止
端到端的差错处理	由主机负责	由通信子网负责
端到端的流量控制	由主机负责	由通信子网负责
分组的顺序	到达目的站不一定按序	总是按发送顺序到达目的地
思路	可靠通信应当由用户主机来保证	可靠通信应当由网络来保证

注：数据报服务和虚电路服务都由网络层提供。

2.2 传输介质

2.2.1 双绞线、同轴电缆、光纤与无线传输介质

传输介质分为两大类：**导向性传输介质**（就是有一根实实在在的线传播，如双绞线和光纤）和**非导向性传输介质**（在自由空间中自由传播，如红外线、微波）。

导向性传输介质包含双绞线、同轴电缆和光纤。

1）**双绞线**。把两根互相绝缘的铜导线绞合起来。其特点是既可以传输模拟信号，又可以传输数字信号（距离太远时，对于模拟信号传输，要用放大器放大衰减了的信号；对于数字信号传输，要用中继器将失真的信号整形）。

双绞线又可分为无屏蔽双绞线和屏蔽双绞线。屏蔽双绞线就是在普通的双绞线外加上金属丝编织的屏蔽层，以起到提高抗电磁干扰的能力，如图 2-8 所示。

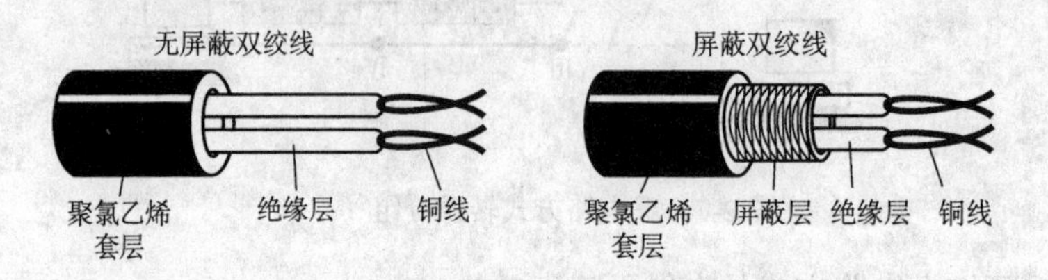

图 2-8　双绞线的结构

2）**同轴电缆**。由内导体铜质芯线、绝缘层、网状编织的外导体屏蔽层以及保护塑料外层组成。它比双绞线的抗干扰能力强，因此传输距离更远。按照特性阻抗数值的不同，同轴电缆又可分为两类：50Ω同轴电缆和 75Ω同轴电缆。其中，50Ω同轴电缆主要用于传送基带数字信号，所以又称为基带同轴电缆；75Ω同轴电缆主要用于传送宽带信号，所以又称为宽带同轴电缆，如图 2-9 所示。

3）**光纤**。即光导纤维，根据光线传输方式不同，光纤可分为单模光纤和多模光纤。其主要优点是频带宽、衰减小、速率高、体积小、抗雷电和电磁干扰性好、误码率低、质量轻、保密性好等。

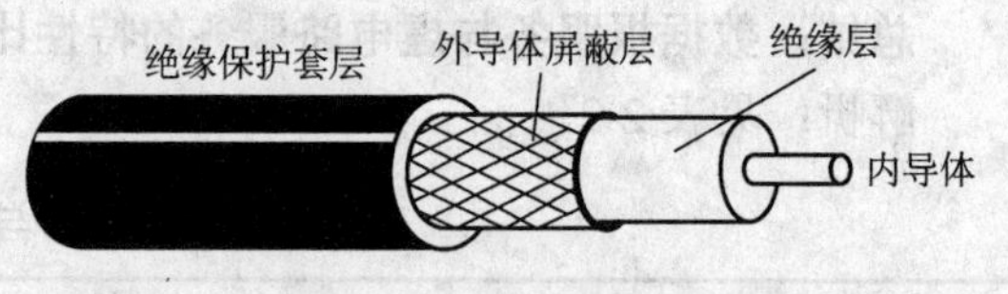

图 2-9　同轴电缆的结构

单模光纤：直径只有一个光波的波长，光线在其中一直向前传播，不会发生多次反射，如图 2-10 所示。单模光纤的光源使用的是昂贵的半导体激光器，而不使用较便宜的发光二极管，因此单模光纤的衰减较小，**适合远距离传输**。

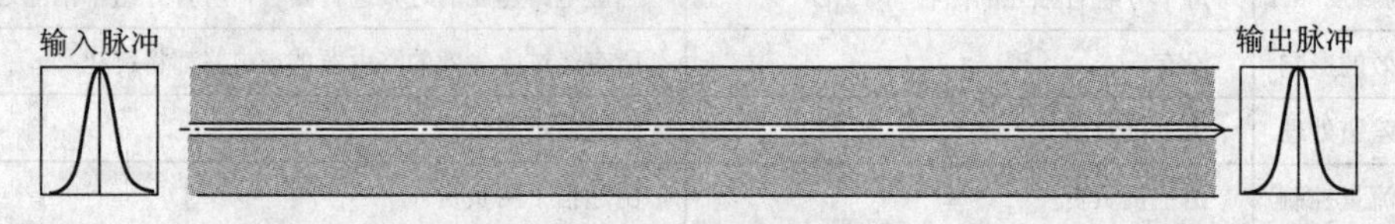

图 2-10　单模光纤

多模光纤：利用光的全反射特性，如图 2-11 所示。多模光纤的光源为发光二极管。由于光脉冲在多模光纤中传输会逐渐展宽，造成失真，因此多模光纤**只适合近距离传输**。

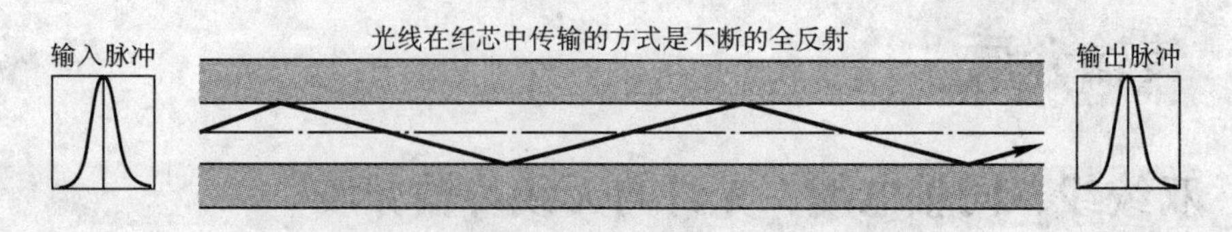

图 2-11　多模光纤

非导向性传输介质有短波、微波、红外线与可见光等。常见的通信方式有短波通信、微波通信、卫星通信、激光通信等。此知识点不太重要，在此就不展开讲解了，有兴趣的同学可参考教材。

2.2.2 物理层接口的特性

讲解此知识点之前，首先需要向考生提出几个问题：物理层是否就是传输介质？如果不是，物理层和传输介质有什么区别？

解析：传输介质并不是物理层。传输介质在物理层的下面。由于物理层是体系结构的第 1 层，因此有时将传输介质称为第 0 层。在传输介质中传输的是信号，但传输介质并不知道所传输的信号代表什么意思。也就是说，传输介质不知道所传输的信号什么时候是 1，什么时候是 0。而物理层由于规定了功能特性，因此能够识别所传送的比特流，如图 2-12 所示。

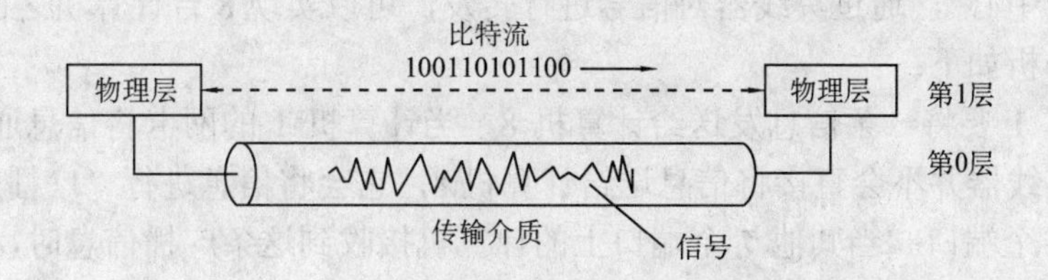

图 2-12 传输介质不是物理层

由以上分析可知，物理层考虑的是怎样才能在连接各种计算机的传输介质上传输数据比特流，而不是指具体的传输介质。物理层应尽可能地屏蔽各种物理设备的差异，使得数据链路层只需考虑本层的协议和服务。换句话说，物理层主要的功能其实就是确定与传输介质的接口有关的一些特性，即物理层接口的特性。对于以下 4 个特性的定义只需记住关键字即可，无须按照教材上的定义死记硬背。

1）机械特性。指明接口的形状、尺寸、引线数目和排列等。

其实这类似于常用的电源插座，一般常见的是 2 个孔的和 3 个孔的，1 个孔和 4 个孔的比较少见，这些就是指明的一些属性。如果生产厂家不按照这个规则来做，就无法与电器连接。

2）电气特性。电压的范围，即何种信号表示电压 0 和 1。

3）功能特性。接口部件的信号线（数据线、控制线、定时线等）的用途。

4）规程特性（2012 年真题已考）：或称为过程特性，物理线路上对不同功能的各种可能事件的出现顺序，即时序关系。

总之，对于该知识点的理解只需知道物理层有这 4 个特性即可，无须深究。

2.3 物理层设备

物理层设备主要包含**中继器**和**集线器**，当然还有其他设备，但考研只需掌握此两种即可。

2.3.1 中继器

在计算机网络中，最简单的就是两台计算机通过两块网卡构成双机互连，这两台计算机的网卡之间一般是由非屏蔽双绞线来充当信号线的。由于双绞线在传输信号时信号功率会逐渐衰减，当信号衰减到一定程度时会造成信号失真，因此在保证信号质量的前提下，双绞线的最大传输距离为 100m。当两台计算机之间的距离超过 100m 时，为了实现双机互连，人们便在这两台计算机之间安装一个中继器，它的作用就是将已经衰减得不完整的信号经过整理，重新产生出完整的信号再继续传送。**注意：放大器和中继器都是起放大信号的作用，只不过放大器放大的是模拟信号，中继器放大的是数字信号。**

2.3.2 集线器

中继器是普通集线器的前身，集线器实际就是一种多端口的中继器。集线器一般有 4、8、16、24、32 等数量的 RJ 45 接口，通过这些接口，集线器便能为相应数量的计算机完成“中继”功能。由于它在网络中处于一种“中心”位置，因此集线器也叫做 Hub。

集线器的工作原理很简单，假设有一个 8 个接口的集线器，共连接了 8 台计算机。集线器处于网络的“中心”，通过集线器对信号进行转发，可以实现 8 台计算机之间的互连互通。具体通信过程分析如下：

假如计算机 1 要将一条信息发送给计算机 8，当计算机 1 的网卡将信息通过双绞线送到集线器上时，集线器并不会直接将信息送给计算机 8，它会将信息进行“广播”，即将信息同时发送给其他 7 个端口。当其他 7 个端口上的计算机接收到这条广播信息时，会对信息进行检查，如果发现该信息是发给自己的，则接收，否则不予理睬。由于该信息是计算机 1 发给计算机 8 的，因此最终计算机 8 会接收该信息，而其他 6 台计算机检查信息后，会因为信息不是发给自己的而不接收该信息。

📖 **补充知识点：**集线器能不能将冲突域隔离开来？

解析：介绍一下冲突域的概念。在某网络中，如果该网络上的两台计算机在同时通信时会发生冲突，那么这个网络就属于一个冲突域。当计算机 1 的网卡将信息通过双绞线送到集线器上时，集线器并不会直接将信息送给计算机 8，它会将信息进行“广播”。如果有多台计算机同时通信时必会发生冲突，所以集线器不能隔离冲突域。

故事助记：假如你在出差，有一个陌生来电，接了之后你却发现打错了，要花费不少漫游费，你生不生气？当然很生气（冲突），所以集线器所有端口都属于一个冲突域，即**集线器不能隔离冲突域**。

集线器在一个时钟周期中只能传输一组信息，如果一台集线器连接的机器数目较多，并且多台机器经常需要同时通信，将导致集线器的工作效率很差，如发生信息堵塞、碰撞等。为什么会这样呢？打个比方，一个集线器连接 8 台计算机，当计算机 1 正在通过集线器发信息给计算机 8 时，如果计算机 2 想通过集线器将信息发给计算机 7，当它试图与集线器联系时，却发现集线器正在忙计算机 1 的事情，于是计算机 2 便会带着数据站在集线器的面前等待，并时时要求集线器停下计算机 1 的事情来帮自己。如果计算机 2 成功地将集线器“抢”过来了（由于集线器是“共享”的，因此很容易抢到手），此时正处于传输状态的计算机 1 的数据便会停止，于是计算机 1 也会去“抢”集线器。可见，集线器上每个端口的真实速度除了与集线器的带宽有关外，与同时工作的设备数量也有关，例如一个带宽为 10Mbit/s 的集线器上连接了 8 台计算机，当这 8 台计算机同时工作时，每台计算机真正所拥有的带宽是 10Mbit/s/8=1.25Mbit/s。

📖 **补充知识点：**

1）通过中继器或集线器连接起来的几个网段仍然是一个局域网。

2）使用集线器的以太网在逻辑上仍是一个总线网，各工作站使用的还是 CSMA/CD 协议（该协议会在数据链路层详细讲解），并共享逻辑上的总线。

习题

1．电路交换的优点有（　　）。

Ⅰ．传输时延小　　Ⅱ．分组按序到达
Ⅲ．无需建立连接　　Ⅳ．线路利用率高

A．Ⅰ、Ⅱ　　B．Ⅱ、Ⅲ
C．Ⅰ、Ⅲ　　D．Ⅱ、Ⅳ

2．下列说法正确的是（　　）。

A．将模拟信号转换成数字数据称为调制
B．将数字数据转换成模拟信号称为解调
C．模拟数据不可以转换成数字信号
D．以上说法均不正确

3．脉冲编码调制（PCM）的过程是（　　）。

A．采样、量化、编码　　B．采样、编码、量化
C．量化、采样、编码　　D．编码、量化、采样

4．调制解调技术主要使用在（　　）通信方式中。

A．模拟信道传输数字数据　　B．模拟信道传输模拟数据
C．数字信道传输数字数据　　D．数字信道传输模拟数据

5．（2012 年统考真题）在物理层接口特性中，用于描述完成每种功能的事件发生顺序的是（　　）。

A．机械特性　　B．功能特性
C．过程特性　　D．电气特性

6．在互联网设备中，工作在物理层的互连设备是（　　）。

Ⅰ．集线器　　Ⅱ．交换机　　Ⅲ．路由器　　Ⅳ．中继器

A．Ⅰ、Ⅱ　　B．Ⅱ、Ⅳ　　C．Ⅰ、Ⅳ　　D．Ⅲ、Ⅳ

7．一个传输数字信号的模拟信道的信号功率是 0.62W，噪声功率是 0.02W，频率范围为 3.5～3.9MHz，该信道的最高数据传输速率是（　　）。

A．1Mbit/s　　B．2Mbit/s　　C．4Mbit/s　　D．8Mbit/s

8．在采用 1200bit/s 同步传输时，若每帧含 56bit 同步信息，48bit 控制信位和 4096bit 数据位，则传输 1024B 需要（　　）秒。

A．1　　B．4　　C．7　　D．14

9．为了使模拟信号传输得更远，可以采用的设备是（　　）。

A．中继器　　B．放大器　　C．交换机　　D．路由器

10．双绞线由螺旋状扭在一起的两根绝缘导线组成，线对扭在一起的目的是（　　）。

A．减少电磁辐射干扰　　B．提高传输速率
C．减少信号衰减　　D．降低成本

11．因特网上的数据交换方式是（　　）。

A．电路交换　　B．报文交换　　C．分组交换　　D．光交换

12．（　　）被用于计算机内部的数据传输。

A．串行传输　　B．并行传输　　C．同步传输　　D．异步传输

13．某信道的信号传输速率为2000Baud，若想令其数据传输速率达到8kbit/s，则一个信号码元所能取的有效离散值个数应为（　　）。

A．2　　B．4　　C．8　　D．16

14．根据采样定理，对连续变化的模拟信号进行周期性采样，只要采样频率大于或等于有效信号的最高频率或其带宽的（　　）倍，则采样值便可包含原始信号的全部信息。

A．0.5　　B．1　　C．2　　D．4

15．数据传输速率是指（　　）。

A．每秒传输的字节数　　B．电磁波在传输介质上的传播速率
C．每秒传输的比特数　　D．每秒传输的码元个数

16．有关虚电路服务和数据报服务的特性，正确的是（　　）。

A．虚电路服务和数据报服务都是无连接的服务
B．数据报服务中，分组在网络中沿同一条路径传输，并且按发出顺序到达
C．虚电路在建立连接后，分组中只需携带虚电路标识
D．虚电路中的分组到达顺序可能与发出顺序不同

17．数据报服务的主要特点不包括（　　）。

A．同一报文的不同分组可以由不同的传输路径通过通信子网
B．在每次数据传输前必须在发送方和接收方间建立一条逻辑连接
C．同一报文的不同分组到达目的结点可能出现乱序、丢失现象
D．每个分组在传输过程中都必须带有目的地址和源地址

18．如果带宽为4kHz，信噪比为30dB，则该信道的极限信息传输速率为（　　）。

A．10kbit/s　　B．20kbit/s　　C．40kbit/s　　D．80kbit/s

19．一次传输一个字符（5～8位组成），每个字符用一个起始码引导，同一个停止码结束，如果没有数据发送，发送方可以连续发送停止码，这种通信方式称为（　　）。

A．并行传输　　B．串行传输　　C．异步传输　　D．同步传输

20．在大多数情况下，同步传输和异步传输分别使用（　　）作为传输单位。

Ⅰ．位　　Ⅱ．字节　　Ⅲ．帧　　Ⅳ．分组

A．Ⅰ、Ⅱ　　B．Ⅱ、Ⅲ
C．Ⅲ、Ⅱ　　D．Ⅱ、Ⅳ

21．（　　）技术可能导致失序。

A．电路交换　　B．报文交换
C．虚电路交换　　D．数据报交换

22．在下列数据交换方式中，数据经过网络的传输延迟长而且是不固定的，所以不能用于语音数据传输的是（　　）。

A．电路交换　　B．报文交换
C．数据报交换　　D．虚电路交换

23．下列交换方式中，实时性最好的是（　　）。

A．电路交换　　B．报文交换
C．数据报交换　　D．虚电路交换

24．（2010年统考真题）在图2-13所示的采用“存储-转发”方式分组的交换网络中所有

链路的数据传输速率为 100Mbit/s，分组大小为 1000B，其中分组头大小为 20B。若主机 H1 向主机 H2 发送一个大小为 980 000B 的文件，则在不考虑分组拆装时间和传播延迟的情况下，从 H1 发送到 H2 接收完为止，需要的时间至少是（　　）。

A．80ms　　　　B．80.08ms

C．80.16ms　　　D．80.24ms

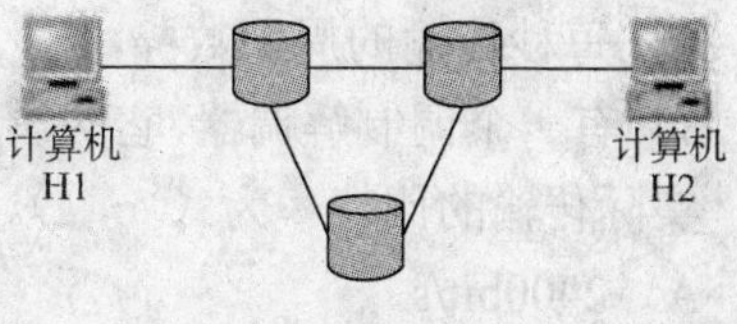

图 2-13 “存储-转发”方式分组的交换网络

25．下列关于卫星通信的说法中，错误的是（　　）。

A．卫星通信的通信距离大，覆盖的范围广

B．使用卫星通信易于实现广播通信和多址通信

C．卫星通信不受气候的影响，误码率很低

D．通信费用高，时延较大是卫星通信的不足之处

26．不含同步信息的编码是（　　）。

Ⅰ．非归零码　　Ⅱ．曼彻斯特编码　　Ⅲ．差分曼彻斯特编码

A．仅Ⅰ　　　　B．仅Ⅱ

C．仅Ⅱ、Ⅲ　　D．Ⅰ、Ⅱ、Ⅲ

27．图 2-14 所示的曼彻斯特编码表示的比特串为（　　）。

A．011001　　B．100110

C．111110　　D．011110

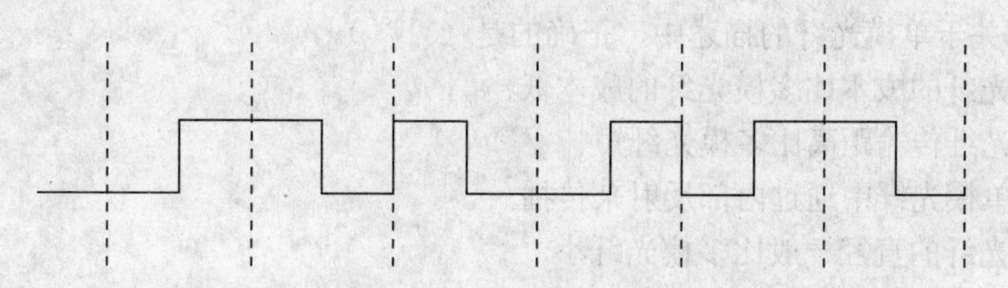

图 2-14　曼彻斯特编码

28．对一个无噪声的 4kHz 信道进行采样，可达到的最大数据传输率是（　　）。

A．4kbit/s　　B．8kbit/s　　C．1kbit/s　　D．无限大

29．假设一个无噪声的信道，带宽是 6MHz，并且采用了 4 级数字信号，那么它每秒可发送的数据量为（　　）。

A．6Mbit　　B．12Mbit　　C．24Mbit　　D．48Mbit

30．（2009 年统考真题）在无噪声的情况下，若某通信链路的带宽为 3kHz，采用 4 个相位，每个相位具有 4 种振幅的 QAM 调制技术，则该通信链路的最大数据传输速率是（　　）。

A．12kbit/s　　B．24kbit/s　　C．48kbit/s　　D．96kbit/s

31．（2011 年统考真题）若某通信链路的数据传输速率为 2400bit/s，采用 4 相位调制，则该链路的波特率是（　　）。

A．600Baud　　B．1200Baud　　C．4800Baud　　D．9600Baud

32．下列编码方式中属于基带传输的是（　　）。

A．FSK　　　　B．移相键控法

C．曼彻斯特编码　　D．正交幅度相位调制法

33．波特率等于（　　）。

A．每秒传输的比特　　B．每秒可能发生的信号变化次数
C．每秒传输的周期数　　D．每秒传输的字节数

34．有一个调制解调器，它的调制星形图如图2-15所示。当它传输的波特率达到2400Baud时，实际传输的比特率为（　　）。

A．2400bit/s　　B．4800bit/s
C．9600bit/s　　D．19200bit/s

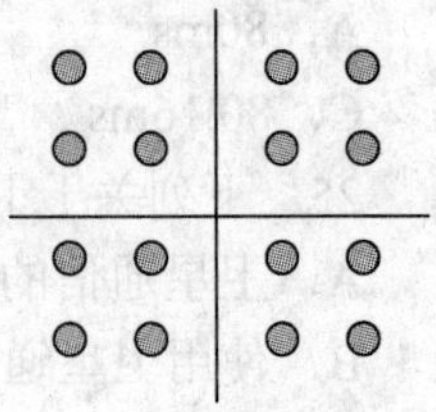

图2-15　调制星形图

35．10Base-T指的是（　　）。

A．10M波特率，使用数字信号，使用双绞线
B．10Mbit/s，使用数字信号，使用双绞线
C．10M波特率，使用模拟信号，使用双绞线
D．10Mbit/s，使用模拟信号，使用双绞线

36．误码率最低的传输介质是（　　）。

A．双绞线　　B．光纤　　C．同轴电缆　　D．无线电

37．同轴电缆比双绞线的传输速度更快，得益于（　　）。

A．同轴电缆的铜心比双绞线粗，能通过更大的电流
B．同轴电缆的阻抗比较标准，减少了信号的衰减
C．同轴电缆具有更高的屏蔽性，同时有更好的抗噪声性
D．以上都对

38．下列关于单模光纤的描述中，正确的是（　　）。

A．单模光纤的成本比多模光纤的成本低
B．单模光纤传输距离比多模光纤短
C．光在单模光纤中通过内部反射来传播
D．单模光纤的直径一般比多模光纤小

39．使用中继器连接局域网是有限制的，任何两个数据终端设备之间允许的传输通路中可使用的集线器个数最多是（　　）。

A．1个　　B．2个　　C．4个　　D．5个

40．一般来说，集线器连接的网络在拓扑结构上属于（　　）。

A．网状　　B．树形　　C．环形　　D．星形

41．下列关于物理层网络设备的描述中，错误的是（　　）。

A．集线器和中继器是物理层的网络设备
B．物理层的网络设备能够理解电压值
C．物理层的网络设备能够分割冲突域
D．物理层的网络设备不理解帧、分组和头的概念

42．当集线器的某个端口收到数据后，具体操作为（　　）。

A．从所有端口广播出去
B．从除了输入端口外的所有端口广播出去
C．根据目的地址从合适的端口转发出去
D．随机选择一个端口转发出去

43．X台计算机连接到一台YMbit/s的集线器上，则每台计算机分得的平均带宽为（　　）。

A．XMbit/s　　B．YMbit/s　　C．YMbit/s/X　　D．XYMbit/s

44．（2013 年统考真题）若图 2-16 为 10 Base-T 网卡接收到的信号波形，则该网卡收到的比特串是（　　）。

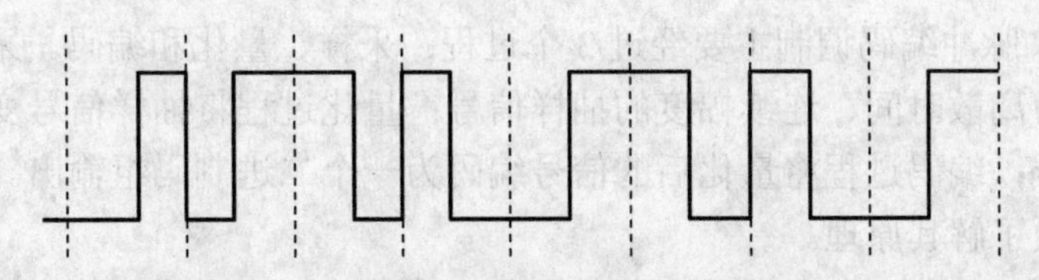

图 2-16　10 Base-T 网卡接收到的信号波形

A．0011 0110　　B．1010 1101
C．0101 0010　　D．1100 0101

45．（2013 年统考真题）主机甲通过 1 个路由器（存储转发方式）与主机乙互联，两段链路的数据传输速率均为 10Mbit/s，主机甲分别采用报文交换和分组大小为 10kbit 的分组交换向主机乙发送 1 个大小为 8Mbit（$1M=10^6$）的报文。若忽略链路传播延迟、分组头开销和分组拆装时间，则两种交换方式完成该报文传输所需的总时间分别为（　　）。

A．800ms、1600ms　　B．801ms、1600ms
C．1600ms、800ms　　D．1600ms、801ms

46．数据传输率为 10Mbit/s 的以太网的码元传输速率是多少？

47．试在下列条件下比较电路交换和分组交换。假设要传送的报文共 x 比特。从源点到终点共经过 k 段链路，每段链路的传播时延为 d 秒，数据传输率为 b 比特每秒。在电路交换时电路的建立时间为 s 秒。在分组交换时分组长度为 p 比特，且各结点的排队等待时间可忽略不计。问：在怎样的条件下，分组交换的时延比电路交换的要小？

48．画出 1100011001 的非归零码、曼彻斯特编码和差分曼彻斯特编码。

49．基带信号与宽带信号的传输各有什么特点？

50．模拟传输系统与数字传输系统的主要特点分别是什么？

51．一个数据报通信子网允许各结点在必要时将收到的分组丢弃。设结点丢弃一个分组的概率为 p。现有一个主机经过两个网络结点与另一个主机以数据报方式通信，因此两个主机之间要经过 3 段链路。当传送数据报时，只要任何一个结点丢弃分组，则源主机最终将重传此分组。试问：

1）每一个分组在一次传输过程中平均经过几段链路？

2）每一个分组平均要传送几次？

3）目的主机每收到一个分组，连同该分组在传输时被丢弃的传输，平均需要经过几段链路？

习题答案

1．解析：A。首先，电路交换是面向连接的，一旦连接建立，数据便可直接通过连接好的物理通路到达接收端，因此传输时延小；其次，由于电路交换中的通信双方始终占用带宽（即使不传送数据），就像两个人打电话都不说话，因此电路交换的线路利用率很低；最后，由于电路交换是面向连接的，由面向连接的服务特性可知，传送的分组必定是按序达到的。

2．解析：D。将数字数据转换变成模拟信号就是调制，相反将模拟信号变成数字数据的过程称为解调，所以A、B错误。由2.1.4小节的讲解可知，脉冲编码调制可以将模拟数据编码为数字信号。

3．解析：A。脉冲编码调制主要经过3个过程：采样、量化和编码。采样过程是将连续时间模拟信号变为离散时间、连续幅度的抽样信号；量化过程将抽样信号变为离散时间、离散幅度的数字信号；编码过程将量化后的信号编码为一个二进制码组输出。此知识点属于死记硬背型的，无须了解其原理。

4．解析：A。调制就是将基带数字信号的频谱变换为适合在模拟信道中传输的频谱，解调正好与之相反。所以，调制解调技术用于模拟信道传输数字数据通信方式，而模拟信道传输模拟数据不需要调制解调技术。

5．解析：C。物理层接口特性有以下4种：

1）机械特性。指明接口的形状、尺寸、引线数目和排列等。

2）电气特性。电压的范围，即何种信号表示电压0和1。

3）功能特性。接口部件的信号线（数据线、控制线、定时线等）的用途。

4）规程特性（过程特性）。物理线路上对不同功能的各种可能事件的出现顺序，即时序关系。

6．解析：C。集线器和中继器都工作在物理层，主要作用是再生、放大信号；而交换机和路由器分别工作在数据链路层和网络层。

7．解析：B。计算信噪比S/N=0.62/0.02=31；带宽W=3.9MHz−3.5MHz=0.4MHz，由香农公式可知，最高数据传输率$V=W\times\log_2(1+S/N)=0.4\text{MHz}\times\log_2(1+31)=2\text{Mbit/s}$。

8．解析：C。计算每帧帧长=56bit+48bit+4096bit=4200bit，1024B=8192bit，由于每帧都有4096bit数据位，因此可将8192bit分成2帧传输，一共需要传输8400bit，而同步传输的速率是1200bit/s，传输8400bit需要7s。

9．解析：B。首先，要使模拟信号传播得更远，就需要对其进行放大，而放大信号是物理设备应执行的功能，所以交换机（数据链路层）和路由器（网络层）可以排除；其次，中继器和放大器都可以放大信号，但是两者的区别在于中继器放大数字信号，放大器放大模拟信号。

📖 **补充知识点：**信号在传输介质上传输，经过一段距离后，信号会衰减。为了实现远距离的传输，模拟信号传输系统采用放大器来增强信号中的能量，但同时也会使噪声分量增强，以致引起信号失真。对于数字信号传输系统，可采用中继器来扩大传输距离。中继器接收衰减的数字信号，把数字信号恢复成0和1的标准电平，这样有效地克服了信号的衰减，减少了失真。所以得出一个结论：数字传输比模拟传输能获得更高的信号质量。

10．解析：A。此题记住即可。

11．解析：C。电路交换主要用于电话网，报文交换主要用于早期的电报网。因特网使用的是分组交换，具体包括数据报和虚电路两种方式。

12．解析：B。并行传输的特点：距离短、速度快。串行传输的特点：距离长、速度慢。所以在计算机内部（距离短）传输应该选择并行。而同步、异步传输是通信方式，不是传输方式。

13．解析：D。对于信号传输速率为2000Baud，要使数据传输速率达到8kbit/s，则一个码元须携带4bit的信息，所以一个信号码元所能取的有效离散值个数应为2^4=16个。

14．解析：C。此题记住即可。

15．解析：C。此题记住即可。

16．解析：C。参考 2.1.6 小节的知识点讲解。

17．解析：B。参考 2.1.6 小节的知识点讲解。

18．解析：C。信噪比常用分贝（dB）表示，在数值上等于 10lg(S/N)（dB）。题目已知带宽 W=4kHz，信噪比 $S/N=10^{30/10}=1000$，根据香农定理得出该信道的极限信息传输速率公式：$C=W\times\log_2(1+S/N)=4kHz\times\log_2(1+1000)\approx40kbit/s$。

19．解析：C。本题考查了异步传输的基本概念，记住即可。

20．解析：C。异步传输以字节为传输单位，每一字节增加一个起始位和一个终止位。同步传输以数据块（帧）为传输单位（可以参见本章习题 8，一次性传 4200bit），为了使接收方能判定数据块的开始和结束，需要在每个数据块的开始处加一个帧头，在结尾处加一个帧尾。接收方判别到帧头就开始接收数据块，直到接收到帧尾为止。

📖 **补充知识点**：从以上分析可以大致来讨论同步传输和异步传输的效率。同步传输可以从习题 8 看出，帧头和帧尾只占数据位很小的一部分，几乎可以忽略不计，可以认为同步传输的传输效率近似为 100%，但是异步传输每传 8bit 就要加一个起始位和一个终止位，可以得到异步传输的效率为 80%，**所以同步传输比异步传输的效率高**。

注意：此题应看清题目的条件限制，大多数情况下异步传输是以 8bit 长的字符为单位，也就是 1B。当然，特殊情况会有，也有可能字符长度超过 8bit，小概率事件不予考虑。

21．解析：D。在数据报分组交换中，一个报文被分成多个分组，每个分组可能由不同的传输路径通过通信子网而达到目的地，因此可能导致失序。

22．解析：B。在报文交换中，交换的数据单元是报文。由于报文大小不固定，在交换结点中需要较大的存储空间。另外，报文经过中间结点的接收、存储和转发时间较长而且也不固定，因此不能用于实时通信应用环境（如语音、视频等）。

23．解析：A。计算机通信子网的交换技术主要有两种方式：电路交换和存储转发交换。

存储转发交换方式又可分为报文交换和分组交换。分组交换在实际应用过程中又可分为数据报分组交换和虚电路分组交换。在电路交换方式中，虽然在数据传输之间需要建立一条物理连接（这需要一定的延迟），但一旦连接建立起来，后续所有数据都将沿着建立的物理连接按序传送，传输可靠且时延很小。在存储转发交换方式中，报文或分组都要经过中间结点的若干次存储、转发才能到达目的结点，这将增加传输延迟。因此，与存储转发交换方式相比，电路交换具有较小的传输延迟，实时性较好，适用于高速大量数据传输。

24．解析：C。已知分组大小为 1000B，其中分组头大小为 20B，可以得出每个分组的数据部分为 980B，所以大小为 980 000B 的文件应该分为 1000 个分组传送，每个分组 1000B（加上了头部 20B），所以一共需要传送 1000 000B 的信息，而链路的数据传输速率为 100Mbit/s，即 12.5MB/s，所以主机 H1 传送完所有数据需要的时间为 1000 000B/12.5MB/s=80ms。此时恰好最后一个分组从主机 H1 出去，还没有被主机 H2 接收，而一个分组从主机 H1 需要经过两次存储转发才能到达主机 H2（不考虑传播时延），需要用时为 $2\times1000B/12.5MB/s=0.16ms$。综上所述，总共用时为 80ms+0.16ms=80.16ms。

25．解析：C。卫星通信是微波通信的一种特殊形式，通过将地球同步卫星作为中继器来转发微波信号，可以克服地面微波通信距离的限制。卫星通信的优点是通信距离远、费用与通信距离无关、覆盖面积大、通信容量大、不受地理条件的制约、易于实现多址和移动通信，其缺点是费用较高、传输延迟大、对环境气候较为敏感。

26．解析：A。非归零码是最简单的一种编码方法，它用低电平表示 0，高电平表示 1；或者反过来。由于每个码元之间并没有间隔标志，因此它不包含同步信息。

曼彻斯特编码和差分曼彻斯特编码都是将每个码元分成两个相等的时间间隔，将每个码元的中间跳变作为收发双方的同步信号，所以无需额外的同步信号，实际应用得较多。但它们所占的频带宽度是原始的基带宽度的 2 倍。

27．解析：A。曼彻斯特编码每一周期分为两个相等的间隔。二进制“1”在发送时，在第一个间隔中为高电压，在第二个间隔中为低电压；二进制“0”正好相反，首先是低电压，然后是高电压。根据所给图形可知，该曼彻斯特编码表示的比特串为 011001。

提醒：有些教材或者辅导书恰好和本题的“1”和“0”的表现形式相反，这个不用疑惑，知道即可，考研不可能考这种题，仅仅作为练习用以了解曼彻斯特编码。

28．解析：D。一个无噪声的信道可以发送任意数量的信息，而与它如何被采样无关。在 4kHz 的信道上，采样频率需要是 8kHz（即每秒可进行 8k 次采样）。如果每次采样可以取得 16bit 的数据，那么信道的最大数据传输率就可以是 128kbit/s；如果每个采样可以取得 1024bit 的数据，那么信道的最大数据传输率就可以是 8Mbit/s。所以说，只要编码编得足够好（每个码元能携带更多的比特），最高码元传输速率是可以无限大的。

另外一种直观的解释就是使用奈奎斯特公式，无噪声最大数据传输率 $C_{max}=f_{采样}\times\log_2N=2f\times\log_2N$(其中 f 表示带宽)$=8k\times\log_2N$，而这个 N 可以无穷大（上面解释过）。

注意：这里的关键点在于信道是无噪声的，如果是在一个有噪声的 4kHz 的信道中，根据香农定理则不允许无限大的数据量。

29．解析：C。根据奈奎斯特定理，可以对信道每秒采样 12M 次。因为是 4 级数字信号，每次采样可获得 2bit 的数据，所以总共的数据传输率是 24Mbit/s，即每秒发送了 24Mbit 的数据。

提醒：4 级数字信号指什么？这个无需知道，在考研中，只需记住一点，看到这种条件，直接 $\log_2$ 即可，得到有用的信息。包括后面的习题 30 也是这样。

30．解析：B。假设原始信号中的最大频率为 f，那么采样频率 $f_{采样}$必须大于或等于 f 的两倍，才能保证采样后的数字信号完整保留原始信号的信息。题目中已经给出最大频率为 3kHz（在模拟信号中，带宽可以看成是最大频率），所以需要 6kHz 的采样频率；已知采用 4 个相位，并且每个相位有 4 种振幅，也就是说可以表示 16 种状态，所以一个码元可以携带 4bit（$2^4=16$）的信息，该通信链路的最大数据传输速率 $C_{max}=f_{采样}\times\log_2 16=24$kbit/s。

31．解析：B。已知采用 4 个相位，即可以表示 4 种状态，所以一个码元可以携带 2bit（$2^2=4$）的信息。根据比特率（或者称为数据传输率）和波特率的关系，假设每个码元可以携带 n 位信息，则比特率=n×波特率，由题意可知，比特率为 2400bit/s，且 n=2，所以波特率为 1200Baud。

32．解析：C。要清楚基带传输所传输的是数字信号，而曼彻斯特编码是 0 和 1 格式的信号，因此并没有经过调制而变成模拟信号，所以属于基带传输。其他 3 个选项都是将数字信号调制成模拟信号的编码方式，因此不属于基带传输，属于宽带传输。

33．解析：B。波特率表示信号每秒变化的次数（注意和比特率的区别）。

34．解析：C。如图 2-15 所示，对于该调制解调器的每个变化能够表示 16 种不同的信号。所以每个变化可以表示的比特数为 $n=\log_2V$，解得 n=4，比特率=波特率×n，即 9600bit/s。

35．解析：B。10 表示每秒传输 10Mbit 数据，因此是 10Mbit/s。Base 表示采用基带传输，

所以为数字信号。T 表示使用了双绞线（Twisted-pair）。

36．解析：B。属于记忆性的题目，光纤是采用光通信，特点是带宽大，误码率小。

37．解析：C。同轴电缆以硬铜线为芯，外面包上一层绝缘的材料，绝缘材料的外面包裹上一层密织的网状导体，导体的外面又覆盖上一层保护性的塑料外壳。同轴电缆的这种结构使得它具有更高的屏蔽性，从而既有很高的带宽，又有很好的抗噪特性。所以，同轴电缆的传输速度更快得益于它的高屏蔽性。

38．解析：D。参考 2.2.1 小节的知识点讲解。多模光纤使用了光束在其内部反射来传输光信号，而单模光纤的直径减小到一个光波波长大小，如同一个波导，光只能按照直线传播，而不会发生反射。

39．解析：C。参考下面的补充知识点。

补充知识点：5-4-3 规则是什么？需要掌握吗？

解析：这个知识点考研题中出现的概率为 0，仅仅是一个规则而已，是固定的知识点。而考研题越来越不会倾向于概念的考查，大部分都是应用题。下面简要介绍 5-4-3 规则的基本定义，有兴趣的同学可以了解一下。

5-4-3 规则：任意两台计算机之间最多不能超过 5 段线（包括集线器到集线器的连接线缆，也包括集线器到计算机之间的连接线缆）；4 个集线器，其中只能有 3 个集线器直接与计算机或网络设备连接。如果不遵循此规则，将会导致网络故障。

40．解析：D。集线器的作用是将多个网络端口连接在一起，也就是以集线器为中心。所以使用它的网络在拓扑结构上属于星形结构。

41．解析：C。物理层的网络设备不能将冲突域隔离开来，整个以物理层设备连接起来的网络是处在一个冲突域中的。

42．解析：B。集线器的工作原理为：当某个端口收到数据后，数据将从除了输入端口外的所有端口广播出去。

43．解析：C。集线器以广播的方式将信号从除输入端口外的所有端口输出，因此任意时刻只能有一个端口的有效数据输入，则平均带宽为 YMbit/s/X，更详细的解释可参考 2.3 节的知识点讲解。如果将此题改为 X 台计算机连接到一台 YMbit/s 的交换机上，则每台计算机分得的平均带宽为 YMbit/s，这里就不必除以 X 了。此处不理解没有关系，后面讲到交换机的工作原理就明白了。

44．解析：A。10 Base-T 代表的就是传统的以太网，而以太网使用的是曼彻斯特编码，而该编码将每个码元分成两个相等的间隔。前面一个间隔为高电平而后一个间隔为低电平表示码元 1；码元 0 正好相反。于是可以得到该网卡收到的比特串是 0011 0110。

45．解析：D。当采用报文交换时，只需考虑两次发送时延，一次是在主机甲，一次是在路由器（因为采用了存储转发方式）。每次的发送时延都是 8Mbit÷10Mbit/s=800ms，所以当采用报文交换时，完成该报文传输所需的总时间共计 1600ms。

当采用分组交换时，每个分组大小为 10kbit，发送时延为 10kbit/10Mbit/s=1ms，共计 800 个分组。其实这里采用了流水线的方式工作，当第 N 个分组在路由器转发时，第 N+1 个分组在主机甲发送（因为忽略传播时延）。所以除了第 1 个分组需要占用 2 个发送时延，以后每 1 个发送时延都会有 1 个分组到达主机乙，共计 2+（800−1）×1ms=801ms。

46．解析：解答此题需要清楚以太网的编码方式为**曼彻斯特编码**，即将每个码元分成 2 个相等的间隔。码元 1 是在前一个间隔为高电平而后一个间隔为低电平；码元 0 正好相反，从低电平变到高电平。掌握了这个，这道题就很简单了。首先码元传输速率即波特率，以太网使用曼彻斯特编码，就意味着发送的每一位都有两个信号周期。标准以太网的数据传输率是 10Mbit/s，因此码元传输速率是数据传输速率的 2 倍，即 20MBaud。也就是说，码元传输率为 20MBaud。

☞ **可能疑问点：** 知道一个码元可以携带 nbit，但从没有听说过 1bit 要多少个码元来表示。是我理解错了，还是本身就是这样？

解析：不少考生脑海里总是觉得码元应该至少携带 1bit 或者更多的比特，怎么可能在数值上波特率还大于比特率。其实考生不必纠结于此，解释如下：

现在先不谈曼彻斯特编码，即那种需要同步信号的。假设在二进制的情况（正常情况）下，一个码元携带 1bit 数据，这样码元传输率在数量上就等于数据传输率。但是现在不一样了，曼彻斯特编码需要用一半的码元来表示**同步信号**（关键点），一半码元来传输数据（可以认为 2 个码元传 1bit 数据），这样要达到 10Mbit/s 的数据传输率，码元传输率就应该是 20MBaud，解释完毕。不要试图去研究透彻，记住就好！

47．解析：

1）电路交换。

电路交换的过程：先建立连接，建立连接之后再发送数据（发送时延）。这里需要注意，采用电路交换时，中间经过的结点是不需要存储转发的，这点与分组交换不一样。下面分别计算。

建立连接的时间：s。

发送时延=报文长度/数据传输率=x/b。

传播时延=每段链路的传播时延×总的链路数=dk。

综上所述，电路交换的总时延=s+x/b+dk，单位是秒。

2）分组交换。

分组交换的过程：分组交换无需建立连接，直接发送。所以重点在于计算传播时延与发送时延（分组每经过一个结点都需要存储转发）。下面分别计算（计算之前建议大家画一个草图，从图中应该很容易地看出 k 段链路有 k+1 个结点。也就是说，除了发送端与接收端，中间还有 k−1 个结点）。

传播时延：假设有 n 个分组，虽然这 n 个分组都会有传播时延，但是仔细想想，是不是只需计算最后一个分组的传播时延？因为前 n−1 个分组在传播时，发送端还在发送，时间是重叠的，无需重新计算，所以只需计算最后一个分组的传播时延，则传播时延为 kd。

发送时延：应该计算发送端的发送时延，假设有 n 个分组，则 n≈x/p，而每个分组的发送时延为 p/b，所以发送端的发送时延为(x/p)×(p/b)。但是这个绝对不是所有的发送时延，仅仅是计算了从第 n 个分组离开发送端的时间，但是最后一个分组是不是中间还要经过 k−1 个结点？所以中间会产生一个存储转发时延，即(k−1)×(p/b)，总的发送时延=(x/p)×(p/b)+(k−1)×(p/b)。

综上所述，分组交换的总时延=kd+(x/p)×(p/b)+(k−1)×(p/b)。

所以要使分组交换的时延比电路交换的要小，也就是：

$$kd+(x/p)\times(p/b)+(k-1)\times(p/b)<s+x/b+dk，即$$

$$(k-1)\times(p/b)<s$$

48．解析：1100011001 的非归零码、曼彻斯特编码和差分曼彻斯特编码如图 2-17 所示。

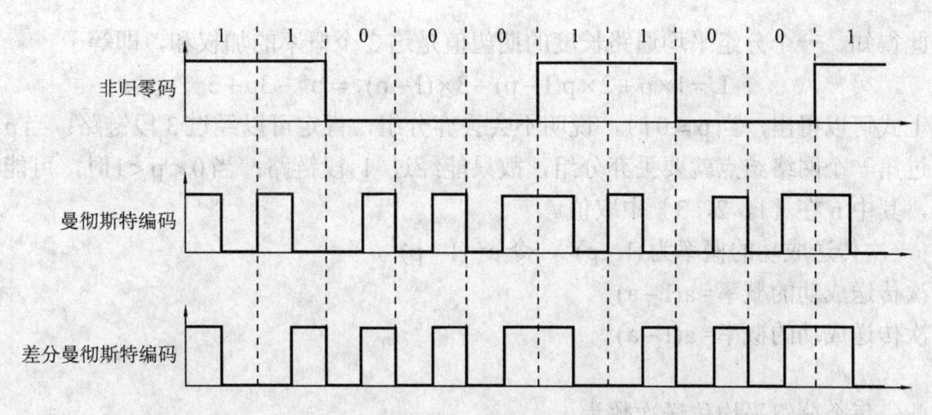

图 2-17　1100011001 的非归零码、曼彻斯特编码和差分曼彻斯特编码

49．解析：

1）基带信号的传输特点。将数字信号“1”或者“0”直接用两种不同的电压表示，这种高电平和低电平不断交替的信号称为基带信号，而基带就是这种原始信号所占的基本频带。将基带信号直接送到线路上的传输称为基带传输。基带传输要求信道有较宽的频带。在基带系统中，要用**中继器**增加传输距离。

2）宽带信号的传输特点。将多路基带信号、音频信号和视频信号的频谱分别移到一条电缆的不同频段传输，这种传输方式称为宽带传输。宽带传输所传输的信号都是经过调制后的模拟信号，因此可以用宽带传输系统实现文字、声音和图像的一体化传输。在宽带系统中，要用**放大器**增加传输距离。

50．解析：模拟传输系统通过导线或空间传输模拟信号，信息是通过信号的幅度、频率、相位及它们的组合变量传递的。普通电话系统是典型的模拟传输实例，调制解调器是利用模拟信道传输数据的典型设备，而 RS-232 和 RS-449 是利用模拟信道传输数字数据的典型接口。

数字传输系统利用数字信号进行信息传输，数字信号本身就可以表示二进制信息“1”和“0”。当数字信号沿着线路传播得越来越远时，其衰减要比模拟信号的衰减快，因此一般来说，模拟信号可比数字信号传输更长的距离而不会引起不可接受的衰减。使用模拟传输，可以在传输上做频分复用，对同一介质使用不同的载波频率划分多个通道，让频分复用的所有用户在同样的时间占用不同的带宽资源；而数字信号的传输通常占用介质的整个带宽。

但是，在某些重要的方面，数字传输优于模拟传输。数字传输的第一个优点是误码率低。虽然模拟电路可使用放大器来补偿信号在线路中的衰减，但做不到准确补偿，而衰减随频率变化，长途通话经过许多放大器后很可能有相当大的畸变。相反，数字再生器能够将衰减的输入信号准确地恢复到它原来的值，因为输入信号只可能有两个值“0”和“1”，数字再生器不具有累加性误码。数字传输的第二个优点是能够把多媒体信息时分复用（混合）在一起，从而更有效地利用设备。另外，利用同样的线路，通常数字信号传输能够获得更高的数据传输率。现今电话网的局间线路几乎都采用数字信号传输。

51．解析：1）从源主机发送的每个分组可能走 1 段链路（主机—结点）、两段链路（主机—结点—结点）或 3 段链路（主机—结点—结点—主机）。

走 1 段链路说明经过第一个网络结点时就被丢弃了，概率为 p。

走两段链路说明经过第二个网络结点时才被丢弃，概率为 $p(1-p)$。

走 3 段链路说明前面两个网络结点都没有丢失分组，概率为 $(1-p)^2$。

由此得知，一个分组平均通路长度的期望值是这3个概率的加权和，即等于

$$L = 1\times p + 2\times p(1-p) + 3\times(1-p)^2 = p^2 - 3p + 3$$

从上式可以得出，当$p=0$时，说明不会丢弃分组，肯定可以经过3段链路；当$p=1$时，说明经过第一个网络结点就要丢弃分组，故只能经过 1 段链路；当$0<p<1$时，可能经过 n 条链路，其中 n 在｛1，2，3｝中取值。

2）一次传送成功的概率为$(1-p)^2$，令 $a=(1-p)^2$，

两次传送成功的概率=$a(1-a)$

三次传送成功的概率=$a(1-a)^2$

⋮

因此，每个分组平均传送次数为：

$$T = \sum_{n=1}^{\infty} na(1-a)^{n-1} = \frac{1}{a} = \frac{1}{(1-p)^2}$$

3）每个被成功接收到的分组平均经过的链路数 H 为：

$$H = L\times T = (p^2 - 3p + 3)/(1-p)^2$$

第3章　数据链路层

大纲要求

（一）数据链路层的功能
（二）组帧
（三）差错控制
1．检错编码
2．纠错编码
（四）流量控制与可靠传输机制
1．流量控制、可靠传输与滑动窗口机制
2．停止-等待协议
3．后退N帧协议（GBN）
4．选择重传协议（SR）
（五）介质访问控制
1．信道划分介质访问控制
频分多路复用、时分多路复用、波分多路复用、码分多路复用的概念和基本原理
2．随机访问介质访问控制
ALOHA协议、CSMA协议、CSMA/CD协议、CSMA/CA协议
3．轮询访问介质访问控制：令牌传递协议
（六）局域网
1．局域网的基本概念与体系结构
2．以太网与IEEE 802.3
3．IEEE 802.11
4．令牌环网的基本原理
（七）广域网
1．广域网的基本概念
2．PPP
3．HDLC协议
（八）数据链路层设备
1．网桥的概念和基本原理
2．局域网交换机及其工作原理

考点与要点分析

核心考点

1. （★★★★★）流量控制与可靠传输机制、CSMA/CD 原理，特别是争用期和截断二进制指数退避算法
2. （★★★★）网桥的概念和基本原理
3. （★★）组帧机制和差错控制机制，特别是循环冗余码和海明码需重点掌握

基础要点

1. 数据链路层的概念和功能
2. 帧的概念，了解帧的4种组帧方法，掌握其中带位填充的首尾标志法
3. 差错控制的基本概念和方法
4. 流量控制的基本概念与可靠传输机制
5. 4种信道划分介质访问控制的基本概念，其中波分多路复用、码分多路复用了解即可
6. 3种可靠传输协议以及HDLC协议和PPP
7. 数据链路层各设备的基本工作原理与其他各层设备的区别

本章知识体系框架图

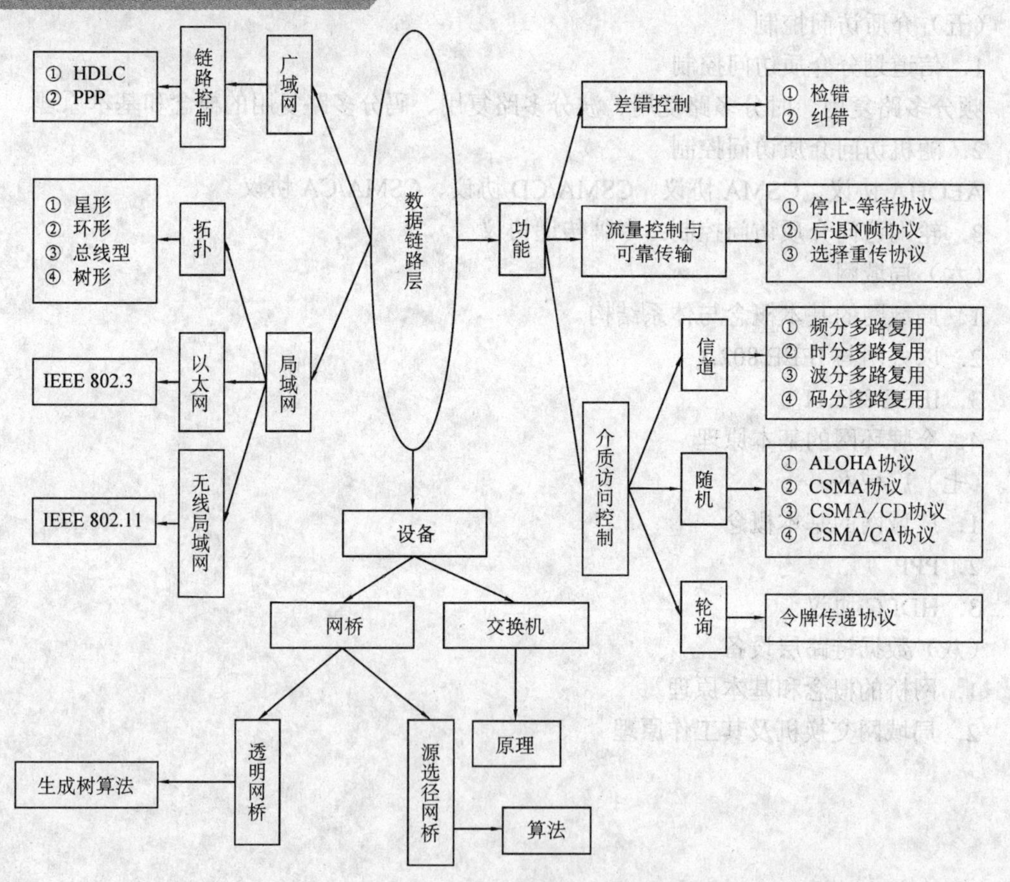

知识点讲解

在近两年的答疑过程中，编者发现大部分考生存在着一些共同的**矛盾问题**，也正因为这些问题导致考生复习完数据链路层后总是处在矛盾之中，于是在论坛频繁出现下面这个问题：

学长呀，看了三本辅导书，对于此题的答案竟然是三本书都不一样，而且每本书解释的都极其有道理，求此题的权威答案（摘自天勤论坛）。

编者总结出了问题的根源如下：

第一方面：由于各种教材和辅导书的编写年代不一样，导致有些题目的答案出现了质的变化。其实问题不是出在辅导书上，而是出在技术的更新上。

第二方面：辅导书讲解不细致，而考生却做了一些极其深层的习题，从而对以前掌握的知识点提出了质疑。

本书不可能把考生遇到的所有问题都囊括进去，只是进行一般性总结，以下总结有望帮助考生扫除 90%以上的疑问。

常见问题一：旧版的《计算机网络》认为数据链路层的任务是在两个相邻结点之间的线路上无差错地传送以帧（Frame）为单位的数据。数据链路层可以把一条有可能出差错的实际链路，转变为让网络层向下看起来好像是一条不出差错的链路。但《计算机网络》（第 5 版）中对数据链路层的提法改变了：数据链路层的传输不能让网络层向下看起来好像是一条不出差错的链路。到底哪种说法是正确的？

解析：首先需要回到第 1 章讲解的 OSI 体系结构和 TCP/IP 体系结构。旧版的《计算机网络》教材对数据链路层的阐述都是基于 OSI 体系结构的，OSI 体系结构的数据链路层采用的是面向连接的 HDLC 协议（后讲），它提供可靠传输的服务。因此，旧版的《计算机网络》的提法对 OSI 体系结构是正确的，也就是说，以前确实是数据链路层向网络层提供了一条不出差错的链路。

2003 年以后新版的《计算机网络》更加突出了 TCP/IP 体系结构。现在因特网的数据链路层协议使用得最多的就是 PPP 和 CSMA/CD 协议（这种情况就是使用拨号入网或使用以太网入网）。这两种协议都不使用序号和确认机制，因此也就不能“让网络层向下看起来好像是一条不出差错的链路。”

因此，新版的《计算机网络》的提法符合当前计算机网络的现状。当接收端通过差错检测发现帧在传输中出了差错后，或者默默丢弃而不进行任何其他处理（当使用 PPP 或 CSMA/CD 协议时），这是现在的大多数情况；或者使用重传机制要求发送方重传（当使用 HDLC 协议时），但这种情况现在很少使用。如果需要可靠传输，那么就由高层的 TCP（后讲）负责重传。但数据链路层并不知道这是重传的帧，所以还是默认可靠传输由传输层的 TCP 负责，而不是数据链路层。

但是很多同学就可能会问，当数据链路层使用 PPP 或 CSMA/CD 协议时，既然不保证可靠传输，那么为什么对所传输的帧进行差错检验呢？这不是多此一举吗？其实不是这样的，当数据链路层使用 PPP 或 CSMA/CD 协议时，在数据链路层的接收端对所传输的帧进行差错检验是为了不将已经发现了有差错的帧（不管是什么原因造成的）收下来。如果在接收端不进行差错检验，那么接收端上交给主机的帧就可能包括在传输中出了差错的帧，而这样的帧对接收端主机是没有用处的。换言之，接收端进行差错检验的目的是保证“上交主机的帧都是没有传输差错的，有差错的都已经丢弃了（丢弃的不重传，所以不可靠）”。或者更加严格地说，应当是“我们以很接近于 1 的概率认为，凡是上交主机的帧都是没有传输差错的”。

常见问题二：数据链路层有流量控制吗？

解析：数据链路层到底有没有流量控制，不能一概而论，而需要看讨论的前提。在 OSI 体系结构中，数据链路层肯定有流量控制，而在 TCP/IP 体系结构中，数据链路层的流量控制被移到了传输层，那么就没有必要再在数据链路层设置流量控制了。

3.1 数据链路层的功能

数据链路层在物理层所提供服务的基础上向网络层提供服务，即将原始的、有差错的物理线路改进成逻辑上无差错的数据链路，从而向网络层提供高质量的服务。它一般包括 3 种基本服务：无确认的无连接服务、有确认的无连接服务和有确认的有连接服务（记忆方式：有连接就一定要有确认，因为对方主机必须确认才可建立连接，即不存在**无确认有连接服务**）。至于以上 3 种服务的详细讲解可参考第 1 章的 1.2.2 小节。

具体地说，数据链路层的主要功能如下。

1）**链路管理。**负责数据链路的建立、维持和释放，主要用于面向连接的服务。

2）**帧同步。**接收方确定收到的比特流中一帧的开始位置与结束位置。

📖 **补充知识点：**帧定界。

解析：当两个主机互相传送信息时，网络层的分组必须将封装成帧，并以帧的格式进行传送。将一段数据的前后分别添加首部和尾部，就构成了帧。首部和尾部中含有很多控制信息，这些信息的重要作用之一是确定帧的界限，即帧定界，例如，在 HDLC 协议中的帧格式使用标志 F（01111110）来标识帧的开始和结束，如图 3-1 所示（有关 HDLC 协议在 3.7.3 小节将会有更详细的讲解）。

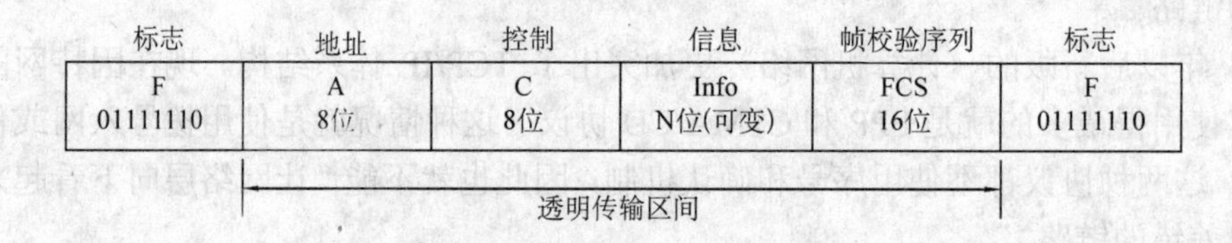

图 3-1　HDLC 协议中的标准帧格式

3）**差错控制。**用于使接收方确定接收到的数据就是由发送方发送的数据，3.3 节将详细讲解。

4）**透明传输。**假设在图 3-1 中的透明传输区间里出现了 01111110 这样的比特组合，也就是与帧定界符相同，岂不是会被误认为是传输结束而丢弃后面的数据？显然，这样的情况是绝对不允许发生的，于是就发明了透明传输来解决此问题。其实，透明传输就是不管数据是什么样的比特组合，都应当能在链路上传送。本章后面还会对透明传输图文并茂地进行详细解释，此处了解即可。

3.2 组帧

疑问：为什么组帧的时候既要加首部，又要加尾部？而报文切割成分组只加首部？

解析：因为在网络中是以帧为最小单位进行传输的，所以接收端要正确地收到帧，必须要清楚该帧在一串比特流中是从哪里开始到哪里结束的（因为接收端收到的是一串比特流，没有首部和尾部是不能正确区分帧的）。而分组（也称为 IP 数据报）仅仅是包含在帧的数据部分（后面将详细讲解），所以不需要加尾部来定界。

为什么要组帧？直接传送比特流不就可以了，还免去了帧同步、帧定界、透明传输等问题。但是反过来思考，万一传送比特流出错了呢？那就得重传全部的比特流。而组帧的优点是，如果出错了，只需发送出错的帧即可，这相对于增加了帧同步、帧定界、透明传输问题是值得的。组帧也不能随意组合，要让接收方看得懂才可以，所以就需要依据一定的规则将网络层递交下来的分组组装成帧。通常情况下，只需掌握以下 4 种组帧方法（其中第 3 种、第 4 种方法不重要，了解即可）。

3.2.1 字符计数法

字符计数法是用一个特殊的字符来表示一帧的开始，然后用一个计数字段来表明该帧包含的字节数。当目的主机接收到该帧时，根据此字段提供的字节数，便可知道该帧的结束位和下一帧的开始位，如图 3-2 所示。

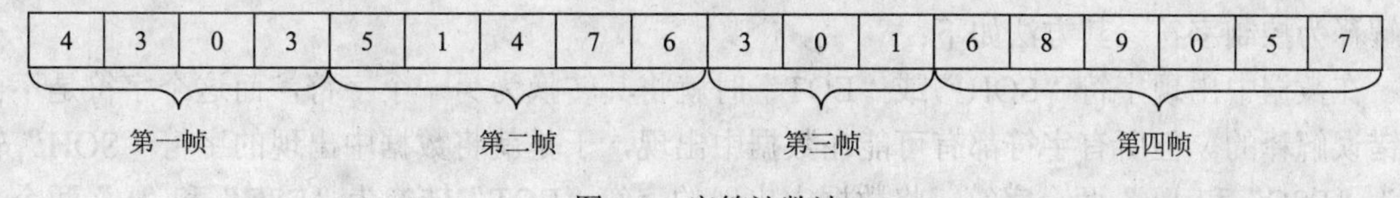

图 3-2　字符计数法

注意：从图 3-2 中可以看出，计数字段提供的字节数包含自身所占的一个字节。

字符计数法存在的问题：如果计数字段在传输中出现差错，接收方就无法判断所传输帧的结束位，当然也无法知道下一帧的开始位，这样就无法帧同步了。由于此原因，字符计数法很少被使用。

3.2.2 字节填充的首尾界符法

其实可以将其拆开理解，首先讨论一下首尾界符法。

由 C 语言的知识可以知道 ASCII 码是 7 位编码，可以组成 128 个不同的 ASCII 码，但是可以打印（就是可以从键盘输入的字符）的只有 95 个字符，那么当传送的帧是文本文件（都是从键盘输入的）时，就可以在剩下的 33 个控制字符中选定 2 个字符（教材中选用了 SOH 与 EOT 分别作为帧开始符和帧结束符）作为每一帧的开始和结束，这样接收端只需要判断这两个控制字符出现的位置就能准确地分割成帧，如图 3-3 所示。

图 3-3　SOH 与 EOT 分别作为帧开始符和帧结束符

注意：字符 SOH 代表 Start of Header（首部开始），而 EOT 代表 End of Transmission（传

输结束）。SOH 和 EOT 都是 ASCII 码中的控制字符。SOH 的十六进制编码是 01，而 EOT 的十六进制编码是 04。不要误认为 SOH 是“S”、“O”、“H”3 个字符，也不要误认为 EOT 是“E”、“O”、“T”3 个字符。

这种方式对于帧数据为文本文件是绝对没有问题的。但是还有一种情况就比较麻烦了，假设要传送的帧不是文本文件，即帧数据部分可能包含控制字符，就不能仅仅使用控制字符去进行帧定界了，否则将会导致错误地“找到帧的边界”，把部分帧收下（误认为是一个完整的帧），如图 3-4 所示。

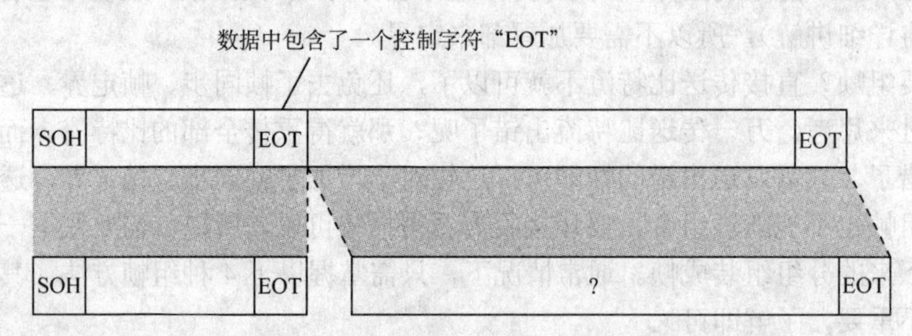

图 3-4　帧数据部分包含控制字符

从图 3-3 中可以看出确实解决了帧定界问题，但是从图 3-4 中看得出并不是所有比特流都可以被正确地传输，所以说此时透明传输问题仍未得到解决，首尾界符法是不严谨的，于是出现了**字节填充的首尾界符法**。

字节填充的首尾界符法设法将数据中可能出现的控制字符“SOH”和“EOT”在接收端不解释为控制字符。其方法如下：

在数据中出现字符“SOH”或“EOT”时就将其转换为另一个字符，而这个字符是不会被错误解释的。但所有字符都有可能在数据中出现，于是就将数据中出现的字符“SOH”转换为“ESC”和“x”两个字符，将数据中出现的字符“EOT”转换为“ESC”和“y”两个字符。而当数据中出现了控制字符“ESC”时，就将其转换为“ESC”和“z”两个字符。这种转换方法能够在接收端将收到的数据正确地还原为原来的数据。“ESC”是转义符，它的十六进制编码是 1B。

如图 3-5 所示，在上方的数据中出现了 4 个控制字符“ESC”、“EOT”、“ESC”和“SOH”。按以上规则转换后的数据即为图 3-5 下方的数据。

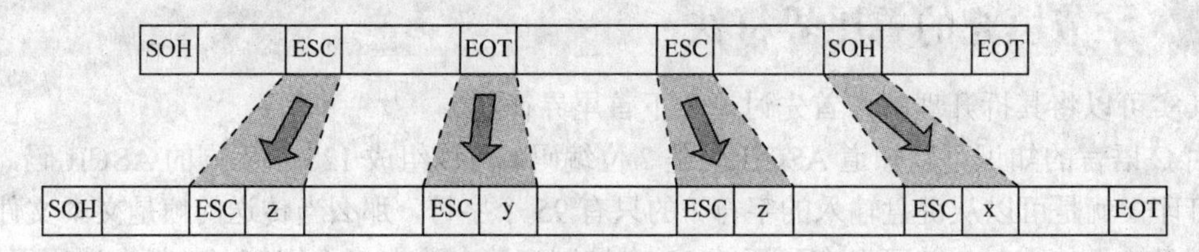

图 3-5　控制字符的转换

读者可以很容易地看出，在接收端只要按照以上转换规则进行相反的转换，就能够还原出原来的数据（如遇到“ESC”和“z”，就还原为“ESC”）。

提醒：近一年有不少考生在论坛里提出疑问，为什么谢希仁的教材和图 3-5 的方法不一样？

教材上是将 EOT 转换成 ESC EOT 等。其实解决透明传输的方法有很多种，只要合理就

行，即与接收方约定一种方式。在可以创新的情况下不要一味地追求权威，你应该相信自己对该原理的理解。

3.2.3 比特填充的首尾标志法

比特填充的首尾标志法是使用 01111110 作为帧的开始和结束标志，似乎帧定界又解决了，但是如果帧数据部分出现了 01111110 怎么办？透明传输仍然是个问题。其解决方法如下：

不难发现 01111110 中有 6 个连续的“1”，只要数据帧检测到有 5 个连续的“1”，马上在其后插入“0”，而接收方做该过程的逆操作，即每收到 5 个连续的“1”，自动删除后面紧跟的“0”，以恢复原始数据。因此，此方法又称为零比特填充法，具体可见下面的模拟过程。

模拟过程：

1）原始数据。01101**01111110**01**01111110**11（数据中出现两次 01111110）。

2）零比特填充后的数据。01101011111**0**10010111110**1**011（加下画线的 0 表示填充的 0）。

3）接收方收到数据，一旦遇到 5 个连续的“1”就将后面的“0”去掉，即可得到原始数据。

3.2.4 物理编码违例法

物理编码违例法利用物理介质上编码的违法标志来区分帧的开始与结束，例如，在曼彻斯特编码中，码元 1 编码成高-低电平，码元 0 编码成低-高电平，而高-高和低-低电平的编码方式是无效的，可以分别用来作为帧的起始标志和结束标志。

注意： 1）在使用字节填充的首尾界符法时，并不是所有形式的帧都需要帧开始符和帧结束符，如 MAC 帧就不需要帧结束符。因为以太网在传送帧时，各帧之间还必须有一定的间隙，所以，接收端只要找到帧开始定界符，其后面的连续到达的比特流就都属于同一个 MAC 帧，可见以太网不需要使用帧结束定界符，也不需要使用字节插入来保证透明传输。

2）PPP 协议帧用来进行帧定界的字段为 Ox7E。一些考生在做习题时问怎么没有发现“1B”，“1B”是谢希仁教材中对于普通帧透明传输的处理，即转义字符“ESC”的十六进制编码。

3.3 差错控制

3.3.1 检错编码

检错编码： 通过一定的编码和解码，能够在接收端解码时检查出传输的错误，但不能纠正错误。常见的检错编码有奇偶校验码和循环冗余码（CRC）。

1．奇偶校验码

奇偶校验码就是在信息码后面加一位校验码，分**奇校验**和**偶校验**。

奇校验： 添加一位校验码后，使得整个码字里面 1 的个数是奇数。接收端收到数据后就校验数据里 1 的个数，若检测到奇数个 1，则认为传输没有出错；若检测到偶数个 1，则说明传输过程中，数据发生了改变，要求重发。

偶校验： 添加一位校验码后，使得整个码字里面 1 的个数是偶数。接收端收到数据后就校验数据里 1 的个数，若检测到偶数个 1，则认为传输没有出错；若检测到奇数个 1，则说明传输过程中，数据发生了改变，要求重发。

可见，当数据中有一位数据发生改变时，通过奇偶校验能够检测出来，但并不知道是哪一位出错了；如果数据中同时有两位数发生了改变，此时奇偶校验是检测不到数据出错的，所以它的查错能力有限。例如，信息数据是1100010，经过奇校验编码后，就变成11000100，如果收到数据变成01000100，因为1的个数不为奇数，所以检测出数据出错了，但如果收到的数据是01100100，则无法检测出它出错了。

🕮 **补充知识点：**奇偶校验码实际使用时又分为垂直奇偶校验、水平奇偶校验与水平垂直奇偶校验，上面讲的属于水平奇偶校验，垂直奇偶校验与水平垂直奇偶校验不需要掌握，知道有即可。

2．循环冗余码

奇偶校验码的检错率极低，不实用。目前，在计算机网络和数据通信中，用得最广泛的是检错率极高、开销小、易实现的**循环冗余码**（CRC）。循环冗余码的原理比较简单，这里就不再赘述了，教材讲解得很细致。以下仅给出考生求解循环冗余码过程中遇到的一个最常见疑问的解答，即循环冗余码中的二进制除法，参考例3-1。

【例3-1】 试计算10110010000/11001。

解析：**解题技巧有如下3点。**

1）0±1=1，0±0=0，1±0=1，1±1=0（可以简化为做异或运算，在除法过程中，计算部分余数，全部使用异或操作，相同则为0，不同则为1）。

2）上商的规则是看部分余数的首位，如果为1，商上1；如果为0，商上0。

3）当部分余数的位数小于除数的位数时，该余数即为最后余数。

解题算术过程如图3-6所示。

```
             1101010
11001 ) 10110010000
        11001
         11110
         11001
           11110
           11001
             11100
             11001
              1010
```

图3-6 解题算术过程

步骤分析：首先将10110010000中的前5位10110看成部分余数，首位为1，商上1；结果为11110，首位为1，商仍然上1；结果为01111，首位为0，商上0，图3-6中省略了这一步（平常做普通十进制除法时，也会省去），直接到11110，首位为1，商上1；然后为01110，首位为0，商上0，图3-6中仍然省略了这一步，又直接到11100，首位为1，商上1；得到01010，首位为0，商上0，得到1010，部分余数小于除数的位数，即最后的余数为1010。

循环冗余码进行检错的重要特性（以下性质不要试图证明，也不要问为什么是这样，无法给解释，记住就好，记不住就不记）：

1）具有r检测位的多项式能够检测出所有小于或等于r的突发错误。

2）长度大于r+1的错误逃脱的概率是$1/2^r$。

注意：① 循环冗余码仅能做到无差错接收，那么无差错接收和可靠传输有什么区别？请参考下面的补充知识点1）。

② 循环冗余码（CRC）是**具有纠错功能**的，可能在计算机网络这门学科中一般不使用CRC的纠错，如果出错，直接重传。因此，默认CRC为检错码，而不是纠错码。尽管在《计算机组成原理》中将会提到CRC纠错，但是CRC纠错绝对不是重点，纠错码的重点应放在海明码上，所以大部分辅导书会将CRC的纠错省略。

🕮 **补充知识点：**

1）可靠传输与无差错接收的区别总结。

解析：在数据链路层若仅仅使用循环冗余码检验差错检测技术，只能做到对帧的无差错接收，即“凡是接收端数据链路层接收的帧，都能以非常接近于 1 的概率认为这些帧在传输过程中没有产生差错”。接收端的帧虽然收到了，但最终还是因为有差错被丢弃，即没有被接收。以上所述可以近似地表述为“凡是接收端数据链路层接收的帧均无差错”。

注意：现在并没有要求数据链路层向网络层提供“可靠传输”的服务。所谓“可靠传输”，就是数据链路层的发送端发送什么，接收端就接收什么。传输差错可分为两大类，一类就是比特差错（可以通过 CRC 来检测），而另一类传输差错更复杂，这就是收到的帧并没有出现比特差错，但却出现了**帧丢失**（如发送 1、2、3，收到 1、3）、**帧重复**（如发送 1、2、3，收到 1、2、2、3）、**帧失序**（如发送 1、2、3，收到 1、3、2）。这 3 种情况都属于“出现传输差错”，但都不是这些帧里有“比特差错”。

帧丢失很容易理解，但是帧重复、帧失序的情况较为复杂，在这里暂不讨论，学完可靠传输的工作原理后，就会知道在什么情况下接收端可能会出现帧重复或帧失序。

总之，“无比特差错”和“无传输差错”并不是同样的概念，在数据链路层使用 CRC 检验只能实现无比特差错的传输，但这还不是可靠传输。也许会有人提出：既然会丢失那就让接收端不管收到还是没收到都给回复，即确认。如果没接到回复就再发一次，直到对方确认。对于帧失序只要给发的帧编号，等所有帧均收到再排序。以上说的都是对的，但是为什么现在不使用呢？原因有以下两个：

① 以前在数据链路层使用这种方式是因为以前的通信质量太差了，所以确认和重传机制会起到很好的效果，但是现在的通信质量已经大大提高了，由通信链路质量不好引起差错的概率已经大大降低，再使用这种确认机制代价就太大了，完全不合算。

② 即使数据链路层能够实现无差错的传输，可能端到端的传输也会出现差错，这样得不偿失，还不如把数据链路层做得简单点，可靠的传输由上层协议来完成。也许看了这些还不是很清楚，为了使大家更清楚理解将数据链路层的可靠传输移到高层的原因，我们将网络层的一个知识点先放在这里讲解，见补充知识点 2）。

2）因特网使用的 IP 是无连接的，因此其传输是不可靠的。这样容易使人们感到因特网很不可靠。那么为什么当初不把因特网的传输设计成为可靠的？

解析：这个问题很重要，需要多一些篇幅来讨论。先打一个比方：邮局寄送的平信很像无连接的 IP 数据报。每封平信可能走不同的传送路径，同时平信也不保证不丢失。当发现收信人没有收到寄出的平信时，去找邮局索赔是没有用的。邮局会说：“平信不保证不丢失。如果担心丢失，就请您寄挂号信。”但是大家并不会将所有信件都用挂号方式邮寄，这是因为邮局从来不会随意地将平信丢弃，而丢失平信的概率并不大，况且寄挂号信成本高。总之，尽管寄平信有可能会丢失，但绝大多数的信件还是平信，因为寄平信方便、便宜。

传统的电信网最主要的用途是进行电话通信。普通的电话机很简单，没有什么智能。因此，电信公司就不得不把电信网设计得非常好，这种电信网可以保证用户通话时的通信质量。这点对使用非常简单的电话机的用户是非常方便的，但电信公司为了建设能够确保传输质量的电信网则付出了巨大的代价（使用昂贵的程控交换机和网管系统）。数据的传送显然必须是非常可靠的。当初美国国防部在设计 ARPAnet 时有一个很重要的讨论内容就是：“谁应当负责数据传输的可靠性？”这时出现了两种对立的意见：一种意见是主张应当像电信网，由通信网络负责数据传输的可靠性（因为电信网的发展历史及其技术水平已经证明了人们可以将网络设计得相当可靠）；另一种意见则坚决主张由用户的主机负责数据传输的可靠性。这里最重要的理由是：这样可以使计算机网络便宜、灵活，同时还可以满足军事上的各种特殊的需求。下面用一个简单例子来说明这一问题。设主机A通过因特网向主机B传送文件，如图3-7所示。

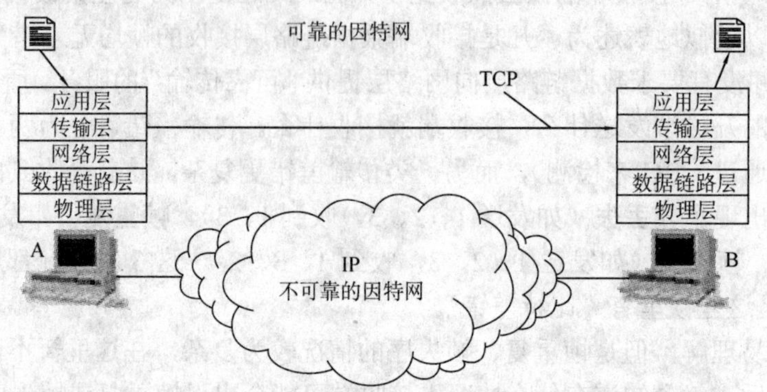

图3-7　将因特网范围扩大到主机中的传输层

怎样才能实现文件数据的可靠传输呢？如果按照电信网的思路，就是设法（成本高）将不可靠的因特网做成可靠的因特网。但设计计算机网络的人采用了另外一种思路，即设法实现端到端的可靠传输。

提出这种思路的人认为，计算机网络和电信网的一个重大区别就是终端设备的性能差别很大。电信网的终端是非常简单的，是没有什么智能的电话机。因此，电信网的不可靠必然会严重地影响人们利用电话通信。但计算机网络的终端是有很多智能的主机，这样就使得计算机网络和电信网有两个重要区别。

第一，即使传送数据的因特网有一些缺陷（如造成比特差错或分组丢失），但具有很多智能的终端主机仍然有办法实现可靠的数据传输（如能够及时发现差错并通知发送方重传刚才出错的数据）。

第二，即使网络可以实现100%的无差错传输，端到端的数据传输仍然有可能出现差错。可以用一个简单例子来说明这个问题。设主机A向主机B传送一个文件。文件通过一个文件系统存储在主机A的硬盘中。主机B也有一个文件系统，用来接收和存储从主机A发送过来的文件。应用层使用的应用程序现在就是文件传送程序，这个程序一部分在主机A运行，另一部分在主机B运行。现在讨论文件传送的大致步骤。

1）主机A的文件传送程序调用文件系统将文件从硬盘中读出，然后文件系统将文件传递给文件传送程序。

2）主机A请求数据通信系统将文件传送到主机B。这里包括使用一些通信协议和将数据文件划分为适当大小的分组。

3）通信网络将这些数据分组逐个传送给主机B。

4）在主机B中，数据通信协议将收到的数据传递给文件传送应用程序在主机B运行的那一部分。

5）在主机B中，文件传送程序请求主机B的文件系统将收到的数据写到主机B的硬盘中。

在以上的几个步骤中，都存在使数据受到损伤的一些因素，例如：

1）虽然文件原来是正确地写在主机A的硬盘上，但在读出后就可能出现差错（如在磁盘存储系统中的硬件出现了故障）。

2）文件系统、文件传送程序或数据通信系统的软件在对文件中的数据进行缓存或复制的过程中都有可能出现故障。

3）主机A或B的硬件处理器或存储器在主机A或B进行数据缓存或复制的过程中也有可能出现故障。

4）通信系统在传输数据分组时有可能产生检测不出来的比特差错，甚至丢失某些分组。

5）主机A或B都有可能在进行数据处理的过程中突然崩溃。

由此可看出，即使对于这样一个简单的文件传送任务，仅仅使通信网络非常可靠，并不能保证文件从主机A硬盘到主机B硬盘的传送也是可靠的。也就是说，花费很多的钱将通信网络做成非常可靠的，对传送计算机数据来说是得不偿失的。既然现在的终端设备有智能的，就应当把网络设计得简单些，而让具有智能的终端来完成“使传输变得可靠”的任务。

于是，计算机网络的设计者采用了一种策略，这就是“端到端的可靠传输”。更具体些，就是在传输层使用面向连接的TCP（后讲），它可保证端到端的可靠传输。只要主机B的TCP发现数据传输有差错，就告诉主机A将出现差错的那部分数据重传，直到这部分数据正确传送到主机B为止（见第5章）。而TCP发现不了数据有差错的概率是很小的。

采用以上的建网策略，既可以使网络部分价格便宜和灵活可靠，又能够保证端到端的可靠传输。可以这样想象，将因特网的范围稍微扩大一些，即扩大到主机中的传输层。由于传输层使用了TCP，使得端到端的数据传输成为可靠的，因此这样扩大了范围的因特网就成为可靠的网络。因此，“因特网提供的数据传输是不可靠的”或“因特网提供的数据传输是可靠的”这两种说法都可以在文献中找到，问题是怎样界定因特网的范围。如果说因特网提供的数据传输是不可靠的，那么这里的因特网指的是不包括主机在内的网络（仅有物理层、数据链路层和网络层）。如果说因特网提供的数据传输是可靠的，就表明因特网的范围已经扩大到主机的传输层。下面通过邮局寄平信的例子解释说明。当人们寄出一封平信后，可以等待收信人的确认（通过他的回信）。如果隔了一些日子还没有收到回信，可以将该信件再寄一次。这就是将“端到端的可靠传输”的原理用于寄信的例子。

3.3.2 纠错编码

纠错编码：就是在接收端不但能检查错误，而且能纠正检查出来的错误。常见的纠错编码是海明码。

海明码：又称为汉明码，它是在信息字段中插入若干位数据，用于监督码字里的哪一位数据发生了变化，**具有一位纠错能力**。假设信息位有k位，整个码字的长度就是k+r位；每一位的数据只有两种状态，不是1就是0，有r位数据就能表示出2^r种状态。如果每一种状态代表一个码元发生了错误，有k+r位码元，就要有k+r种状态来表示，另外还要有一种状态来表示数据正确的情况，所以$2^r-1 \geqslant k+r$才能检查一位错误，即$2^r \geqslant k+r+1$。例如，信息数据有4位，由$2^r \geqslant k+r+1$得$r \geqslant 3$，也就是至少需要3位监督数据才能发现并改正1位错误。例如，给8个学员进行编号，可以用3位数来编码：学号为000、001、…、111；也可以用5位数来编码：学号为00000、00001、00010、…、00111，但是没有必要用5位，只要能满足编码的要求就可以了，所以只需求出满足条件的最小的k值即可。

海明码求解的具体步骤如下：

1）确定校验码的位数r。

2）确定校验码的位置。

3）确定数据的位置。

4）求出校验位的值。

下面开始实战练习。假设要推导 D=101101 这串二进制数的海明码，应按照如下步骤进行。

1）确定校验码的位数 r。 数据的位数 k=6，按照公式来计算满足条件 r 的最小值，如下：

$$2^r-1\geqslant k+r$$

$$2^r\geqslant 7+r$$

解此不等式，满足不等式的最小 r 为 4，也就是 D=101101 的海明码应该有 6+4=10 位，其中原数据 6 位，校验码 4 位。

2）确定校验码的位置。 不妨假设这 4 位校验码分别为 P_1、P_2、P_3、P_4；数据从左到右为 D_1、D_2、…、D_6。编码后的数据共有 6+4=10 位，设为 M_1、M_2、…、M_{10}。

校验码 P_i（i 取 1，2，3，4）在编码中的位置为 2^{i-1}，见表 3-1。

表 3-1　校验码 P_i 在编码中的位置

	M_1	M_2	M_3	M_4	M_5	M_6	M_7	M_8	M_9	M_{10}
甲	P_1	P_2		P_3				P_4		

3）确定数据的位置。 除了校验码的位置，其余的就是数据的位置，填充进去即可，于是可以把数据信息先填进去，见表 3-2 的"乙"行。

表 3-2　数据在编码中的位置

	M_1	M_2	M_3	M_4	M_5	M_6	M_7	M_8	M_9	M_{10}
甲	P_1	P_2	D_1	P_3	D_2	D_3	D_4	P_4	D_5	D_6
乙			1		0	1	1		0	1

4）求出校位的值。 这个公式不难，99%左右的考生都能看懂海明码的求解过程，但是能够过目不忘的就是极少数了，很多考生抱怨记不住。与其这样，倒不如考前几天突击一下。其实完全没有必要死记硬背，该公式是有规律可循的，但基本没有任何教材讲过，编者也是无意中在一篇论文中看到的，现分享给大家。

假设出错位为 e_1、e_2、e_3、e_4，现在需要做的就是将 M_1、M_2、…、M_{10} 和 e_1、e_2、e_3、e_4 的关系对应出来，只要这个关系出来了，所有问题就都解决了。演示几个，剩下的考生自己推导（看了肯定会）。M_1 下标中的 1 可以表示成 0001，这里的 0001 分别对应 e_4、e_3、e_2、e_1（倒过来看），由于 e_1 的值为 1，因此 M_1 只和 e_1 有关；M_3 下标中的 3 可以表示成 0011，因此 M_3 和 e_1、e_2 有关；M_7 下标中的 7 可以表示成 0111，因此 M_7 和 e_1、e_2、e_3 有关。其他以此类推，只需要将这些有关的用异或符号"⊕"连接起来即可，最后可得以下公式：

$$e_1=M_1\oplus M_3\oplus M_5\oplus M_7\oplus M_9$$

$$e_2=M_2\oplus M_3\oplus M_6\oplus M_7\oplus M_{10}$$

$$e_3=M_4\oplus M_5\oplus M_6\oplus M_7$$

$$e_4=M_8\oplus M_9\oplus M_{10}$$

然后将表 3-1 中求出的数据对应过来，即

$$e_1=P_1\oplus D_1\oplus D_2\oplus D_4\oplus D_5$$

$$e_2=P_2\oplus D_1\oplus D_3\oplus D_4\oplus D_6$$

$$e_3=P_3 \oplus D_2 \oplus D_3 \oplus D_4$$
$$e_4=P_4 \oplus D_5 \oplus D_6$$

如果海明码没有错误信息，e_1、e_2、e_3、e_4 都为 0，等式右边的值也得为 0，由于是异或，因此 P_i（i 取 1，2，3，…）的值跟后边的式子必须一样才能使整个式子的值为 0，即

$$P_1=D_1 \oplus D_2 \oplus D_4 \oplus D_5$$
$$P_2=D_1 \oplus D_3 \oplus D_4 \oplus D_6$$
$$P_3=D_2 \oplus D_3 \oplus D_4$$
$$P_4=D_5 \oplus D_6$$

下面只需要将值代入计算即可：

$$P_1=D_1 \oplus D_2 \oplus D_4 \oplus D_5=1 \oplus 0 \oplus 1 \oplus 0=0$$
$$P_2=D_1 \oplus D_3 \oplus D_4 \oplus D_6=1 \oplus 1 \oplus 1 \oplus 1=0$$
$$P_3=D_2 \oplus D_3 \oplus D_4=0 \oplus 1 \oplus 1=0$$
$$P_4=D_5 \oplus D_6=0 \oplus 1=1$$

接下来把 P_i 的值填写到表 3-1 中，见表 3-3 的“丙”行，就可以得到海明码。

表 3-3 “丙”行中的数据

	M_1	M_2	M_3	M_4	M_5	M_6	M_7	M_8	M_9	M_{10}
甲	P_1	P_2	D_1	P_3	D_2	D_3	D_4	P_4	D_5	D_6
丙	0	0	1	0	0	1	1	1	0	1

故 101101 的海明码为 0010011101。

但是知道了怎么编写海明码，还需要知道怎么校验，方法如下。

现在假设第 5 位出错了，也就是第 5 位在传输的过程中被改为“1”，即得到的数据为 0010111101。现在要找出错误的位置（假设现在不知道出错的位置）。

继续使用：

$$e_1=M_1 \oplus M_3 \oplus M_5 \oplus M_7 \oplus M_9=0 \oplus 1 \oplus 1 \oplus 1 \oplus 0=1$$
$$e_2=M_2 \oplus M_3 \oplus M_6 \oplus M_7 \oplus M_{10}=0 \oplus 1 \oplus 1 \oplus 1 \oplus 1=0$$
$$e_3=M_4 \oplus M_5 \oplus M_6 \oplus M_7=0 \oplus 1 \oplus 1 \oplus 1=1$$
$$e_4=M_8 \oplus M_9 \oplus M_{10}=1 \oplus 0 \oplus 1=0$$

按照 e_4、e_3、e_2、e_1 的排序方式得到的二进制序列为 0101，恰好对应十进制 5，这样就找到了出错的位置。即出错位是第 5 位。

再来总结一下。

编写海明码的过程：

1）确定校验位的位数。

2）把数值按序写出来，M_1，…，M_N，校验码 P_i（i 取 1，2，3，…）在编码中的位置为 2^{i-1}，将校验码的位置写出来，然后按序写出数据位。

3）求出出错位 e_1，…，e_m 与 M_1，…，M_N 的对应关系，然后就可以写出 P_i 与数据位的对应关系，进而求出 P_i。

4）最后将 P_i 填入数据位，海明码就形成了。

校验海明码的过程：

1）直接写出出错位 e_1，…，e_m 与 M_1，…，M_N 的对应关系，计算出 e_1，…，e_m 的值。

2）求出二进制序列 e_m，…，e_1 对应十进制的值，则此十进制数就是出错的位数，取反即可得到正确的编码。

补充知识点：

1）海明码如果要检测出 d 位错误，需要一个海明距为 d+1 的编码方案；如果要纠正 d 位错误，需要一个海明距为 2d+1 的编码方案，对于以上知识点，考生应该理解到什么样的程度？

解析：首先，解释码距的概念。它反映的是两个码字不一样的程度，就是把两个码字对齐以后，有几位不相同，则称为码距，又称为海明距，例如，码字 110 和码字 111 对齐之后，发现只有第三位不一样，则码距为 1。什么是海明距为 1 的编码方案？一个编码方案一般都对应许多码字，而定义许多码字的海明距只需要看最小的即可，例如，某个编码方案中有码字 110、001、111，尽管 110 和 001 的码距为 3，但是 110 和 111 的码距为 1，所以取最小的。以此类推，考生应该不难理解海明距为 d+1 的编码方案。从这里应该可以得到一个很明显的结论，对于海明距为 1 的编码方案是不能检测出任何错误的，只要 d 取 0 即可。

其次，考生在教材中肯定见到过以下公式：

$$L-1=D+C \qquad 且\ D\geqslant C$$

如果要纠正 d 位错误，说明**至少**要检测出 d 位错误（当然可以检测得更多），代入即可得到 L−1=d+d，即 L=2d+1。同理，如果只要求检测出 d 位错误（默认纠错为 0，即 C 等于 0），代入即可得到 L=d+1，于是就有了补充知识点 1）。

2）海明码的纠错能力恒小于或等于检错能力（见上面的公式）。

3）为什么误码率和信噪比有关？

解析：因为信噪比越高，失真就会越小，到达接收端之后波形的变化就会很小，这样就不会将 0 译码成 1、1 译码成 0 了，自然误码率就低了。

3.4 流量控制与可靠传输机制

申明：流量控制与可靠传输机制其实是属于传输层的功能，但是作为知识点的讲解放在哪里讲都无所谓，因为该知识点不以后续章节的知识点为基础，所以就直接按照大纲知识点的顺序来讲解了。

3.4.1 流量控制、可靠传输与滑动窗口机制

1．流量控制

流量控制就是要控制发送方发送数据的速率，使接收方来得及接收。一个基本的方法是由接收方控制发送方的数据流。常见的有两种方式：**停止-等待流量控制**和**滑动窗口流量控制**。

1）停止-等待流量控制。它是流量控制中最简单的形式。停止-等待流量控制的工作原理就是发送方发出一帧，然后等待应答信号到达再发送下一帧；接收方每收到一帧后，返回一个应答信号，表示可以接收下一帧，如果接收方不返回应答，则发送方必须一直等待。

故事助记：某个班有 40 个人，周日下午需要召开一次紧急班会，班长需要拿出通信录联系每一个人（学号为 1～40 号）。这位班长联系了 1 号，一定要等 1 号回复了短信确定参加，再依次联系后面同学，而不用群发。这位班长用的就是停止-等待流量控制。

2）滑动窗口流量控制。停止-等待流量控制中每次只允许发送一帧，然后就陷入等待接

收方确认信息的过程中，传输效率很低。而滑动窗口流量控制允许一次发送多个帧。滑动窗口流量控制的工作原理就是在任意时刻，发送方都维持了一组连续的允许发送的帧的序号，称为发送窗口。同时，接收方也维持了一组连续的允许接收的帧的序号，称为接收窗口。发送窗口和接收窗口的序号的上下界不一定要一样，甚至大小也可以不同。发送方窗口内的序列号代表了那些已经被发送但是还没有被确认的帧，或者是那些可以被发送的帧。发送端每收到一个帧的确认，发送窗口就向前滑动一个帧的位置。当发送窗口尺寸达到最大尺寸时，发送方会强行关闭网络层，直到有一个空闲缓冲区出来。在接收端只有当收到的数据帧的发送序号落入接收窗口内才允许将该数据帧收下，并将窗口前移一个位置。若接收到的数据帧落在接收窗口之外(就是说收到的帧号在接收窗口中找不到相应的该帧号)，则一律将其丢弃。

2．可靠传输

可靠传输在 3.3.1 小节已详细讲解了。

3．滑动窗口机制

- 只有在接收窗口向前滑动时(与此同时也发送了确认)，发送窗口才有可能向前滑动。
- 可靠传输机制包括停止-等待协议、后退 N 帧协议和选择重传协议。从滑动窗口的层次上看，该 3 种协议只是在发送窗口和接收窗口大小上有所差别。

停止-等待协议：发送窗口大小=1，接收窗口大小=1。

后退 N 帧协议：发送窗口大小>1，接收窗口大小=1。

选择重传协议：发送窗口大小>1，接收窗口大小>1。

3.4.2～3.4.4 小节将会详细讲解以上 3 种可靠传输机制。

- 当接收窗口的大小为 1 时，一定可保证帧按序接收。

📖 **补充知识点：**为什么不管发送窗口多大，只要当接收窗口大小为 1 时，可保证帧按序接收？

解答：因为接收窗口为 1，所以里面有一个唯一的帧序号，不管发送窗口一次性可以发送多少字节，接收窗口只选择接收窗口里的帧序号接收，只有等到该帧，接收窗口才往后移动，所以按照这样的顺序接收的帧一定是有序的。

3.4.2 停止-等待协议

讲解之前，先讨论一下怎么去实现可靠传输。

可靠传输就是说发送方发送什么，接收方就收到什么，一般来说，使用**确认（发送确认帧）**和**超时重传**两种机制来共同完成。确认帧是一个没有数据部分的控制帧，只是用来告诉发送方发的某帧已经接收到了。有时，为了提高传输效率，将确认捎带在一个回复帧中，称为捎带确认（捎带确认与累计确认的区别见下面的补充知识点）。

超时重传是指发送方在发送一个数据帧时设置一个超时计时器，如果在规定时限内没有收到该帧的确认，就重新发送该数据帧。导致发送方没有收到确认的原因有以下两种：

1）当接收方检测到出错帧时，接收方直接丢弃该帧，而不返回确认。

2）该帧在传输过程中丢失。

使用确认和超时重传两种机制实现可靠传输的策略又称为自动请求重发（ARQ）。

📖 **补充知识点：**捎带确认与累计确认有什么区别？

解析：每两个发送数据的站都是通过全双工连接的，每个站既维持发送窗口也维持接收窗口，但是课本为了讲解清楚，仅仅是单方向传送，所以在同一时间某站可能既发送数据又发送确认，这样就可以将确认放在数据里面一起发过去，**这就是捎带确认**；还有一种情况是接收方每收到 K 个帧发一个 ACK 告知发送方已正确接收前 K-1 帧并期待第 K 帧，有人可能会问那第一帧设置的计时器早就超时了，没错，这种可能性相当大，所以对超时的就要单独发 ACK，以免发送方一直发送，**这就是累计确认。**

下面讲解停止-等待协议。

从名称上来看，也可以看出停止-等待协议是基于停止-等待流量控制技术的。从滑动窗口的角度来理解就是其发送窗口大小为 1，接收窗口大小也为 1。

停止-等待协议的基本思想：发送方传输一个帧后，必须等待对方的确认才能发送下一帧。若在规定时间内没有收到确认，则发送方超时，并重传原始帧。看到这里也许有人会问，停止-等待流量控制技术**（这里是停止-等待流量控制技术而不是停止-等待协议）**为什么要一直等待？为什么不设置一个规定时间？这里就要回到第 1 章协议的制定。首先协议需要建立在一定技术（停止-等待流量控制技术）之上，然后在此技术之上需要考虑一切可能突发的不利状况（可以这么理解：协议=技术+考虑不利因素，即停止-等待协议=停止-等待流量控制技术+不利因素），设置规定时间重传就是为了解决这些不利因素。如果不设置时间就会造成死锁，这样就无法推进，在这里可以联系到操作系统的死锁，如果没有外力参与去打破死锁，就会一直等待下去，而这里的外力就是重传计时器。

停止-等待协议中会出的差错主要有以下两类（虽然简单，请仔细看，这里有很多考生的疑问点，其他辅导书都没有涉及）。

1）帧一般被分为数据帧和确认帧。第一类错误就是数据帧被损坏或者丢失，那么接收方在进行差错检验时，会检测出来。处理数据帧被损坏的情况时，使用计时器即可解决。这样发送方在发送一个帧后，若数据能够正确地接收到，接收方就发送一个确认帧，没有问题；若接收方收到的是一个被损坏的数据帧，则直接丢弃，此时发送方还在那里苦等，不过没有关系，只要计时器超时了，发送方就会重新发送该数据帧，如此重复，直到这一数据帧无错误地到达接收方为止。

2）第二类错误是确认帧被破坏或者丢失。一旦确认帧被破坏或者丢失，造成的后果就是发送方会不断地重新发送该帧，从而导致接收方不断地重新接收该帧。怎么解决？显然，对于接收方而言，需要有能够区分某一帧是新帧还是重复帧的能力。解决方法很简单，就是让发送方在每个待发的帧的头部加一个编号，而接收方对每个到达的帧的编号进行识别，判断是新帧还是要抛弃的重复帧。

随着复习，考生发现某些辅导书会有这么一道题：停止-等待协议需要对确认帧进行编号吗？基本上给出的答案如下：停止-等待协议的工作原理是当每发送完一个数据帧后，发送端就停止继续发送，直至接收到接收端返回该帧的确认信息为止才继续发送，因此确认帧不需要序号。那么确认帧到底需要序号吗？以下是天勤论坛一位会员问的问题，很有代表性，所以拿出来与大家分享，希望大家在复习时，都能带着这种发现问题的模式去思考。

疑问：假设 a 发送 1 号帧给 b，b 收到，但是 b 发给 a 的确认帧在网络中堵塞了，于是当 a 端的计时器超时时，a 又重发 1 号帧。此时，b 又收到了一个 1 号帧。正在此时，b 发送的第一个确认帧到了 a，于是 a 发送 2 号帧，但是 b 没收到，但此时 b 的第二个确认帧到了 a 端，由于确认帧没有编号，因此 a 以为 b 收到了 2 号帧，这个岂不是错误了？

解析：这个问题问得非常好，其实问题本身在于技术演变，而不是题目和答案的问题。该考生的分析没有错误，可以很好地说明需要对确认帧进行编号才能正常工作。但是由于目

前的数据链路层协议是用在点对点的链路上，而在条件固定的链路上，数据的往返时延一般都比较稳定，不会忽大忽小地大幅度起伏变化。在这种情况下，如果选择合适大小的超时重传时间，那么确认帧没有序号的停止-等待协议也是可以工作的。

因此，在讨论停止-等待协议的原理时，有时也省略了确认帧中的序号。从严格的意义上讲，既然协议应当保证在任何不利的情况下都能够正常工作，那么完整的停止-等待协议的确认帧就应当有序号。如果考研中真遇到了，建议还是填写确认帧需要序号。

3.4.3 后退 N 帧（GBN）协议

后退 N 帧协议基于滑动窗口流量控制技术。若采用 n 个比特对帧进行编号，其发送窗口尺寸 W_T 必须满足 $1<W_T\leqslant 2^n-1$（请参考下面的补充知识点），接收窗口尺寸为 1。若发送窗口尺寸大于 2^n-1，会造成接收方无法分辨新、旧数据帧的问题。由于接收窗口尺寸为 1，因此接收方只能按序来接收数据帧。

后退 N 帧协议的基本原理：发送方发送完一个数据帧后，不是停下来等待确认帧，而是可以连续再发送若干个数据帧。如果这时收到了接收方的确认帧，那么还可以接着发送数据帧。如果某个帧出错了，**接收方只能简单地丢弃该帧及其所有的后续帧**。发送方超时后需重发该出错帧及其后续的所有帧。由于减少了等待时间，后退 N 帧协议使得整个通信的吞吐量得到提高。但接收方一发现错误帧，就不再接收后续的帧，造成了一定的浪费。据此改进，得到了选择重传协议。

补充知识点：为什么后退 N 帧协议的发送窗口尺寸 W_T 必须满足 $1<W_T\leqslant 2^n-1$？

解析：假设发送窗口的大小为 2^n，发送方发送了 0 号帧，接收窗口发送 ACK1（0 号帧已收到，希望接收 1 号帧，但是 ACK1 丢失），接着发送方发送了 1 号帧，接收窗口发送 ACK2（1 号帧已收到，希望接收 2 号帧，但是 ACK2 丢失），以此类推，直到发送方发了第 2^n-1 号帧，接收方发送 ACK2^n（丢失），此时不能再发送数据了，因为已经发送了 2^n 个帧，但一个确认都没有收到，所以过一段时间 0 号帧的计时器会到达预定时间进行重发，此时发过去接收方认为是新一轮的 0 号帧还是旧一轮重传的呢？接收方并不知道，很有可能接收方就把该 0 号帧当作新一轮的帧接收了，但实际上这个 0 号帧是重传的，所以出现了错误，即发送窗口的大小不可能为 2^n。现在假设发送窗口的大小为 2^n-1，情况和上面一样，发送方发送了 0～2^n-2 号帧，接收方发送的确认帧都丢失了，如果没有丢失就应该接着传 2^n-1 号帧，但是丢失了，发送方应该发送 0 号帧。由于这种情况接收方可以判断出来（即下一帧只要不是第 2^n-1 号帧就是重传），因此不会发生错误。如果发送窗口尺寸小于 2^n-1，那就更不会发生错误了。

综上所述，后退 N 帧协议的最大发送窗口是 2^n-1。

【例 3-2】（2009 年统考真题）数据链路层采用了后退 N 帧（GBN）协议，发送方已经发送了编号为 0～7 的帧。当计时器超时时，若发送方只收到 0、2、3 号帧的确认，则发送方需要重发的帧数是（　　）。

A．2　　B．3　　C．4　　D．5

解析：C。想要准确地做出该题需要懂得两个知识点：①只要收到 ACKn 就认为前面 n-1 帧一定全部收到；②后退 N 帧重发原理是发送方超时后需重发该出错帧及其后续的所有帧。从题中可以看出收到了 3 号确认帧（尽管没有收到 1 号确认帧），就可以认为 0、1、2、3 号帧接收方都已经收到，而 4 号帧的确认没有收到，发送方就应该发送 4 号帧以及后续的所有帧，即重传 4、5、6、7 号帧，即帧数为 4。

其实这道题目如果将选项 D 改为 7，就更具有迷惑性了，相信会有不少考生认为应该从 1 号帧开始重传，即需要重传 1、2、3、4、5、6、7 共计 7 帧，这样就会误选 D，但是一看到选项没有 7，估计才会想到只要收到 ACKn 就认为前面 n-1 帧一定全部收到。

需要提醒的一点：前面讲过某个帧的确认没有收到是否一定要重发此帧？这个题目恰好是一个反例，在发送方超时之前收到了比 1 号帧更高的确认，所以不需要重发 1 号帧。

【例 3-3】（2012 年统考真题）两台主机之间的数据链路层采用后退 N 帧（GBN）协议传输数据，数据传输速率为 16kbit/s。单向传播时延为 270ms，数据帧长度为 128～512B，接收方总是以与数据帧等长的帧进行确认。为使得信道利用率达到最高，帧序号的比特数至少为（ ）。

A. 5　　B. 4　　C. 3　　D. 2

解析：B。首先，要使得信道利用率达到最高，就需要使发送数据的主机尽量保持不停地在发送数据，即尽量保证信道不空闲。在这里需要考虑最坏的情况，即帧长最小的时候。因为帧长最小时，在文件等同大小时，需要帧的个数最大，这样就可以求出所需帧序号比特数的最小值。

所以，接下来就需要计算从主机发送数据开始到接收到确认帧所经历的总时间，总时间应该等于发送数据的时间+传播数据的时间+发送确认帧的时间+传播确认帧的时间，在这里数据长度取最小值，即 128B。所以，总时间为

$$T=(128\times8)\text{bit}/16\text{kbit/s}+270\text{ms}+(128\times8)\text{bit}/16\text{kbit/s}+270\text{ms}=668\text{ms}$$

而在 668ms 内，至少可以发送 10 个长度为 128B 的帧（$10<668\text{ms}/64\text{ms}<11$），所以帧序号的比特数 n 必须满足 $2^n\geqslant11$ 解得 $n\geqslant4$。

3.4.4 选择重传（SR）协议

选择重传协议也是基于滑动窗口流量控制技术的。它的接收窗口尺寸和发送窗口尺寸都大于 1，以便能一次性接收多个帧。若采用 n 个比特对帧进行编号，为避免接收端向前移动窗口后，新接收窗口与旧接收窗口产生重叠，发送窗口的最大尺寸应该不超过序列号范围的一半：$W_T\leqslant2^{n-1}$（请参考下面的补充知识点）。当发送窗口取最大值时，$W_R=W_T=2^{n-1}$（大部分情况都是发送窗口等于接收窗口，且等于 2^{n-1}，因为这样可达到最大效率，记住就好）。此时，若 W_T 取大于 2^{n-1} 的值，可能造成新、旧接收窗口重叠。

选择重传协议的基本思想：若一帧出错，其后续帧先存入接收方的缓冲区中，同时要求发送方重传出错帧，一旦收到重传帧后，就和原先存在缓冲区的其余帧一起按正确的顺序送至主机。选择重传协议避免了重复传输那些本来已经正确到达接收方的数据帧，进一步提高了信道利用率，但代价是增加了缓冲空间。

📖 **补充知识点：**

1）为什么选择重传协议的最大发送窗口的大小是 2^{n-1}？

解析：现在先假设选择重传协议的最大发送窗口是 W，那么可以一次性发送 0～W-1 号帧，并且接收方都已经接收到了（也就是说，这 W 个确认帧都已经发了），但是这 W 个确认帧全部都在传输的过程中丢失了，此时接收窗口的位置已经移动到 W～2W-1。如果发送方再发一轮，这 W 个帧应该落在 W～2W-1，但是此时的 W 帧是重传的，所以如要正确，就必须满足 2W-1 是在最大序号 2^n-1 之内，也就是说 $2W-1\leqslant2^n-1$，即 $W\leqslant2^{n-1}$。综上所述，选择重传协议的最大发送窗口是 2^{n-1}。

2）由于选择重传协议的最大发送窗口是 2^{n-1} 还是比较难理解的，在此举一个例子来帮助大家理解。假设 n=3，2^{n-1}=4。若发送窗口为 5，则接收窗口为 5。假设 t_1 时刻发送方发送序号为 0～4 的帧，t_2 时刻接收方接收到序号为 0～4 的帧，接收窗口滑动到[5，6，7，0，1]，并发送 0～4 号的确认帧。但是确认帧在传输中都丢失了。于是，发送方在 t_3 时刻重发帧 0。当 t_4 时刻接收方收到帧 0 时，由于帧 0 在其接收范围，0 被错误地当作新帧接收，导致协议错误。因此，对于选择重传协议，必须使发送窗口的大小小于或等于 2^{n-1}。

☞ **可能疑问点：**有些考生举出反例，假设 n=3，然后又假设发送窗口为 5（超过 2^{n-1}=4），但是接收窗口为 3，此时则验证不了上面的结论，以证明上面的结论是错的，即发送窗口的最大值可以超过 2^{n-1}。

解答：其实这种分析貌似正确，但是却忽略了一个前提（记住即可），即**发送窗口最好不要超过接收窗口。**其实从后面讲解的拥塞控制可以看出，发送窗口是取拥塞窗口和接收窗口的最小值，不会超过接收窗口，所以发送窗口大于接收窗口没有意义。

【例 3-4】（大纲样题）在选择重传协议中，当帧的序号字段为 3bit，且接收窗口与发送窗口尺寸相同时，发送窗口的最大值为（　　）。

A．2　　　B．4　　　C．6　　　D．8

解析：B。假设帧的序号字段为 nbit，选择重传协议的发送窗口最大尺寸为 2^{n-1}；将 n=3 代入，得到答案。

【例 3-5】（2011 年统考真题）数据链路层采用选择重传（SR）协议传输数据，发送方已发送了 0～3 号数据帧，现已收到 1 号帧的确认，而 0、2 号帧依次超时，则此时需要重传的帧数是（　　）。

A．1　　　B．2　　　C．3　　　D．4

解析：B。此题需要考生很清楚地了解选择重传协议的工作原理。选择重传协议是不支持累积确认的。什么是累积确认？即如果发送方连续发送 0、1、2、3、4 号帧，前面 0、1、2、3 号帧的确认都丢失，但是在发送方重发之前却收到了 ACK5，表明前面的 0、1、2、3、4 号帧都已经收到，接收方期待 5 号帧的接收。后退 N 帧协议是支持累积确认的。回到题目，由于只收到 1 号帧的确认，0、2 号帧超时，且不支持累积确认，因此需要重传 0、2 号帧。

重点提醒：对于选择重传协议，题目并没有说 3 号帧是否正确接收，仅仅是说了 0、2 号帧超时，故无须考虑 3 号帧的状态。

如果此题数据链路层采用后退 N 帧（GBN）协议传输数据，由于它具有累积确认的作用，因此收到了 1 号帧的确认，就说明 0 号帧也被正确接收了，只需重传 1 号帧的后续所有帧，即需要重传 2 号帧和 3 号帧，故答案仍然选 B。

☞ **可能疑问点：**如果不按序接收，交给主机岂不是全部乱套了？

解析：如果没有按序，正确的接收帧先存入接收方的缓冲区中，同时要求发送方重传出错帧，一旦收到重传帧后，就和原先存在缓冲区的其余帧一起按正确的顺序送至主机。所以说选择重传协议避免了重复传输那些本来已经正确到达接收方的数据帧，进一步提高了信道利用率，但代价是增加了缓冲空间。

3.4.5 发送缓存和接收缓存

如图 3-8 所示，发送窗口与发送缓存以及接收窗口与接收缓存有什么区别？为什么计算机进行通信时发送缓存和接收缓存总是需要的？

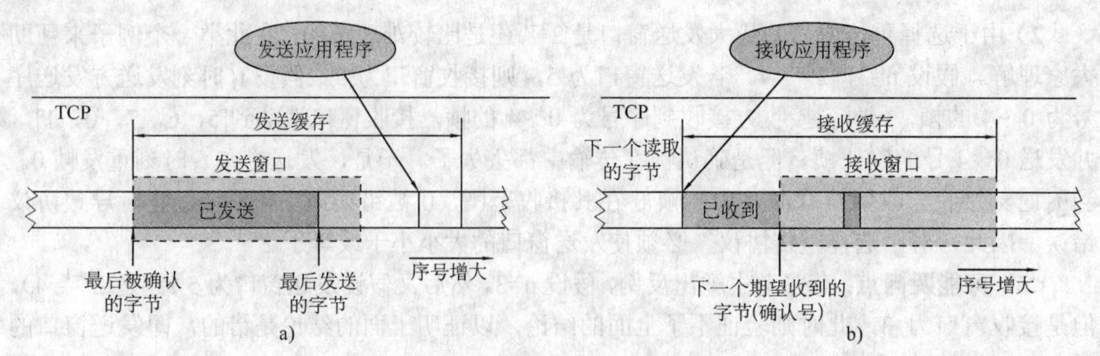

图 3-8　发送缓存和接收缓存

a）发送缓存　b）接收缓存

从图 3-8b 中可以看到，按序到达的且没有被交付给主机的帧被放在**接收缓存**（接收窗口外的那一部分接收缓存，以下讲的接收缓存都是指这部分）里面（因为已经发送过确认帧了，仅仅是等主机的应用程序来取），而不是接收窗口里面。那些不是按序到达的数据且没有错误的帧一定是要放在接收窗口里面，因为这些帧不能直接给主机，而放在接收缓存的帧是要给主机的，等到缺少的帧收到后，再一起放到**接收缓存，**这一点要注意区分，其他都比较好理解，不再赘述。

发送窗口的大小不一定等于接收窗口的大小（但是通常情况下都是等于），这里先记住这个结论，第 5 章讲到拥塞控制的时候就会很清楚了。

当计算机的两个进程（在同一台机器中或在两个不同的机器中）进行通信时，如果发送进程将数据直接发送给接收进程，那么这两个动作（一个是发送，另一个是接收）是非常难协调的。这是因为计算机的动作很快，如果在某一时刻接收进程开始执行接收的动作，但发送进程的发送动作稍微早了一点或稍微晚了一点（在收发双方事先未进行同步的情况下，发送时刻不可能恰好和接收时刻精确地重合），这都会使接收失败。

综上所述，在计算机进程之间的通信过程中，广泛使用缓存。缓存就是在计算机的存储器中设置的一个临时存放数据的空间。发送进程将欲发送的数据先写入缓存，然后接收进程在合适的时机读出这些数据。缓存类似于邮局在街上设立的邮筒。人们可以将欲发送的信件投到邮筒中。邮局的邮递员按照他的计划在适当的时候打开邮筒，将信件取走，交到邮局，进行下一步处理。缓存可以很好地解决发送速率和接收速率不一致的矛盾，还可以很方便地进行串并转换，即比特流串行写入并行读出，或并行写入串行读出。缓存也可称为缓冲或缓冲区（有关缓存更详细的讲解可参考《2014 版操作系统高分笔记》）。

3.5 介质访问控制

知识背景：在局域网中，如果某共用信道的使用产生竞争，怎么能够更好地分配信道的使用权，是一个非常重要的问题，而介质访问控制就是为了解决此问题而诞生的。

考研所要求的介质访问控制被分为以下三类：

1）信道划分介质访问控制。

2）随机访问介质访问控制。

3）轮询访问介质访问控制。

其中，1）是静态分配信道的方法，而2）和3）是动态分配信道的方法。

3.5.1 信道划分介质访问控制

下面介绍多路复用技术的基本概念。当传输介质的带宽超过了传输单个信号所需的带宽时，人们就通过在一条介质上同时携带多个传输信号的方法来提高传输系统的利用率，这就是所谓的多路复用，也是实现信道划分介质访问控制的途径。多路复用技术能把多个信号组合在一条物理信道上进行传输，使多个计算机或终端设备共享信道资源，从而提高了信道的利用率。图3-9为多路复用技术的示意图。

故事助记：现在杭州市有 10 个不同地方的人都去杭州市某一个邮局寄信，寄往上海的10个不同地方（这里的邮局就类似于多路复用器），而到了上海之后，邮递员再将这10封信送到各自的目的地。

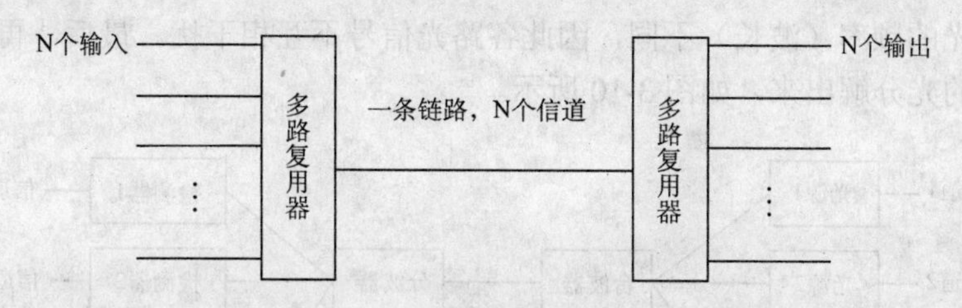

图3-9 多路复用技术示意图

信道划分介质访问控制分为以下4种。

1．频分多路复用

将一条信道分割成多条不同频率的信道，就类似于将一条马路分割成多个车道，尽管同一时间车辆都在这条马路上行驶，但是分别行驶在不同的车道上，所以不会发生冲突。现在假设每个车道的宽度不能改变了，但是需要加车道，所以马路就必须变宽，类似于使用频分复用时，如果复用数增加，那么信道的带宽（此时的带宽是频率带宽，不是数据的发送速率）必须得增加。

注意：每个子信道分配的带宽可以不相同，但它们的总和一定不能超过信道的总带宽（可联想人行道和机动车道是不一样宽的）。在实际应用中，为防止子信道之间的干扰，相邻信道之间要加入“保护频带”（可联想人行道与机动车道、机动车道与机动车道之间的栏杆的作用）。

2．时分多路复用

假设现在只有一个玩具，却有 10 个小孩要玩，这时候只能将一个固定的时间分割成 10份，10个小孩轮流玩这个玩具，即时分多路复用。

所以当使用时分多路复用时，复用数增加并不需要加大信道带宽，只需将每个信道分得的时间缩小即可。也许很多人在这里会有疑问，如果恰好某个时间轮到一个小孩玩了，但是这个小孩现在睡着了，岂不是这段时间就浪费了吗？没错，是浪费了，这时候就需要把时分复用改进，于是引入**统计时分复用。**继续上面的例子，现在如果该玩具轮到某个小孩玩，但是他睡着了，立刻跳过他，给下一个小孩玩，这样就基本可以保证玩具没有空闲时刻。可见每个孩子下次轮到自己玩的时间都是不确定的，如果睡觉的人多了，很快就轮到了；如果睡觉的人少，就很慢。因此，统计时分复用**是一种动态的时间分配**（会考选择题，请记住），同时又是异步的（每个孩子玩玩具的时间周期是不固定的），所以统计时分复用又称为异步时分复用。而普通的时分复用就是同步时分复用（因为每个孩子都在一个固定的周期才能得到玩具，即使中间有孩子睡觉也要等）。由上面的分析，一种极其经典的题型就诞生了，参考例 3-6。

【例 3-6】 假设某线路的传输速率为 10Mbit/s，且有 10 个用户在使用。使用同步时分复用和异步时分复用的最高速率分别是多少？

解析：分析可知，同步时分复用不管此时信道是否空闲，一定要等到时间分配给它，才可进行数据传输，所以最高速率为（10Mbit/s）/10 = 1Mbit/s；而使用异步时分复用则不同，信道是没有空闲的。当只有一个用户传输数据时，其他 9 个用户都停止，那么此时该用户的传输速率可以达到最大，即 10Mbit/s。类似上面 10 个小朋友，如果 9 个小朋友睡着了，没睡着的那个小孩就可以一直玩。

3．波分多路复用

波分多路复用就是光的频分多路复用，在一根光纤中传输多种不同频率（波长）的光信号，由于各路光的频率（波长）不同，因此各路光信号不互相干扰。最后，再用分波器将各路波长不一样的光分解出来，如图 3-10 所示。

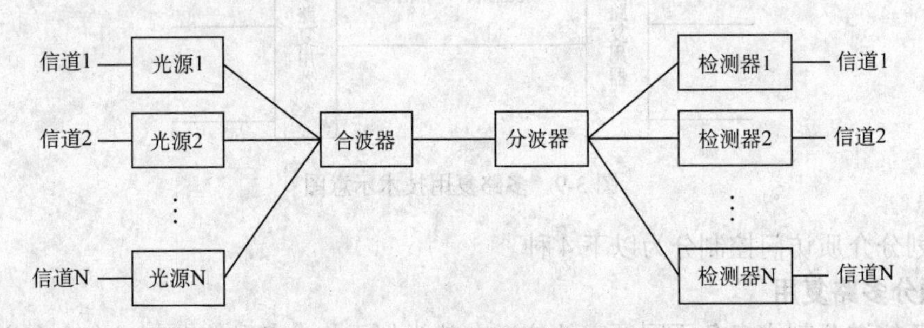

图 3-10　分波器进行光分解

4．码分多路复用

码分多路复用又称为码分多址（CDMA），它既共享信道的频率，又共享时间，是一种真正的动态复用技术。本书主要讲解 CDMA 原理中的一个考点，其他内容考研不会涉及，有兴趣的考生可参考教材上的详细讲解。考点分析如下。

概念：每个站点都维持一个属于该站点的芯片序列，并且是固定的。假如站点 A 的芯片序列为 00011011，则 A 站点发送 00011011 表示发送比特 1；而将 00011011 每位取反，即发送 11100100 表示发送比特 0。习惯将芯片序列中的 0 写为-1，1 写为+1，所以 A 站的芯片序列就是（-1 -1 -1 +1 +1 -1 +1 +1），一般将该向量称为该站的码片向量。以下两个定理记住即可。

1）任意两个不同站的码片向量正交，即任意两个站点的码片向量的规格化内积一定为 0。

2）任意站点的码片向量与该码片向量自身的规格化内积一定为 1；任何站点的码片向量和该码片的反码向量的规格化内积一定为-1。

考点：某个 CDMA 站接收到一个碎片序列，怎么去判断是哪站发来的数据，并怎么识别发送了什么信息？见例 3-7。

【例 3-7】 某个 CDMA 站接收方收到一条如下所示的碎片系列：

（-1 +1 -3 +1 -1 -3 +1 +1）

假设各个站点的码片向量如下所示。

站点 A：（-1 -1 -1 +1 +1 -1 +1 +1）

站点 B：（−1 −1 +1 −1 +1 +1 +1 −1）

站点 C：（−1 +1 −1 +1 +1 +1 −1 −1）

站点 D：（−1 +1 −1 −1 −1 −1 +1 −1）

试问：哪些站点发送了数据？分别发送了什么数据？

解析：此题的解答步骤较为固定，只需将接收到的碎片序列分别与站点 A、B、C、D 的码片向量进行规格化内积即可。内积为 1 表示发送了比特 1，内积为−1 表示发送了比特 0，内积为 0 表示没有发送数据，计算如下。

站点 A：（−1 +1 −3 +1 −1 −3 +1 +1）•（−1 −1 −1 +1 +1 −1 +1 +1）/8 = 1。

站点 B：（−1 +1 −3 +1 −1 −3 +1 +1）•（−1 −1 +1 −1 +1 +1 +1 −1）/8 = −1。

站点 C：（−1 +1 −3 +1 −1 −3 +1 +1）•（−1 +1 −1 +1 +1 +1 −1 −1）/8 = 0。

站点 D：（−1 +1 −3 +1 −1 −3 +1 +1）•（−1 +1 −1 −1 −1 −1 +1 −1）/8 = 1。

由以上计算结果可知，站点 A 和站点 D 发送了比特 1，站点 B 发送了比特 0，站点 C 没有发送数据。

总结：码分多路复用技术具有抗干扰能力强、保密性强、语音质量好等优点，还可以减少投资和降低运行成本，主要用于无线通信系统，特别是移动通信系统。CDMA 手机就使用了此技术。

3.5.2 随机访问介质访问控制

当几台计算机都使用一条信道发送数据时，就需要去共享这条信道，而共享信道需着重考虑的一个问题就是如何使众多用户能够合理而方便地共享，并且不发生冲突，于是出现两种划分信道的方法：

第一种是静态划分信道，读者也许马上想到 3.5.1 小节刚讲过的频分多路复用、时分多路复用等方法，这种方法只要用户分配到了信道就不会和其他用户发生冲突。但这种划分信道方法的代价是相当高的，在一个小的局域网里面使用这种方法实在不合适。

第二种是动态地划分信道，而动态地划分信道又分为**随机接入**和**受控接入**。

随机接入的意思是所有用户都可以根据自己的意愿随机地发送信息，这样就会产生冲突（或者称为碰撞），从而导致所有冲突用户发送数据失败。为了解决随机接入发生的碰撞，CSMA/CD 等协议被引入。

受控接入就是不能随机地发送数据，一定要得到某种东西才有权发数据，如 3.5.3 小节讲到的令牌环网。

随机接入在考研中需要掌握 4 种，即 ALOHA 协议、CSMA 协议、CSMA/CD 协议和 CSMA/CA 协议。

以上 4 种协议的核心思想是通过争用，胜利者才可以获得信道，从而获得信息的发送权。正因为这种思想，随机访问介质访问控制又多了一个绰号：**争用型协议**。

1．ALOHA 协议

最初的 ALOHA 称为纯 ALOHA 协议，其基本思想比较简单：当网络中的任何一个结点需要发送数据时，可以不进行任何检测就发送数据。如果在一段时间内没有收到确认，该结点就认为传输过程中发生了冲突。发生冲突的结点需要等待一段随机时间后再发送数据，直至发送成功为止。

纯 ALOHA 协议虽然简单，但其性能特别是信道利用率并不理想。于是，后来又有了时分 ALOHA（Slotted ALOHA）。在时分 ALOHA 中，所有结点的时间被划分为间隔相同的时隙（Slot），并规定每个结点只有等到下一个时隙到来时才可发送数据。

2．CSMA 协议

载波侦听多路访问（CSMA）协议是在 ALOHA 协议的基础上改进而来的一种多路访问控制协议。在 CSMA 中，每个结点发送数据之前都使用载波侦听技术来判定通信信道是否空闲。常用的 CSMA 有以下 3 种策略。

1）1-坚持 CSMA。当发送结点监听到信道空闲时，**立即发送数据**，否则继续监听。

2）p-坚持 CSMA。当发送结点监听到信道空闲时，**以概率 p 发送数据**，以概率（1–p）延迟一段时间并重新监听。

3）非坚持 CSMA。当发送结点一旦监听到信道空闲时，**立即发送数据，否则延迟一段随机的时间再重新监听**。

3．CSMA/CD 协议

CSMA/CD 全称为带冲突检测的载波侦听多路访问协议，它是在局域网中被广泛应用的介质访问控制协议。

在 CSMA 机制中，由于可能存在多个结点侦听到信道空闲并同时开始传送数据，从而造成冲突，但是即使冲突了，CSMA 协议也要将已破坏的帧发送完，使总线的利用率降低。一种 CSMA 的改进方案是在发送站点传输的过程中仍继续监听信道，以检测是否存在冲突。如果发生冲突，信道上可以检测到超过发送站点本身发送的载波信号的幅度，由此判断出冲突的存在，那么就立即停止发送（推迟一个随机的时间再发送），并向总线上发一串阻塞信号，用以通知总线上其他各有关站点，各有关站点接收到该阻塞信号，就不再发送数据了。

由此，通道容量就不会因白白传送已受损的帧而浪费了，从而可以提高总线的利用率。这种方案称为载波监听多路访问/冲突检测协议，简写为 CSMA/CD，这种协议已广泛应用于局域网中。下面详细讲解 CSMA/CD 协议。

CSMA/CD 工作流程：每个站在发送数据之前要先检测一下总线上是否有其他计算机在发送数据，若有，则暂时不发送数据，以免发生冲突；若没有，则发送数据。计算机在发送数据的同时检测信道上是否有冲突发生，若有，则采用截断二进制指数类型退避算法来等待一段随机时间后再次重发。总体来说，可概括为“**先听后发，边听边发，冲突停发，随机重发**”。

争用期：指以太网端到端的往返时延（用 2τ 表示），又称为冲突窗口或者碰撞窗口。只有经过争用期这段时间还没有检测到冲突，才能肯定这次发送不会发生冲突。

例如，以太网规定取 51.2μs 为争用期的长度。对于 10Mbit/s 的以太网，在争用期内可发送 512bit，即 64B。在以太网发送数据时，如果前 64B 没有发生冲突，那么后续的数据也不会发生冲突（表示已成功抢占信道）。换句话说，如果发生冲突，就一定在前 64B。由于一检测到冲突就立即停止发送，这时发送出去的数据一定小于 64B，因此，以太网规定最短帧长为 64B，凡长度小于 64B 的都是由于冲突而异常终止的无效帧。

需要指出的是，以太网端到端的单程时延实际上小于争用期的一半（即 25.6μs），以太网之所以这样规定，还考虑了其他一些因素，如中继器所增加的时延等。

🕮 **补充知识点：**什么原因使以太网有一个最小帧长和最大帧长？

解析：设置最小帧长是为了区分噪声和因发生碰撞而异常终止的短帧。设置最大帧长是为了保证每个站都能公平竞争接入到以太网。因为如果某个站发送特别长的数据帧，则其他

站就必须等待很长的时间才能发送数据（了解即可）。

疑问 1：在教材或者其他辅导书中出现凡是长度小于 64B 的帧都是由于冲突而异常终止的无效帧，也许会有人提出疑问，如果只发 50B 的帧，并且在发送的过程中没有发生碰撞，接收端也正确收到了，难道也当作无效帧吗？当然不是，因为在以太网中传输数据帧时，没有小于 64B 的帧。如果发送的帧小于 64B，MAC 子层会在数据字段的后面加入一个整数字节的填充字段，以保证以太网的 MAC 帧的长度不小于 64B，关于上层协议是如何剥掉这个没用的填充字段的，将在 MAC 帧的格式中详细讲解。

疑问 2：以太网把争用期定为 51.2μs，即对于 10Mbit/s 的以太网，在争用期内可以发送 64B，所以最短有效帧为 64B，那么如果现在是 100Mbit/s 的以太网，最短有效帧还是 64B 吗？

解析：没错，仍然是 64B，此时只需将争用期设置为 5.12μs（也就是将电缆长度减少到 100m，并且帧间的时间间隔从原来的 9.6μs 改为现在的 0.96μs，都是 10Mbit/s 以太网的 1/10）。

可见，最短有效帧长和最远两个站的距离及传输速率都是有关系的，并且<u>**成正比**</u>，参考例 3-8。

【例 3-8】（大纲样题）根据 CSMA/CD 协议的工作原理，下列情形中需要提高最短帧长度的是（　　）。

A．网络传输速率不变，冲突域的最大距离变短

B．冲突域的最大距离不变，网络传输速率提高

C．上层协议使用 TCP 的概率增加

D．在冲突域不变的情况下减少线路中的中继器数量

解析：根据以上分析，很容易得知 A 说反了，B 为正确选项。C 和 D 纯属胡扯。

【例 3-9】（2009 年统考真题）在一次采用 CSMA/CD 协议的网络中，传输介质是一根完整的电缆，传输速率为 1Gbit/s，电缆中的信号传播速度是 2×10^8m/s。若最小数据帧长度减少 800bit，则最远的两个站点之间的距离至少需要（　　）。

A．增加 160m　　B．增加 80m　　C．减少 160m　　D．减少 80m

解析：D。可以计算出减少 800bit 后，节省了多少发送时间，即 800bit/1000 000 000bit/s= 0.8×10^{-6}s，也就是说，最大**往返时延**可以允许减少 0.8×10^{-6}s，或者说最大端到端**单程时延**可以减少 0.4×10^{-6}s。要使得单程时延减少，且传播速度不变，只有将最远的两个站点之间的距离减少才能满足要求，并且需要减少 $0.4\times10^{-6}\text{s}\times2\times10^8\text{m/s}$=80m。

疑问 3：为什么 CSMA/CD 用于信道使用半双工的网络环境，而对于使用全双工的网络环境则无需采用这种介质访问控制技术？

解析：以太网工作模式有两种，一种是全双工工作模式，另一种是半双工工作模式。现在分析这两个模式下是不是都使用了 CSMA/CD 冲突检测机制。

全双工模式：在同一时间内，网卡不可能接收到两个都要求发送数据的请求，就好像 CPU 不可能在同一时间执行两条指令一样，也就是说，网卡在接收到需要发送的数据报后，就像排队一样一个一个往外发送，怎么可能会冲突呢？所以因为同时发送数据而产生的碰撞就不可能发生了。这个时候有人可能要问，那接收呢？发送可能会和接收冲突，其实这么想就错了。在全双工工作模式下，将使用双绞线中的两对线进行工作，一对用于发送，另一对用于接收。既然发送和接收是分开的两条链路，那么就不存在冲突的问题了。就像在高速公路上，一个车道是由东往西的行驶车道，另一个车道是由西往东的行驶车道。两车对开，行驶于各自的车道，不可能发生冲撞。所以，全双工工作模式下是不需要使用 CSMA/CD 冲突检测机

制的。还有一点需要注意，全双工通信只有在数据传输链路两端的结点设备都支持全双工时才有效。

半双工模式：因为发送和接收使用同一个信道，所以肯定要使用 CSMA/CD 冲突检测机制。

疑问 4：碰撞是什么时候检测出来的？

解析：并不是说一碰撞就可以检测出来，而是当发送端在发送数据时竟然收到了数据（相当诡异的事情），收到数据的这一刻才知道中途碰撞了，2010 年考研真题的计算机网络最后一道大题就是考查此知识点。

截断二进制指数类型退避算法：发生碰撞的站在停止发送数据后，要推迟一个随机时间才能再发送数据。退避的时间按照以下算法计算。

1）确定基本退避时间，一般取争用期 2τ。

2）定义重传参数 k，k=Min[重传次数，10]。可见，当重传次数不超过 10 时，参数 k 等于重传次数；当重传次数超过 10 时，k 就不再增大而一直等于 10。

3）从整数集合[0，1，…，2^k-1]中随机选择一个数记为 r，重传所需时延就是 r 倍的基本退避时间，即 $2r\tau$。

4）当重传次数达到 16 次仍不能成功时，说明网络太拥挤，直接丢弃该帧，并向高层报告。

截断二进制指数类型退避算法可使重传需要推迟的平均时间随重传次数的增大而增大。但当数据发送量大时，可能导致一方的重传推迟时间越来越长，而另一方却在连续发送数据帧，这被称为捕获效应。

【例 3-10】 在二进制指数后退算法中，16 次碰撞之后，站点会在 0～（ ）之间选择一个随机数。

A．1023　　　　B．$2^{15}-1$

C．$2^{16}-1$　　　　D．以上都错误

解析：D。在二进制指数后退算法中，N 次碰撞之后，站点会在 0～M 之间选择一个随机数，分以下三类情况讨论：

1）当 1≤N≤10 时，$M=2^N-1$。

2）当 10≤N≤15 时，$M=2^{10}-1=1023$。

3）当 N=16，直接丢弃，并给计算机发送一个错误报告。

注意：二进制指数后退算法解决了站点检测到冲突后继续等待的时间问题。

📖 **补充知识点：**什么是非受限协议？

解析：非受限就是不用停下来等待确认帧。既然不用等待确认帧，就可以一直不停地发送，因此计算数据传输率时，应该忽略传播时延。

【例 3-11】（2010 年统考真题）某局域网采用 CSMA/CD 协议实现介质访问控制，数据传输率为 10Mbit/s，主机甲和主机乙之间的距离为 2000m，信号传播速度是 2×10^8m/s，请回答下列问题，要求说明理由或写出计算过程。

1）若主机甲和主机乙发送数据时发生冲突，则从开始发送数据时刻起，到两台主机均检测到冲突时刻为止，最短经过时间是多少？最长经过时间多少？假设主机甲和主机乙发送数据时，其他主机不发送数据。

2）若网络不存在任何冲突与差错，主机甲总是以标准的最长以太数据帧（1518B）向主

机乙发送数据，主机乙每成功收到一个数据帧后立即向主机甲发送一个 64B 的确认帧，主机甲收到确认帧后立即发送下一个数据帧。此时主机甲的有效数据传输速率是多少？不考虑以太网帧的前导码。

解析：1）题目中已经说明主机甲和主机乙发送数据时发生冲突，说明在主机甲发送的数据未达到主机乙时，主机乙已经开始发送数据了。从开始发送数据时刻起，到两台主机均检测到冲突时刻为止（解释一下什么是检测到冲突：就是主机甲在发送数据的同时，竟然收到数据了，也就是说冲突了），显然是甲和乙同时发送数据时才能使得时间最短，假设甲和乙不同时发送数据，不妨设甲开始发送数据，此时计时器已经开始计时，乙再发送数据到达甲的时间肯定大于单倍时延，所以甲和乙同时发送数据可以使得时间最短。与此同时，要使得时间最长，显然就是让甲发送的数据就快到达乙了，乙立马发送数据，这样就可以使得时间拉到 2 倍的单程时延。这两个问题解决了，剩下的就是求单程传播时延了，题目告诉了主机甲和主机乙的距离为 2000m，信号传播速度是 2×10^8m/s，所以单程时延=2000m/2×10^8m/s=0.01ms。综上所述，从开始发送数据时刻起，到两台主机均检测到冲突时刻为止，最短经过时间是 0.01ms，最长经过时间是 0.02ms。

2）首先计算主机甲发送一个以太网数据帧的时间=1518×8bit÷10Mbit/s=1.2144ms，接着主机乙每成功收到一个数据帧后立即向主机甲发送一个 64B 的确认帧，发送此确认帧需要时间=64×8bit÷10Mbit/s=0.0512ms，中间还有一个往返时延，时间为 0.02ms1）中已经计算过），所以主机甲成功发送一数据帧所需要的总时间=1.2144ms+0.0512ms+0.02ms=1.2856ms，也就是说，主机甲在 1.2856ms 里可以发送 1518B 的数据帧。还有一点需要提醒大家，题目中是说有效数据传输速率，这 1518B 的帧里面还包括 18B 的首部和尾部，不属于有效数据部分，所以真正有效的数据其实只有 1500B，主机甲的有效数据传输速率=1500×8bit/1.2856ms≈9.33Mbit/s。

4．CSMA/CA 协议

CSMA/CA 主要用在无线局域网中，由 IEEE 802.11 标准定义，它在 CSMA 的基础上增加了冲突避免的功能。冲突避免要求每个结点在发送数据之前监听信道。如果信道空闲，则发送数据。发送结点在发送完一个帧后，必须等待一段时间（称为帧间间隔），检查接收方**是否发回帧的确认**（说明 CSMA/CA 协议对正确接收到的数据帧进行确认，2011 年真题中的一道选择题考查了此知识点）。若收到确认，则表明无冲突发生；若在规定时间内没有收到确认，表明出现冲突，重发该帧。

【例 3-12】（2011 年统考真题）下列选项中，对正确接收到的数据帧进行确认的 MAC 协议是（　　）。

A．CSMA　　B．CDMA　　C．CSMA/CD　　D．CSMA/CA

解析：D。此题相信大部分考生的情况是对于 A 和 C 比较熟悉，对于 B 和 D 则完全不知所云。因为在复习的过程中可能不会太在意。CSMA/CD 协议相信考生再熟悉不过了，整个过程也能够倒背如流，立马可以被排除。其次，CSMA/CD 协议是对 CSMA 协议的改进，既然 CSMA/CD 都没有，那 CSMA 协议就必然没有。

CDMA 称为码分多路复用，工作在物理层，不存在对数据帧进行确认。

3.5.3 轮询访问介质访问控制——令牌传递协议

轮询访问介质访问控制主要用在令牌环局域网中，目前使用得很少。在轮询访问介质访问控制中，用户不能随机地发送信息，而是通过一个集中控制的监控站经过轮询过程后再决定信道的分配。典型的轮询访问介质访问控制协议就是**令牌传递协议**。

令牌环局域网把多个设备安排成一个物理或逻辑连接环。为了确定哪个设备可以发送数据，让一个令牌（特殊格式的帧）沿着环形总线在计算机之间依次传递。当计算机都不需要发送数据时，令牌就在环形网上"游荡"，而需要发送数据的计算机只有拿到该令牌才能发送数据帧，所以不会发生冲突（因为令牌只有一个），这就是所谓的受控接入。

有关令牌环网络更详细的讲解请参考 3.6.4 小节。

3.6 局域网

3.6.1 局域网的基本概念与体系结构

局域网（Local Area Network，LAN）是指一个较小范围（如一个公司）内的多台计算机或者其他通信设备，通过双绞线、同轴电缆等连接介质互连起来，以达到资源和信息共享目的的互联网络。

1．局域网最主要的特点

1）局域网为一个单位所拥有（如学校的一个系使用一个局域网）。

2）地理范围和站点数目有限（双绞线的最大传输距离为 100m，如果要加大传输距离，则在两段双绞线之间安装中继器，最多可安装 4 个中继器，例如，安装 4 个中继器连接 5 个网段，则最大传输距离可达 500m，所以地理范围有限。局域网一般可以容纳几台至几千台计算机，所以站点数目有限）。

3）与以前非光纤的广域网相比，局域网具有较高的数据率、较低的时延和较小的误码率（现在局域网的数据率可以达到万兆了；传输距离较短所以时延小；距离短了失真就小，误码率自然就低）。

2．局域网的主要优点

1）具有广播功能（具体见补充知识点），从一个站点可很方便地访问全网。局域网上的主机可共享连接在局域网上的各种硬件和软件资源。

📖 **补充知识点：**局域网的广播功能。

解析：要清楚局域网的广播并不是该局域网的每个站点都要接收该数据，每个帧的首部都会有接收站点的物理地址（MAC 地址），而当该帧到达每个站点时，该站点就会用网卡中的地址和首部的物理地址进行比较，如果一样就接收该帧，否则丢弃该帧。但是千万注意广域网不能用广播通信（会造成网络堵塞），而应该用点对点通信，使用交换机来转发（后讲）。

2）便于系统的扩展和演变，各设备的位置可灵活地调整和改变。

3）提高了系统的可靠性、可用性。

3．局域网的主要技术要素

局域网的主要技术要素包括网络拓扑结构、传输介质与介质访问控制方法。其中，介质访问控制方法是最为重要的技术特性，决定着局域网的技术特性。

4．局域网的主要拓扑结构

局域网的主要拓扑结构包括星形网、环形网、总线型网和树形网。

5．局域网的主要传输介质

局域网的主要传输介质包括双绞线、铜缆和光纤等，其中双绞线为主流传输介质。

6. 局域网的主要介质访问控制方法

局域网的主要介质访问控制方法包括 CSMA/CD、令牌总线和令牌环。前两种作用于总线型网，令牌环作用于环形网。IEEE 的 802 标准定义的局域网参考模型只对应于 OSI 参考模型的数据链路层和物理层，并且将数据链路层拆分为两个子层：逻辑链路控制（LLC）子层和媒体接入控制（MAC）子层。与接入到传输媒体有关的内容都放在 MAC 子层，而 LLC 子层与传输媒体无关。

由于以太网在局域网市场中取得了垄断地位，DIX Ethernet V2 标准被广泛使用，而 802 委员会制定的 LLC 子层作用已经不大，现在很多网卡上仅装有 MAC 协议而没有 LLC 协议，因此局域网的考点重心应该围绕以太网，本书也将会着重讲解以太网。

3.6.2 以太网与 IEEE 802.3

知识背景：IEEE 802.3 标准是一种基带总线型的局域网标准。在不太严格区分的时候，IEEE 802.3 可以等同于以太网标准，因为它是基于原来的以太网标准诞生的一个总线型局域网标准，所以下面重点讲解以太网。

以太网是迄今为止世界上最为成功的局域网产品。以太网最初由 Xerox 公司研制出。它的最初规约是 DIX Ethernet V2 标准。在此基础上，专门负责制定局域网和城域网标准的 IEEE 802 委员会制定了 IEEE 802.3 标准。IEEE 802.3 标准和 DIX Ethernet V2 标准差别很小，所以一般也称 802.3 局域网为以太网。特别是随着快速以太网、千兆以太网和万兆以太网相继进入市场，以太网现在几乎成了局域网的同义词。

1. 以太网的工作原理

以太网采用总线拓扑结构，所有计算机都共享一条总线，信息以广播方式发送。为了保证数据通信的方便性和可靠性，以太网使用了 CSMA/CD 技术对总线进行访问控制。考虑到局域网信道质量好，以太网采取了以下两项重要的措施以使通信更加简便。

1）采用无连接的工作方式。

2）不对发送的数据帧进行编号，也不要求对发送方发送确认。

因此以太网提供的服务是不可靠的服务，即尽最大努力交付，差错的纠正由传输层的 TCP 完成。

疑问：前面已经说过数据链路层是不提供重传机制的，为什么以太网会有重传机制？

解析：以太网是不可靠的，这意味着它并不知道对方有没有收到自己发出的数据报，但如果由它发出的数据报发生错误（并且知道错了），它会进行重传。在以前讲数据链路层时，发送方根本不知道自己发送的数据报有错（因为接收方不会发确认，有错都是直接丢弃的），但是现在不一样了，发送方知道碰撞了（数据没发完之前），明知道错了，肯定要重传的，因为以太网的重传是微秒级，而传输层的重传（如 TCP 的重传）为毫秒级，应用层的重传达到秒级，可以看到越底层的重传，速度越快，所以对于以太网错误，以太网必须要具有重传机制，不然高层重传就会花费更多的时间。但是还有一种情况即使知道碰撞了，也不需要重传，那就是发送方的数据已经发完了再收到碰撞信号，这时候就不要重传了，因为发送方已经发完了，不能肯定这个碰撞是不是因为自己发送数据时产生的，所以不需要重传。

2. 以太网的 MAC 帧

局域网中的每台计算机都有一个唯一的号码，称为 MAC 地址或物理地址、硬件地址。每块网卡出厂即被赋予一个全球唯一的 MAC 地址，它被固化在网卡的 ROM 中，共 48bit(6B)，例如，01-3e-01-23-4e-3c 十六进制表示，01 其实是 0000 0001。高 24bit 为厂商代码，低 24bit 为厂商自行分配的网卡序列号。

由于总线上使用的是广播通信，因此网卡从网络上每收到一个 MAC 帧，先要用硬件检查 MAC 帧中的 MAC 地址。如果是发往本站的帧就收下，否则丢弃。

MAC 帧的格式有两种：IEEE 802.3 标准和 DIX Ethernet V2 标准。考研一般考查的是最常用的 DIX Ethernet V2 标准格式，如图 3-11 所示。

MAC 帧组成部分的详细分析如下。

1）**前导码。**在帧的前面插入 **8B**，使接收端与发送端进行时钟同步。这 8B 又可分为前同步码（7B）和帧开始定界符（1B）两部分。

注意：不知道大家还记不记得，在讲解组帧的时候，特意说明了 MAC 帧不需要帧结束符，因为以太网在传送帧时，各帧之间必须有一定的间隙。因此，接收端只要找到帧开始定界符，其后面连续到达的比特流就都属于同一个 MAC 帧，所以图 3-11 中只有帧开始定界符。

2）**目的地址、源地址。**均使用 48bit（**6B**）的 MAC 地址。

注意：地址字段包括目的地址和源地址两部分。处于前面的地址字段为目的地址，处于后面的地址字段为源地址。

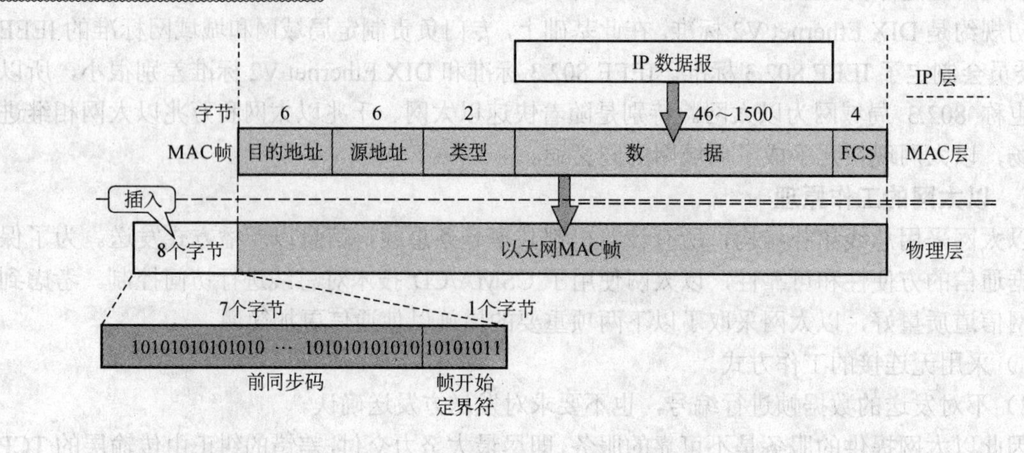

图 3-11　DIX Ethernet V2 标准格式

IEEE 802.3 标准规定，源地址字段中前 8 位的最后一位恒为“0”，这一点从目的地址格式中可以看出。目的地址字段有较多的规定，原因是一个帧有可能发送给某一个工作站，也有可能发送给一组工作站，还有可能发送给所有工作站。因此，将后面两种情况分别称为组播帧和广播帧。

当目的地址前 8 位的最后一位为“0”时，表示帧要发送给某一个工作站（这个就是为什么源地址字段中前 8 位的最后一位恒为“0”的原因），即所谓的**单站地址**。当目的地址前 8 位的最后一位为“1”，其余不全为“1”时，表示帧发送给一组工作站，即所谓的**组播地址**。当目的地址前 8 位的最后一位为“1”，其余也全为“1”时，表示帧发送给所有工作站，即所谓的**广播地址**。看到这里考生可能会问，每个主机很明显可以认识单播帧（与自己 MAC 地址一样）和广播帧（全“1”），但是组播帧怎么识别？组播帧的识别，由适配器通过使用编程的方法实现，不在考试范围之内。

综上分析，只有目的地址才能使用多播地址和广播地址。

3）**类型。**占 2B。指出数据域中携带的数据应交给哪个协议实体处理，例如，若类型字

段的值为 0x0800，就表示上层使用的是 IP 数据报等，这个无需记忆，知道是怎么回事就行。

4）**数据**。占 46～1500B。46 和 1500 是怎么来的？首先，由 CSMA/CD 算法可知，以太网帧的最短帧长为 64B，而 MAC 帧的首部和尾部的长度为 18B，所以数据最短为 64B-18B=46B。其次，最大的 1500B 是规定的，没有为什么。

5）**填充**。前面讲过，由于 CSMA/CD 算法的限制，最短帧长为 64B，因此除去首部 18B，如果数据长度小于 46B，那么就得填充，使得帧长不小于 64B。当数据字段长度小于 46B 时，需要填充至 46B；当数据字段长度大于或等于 46B 时，则无需填充。因此，填充数据长度的范围为 0～46B。

6）**校验码（FCS）**。占 4B。采用循环冗余码，不但需要校验 MAC 帧的数据部分，还要校验目的地址、源地址和类型字段，**但是不校验前导码**。

3．以太网的传输介质

传统以太网可使用的传输介质有 4 种，即粗缆、细缆、双绞线和光纤。对应的，MAC 层下面给出了这 4 种传输介质的物理层，即 10BASE5（粗缆）、10BASE2（细缆）、10BASE-T（双绞线）和 10BASE-F（光纤）。其中，BASE 指电缆上的信号为**基带信号**，采用曼彻斯特编码；BASE 前面的 10 表示数据传输率为 10Mbit/s；BASE 后面的 5 或 2 表示每一段电缆最长为 500m 或 200m（实为 185m）；T 表示双绞线，F 表示光纤。常用以太网线缆见表 3-4。

表 3-4 常用以太网线缆

标 准	电 缆	每段最大长度/m	每段最大结点数
10BASE5	粗电缆	500	100
10BASE2	细电缆	185	30
10BASE-T	双绞线	100	1024
10BASE-F	光纤	2000	1024

4．高速以太网

一般，数据传输率达到或超过 100Mbit/s 的以太网称为高速以太网。

（1）100Base-T 以太网

100Base-T 以太网是在双绞线上传送 100Mbit/s 基带信号的星形拓扑结构以太网，使用 CSMA/CD 协议。100Base-T 以太网又称为快速以太网。

100Base-T 以太网可在全双工方式下工作而无冲突发生，此时无需使用 CSMA/CD 协议，如果是在半双工方式下工作时仍需使用 CSMA/CD 协议。

为了提高数据传输率，100Base-T 以太网保持最短帧长不变，但将一个网段的最大电缆长度减小到 100m，帧间时间间隔从原来的 9.6ms 改为现在的 0.96ms。

（2）吉比特以太网

吉比特以太网又称为千兆以太网，具有以下特点：

1）允许在 1Gbit/s 下全双工和半双工**两种方式工作**。

2）在半双工方式下使用 CSMA/CD 协议（全双工方式不需要使用 CSMA/CD 协议，前面已经讲过）。

当吉比特以太网工作在半双工方式下时，必须使用 CSMA/CD 协议进行冲突检测。如果要提高数据传输率，只有减小最大电缆长度或增大帧的最小长度，这样才能使得信道的利用率比较高。吉比特以太网保持了网段最大电缆长度仍为 100m，但采用了“载波延伸”的方法。这样使得最短帧长仍为 64B，同时将争用期增大为 512B。凡发送的 MAC 帧长不足 512B 时，就用一些特殊字符填充在帧的后面，使 MAC 帧的发送长度达到 512B，但是这样又会出现问题，如果每次都是发送 30B，岂不是每次都填充 482B，这样的话就造成了太大的浪费，所以吉比特以太网增加了一种功能即分组突发（分组突发为非考点，有兴趣的考生可参考相关教材）。

（3）10 吉比特以太网（非重点）

10 吉比特以太网的特点：

1）保留了 IEEE 802.3 标准规定的以太网帧格式、最小帧长和最大帧长，便于升级。

2）不再使用铜线而只使用光纤作为传输介质。

3）只工作在全双工方式下，因此没有争用问题，也不使用 CSMA/CD 协议。

最后，以太网从 10Mbit/s 到 10Gbit/s 的演进证明了**以太网**是：

1）可扩展的（10Mbit/s～10Gbit/s）。

2）灵活的（多种传输媒体、全/半双工、共享/交换）。

3）易于安装。

4）稳健性好。

【例 3-13】（2012 年统考真题）以太网的 MAC 协议提供的是（　　）。

A．无连接不可靠服务　　　　B．无连接可靠服务

C．有连接不可靠服务　　　　D．有连接可靠服务

解析：A。

1）有连接与无连接的判断：很明显 MAC 帧首部格式中只有目的 MAC 地址、源 MAC 地址和类型字段，并没有建立连接的字段，所以以太网 MAC 协议提供的是无连接的服务。

2）可靠与不可靠的判断：以太网帧是一种无编号的帧，当目的站收到有差错的数据帧时，就丢弃此帧，其他什么也不做，差错的纠正由高层来决定，所以以太网的 MAC 协议是不可靠的。

3.6.3 IEEE 802.11（了解）

IEEE 802.11 是无线局域网的协议标准，包括 IEEE 802.11a 和 IEEE 802.11b 等。

1．无线局域网的组成

无线局域网可分为两大类：有固定基础设施和无固定基础设施。

（1）有固定基础设施的无线局域网的组成

对于有固定基础设施的无线局域网，IEEE 802.11 标准规定其最小构件为基本服务集（BSS）。一个基本服务集包括一个基站和若干个移动站，所有站在本 BSS 内可直接通信，但在和本 BSS 以外的站通信时都必须通过本 BSS 的基站。因此，BSS 中的基站称为接入点（AP）。

一个基本服务集可以是孤立的，也可通过接入点连接到一个主干分配系统（Distribution System，DS），然后再接入到另一个基本服务集，构成扩展的服务集（Extended Service Set，ESS）。

ESS 还可通过门桥（Portal）设备为无线用户提供到非 IEEE 802.11 无线局域网（如到有线连接的因特网）的接入。门桥的作用就相当于一个网桥。

（2）无固定基础设施的无线局域网的组成

无固定基础设施的无线局域网又被称为自主网络，自主网络没有上述基本服务集中的接入点，而是由一些处于平等状态的移动站之间相互通信组成的临时网络。这些移动站都具有路由器的功能。

2．IEEE 802.11 标准中的物理层

IEEE 802.11 标准中的物理层有以下 3 种实现方法：

1）跳频扩频（FHSS）。

2）直接序列扩频（DSS）。

3）红外线（IR）。

3．IEEE 802.11 标准中的 MAC 层

IEEE 802.11 标准中的 MAC 层在物理层上面。它包括两个子层，从下往上依次为分布协调功能（DCF）子层和点协调功能（PCF）子层。

由于用 CSMA/CD 协议对无线局域网进行冲突检测花费过大并且冲突检测到信道空闲后仍可能发生冲突，因此在无线局域网的 MAC 层中，使用的是带有碰撞避免功能的 CSMA/CA 协议，同时还增加了**确认机制**。

3.6.4　令牌环网的基本原理

最有影响的令牌环网是 IBM 公司的 Token Ring，IEEE 802.5 标准就是在 IBM 公司的 Token Ring 协议的基础上发展和形成的，如图 3-12 所示。

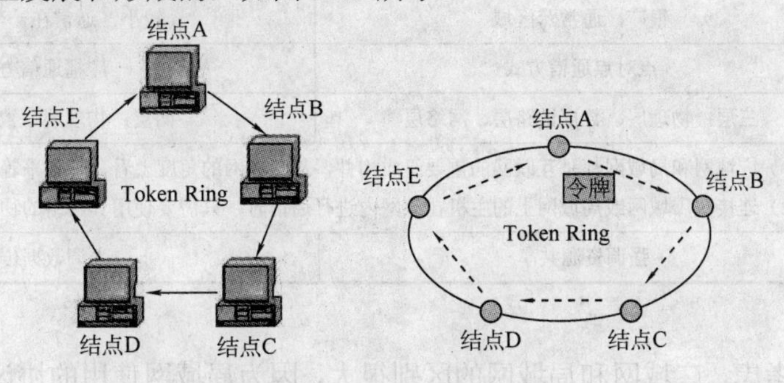

图 3-12　令牌环网的基本原理

在 Token Ring 中，结点通过环接口连接成物理环形。令牌是一种特殊的 MAC 控制帧，帧中有一位标志令牌（忙/闲）。令牌总是沿着物理环单向逐站传送，传送顺序与结点在环中排列顺序相同。

令牌环网中令牌和数据的传递过程如下所述：

1）当网络空闲时，环路中只有令牌在网络中循环传递。

2）令牌传递到有数据要发送的结点处，该结点就修改令牌中的一个标志位，然后在令牌中附加自己需要传输的数据，这样就将令牌改换成了一个数据帧，源结点将这个数据帧发送出去。

3）数据帧沿着环路传递，接收到的结点一边转发数据，一边查看帧的目的地址。如果目的地址和自己的地址相同，接收结点就复制该数据帧以便进行下一步处理。

4）数据帧沿着环路传输，直到到达该帧的源结点，源结点接收自己发出去的数据帧便不再转发。同时，该源结点可以通过校验返回的数据帧，以查看数据传输过程中是否有错，若有错，则重传该帧。

5）源结点传送完数据以后，重新产生一个令牌，并将令牌传递给下一个站点，以交出发送数据帧的权限。

3.7 广域网

3.7.1 广域网的基本概念

广域网通常是指覆盖范围很广（远远超出一个城市的范围）的长距离网络。广域网由一些结点交换机以及连接这些交换机的链路组成。结点交换机将完成分组存储转发的功能。互联网虽然覆盖范围也很广，但一般不称它为广域网。因为在这种网络中，不同网络（可以为局域网也可以为广域网）的"互连"才是其最主要的特征，它们之间通常采用路由器来连接。而广域网只是一个单一的网络，它使用结点交换机连接各主机而不是用路由器连接各网络。虽然结点交换机和路由器都是用来转发分组的，它们工作原理也类似，但区别是结点交换机在单个网络中转发分组，而路由器在多个网络构成的互联网中转发分组。广域网和局域网的区别与联系见表3-5。

表3-5 广域网和局域网的区别与联系

	广域网	局域网
覆盖范围	很广，通常跨区域	较小，通常在一个区域内
连接方式	点对点通信方式	广播通信方式
OSI层次	三层：物理层、数据链路层、网络层	两层：物理层、数据链路层
联系	（1）广域网和局域网都是互联网的重要组成构件，从互联网的角度上看，二者平等，没有包含关系 （2）连接在广域网或局域网上的主机在该网内进行通信时，只需要使用其网络的物理地址即可	
着重点	强调资源共享	强调数据传输

注意：

1）从层次上考虑，广域网和局域网的区别很大，因为局域网使用的协议主要在数据链路层（包含少量物理层的内容），而广域网使用的协议主要在**网络层**。

2）广域网中存在一个最重要的问题，即路由选择和分组转发。路由选择协议负责搜索分组从某个结点到目的结点的最佳传输路由，以便构造路由表。从路由表再构造出转发分组的转发表，分组是通过转发表进行转发的。

📖 **补充知识点：**局域网、广域网和因特网之间的关系。

解析：为了方便理解可以将广域网看成一个大的局域网，从专业角度来讲就是通过交换机连接多个局域网，组成更大的局域网，即广域网。因此，广域网仍然是一个网络。而因特网是多个网络之间互连，即因特网由大局域网（广域网）和小局域网共同通过路由器相连。因此，局域网就可通过因特网与另一个相隔很远的局域网进行通信。

3.7.2 PPP

知识背景：SLIP主要完成数据报的传送，但没有寻址、数据检验、分组类型识别和数据压缩等功能，**只能传送IP分组。**此协议实现起来较简单，但如果上层不是IP就无法传输，

并且此协议对一些高层应用也不支持。为了改进 SLIP 的缺点，于是制定了点对点协议，即 PPP。PPP 主要由以下 3 个部分组成：

1）一个将 IP 数据报封装到串行链路的方法。

2）一个链路控制协议（LCP）。用于建立、配置和测试数据链路连接，并在不需要时将它们释放。

3）一套网络控制协议（NCP）。其中每个协议支持不同的网络层协议，用来建立和配置不同的网络层协议。

1．PPP 的帧格式

PPP 的帧格式如图 3-13 所示。

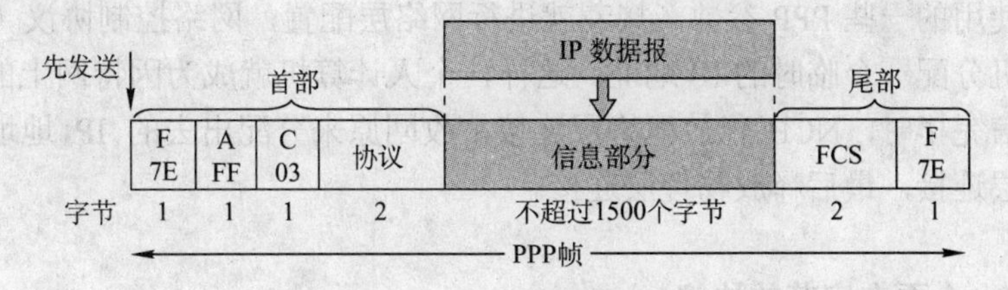

图 3-13　PPP 的帧格式

1）**标志字段（F）**。首部和尾部各占 1 个字节，规定为 Ox7E。

📖 **补充知识点：**PPP 帧的透明传输。

解析：其实在 3.1 节讲解 HDLC 帧的帧定界问题时就提到了。当时说的是 01111110 为 HDLC 帧的首尾标志。这里的 7E 不就是 01111110 吗？但是在解决 HDLC 的透明传输时，使用的是零比特填充，即数据部分一旦发现有 5 个连续的“1”，就在后面自动加上一个“0”。但是为了实现 PPP 帧的透明传输，可不是这样做的，而是采用了字节填充，步骤如下：

① 把信息字段中出现的每一个 Ox7E 转变为 2 字节序列（Ox7D，Ox5E）。

② 若信息字段中出现一个 Ox7D（即出现了和转义字符一样的比特组合），则把 Ox7D 转变为 2 字节序列（Ox7D，Ox5D）。

③ 若信息字段中出现 ASCII 码的控制字符（即数值小于 Ox20 的字符），则在该字符前面加入一个 Ox7D，同时将该字符的编码加以改变。例如，出现 Ox03（在控制字符中表示“传输结束”ETX），就要把 Ox03 转换为 2 字节序列（Ox7D，Ox23），为什么 Ox03 会转换成 Ox23？其实就是对控制字符的十六进制编码加了一个偏移量（因为控制字符有 Ox20 个，所以加上 Ox20，保证其不再是控制字符）。

另外，到目前为止，所接触到的帧只有 MAC 帧是有帧间隙的，所以无须加入尾标志。而 PPP 帧和 HDLC 帧都是没有帧间隙的，所以前后都得加标志字段。

2）**地址字段（A）**。占 1 个字节。规定为 OxFF，没有为什么。

3）**控制字段（C）**。占 1 个字节。规定为 Ox03，没有为什么。

4）**协议字段**。占 2 个字节。例如，当协议字段为 0x0021 时，PPP 帧的信息字段就是 IP 数据报；若为 0xC021，则信息字段是 PPP 链路控制数据；若为 0x8021，则表示这是网络控制数据。

5）**信息部分**。占 0～1500 个字节。为什么不是 46～1500 个字节？因为 PPP 是点对点的，并不是总线型，所以无需采用 CSMA/CD 协议，自然就没有最短帧。另外，当数据部分出现和标志位一样的比特组合时，就需要采用一些措施来实现透明传输（上面的补充知识点已讲）。

6）**帧检验序列（FCS）**。占2个字节，即循环冗余码检验中的冗余码。检验区间包括地址字段、控制字段、协议字段和信息字段。

☞ 可能疑问点：每个PPP帧首部和尾部都有标志字段F，为什么教材上说连续两个PPP帧之间只需一个标志字段？

解析：当连续传输两个帧时，前一个帧的结束标志字段F可以同时作为后一个帧的起始标志字段。

2．PPP的工作状态

当用户拨号接入ISP时，路由器的调制解调器对拨号做出确认，并建立一条物理连接。这时，个人计算机向路由器发送一系列的LCP分组（封装成多个PPP帧）。这些分组及其响应选择了将要使用的一些PPP参数。接着就进行网络层配置，网络控制协议（NCP）给新接入的个人计算机分配一个临时的IP地址。这样，个人计算机就成为因特网上的一个主机了。

当用户通信完毕时，NCP释放网络层连接，收回原来分配出去的IP地址。接着，LCP释放数据链路层连接，最后释放物理层连接。

总结：

1）**PPP是一个面向字节的协议。**

2）**PPP不需要的功能：纠错**（PPP只负责检错）、**流量控制**（由TCP负责）、**序号**（PPP是不可靠传输协议，所以不需要对帧进行编号）、**多点线路**（PPP是点对点的通信方式）、**半双工或单工**（PPP只支持全双工链路）。

3.7.3 HDLC协议

在通信质量较差的年代，在数据链路层使用可靠传输协议曾经是一种好的办法。因此，能实现可靠传输的高级数据链路控制（HDLC）就成为当时比较流行的数据链路层协议。下面介绍HDLC协议。

1．HDLC协议的基本特点

高级数据链路控制（HDLC）协议是ISO制定的**面向比特（PPP是面向字节的，这个要记住）**的数据链路控制协议。它可适用于链路的两种基本配置：非平衡配置和平衡配置。

1）非平衡配置的特点是由一个主站控制整个链路的工作。

2）平衡配置的特点是链路两端的两个站都是复合站，每个复合站都可以平等地发起数据传输，而不需要得到对方复合站的允许。

2．HDLC协议的帧格式

当采用HDLC协议时，从网络层交下来的分组，变成了HDLC协议帧的数据部分，数据链路层在信息字段的头尾各加上24位控制信息，这样就构成了一个完整的HDLC协议帧，如图3-14所示。

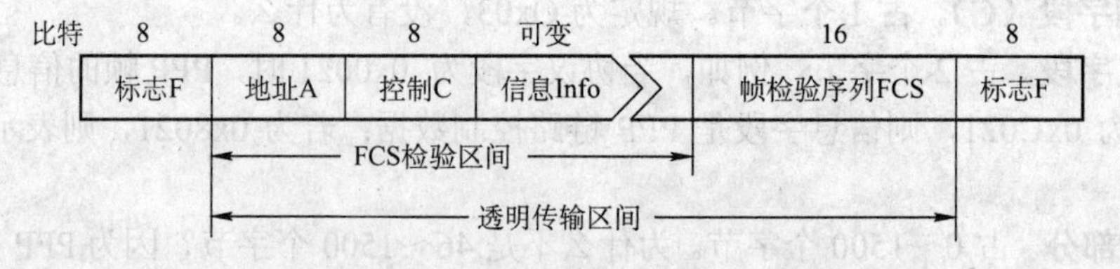

图3-14　HDLC协议的帧格式

1）**标志字段（F）**。占8位，为“01111110”，首尾各有一个“0”作为帧的边界。为防止

在两个标志字段 F 之间出现“01111110”，HDLC 使用比特填充的首尾标志法。当一串比特流未加上控制信息时，扫描整个帧，只要发现有 5 个连续“1”，就立即填入一个“0”。

2）**地址字段（A）**。占 8 位。若使用非平衡方式传送数据，为次站的地址；若使用平衡方式传送数据，为确认站的地址。全“1”为广播方式，全“0”为无效地址。

3）**控制字段（C）**。占 8 位。最复杂的字段，HDLC 的许多重要功能都靠控制字段实现。根据其最前面两位的取值，可将 HDLC 帧划分为三类：信息帧（I 帧）、监督帧（S 帧）和无编号帧（U 帧）。

提醒：三类帧的记忆方式，每当看到 HDLC 帧的分类就想到“无监息”=“无奸细”。

信息帧用来传输数据信息，或使用捎带技术对数据进行确认和应答；监督帧用于流量控制和差错控制，执行对信息帧的确认、请求重发和请求暂停发送等功能；无编号帧用于提供对链路的建立、拆除以及多种控制功能。

4）**信息字段**。长度任意，存放来自网络层的协议数据单元。

5）**帧检验序列（FCS）**。占 16 位，即循环冗余码检验中的冗余码。检验区间包括地址字段、控制字段和信息字段。

📖 **补充知识点：**PPP 的帧格式和 HDLC 协议的帧格式的区别。

解析：1）PPP 是面向字节的，而 HDLC 协议是面向比特的。这里也可以看出，PPP 应该使用字节填充，而 HDLC 协议应该使用比特填充。

注意：有考生提出在谢希仁的第 5 版教材中提到，当使用同步传输时，PPP 使用比特填充（这个知识点可以忽略）。其实可以更专业地解释为什么 PPP 一定要面向字节。首先，PPP 被明确地设计为以软件的形式实现，而不像 HDLC 协议那样几乎总是以硬件形式实现。对于软件实现，完全用字节操作比用单个比特操作更简单。此外，PPP 被设计成跟调制解调器一起使用，而调制解调器是以一个字节为单元，而不是以一个比特为单元接收和发送数据的。

综上所述，考生可完全默认 PPP 是面向字节的。

2）PPP 协议帧比 HDLC 协议帧多一个 2 字节的协议字段。当协议字段值为 Ox0021 时，表示信息字段是 IP 数据报。

3）PPP 不使用序号和确认机制，只保证无差错接收（通过硬件进行循环冗余码校验），而端到端差错检测由高层协议完成。HDLC 协议的信息帧使用了编号和确认机制。

3.8 数据链路层设备

3.8.1 网桥的概念和基本原理

随着局域网的普及和发展，往往需要将多个局域网用一些中间设备连接起来，实现局域网之间的通信，这就是局域网的扩展。这里主要是在物理层和数据链路层对局域网进行扩展。在物理层扩展局域网使用的是中继器和集线器。其缺点如下：

1）扩大了冲突域且总的吞吐量未提高。

2）不能互连使用不同以太网技术的局域网。

在数据链路层扩展局域网是使用网桥。网桥工作在数据链路层，其特点是具有过滤帧的功能。网桥至少有两个端口，每个端口与一个网段相连。网桥每从一个端口接收到一个帧，就先暂存到缓存中。若该帧未出现差错，且欲发往的目的站 MAC 地址属于另一个网段（同一个网段无需转发，应该丢弃），则通过查找转发表，将该帧从对应的端口发出。因此，仅在同一个网段中通信的帧，不会被网桥转发到另一个网段中，因而不会加重整个网络的负担。网桥的内部结构如图 3-15 所示。

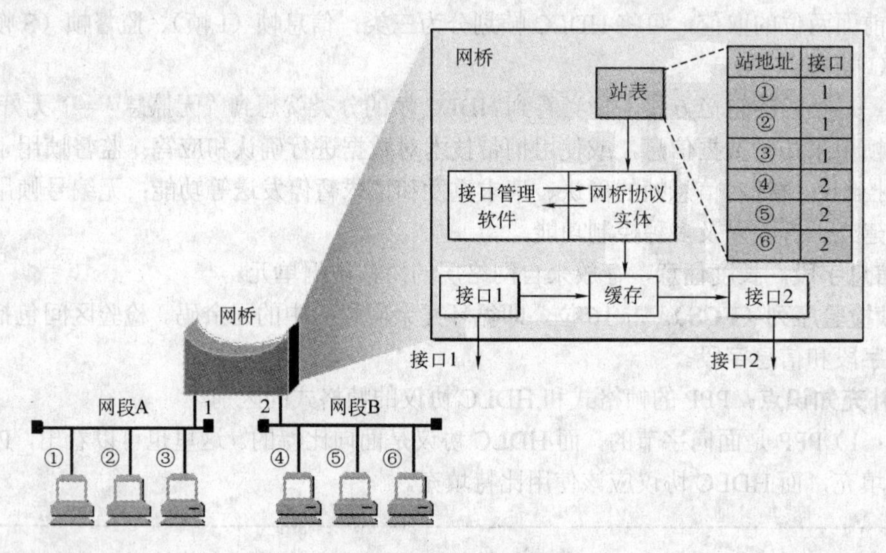

图 3-15　网桥的内部结构

1．网桥的优点

网桥的优点如下：

1）过滤通信量。

2）扩大了物理范围。

3）提高了可靠性。

4）可互连不同物理层、不同 MAC 子层和不同速率（如 10Mbit/s 和 100Mbit/s）的以太网。

2．网桥的缺点

网桥的缺点如下：

1）存储转发增加了时延。

2）在 MAC 子层并没有流量控制功能。

3）具有不同 MAC 子层的网段桥接在一起时时延更大。

4）网桥只适合于用户数不太多（不超过几百个）和通信量不太大的局域网，否则有时还会因传播过多的广播信息而产生网络拥塞，即广播风暴。

3．网桥的分类

（1）透明网桥（选择的不是最佳路由）

透明网桥是目前使用最多的网桥。"透明"是指局域网上的站点并不知道所发送的帧将经过哪几个网桥，因为网桥对各站来说是看不见的。透明网桥是一种即插即用设备，意思是只要把网桥接入局域网，不用人工配置转发表，网桥就可以开始工作。

既然上面提到了网桥可以不用人工配置转发表，那么网桥是怎么进行自学习的呢？步骤

如下：

1）网桥收到一帧后先进行自学习。查找转发表中与收到帧的源地址有无相匹配的项目。若没有，就在转发表中增加一个项目（**源地址、进入的接口和时间**）。若有，则把原有的项目进行更新。

2）转发帧。查找转发表中与收到帧的目的地址有无相匹配的项目。若没有，则通过所有其他接口（但进入网桥的接口除外）进行转发。若有，则按转发表中给出的接口进行转发。

若转发表中给出的接口是该帧进入网桥的接口，则应丢弃这个帧（因为这时不需要经过网桥进行转发）。

可能疑问点 1：为什么网桥需要登记该帧进入网桥的时间？

解析：原因有两种。

1）以太网的拓扑可能经常会发生变化，站点也可能会更换适配器（这就改变了站点的地址）。另外，以太网上的工作站并非总是接通电源的。

2）把每个帧到达网桥的时间登记下来，就可以在转发表中只保留网络拓扑的最新状态信息。这样就使得网桥中的转发表能反映当前网络的最新拓扑状态。

可能疑问点 2：假定连接在透明网桥上的一台计算机把一个数据帧发给网络上不存在的一个设备，网桥将如何处理这个帧？

解析：网桥并不知道网络上是否存在该设备，它只知道在其转发表中没有这个设备的 MAC 地址。因此，当网桥收到这个目的地址未知的帧时，它将通过所有其他接口（但进入网桥的接口除外）进行转发。

以上并没有讨论一个特殊情况，也就是帧在网络中不断地转圈，导致网络资源被白白浪费，如图 3-16 所示。

分析：设站 A 发送一个帧 F，它经过网桥 1 和网桥 2（箭头①和箭头②）。假定帧 F 的目的地址都不在网桥 1 和网桥 2 的转发表中，因此网桥 1 和网桥 2 都转发帧 F（箭头③和箭头④），把经网桥 1 和网桥 2 转发的帧 F 在达到局域网 2 以后，分别记为 F_1 和 F_2。接着 F_1 传到网桥 2（见箭头⑤），而 F_2 传到网桥 1（见箭头⑥）。网桥 1 和网桥 2 分别收到了 F_2 和 F_1，又将其转发到局域网 1。结果引起一个帧在网络中不停地转圈，从而使得网络资源不断地白白浪费。

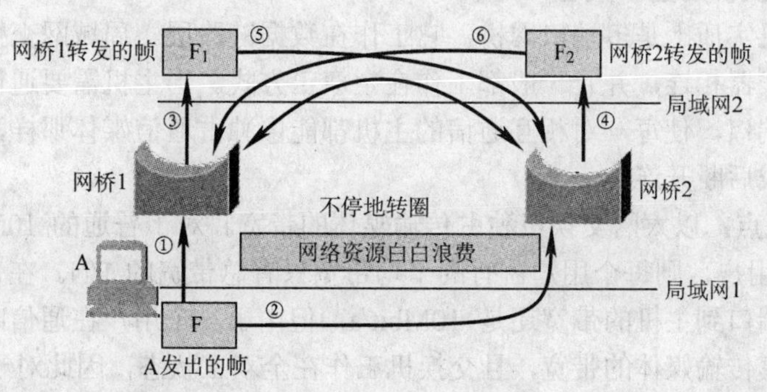

图 3-16　网桥引起的转圈

为了避免转发的帧在网络中不断地转圈，透明网桥使用了一种生成树算法。生成树使得整个扩展局域网在逻辑上形成树形结构，所以工作起来逻辑上没有环路，但生成树一般不是最佳路由，具体算法不作要求。下面是引自网络的《生成树算法》有助于考生理解。

生成树算法
我想我永远也不会看到
像一棵树那么优美的图画
树那至关紧要的特性
是无回路的连通
树需要无限地扩展
包才能到达每一个 LAN
首先，需要选好树根
指定 ID 即可选定
从树根开始，计算最小代价的路径
这些路径，就是这棵树的枝条
网络出自我等愚人之手
而网桥却发现了一棵生成树

——引自网络资源

（2）源选径网桥（选择的是最佳路由，了解即可）

在源选径网桥中，路由选择由发送数据帧的源站负责，网桥只根据数据帧中的路由信息对帧进行接收和转发。

为了发现合适的路由，源站先以广播方式向欲通信目的站发送一个发送帧。发送帧将在整个局域网中沿着所有可能的路由传送，并记录所经过的路由。当发送帧到达目的站时，就沿原来的路径返回源站。源站在得知这些路由后，再从所有可能的路由中选择一个最佳路由。

发送帧除了可以用来确定最佳路由，还可以用来确定整个网络可以通过的帧的最大长度。

注意：透明网桥和源选径网桥中提到的最佳路由并不是经过路由器最少的路由，也可以是发送帧往返时间最短的路由，这样才能真正地进行负载平衡。因为往返时间长，说明中间某个路由器可能超载了，所以不走这条路，换个往返时间短的路走。

3.8.2 局域网交换机及其工作原理

1．局域网交换机的基本概念

局域网交换机实质上是多端口网桥，它工作在数据链路层。局域网交换机的每个端口都直接与主机或集线器相连，并且一般都工作在全双工方式。当主机需要通信时，交换机能同时连通许多对的端口，使每一对相互通信的主机都能像独占通信媒体那样，进行无冲突的传输数据，通信完成后断开连接。

🕮 **补充知识点：**以太网交换机独占传输媒体的带宽。对于普通的 10Mbit/s 的共享式以太网，若有 N 个用户，则每个用户占有的平均带宽只有总带宽的 1/N。在使用以太网交换机时，虽然在每个端口到主机的带宽还是 10Mbit/s，但由于一个用户在通信时是独占而不是和其他网络用户共享传输媒体的带宽，且交换机工作在全双工状态，因此对于拥有 N 个端口的交换机的总容量为 2×N×10Mbit/s（如果是半双工，则总容量为 N×10Mbit/s，谢希仁编写的第 5 版教材上默认是半双工），这正是交换机的最大优点。

☞ **可能疑问点：**这里不是“N 对”，就是“N 个”。谢希仁的教材上虽然是“N 对”，但也是含糊其辞。针对此疑问，编者特地请教清华大学教授《计算机网络》课程的老师，答案如下，记住即可（并且四级网络工程师的真题中也是这么解释的）。

交换机总容量计算方式：端口数×每个端口带宽（半双工）；端口数×每个端口带宽×2（全双工）。N对的说法很多教材都是不赞同的！

【例 3-14】（2009年统考真题）以太网交换机进行转发决策时使用的PDU地址是（　　）。

A．目的物理地址　　B．目的IP地址

C．源物理地址　　D．源IP地址

解析 A。首先，交换机是工作在数据链路层的设备，所以进行转发决策时，是不可能使用IP地址的，排除选项B和D；其次，在进行转发的过程中，都是使用目的地址，不可能用源地址进行转发。

另一种思路：以太网交换机其实就是多端口网桥，网桥是根据目的物理地址转发帧的，所以以太网交换机也是根据目的物理地址转发帧的。

【例 3-15】某以太网交换机具有24个100Mbit/s的全双工端口与2个1000Mbit/s的全双工端口，其总带宽最大可以达到（　　）。

A．0.44Gbit/s　　B．4.4Gbit/s　　C．0.88Gbit/s　　D．8.8Gbit/s

解析：D。因为是全双工，根据上面的公式可知，总带宽=24×100Mbit/s×2+2×1000Mbit/s×2=8800Mbit/s=8.8Gbit/s。考生注意：据编者3年的答疑经验，题目中若不说明都默认是半双工。若此题改为半双工，则答案为B。

交换机最大的优点是不仅其每个端口结点所占用的带宽不会因为端口结点数量的增加而减少，而且整个交换机的总带宽会随着端口结点的增加而增加。

交换机的两种交换模式：

1）直通式交换。只检查帧的目的地址，这使得帧在接收后能马上被转发出去。这种方式速度很快，但缺乏安全性，也无法支持具有不同速率的端口的交换。

2）存储转发式交换。先将接收到的帧存储在高速缓存中，并检查数据是否正确，确认无误后，查找转发表，并将该帧从查询到的端口转发出去。如果发现该帧有错误，就将其丢弃。存储转发式交换的优点是可靠性高，并能支持不同速率端口间的转换，其缺点是延迟较大。

很多习题上提到一种"无碎片转发"，意思是交换机在得到数据报的前64个字节后就转发，对于小于64个字节的数据报，交换机将其认为是碎片，不进行转发，这种方式既避免了存储转发速度慢的问题，又避免了直通转发中有碎片的问题。

2．局域网交换机的工作原理

与网桥类似，检测从某端口进入交换机的帧的源MAC地址和目的MAC地址，然后与系统内部的动态查找表进行比较，若数据报的MAC地址不在查找表中，则将该地址加入查找表中，并将数据报发送给相应的目的端口。

📖 **补充知识点：**虚拟局域网（了解即可，不重要）。

虚拟局域网的出现主要是为了解决交换机在进行局域网互连时无法限制广播的问题。普通的交换机即使连接了多个局域网，仍然属于一个网络，即仍然是一个广播域，这样就容易产生广播风暴，但是将一个局域网划分成多个虚拟局域网之后（交换机就类似于路由器的功能）就等于将一个大的广播域划分成多个小的广播域，这样就会降低发生广播风暴的可能性。也许看到这里很多人会产生疑问，交换机能连接不同的网络？普通交换机是不能的，但这里的交换机已经不是普通的交换机了，而是具有第三层特性的第二层交换机，此内容点到为止，了解即可。

关于虚拟局域网是怎么划分的，这个不是大纲内容，在此不做介绍。

3.8.3 各层设备的广播域、冲突域总结

要清楚什么是冲突域（碰撞域）和广播域。当一块网卡发送信息时，只要有可能和另一块网卡冲突，则这些可能冲突的网卡就构成冲突域。一块网卡发出一个广播，能收到这个广播的所有网卡的集合称为一个广播域。一般来说，一个网段就是一个冲突域，一个局域网就是一个广播域。

先了解这么多，下面先集中复习中继器、集线器、网桥、交换机、路由器的基本概念，再在这基础之上来讨论冲突域和广播域会理解得更深。

1．物理层设备

中继器：在接触到的网络中，最简单的就是两台计算机通过两块网卡构成双机互连，两块网卡之间一般是由非屏蔽双绞线来充当信号线的。由于双绞线在传输信号时信号功率会逐渐衰减，当信号衰减到一定程度时将造成信号失真，因此在保证信号质量的前提下，双绞线的最大传输距离为 100m。当两台计算机之间的距离超过 100m 时，为了实现双机互连，人们在这两台计算机之间安装一个中继器，它的作用就是将已经衰减得不完整的信号经过整理，重新产生出完整的信号再继续传送。放大器和中继器都是起放大信号的作用，只不过放大器放大的是**模拟信号**，中继器放大的是**数字信号**。

集线器：中继器就是普通集线器的前身，集线器实际就是一种多端口的中继器。详细内容参见 2.3.2 小节。

2．数据链路层设备

网桥：参考下面的交换机，因为交换机就是多端口网桥。

交换机：交换机也称为交换式集线器，它通过对信息进行重新生成，并经过内部处理后转发至指定端口，具备自动寻址能力和交换作用。由于交换机根据所传递数据报的目的地址，将每一数据报独立地从源端口送至目的端口，避免了和其他端口发生碰撞。简单地说就是，交换机某端口连接的主机想和另一个端口连接的主机通信，交换机就会通过转发表发送到那个端口，不可能去其他端口，不存在发错端口（即打错电话），因此交换机的每一个端口都是一个冲突域，也就是说，交换机可以隔离冲突域。

交换机的工作原理：在计算机网络系统中，交换机是针对共享工作模式的弱点而推出的。集线器是采用共享工作模式的代表，如果把集线器比作一个邮递员，那么这个邮递员不认识字，如果要他去送信，他不知道直接根据信件上的地址将信件送给收信人，只会拿着信分发给所有人，然后让接收的人根据地址信息来判断是不是自己的，而交换机则是一个聪明的邮递员——交换机拥有一条高带宽的背部总线和内部交换矩阵。交换机的所有端口都挂接在这条背部总线上，当控制电路收到数据报以后，处理端口会查找内存中的地址对照表以确定目的 MAC 地址应该从哪个端口发出，通过内部交换矩阵迅速将数据报传送到目的端口。如果目的 MAC 地址不存在，交换机才广播到所有的端口，接收端口回应后交换机会学习新的地址，并把它添加入内部地址表中。可见，交换机在收到某个网卡发过来的“信件”时，会根据上面的地址信息以及自己掌握的“户口簿”快速将“信件”送到收信人的手中。万一收信人的地址不在“户口簿”上，交换机才会像集线器一样将“信件”分发给所有人，然后从中找到收信人。而找到收信人之后，交换机会立刻将这个人的信息登记到“户口簿”上，这样以后再为该客户服务时，就可以迅速将“信件”送达了。

由于交换机能够智能地根据地址信息将数据快速送到目的地，因此它不会像集线器那样

在传输数据时“打扰”非收信人。这样交换机在同一时刻可进行多个端口组之间的数据传输，并且每个端口组都可视为独立的网段，相互通信的双方独自享有全部的带宽，无需同其他设备竞争使用。

🕮 **补充知识点：**尽管交换机也称为多端口网桥，但是交换机和网桥有不同之处，下面一一列出。

解析：交换机和网桥的不同主要包含以下 4 点。

1）以太网交换机实质上是一个硬件实现的多端口网桥，以太网交换机通常有十几个端口，而网桥一般只有两个端口，常用软件实现。它们都工作在数据链路层。

2）网桥的端口一般连接到局域网的网段，而以太网交换机的每个端口一般都直接与主机相连，也可连接到 Hub。

3）交换机允许多对计算机间同时通信，而网桥最多允许每个网段上的一台计算机同时通信。

4）网桥采用存储转发方式进行转发，而以太网交换机还可采用直通方式转发。以太网交换机采用了专用的交换机构硬件芯片，转发速度比网桥快。

3．网络层设备

路由器：简单地说就是，路由器把数据从一个网络发送到另一个网络，具体过程见第 4 章网络层。

前面已经讲过中继器或集线器不能隔离冲突域，交换机可以隔离冲突域，自然路由器肯定也可以隔离冲突域（因为也有一张转发表可以转发）。下面来讨论广播域。广播其实可以看成一个单独的网络，如果一个主机要发送一个广播数据，这样就应该在整个网络都可以听得见，但是集线器和交换机分别工作在物理层和数据链路层，不能连接两个不同的网络，所以说不管是集线器还是交换机遇到广播数据都要每个端口发一遍（因为每个端口连接的网络仍然属于同一个网络）。这样又存在打错电话的情况，所以集线器和交换机不能隔离广播域。但是路由器可以连接不同的网络，且路由器在默认情况下是不转发广播报文的（因为每个端口连接的是不同的网络），路由器的每一个端口都是一个广播域，所以路由器可以隔离广播域。

各层设备的冲突域、广播域总结见表 3-6。

表 3-6　各层设备的冲突域、广播域总结

设备名称	隔离冲突域	隔离广播域
集线器	×	×
中继器	×	×
交换机	√	×
网桥	√	×
路由器	√	√

习题

1．下列不属于数据链路层功能的是（　　）。

A．帧定界功能　　B．电路管理功能

C．差错检测功能　　D．链路管理功能

2．对于信道比较可靠并且对通信实时性要求高的网络，采用（　　）数据链路层服务比较合适。

A．无确认的无连接服务　　B．有确认的无连接服务

C．有确认的面向连接的服务　　D．无确认的面向连接的服务

3．在数据链路层中，网络互连表现为（　　）。

A．在电缆段之间复制比特流　　B．在网段之间转发数据帧

C．在网络之间转发报文　　D．连接不同体系结构的网络

4．假设物理信道的传输成功率是95%，而平均一个网络层的分组需要10个数据链路层的帧来发送。如果数据链路层采用了无确认的无连接服务，那么发送网络层分组的成功率是（　　）。

A．40%　　B．60%　　C．80%　　D．95%

5．在可靠传输机制中，发送窗口的位置由窗口前沿和后沿的位置共同确定，经过一段时间，发送窗口的后沿的变化情况可能为（　　）。

Ⅰ．原地不动　　Ⅱ．向前移动　　Ⅲ．向后移动

A．Ⅰ、Ⅲ　　B．Ⅰ、Ⅱ

C．Ⅱ、Ⅲ　　D．都有可能

6．以下哪种滑动窗口协议收到的分组一定是按序接收的（　　）。

Ⅰ．停止-等待协议　　Ⅱ．后退N帧协议　　Ⅲ．选择重传协议

A．Ⅰ、Ⅲ　　B．Ⅰ、Ⅱ

C．Ⅱ、Ⅲ　　D．都有可能

7．采用滑动窗口机制对两个相邻结点A（发送方）和B（接收方）的通信过程进行流量控制。假定帧序号长度为3，发送窗口和接收窗口的大小都是7。当A发送了编号为0、1、2、3这4个帧后，而B接收了这4个帧，但仅应答了0、1两个帧，此时发送窗口将要发送的帧序号为<u>（1）</u>，接收窗口的上边界对应的帧序号为<u>（2）</u>；若滑动窗口机制采用选择重传协议来进行流量控制，则允许发送方在收到应答之前连续发出多个帧。若帧的序号长度为k比特，那么窗口的大小W<u>（3）</u>2^{k-1}；若滑动窗口机制采用后退N帧协议来进行流量控制，则允许发送方在收到应答之前连续发出多个帧。若帧的序号长度为k比特，那么发送窗口的大小W最大为<u>（4）</u>。

（1）A．2　　B．3　　C．4　　D．5

（2）A．0　　B．2　　C．3　　D．4

（3）A．$<$　　B．$>$　　C．$\geqslant$　　D．$\leqslant$

（4）A．2^{k-1}　　B．2k　　C．2k−1　　D．2^k-1

8．采用HDLC传输比特串0111 1111 1000 001，在比特填充后输出为（　　）。

A．0111 1101 1100 0001　　B．0101 1111 1100 0001

C．0111 1011 1100 0001　　D．0111 1110 1100 0001

9．数据链路层提供的3种基本服务不包括（　　）。

A．无确认的无连接服务　　B．有确认的无连接服务

C．无确认的有连接服务　　D．有确认的有连接服务

10．数据链路层采用了后退N帧协议，如果发送窗口的大小是32，那么至少需要（　　）位的帧序号才能保证协议不出错。

A．4 位　　　B．5 位　　　C．6 位　　　D．7 位

11．从滑动窗口的观点看，当发送窗口为 1，接收窗口为 1 时，相当于 ARQ 的（　　）方式。

A．回退 N 帧 ARQ　　　B．选择重传 ARQ

C．停止-等待　　　D．连续 ARQ

12．对于窗口大小为 n 的滑动窗口，最多可以有（　　）帧已发送但没有确认。

A．0　　　B．n−1　　　C．n　　　D．n/2

13．下列属于奇偶校验码特征的是（　　）。

A．只能检查出奇数个比特错误　　　B．能查出长度任意一个比特的错误

C．比 CRC 校验可靠　　　D．可以检查偶数个比特的错误

14．下列关于循环冗余校验的说法中，（　　）是错误的。

A．带 r 个校验位的多项式编码可以检测到所有长度小于或等于 r 的突发性错误

B．通信双方可以无需商定就直接使用多项式编码

C．CRC 校验可以使用硬件来完成

D．有一些特殊的多项式，因为其有很好的特性，而成为了国际标准

15．发送方准备发送的信息位为 1101011011，采用 CRC 校验算法，生成多项式为 $G(x)=x^4+x+1$，那么发出的校验位应该为（　　）。

A．0110　　　B．1010　　　C．1001　　　D．1110

16．为了检测 5 比特的错误，编码的海明距应该为（　　）。

A．4　　　B．6　　　C．3　　　D．5

17．为了纠正 2 比特的错误，编码的海明距应该为（　　）。

A．2　　　B．3　　　C．4　　　D．5

18．流量控制实际上是对（　　）的控制。

A．发送方、接收方数据流量　　　B．接收方数据流量

C．发送方数据流量　　　D．链路上任意两结点间的数据流量

19．流量控制是为防止（　　）所需要的。

A．位错误　　　B．发送方缓冲区溢出

C．接收方缓冲区溢出　　　D．接收方与发送方间冲突

20．在简单的停止-等待协议中，当帧出现丢失时，发送端会永远等待下去，解决这种死锁现象的办法是（　　）。

A．差错校验　　　B．帧序号　　　C．ACK 机制　　　D．超时机制

21．使用后退 N 帧协议，根据图 3-17 所示的滑动窗口状态（发送窗口大小为 2，接收窗口大小为 1），指出通信双方处于何种状态（　　）。

发送方　　　接收方　　　窗口序号模式

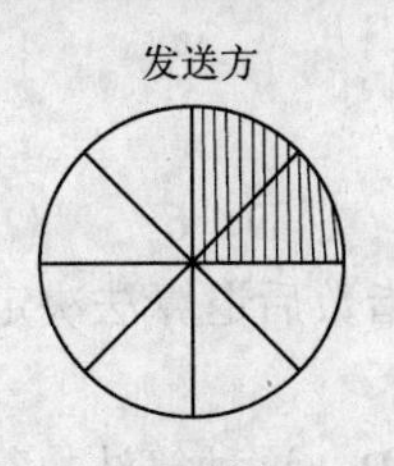

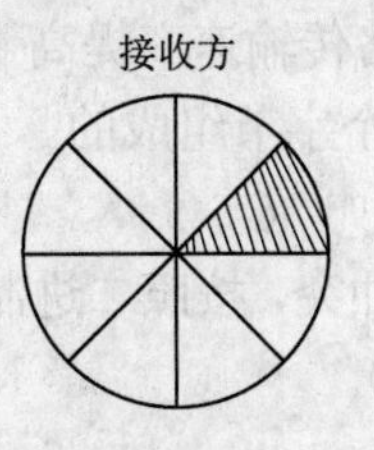

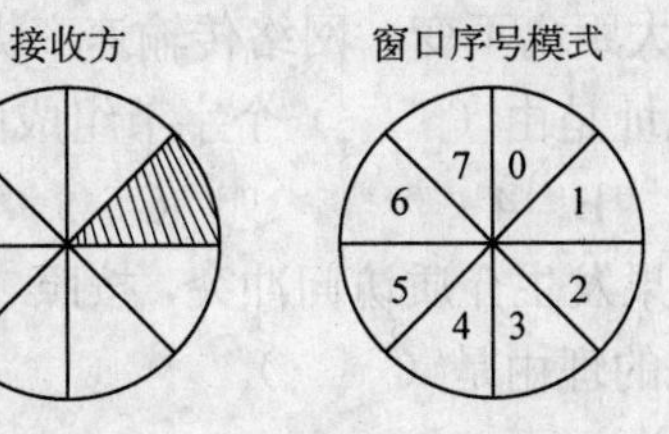

图 3-17　滑动窗口状态

A．发送方发送完0号帧，接收方准备接收0号帧

B．发送方发送完1号帧，接收方接收完0号帧

C．发送方发送完0号帧，接收方准备接收1号帧

D．发送方发送完1号帧，接收方接收完1号帧

（提示：发送方阴影部分表示已经发送的帧，但是没有收到确认；接收方阴影部分表示期待接收的帧。）

22．假设数据链路层采用后退 N 帧协议进行流量控制，发送方已经发送了编号为 0～6 号的帧。当计时器超时时，2号帧的确认还没有返回，则发送方需要重发的帧数是（　　）。

A．1　　B．5　　C．6　　D．7

23．信道速率为 4kbit/s，采用停止-等待协议。传播时延 t=20ms，确认帧长度和处理时间均可忽略。问帧长（　　）才能使信道的利用率达到至少 50%。

A．40bit　　B．80bit　　C．160bit　　D．320bit

24．对于无序接收的滑动窗口协议，若序号位数为 n，则发送窗口最大尺寸为（　　）。

A．2^n-1　　B．2n　　C．2n−1　　D．2^{n-1}

25．在下列多路复用技术中，（　　）具有动态分配时隙的功能。

A．同步时分多路复用　　B．码分多路复用

C．统计时分多路复用　　D．频分多路复用

26．将物理信道的总频带宽分割成若干个子信道，每个子信道传输一路信号，这种复用技术称为（　　）。

A．同步时分多路复用　　B．码分多路复用

C．异步时分多路复用　　D．频分多路复用

27．多路复用器的主要功能是（　　）。

A．执行数/模转换　　B．结合来自多条线路的传输

C．执行串/并转换　　D．减少主机的通信处理强度

28．下列协议中，不会发生碰撞的是（　　）。

A．TDM　　B．ALOHA　　C．CSMA　　D．CSMA/CD

29．在以下几种 CSMA 协议中，（　　）协议在监听到介质是空闲时仍可能不发送。

A．1-坚持 CSMA　　B．非坚持 CSMA

C．p-坚持 CSMA　　D．以上都不是

30．根据 CSMA/CD 协议的工作原理，需要提高最短帧长度的是（　　）。

A．网络传输速率不变，冲突域的最大距离变短

B．上层协议使用 TCP 的概率增加

C．在冲突域不变的情况下减少线路的中继器数量

D．冲突域的最大距离不变，网络传输速率提高

31．以太网的地址是由（　　）个字节组成的。

A．3　　B．4　　C．5　　D．6

32．以太网中如果发生介质访问冲突，按照二进制指数后退算法决定下一次重发的时间，使用二进制后退算法的理由是（　　）。

A．这种算法简单　　B．这种算法执行速度快

C．这种算法考虑了网络负载对冲突的影响　　D．这种算法与网络的规模大小无关

33．CSMA 协议可以利用多种监听算法来减小发送冲突的概率，下列关于各种监听算法的描述中，正确的是（　　）。

A．非坚持型监听算法有利于减少网络空闲时间

B．1-坚持型监听算法有利于减少冲突的概率

C．P 坚持型监听算法无法减少网络的空闲时间

D．1-坚持型监听算法能够及时抢占信道

34．同一局域网上的两个设备具有相同的静态 MAC 地址，其结果是（　　）。

A．首次引导的设备使用该地址，第二个设备不能通信

B．最后引导的设备使用该地址，第一个设备不能通信

C．这两个设备都能正常通信

D．这两个设备都不能通信

35．以太网帧的最小长度是（　　）B。

A．32　　B．64　　C．128　　D．256

36．在以太网的二进制后退算法中，在 4 次碰撞之后，站点会在 0 和（　　）之间选择一个随机数。

A．7　　B．8　　C．15　　D．16

37．在二进制后退算法中，如果发生了 11 次碰撞，那么站点会在 0 和（　　）之间选择一个随机数。

A．255　　B．511　　C．1023　　D．2047

38．以太网在检测到（　　）次冲突后，控制器会放弃发送。

A．10　　B．16　　C．24　　D．32

39．下列关于令牌环网络的描述中，错误的是（　　）。

A．令牌环网络存在冲突　　B．同一时刻，环上只有一个数据在传输

C．网上所有结点共享网络带宽　　D．数据从一个结点到另一个结点的时间可以计算

40．在下列以太网电缆标准中，（　　）是使用光纤的。

A．10Base 5　　B．10Base-F　　C．10Base-T　　D．10Base 2

41．一个通过以太网传送的 IP 分组有 60B 长，其中包括所有头部。若没有使用 LLC，则以太网帧中需要（　　）填充字节。

A．4 字节　　B．1440 字节　　C．0 字节　　D．64 字节

42．网卡实现的主要功能是（　　）。

A．物理层与数据链路层的功能　　B．数据链路层与网络层的功能

C．物理层与网络层的功能　　D．数据链路层与应用层的功能

43．以太网交换机是按照（　　）进行转发的。

A．MAC 地址　　B．IP 地址　　C．协议类型　　D．端口号

44．通过交换机连接的一组工作站（　　）。

A．组成一个冲突域，但不是一个广播域

B．组成一个广播域，但不是一个冲突域

C．既是一个冲突域，又是一个广播域

D．既不是冲突域，也不是广播域

45．在图 3-18 所示的网络配置中，总共有 <u>（1）</u> 个广播域， <u>（2）</u> 个冲突域。

（1）A．2　　B．3　　C．4　　D．5

（2）A．2　　B．5　　C．7　　D．10

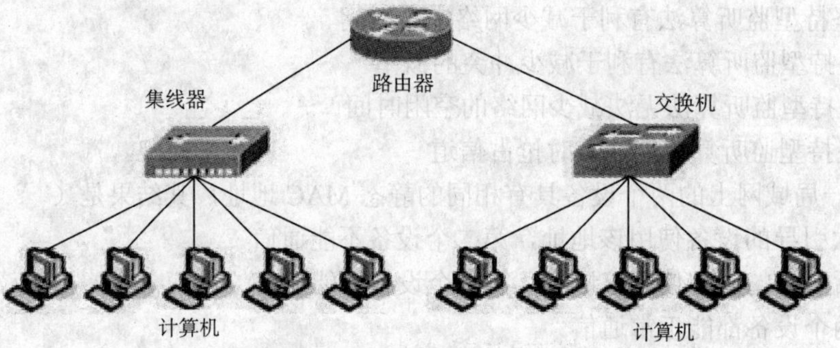

图 3-18　网络配置示意图

46．某 IP 网络的连接如图 3-19 所示，在这种配置下 IP 全局广播分组不能够通过的路径是（　　）。

A．计算机 P 和计算机 Q 之间的路径

B．计算机 P 和计算机 S 之间的路径

C．计算机 Q 和计算机 R 之间的路径

D．计算机 S 和计算机 T 之间的路径

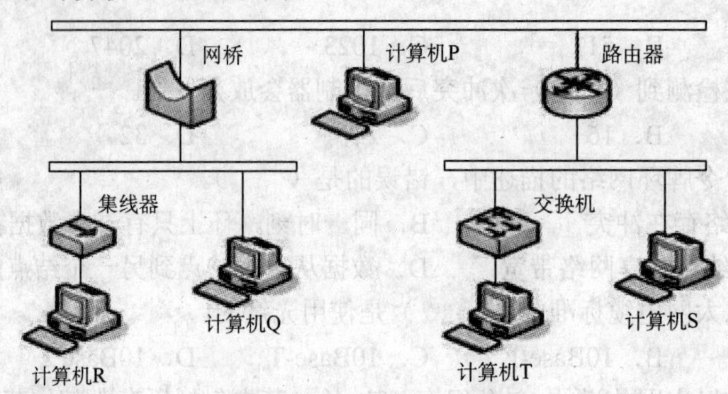

图 3-19　某 IP 网络

47．PPP 提供的功能有（　　）。

A．一种成帧方法　　B．链路控制协议（LCP）

C．网络控制协议（NCP）　　D．A、B 和 C 都是

48．PPP 中的 LCP 帧起到的作用是（　　）。

A．在建立状态阶段协商数据链路协议的选项

B．配置网络层协议

C．检查数据链路层的错误，并通知错误信息

D．安全控制，保护通信双方的数据安全

49．下列帧类型中，不属于 HDLC 帧类型的是（　　）。

A．信息帧　　B．确认帧　　C．监控帧　　D．无编号帧

50．HDLC 使用（　　）方法来保证数据的透明传输。

A．比特填充　　B．字节填充　　C．字符计数　　D．比特计数

51．对于使用交换机连接起来的10Mbit/s的共享式以太网，若有10个用户，则每个用户能够占有的带宽为（　　）。

A．1Mbit/s　　B．2Mbit/s　　C．10Mbit/s　　D．100Mbit/s

52．在使用以太网交换机的局域网中，以下表述哪个是正确的（　　）。

A．局域网只包含一个冲突域　　B．交换机的多个端口可以并行传输

C．交换机可以隔离广播域　　D．交换机根据LLC目的地址转发

53．在以太网上"阻塞"信号的功能是（　　）。

A．当发现冲突时，CSMA/CA发送一个"阻塞"信号。当所有的站都检测到阻塞信号时，它们立即停止发送尝试

B．当发现冲突时，CSMA/CD发送一个"阻塞"信号。当所有的站都检测到阻塞信号时，它们立即停止发送尝试

C．当发现冲突时，CSMA/CD发送一个"阻塞"信号。当所有的站都检测到阻塞信号时，它们立即开始竞争访问介质

D．当发现冲突时，CSMA/CA发送一个"阻塞"信号。当所有的站都检测到阻塞信号时，它们立即开始竞争访问介质

54．如图3-20所示，为两个局域网LAN1和LAN2通过网桥1和网桥2互连后形成的网络结构。假设站A发送一个帧，但其目的地址均不在这两个网桥的地址转发表中，这样的结果会是该帧（　　）。

A．经网桥1（或网桥2）后被站B接收

B．被网桥1（或网桥2）丢弃

C．在整个网络中无限次地循环下去

D．经网桥1（或网桥2）到达LAN2，再经过网桥2（或网桥1）返回LAN1后被站A吸收

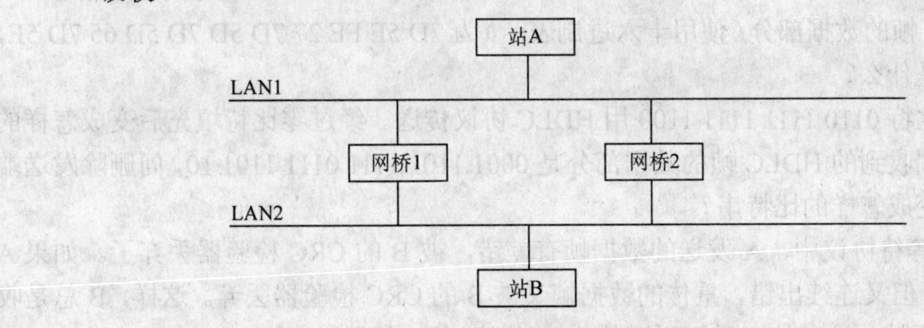

图3-20　网络结构示意图

55．（2013年统考真题）下列介质访问控制方法中，可能发生冲突的是（　　）。

A．CDMA　　B．CSMA　　C．TDMA　　D．FDMA

56．（2013年统考真题）HDLC协议对01111100 01111110组帧后对应的比特串为（　　）。

A．01111100 00111110 10　　B．01111100 01111101 01111110

C．01111100 01111101 0　　D．01111100 01111110 01111101

57．（2013年统考真题）对于100Mbit/s的以太网交换机，当输出端口无排队，以直通交换（cut-through switching）方式转发一个以太网帧（不包括前导码）时，引入的转发延迟至少是（　　）。

A．0μs　　B．0.48μs　　C．5.12μs　　D．121.44μs

58．在数据传输过程中，若接收方收到的二进制比特序列为 10110011010，采用的生成多项式为 $G(x)=x^4+x^3+1$，则该二进制比特序列在传输中是否出错？如果传输没有出现差错，发送数据的比特序列和CRC检验码的比特序列分别是什么？

59．数据链路（即逻辑链路）与链路（即物理链路）有何区别？

60．“电路接通了”与“数据链路接通了”的区别何在？

61．有人指出：每一帧的结束处是一个标志字节，而下一帧的开始处又是另一个标志字节，这种做法是对空间的浪费。如果只使用一个标志字节可以完成相同的工作，那么就可以省下一个字节。这种说法有错吗？

62．在选择重传协议中，设编号用3bit。再设发送窗口 $W_T=6$，而接收窗口 $W_R=3$。试找出一种情况，使得在这种情况下协议不能正确工作。

63．在什么条件下，选择重传ARQ协议和连续ARQ协议在效果上完全一致。

64．卫星信道的数据传输率为1Mbit/s，取卫星信道的单程传播时延为0.25s，每一个数据帧长都是2000bit。忽略误码率、确认帧长和处理时间。试计算下列情况下的信道利用率。

1）停止-等待协议。

2）连续ARQ协议，且发送窗口等于7。

3）连续ARQ协议，且发送窗口等于127。

4）连续ARQ协议，且发送窗口等于255。

65．以太网使用的CSMA/CD协议是以争用方式接入到共享信道。这与传统的时分复用（TDM）相比有何优缺点？

66．考虑建立一个CSMA/CD网络，电缆长度为1000m，无中继器。在上面建立一个1Gbit/s速率的CSMA/CD网络。信号在电缆中的速度为 2×10^8m/s。请问最小的帧长度为多少？

67．试说明10Base 5、10Base 2、10Base-T、1Base 5和10BROAD 36所代表的意思。

68．一个PPP帧的数据部分（使用十六进制表示）为7D 5E FE 27 7D 5D 7D 5D 65 7D 5E，试问真正的数据是什么？

69．有一串比特0110 1111 1111 1100用HDLC协议传送。经过零比特填充后变成怎样的比特串？若接收端收到的HDLC帧的数据部分是0001 1101 1111 0111 1101 10，问删除发送端加入的零比特后变成怎样的比特串？

70．在停止-等待协议中，A发送的数据帧有差错，被B的CRC检验器丢弃了。如果A进行超时重传后，但又连续出错，重传的数据帧又被B的CRC检验器丢弃。这样，B总是收不到A发送的数据帧。这种情况是否说明停止-等待协议这时不能正常工作？

71．有10个站连接到以太网上。试计算以下3种情况下每一个站所能得到的带宽。

1）10个站都连接到一个10Mbit/s以太网集线器。

2）10个站都连接到一个100Mbit/s以太网集线器。

3）10个站都连接到一个10Mbit/s以太网交换机。

72．如图3-21所示，有5个站点分别连接在3个局域网上，并且用网桥B1和B2连接起来，每一个网桥都有2个接口（1和2），初始时两个网桥中的转发表都是空的，以后由以下各站点向其他站发送了数据帧：A发送给E，C发送给B，D发送给C，B发送给A，请把有关数据填写在表3-7中，并说明网桥的工作原理（**注意：**假设主机A到E的MAC地址分别是MAC1到MAC5）。

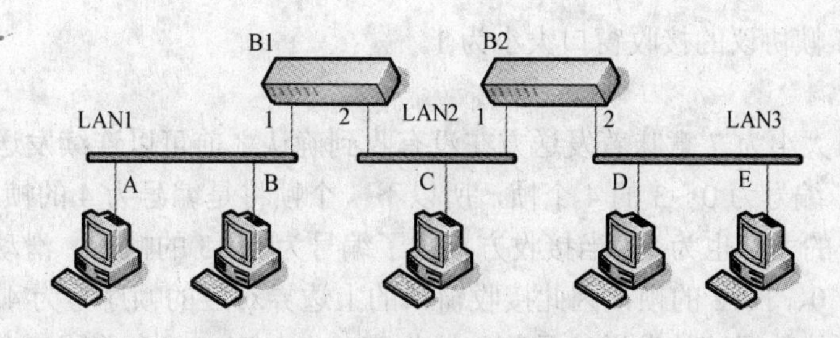

图 3-21　网桥连接的网络

表 3-7　数据表

发送的帧	B1 的转发表		B2 的转发表		B1 的处理	B2 的处理
	地址	接口	地址	接口		
A—>E						
C—>B						
D—>C						
B—>A						

习题答案

1．解析：B。数据链路层在物理层提供的服务的基础上向网络层提供服务，即将原始的、有差错的物理线路改进成逻辑上无差错的数据链路，从而向网络层提供高质量的服务。为了达到这一点，数据链路层必须具备一系列相应的功能，主要有如何将二进制比特流组织成数据链路层的传输单元——帧；如何控制帧在物理信道上的传输，包括如何处理传输差错，在两个网络实体之间提供数据链路的建立、维护和释放管理。这些功能对应为帧定界、差错检测、链路管理等功能。

2．解析：A。无确认的无连接服务是指源机器向目标机器发送独立的帧，目标机器并不对这些帧进行确认。事先并不建立逻辑连接，事后也不用释放逻辑连接。若由于线路上有噪声而造成了某一帧丢失，则数据链路层并不会检测这样的丢帧现象，也不会恢复。当误码率很低时，这类服务是非常适合的，这时恢复过程可以留给上面的各层来完成。这类服务对于实时通信也是非常适合的，因为实时通信中数据的迟到比数据损坏更加不好。

3．解析：B。数据链路层的主要任务是将一个原始的传输设施（物理层设备）转变成一条逻辑的传输线路。数据链路层的传输单元为帧，网络层的传输单元为报文，物理层的传输单元为比特，所以 A、C 都是错误的。而连接不同体系结构的网络的工作是在网络层完成的。

4．解析：B。要成功发送一个网络层的分组，需要成功发送 10 个数据链路层帧。成功发送 10 个数据链路层帧的概率是$(0.95)^{10}\approx 0.598$，即大约只有 60%的成功率。

这个结论说明了在不可靠的信道上无确认的服务效率很低。为了提高可靠性应该引入有确认的服务。

5．解析：B。发送窗口的后沿的变化情况只能有两种：①原地不动（没有收到新的确认）；②向前移动（收到了新的确认）。

发送窗口不可能向后移动，因为不可能撤销已收到的确认。

6．解析：B。要使分组<u>一定</u>是按序接收的，接收窗口的大小为 1 才能满足，只有停止-

等待协议与后退 N 帧协议的接收窗口大小为 1。

7．解析：

（1）发送窗口大小为 7 意味着发送方在没有收到确认之前可以连续发送 7 个帧，由于发送方 A 已经发送了编号为 0～3 的 4 个帧，所以下一个帧将是编号为 4 的帧。

（2）接收窗口的大小也为 7，当接收方接收了编号为 0～3 的帧后，滑动窗口准备接收编号为 4、5、6、7、0、1、2 的帧，因此接收窗口的上边界对应的帧序号为 4。需要注意的是，在接收端只要收到的数据帧的发送信号落入接收窗口内，窗口就会前移一个位置，并不是说一定要等到应答接收窗口才移动，应答其实影响的应该是发送窗口，发送方收到了应答后才滑动发送窗口（不少考生认为此题帧 3 和帧 4 没有应答，就不应该滑动，导致此题误选 B）。

注：一般不予以说明，窗口的上边界是下一个期望序列号 expectedSeq；下边界是起始序列号 startSeq。

（3）当帧的序号长度为 k 比特时，对于选择重传协议，为避免接收端向前移动窗口后，新的窗口与旧的窗口产生重叠，接收窗口的最大尺寸应该不超过序列号范围的一半（参考知识点扩展与深度总结），即 $W_R \leq 2^{k-1}$。

（4）2^k-1。

所以选（1）C、（2）D、（3）D、（4）D。

☞ **可能疑问点：**帧序号的长度是 3，而且发送窗口和接收窗口都不是 1，说明应该是选择重传，但是，这样最大发送窗口不应该是 4 吗？怎么可能取到 7？

解析：本题前面讲的应该是**普通的滑动窗口机制**，这个和带有滑动窗口协议的特殊滑动窗口机制应该是不一样的。对于普通的滑动窗口机制来说，不会考虑出错的情况，也就是这道题前面两问很有可能会出错（如确认帧丢失等），造成窗口重叠现象。而后面两问就开始考虑滑动窗口机制采用各种滑动窗口协议，而协议就应该考虑到所有可能出错的情况。

8．解析：A。HDLC 数据帧以位模式 0111 1110 标识每个帧的开始和结束，因此在帧数据中凡是出现了 5 个连续的位“1”时，就会在输出的位流中填充一个“0”。

9．解析：C。连接是建立在确认机制的基础之上的，所以数据链路层没有无确认有连接的服务。

10．解析：C。在后退 N 帧协议中，帧号≥发送窗口+1，在题目中发送窗口的大小是 32，那么帧号最小号码应该是 32（从 0 开始，共 33 个）。因为 $2^5<33<2^6$，所以至少需要 6 位的帧序号才能达到要求。

11．解析：C。概念题目。

12．解析：B。一方面，在连续 ARQ 协议中，必须发送窗口的大小≤窗口总数-1，例如，窗口总数为 8 个，编号为 0～7，假设这 8 个帧都已发出，下一轮又发出编号为 0～7 帧共 8 个帧，接收方将无法判断第二轮发的 8 个帧到底是重传帧还是新帧，因为它们的序号完全相同。另一方面，对于回退 N 帧协议，发送窗口的大小可以达到（窗口总数-1）。因为它的接收窗口大小为 1，所有帧保证按序接收。所以对于窗口大小为 n 的滑动窗口，其发送窗口大小最大为 n-1，即最多可以有 n-1 帧已发送但没有确认。

13．解析：A。奇偶校验原理是通过增加冗余位来使得码字中“1”的个数保持为奇数个或者偶数个的编码方法。它只能发现奇数个比特的错误。

14．解析：B。在使用多项式编码时，发送方和接收方必须预先商定一个生成多项式。发送方按照模 2 除法，得到校验码，在发送数据的时候把该校验码加在数据后面。接收方收

到数据后，也需要根据同一个生成多项式来验证数据的正确性。所以发送方和接收方在通信前必须要商定一个生成多项式。

15．解析：D。首先根据生成多项式 $G(x)=x^4+x+1$ 得到 CRC 的校验码为 10011。然后利用短除法来计算校验码，具体流程如图 3-22 所示，最后余数为 1110。

```
            1100001010
10011 / 11010110110000
        10011
         10011
         10011
          00001
          00000
           00010
           00000
            00101
            00000
             01011
             00000
              10110
              10011
               01010
               00000
                10100
                10011
                 01110
                 00000
                  1110
```

图 3-22　选择题第 15 题的计算过程

16．解析：B。知识点中详细讲解过了：检错 d 位，需要码距为 d+1 的编码方案。

17．解析：D。纠错 d 位，需要码距为 2d+1 的编码方案。

18．解析：C。流量控制就是要控制发送方发送数据的速率，使接收方来得及接收。

19．解析：C。流量控制就是要控制发送方发送数据的速率，使接收方来得及接收，目的是防止接收方缓冲区溢出。

20．解析：D。在一个有噪声的信道中，帧可能会被损坏，也可能完全丢失。这时候需要增加一个计时器，当发送方发送出一帧后，计时器开始计时，当该帧的确认在计时器到时之前到达发送方，则取消该计时器；否则，如果在计时器到时，发送方还没有收到该帧的确认就再次发送该帧，这样就可以打破死锁。

21．解析：B。滑动窗口的本质是在任何时刻，发送方总是维持着一组序列号，分别对应于允许发送的帧，称这些帧落在发送窗口之内。发送窗口内的序列号代表了那些已经被发送，但是还没有被确认的帧。类似地，接收方也维持着一个接收窗口，对应于一组允许它接收的帧。从图 3-17 中可以看出，发送方已经发送了 0 号帧和 1 号帧，而接收方已经接收完了 0 号帧，并且对 0 号帧发回了确认，才使得接收窗口后移到 1 号帧位置。

22．解析：B。因为 2 号帧没有返回确认，当计时器超时时，2 号帧及其后面的帧都要重发，因此共有 5 个帧需要重发。

23．解析：C。根据信道利用率的计算公式，在确认帧长度和处理时间均可忽略不计的情况下，信道的利用率与发送时间和传播时间有关，约等于 $t_{\text{发送时间}}/(t_{\text{发送时间}}+2\times t_{\text{传播时间}})$。当发送一帧的时间等于信道的传播时延的 2 倍时，信道利用率是 50%，或者说当发送一帧的时间等于来回路程的传播时延时，效率将是 50%，即 20ms×2=40ms。现在发送速率是每秒 4 000bit，即发送一位需要 0.25ms，则帧长=40/0.25=160bit。

论坛答疑：此题解析里的信道利用率= $t_{\text{发送时间}}/(t_{\text{发送时间}}+2\times t_{\text{传播时间}})$，但是谢希仁编写的第 5 版教材第 86 页说极限信道利用率 Smax=发送时间/(发送时间+单程端到端时延)是哪个正确？还是我丢了什么条件？

解析：谢希仁编写的第 5 版教材第 86 页讲到的信道利用率是在理想情况下，也就是以太网各站发送数据都不会发生碰撞，而此题题干已说明采用停止等待协议，也就是有可能发生碰撞，那么就不能使用理想情况下的计算公式。而应该使用该教材第 192 页上方的信道利用率计算公式：$U=T_D/(T_D+RTT+T_A)$，题干中已经说明忽略处理时间，所以无需计算 T_A，而 RTT 就是 2 倍的传播时间，T_D 是分组的发送时间，于是可以得到 23 题解析中的公式。

24．解析：D。此题出得很巧妙，没有直接告诉使用的是选择重传协议，而是通过间接的方式给出。题目说无序接收的滑动窗口协议，说明接收窗口大于 1，所以得出数据链路层使用的是选择重传协议，而选择重传协议发送窗口最大尺寸为 2^{n-1}。

25．解析：C。异步时分多路复用采用动态分配时间片（时隙）的方法，又称为统计时分多路复用。

26．解析：D。多路复用有两种基本形式：频分多路复用和时分多路复用。频分多路复用以信道频带作为分割对象，通过为多个子信道分配互不重叠的频率范围的方法实现多路复用。时分多路复用以信道传输时间作为分割对象，通过为多个子信道分配互不重叠的时间片的方法实现多路复用，它又包括两种类型：同步时分多路复用与异步时分多路复用。同步时分多路复用将时间片（时隙）预先分配给各个信道，并且时间片固定不变。异步时分多路复用采用动态分配时间片的方法，又称为统计时分多路复用。波分多路复用实际上是光的频分多路复用。

27．解析：B。多路复用的主要功能是要结合来自多条线路的传输，从而提高线路的使用率。

28．解析：A。TDM 属于静态划分信道的方式，各结点分时使用信道，不会发生碰撞，而 ALOHA、CSMA、CSMA/CD 都属于动态的随机访问协议，都采用检测碰撞的策略来应对碰撞，因此都会发生碰撞。

29．解析：C。1-坚持的 CSMA 当检测到信道为空时，就会发送数据；当它检测到信道为忙时，就一直检测信道的状态。非坚持 CSMA 也是当检测到信道为空时就发送数据，但是，若它检测到信道正在被使用之中，则不会持续地对信道进行监听。当一个站准备好要发送数据时，p-坚持 CSMA 会检测信道。若信道是空闲的，则它按照概率 p 的可能性发送数据。在概率 1-p 的情况下，它会选择不发送数据。

30．解析：D。以太网的最短帧长度是为了检测冲突的，其基本思想是发送一帧的时间需要大于或等于信号沿着信道来回一趟的时间。所以在冲突域最大距离不变的情况下，如果网络传输速率提高说明发送一帧需要更短的时间。那么在这种情况下，就应该提高最短帧长度来保证发送一帧的时间大于或等于信号沿信道来回一趟的时间。

31．解析：D。以太网地址由 48bit 组成，使用 6 个字节表示。而 IPv4 的地址由 32bit 组成，使用 4 个字节表示。

32．解析：C。以太网采用 CSMA/CD 技术，当网络上的流量越多，负载越大时，发生冲突的几率也会越大。当工作站发送的数据帧因冲突而传输失败时，会采用二进制后退算法后退一段时间后重新发送数据帧。二进制后退算法可以动态地适应发送站点的数量，后退延时的取值范围与重发次数 n 形成二进制指数关系。当网络负载小时，后退延时的取值范围也小；而当负载大时，后退延时的取值范围也随着增大。二进制后退算法的优点是把后退延时的平均取值与负载的大小联系起来。所以，二进制后退算法考虑了网络负载对冲突的影响。

33．解析：D。

按总线争用协议来分类，CSMA 有 3 种类型。

1）非坚持 CSMA。一个站点在发送数据帧之前，先要对介质进行检测。如果没有其他站点在发送数据，则该站点开始发送数据。如果介质被占用，则该站点不会持续监听介质，而等待一个随机的延迟时间后再监听。采用随机的监听延迟时间可以减少冲突的可能性，但其缺点也是很明显的：即使有多个站点有数据要发送，因为此时所有站点可能都在等待各自的

随机延迟时间，而介质仍然可能处于空闲状态，这样就使得介质的利用率较低，所以排除选项A。

2）1-坚持CSMA。当一个站点要发送数据帧时，它就监听介质，判断当前时刻是否有其他站点正在传输数据。如果介质被占用，该站点将会持续监听直至介质空闲。一旦该站点检测到介质空闲，它就立即发送数据帧，所以D选项是正确的。若产生冲突，则等待一个随机时间再监听。之所以叫“1-坚持”，是当一个站点发现介质空闲时，它传输数据帧的概率是1。1-坚持CSMA的优点是只要介质空闲，站点就立即发送；它的缺点是假如有两个或两个以上的站点有数据要发送，冲突就不可避免，所以排除选项B。

3）p-坚持CSMA。p-坚持CSMA是非坚持CSMA和1-坚持CSMA的折中。p-坚持CSMA应用于划分时槽的介质，其工作过程如下：当一个站点要发送数据帧时，它先检测介质。若介质空闲，则该站点按照概率p的可能性发送数据，而有1-p的概率会把要发送数据帧的任务延迟到下一个时槽。按照这样的规则，若下一个时槽也是空闲的，则站点同样按照概率p的可能性发送数据，所以说如果处理得当p坚持型监听算法还是可以减少网络的空闲时间的，所以排除选项C。

34．解析：D。在使用静态地址的系统上，如果有重复的硬件地址，那么这两个设备都不能通信。在局域网上，每个设备必须有一个唯一的硬件地址。

35．解析：B。以太网有最小帧长度限制，设置最小帧长是为了区分开噪声和因发生碰撞而异常终止的短帧，它必须要大于64B。

36．解析：C。一般来说，在第i次碰撞后，站点会在0～2^i-1中随机选择一个数M，然后等待M倍的争用期再发送数据。

37．解析：C。以太网在到达10次冲突之后，随机数的区间固定在最大值1023上，以后不再增加。若连续超过16次冲突，则丢弃。

38．解析：B。根据二进制指数后退协议，在检测到16次冲突之后，控制器会放弃努力，并且给计算机送回一个失败报告。

39．解析：A。令牌环网络的拓扑结构为环形，存在一个令牌不停地在环中流动。只有获得了令牌的主机才能够发送数据，因此是不存在冲突的。所以A选项是错误的，其他选项都是令牌环网络的特点。

40．解析：B。以太网通常使用的电缆有4种，见表3-4。

41．解析：C。以太网最小帧的长度是64B，其中包括了在以太网帧头部的地址、类型域、帧尾部的校验和域。这些部分的总共长度是18B，那么加上MAC帧的数据部分60B（整个IP数据报就是MAC帧的数据部分），整个帧长度就为78B，达到了以太网帧最小帧长度64B的要求，所以不需要再添加填充字节。

42．解析：A。通常情况下，网卡是用来实现以太网协议的。所以网卡主要实现了物理层和数据链路层的功能。

43．解析：A。交换机是数据链路层设备，所以是根据MAC地址进行转发的。

44．解析：B。集线器既不能隔离冲突域，也不能隔离广播域；交换机可以隔离冲突域，但不能隔离广播域；路由器既可以隔离冲突域，也可以隔离广播域。

45．解析：（1）A、（2）C。因为只有路由器可以隔离广播域，所以有2个广播域；交换机和路由器都可以隔离冲突域，而集线器不能。首先从路由器开始，左右各一个冲突域，然后再算交换机下面的5台计算机，有5个冲突域，所以一共是7个冲突域。

46．解析：B。由于路由器可以隔离广播包的转发，因此只要是需要经过路由器的路径都是不能通过的路径。

47．解析：D。PPP主要由3个部分组成。

1）一个将IP数据报封装到串行链路的方法。

2）一个链路控制协议（LCP）。用于建立、配置和测试数据链路连接，并在它们不需要时将它们释放。

3）一套网络控制协议（NCP）。其中每个协议支持不同的网络层协议，用来建立和配置不同的网络层协议。

48．解析：A。PPP协议帧在默认配置下，地址和控制域总是常量，所以LCP提供了必要的机制，允许双方协商一个选项。在建立状态阶段，LCP协商数据链路协议中的选项，它并不真正关心这些选项本身，只提供一个协商选择的机制。

49．解析：B。在HDLC中，帧被分为三类，分别为信息帧、监控帧和无编号帧（记忆方式：每当看到HDLC帧的分类就想到无监息=无奸细）。

50．解析：A。HDLC采用零比特填充法来实现数据链路层的透明传输（PPP采用了字节填充方式来成帧），即在两个标志字段之间不出现6个连续“1”。具体做法：在发送端，当一串比特流尚未加上标志字段时，先用硬件扫描整个帧，只要发现5个连续的“1”，就在其后插入1个“0”。而在接收端先找到F字段以确定帧边界，接着再对其中的比特流进行扫描，每当发现5个连续的“1”，就将这5个连续“1”后的一个“0”删除，将其还原成原来的比特流。

51．解析：C。对于普通的10Mbit/s的共享式以太网，若有N个用户，则每个用户占有的平均带宽只有总带宽的（10Mbit/s）的N分之一。但使用以太网交换机时，虽然在每个端口到主机的带宽还是10Mbit/s，但由于一个用户在通信时是独占而不是和其他网络用户共享传输媒体的带宽，因此每个用户仍然可以得到10Mbit/s的带宽，这正是交换机的最大优点。

52．解析：B。交换机的每个端口都有它自己的冲突域，所以交换机永远不会由于冲突而丢失帧。所以A是错误的。交换机不可以隔离广播域，所以C也是错误的。LLC是逻辑链路控制，它在MAC层之上，用于向网络层提供一个接口以隐藏各种802网络之间的差异，交换机应该是按照MAC地址转发的。

53．解析：B。属于理解性的题目，见知识点讲解。

54．解析：C。当站点A发送一个目的地址均不在这两个网桥的地址转发表中的帧时，网桥1和网桥2均进行扩散传播，这样经过网桥1转发的帧将继续经过网桥2的转发，而经过网桥2转发的帧也会继续经过网桥1的转发，这样这个数据帧将在整个网络中无限制地循环下去（兜圈子）。

55．解析：B。信道划分介质访问控制都不会发生冲突，例如频分多路复用（FDMA）、时分多路复用（TDMA）、码分多路复用（CDMA）、波分多路复用（WDM）等。而随机访问介质访问控制是可能发生冲突的，例如CSMA、CSMA/CD等。

56．解析：A。HDLC协议对比特串进行组帧时，HDLC数据帧以位模式0111 1110标识每一个帧的开始和结束，因此在帧数据中凡是出现了5个连续的“1”的时候，就会在输出的位流中填充一个“0”。

57．解析：B。直通交换方式是指以太网交换机可以在各端口间交换数据。它在输入端口检测到一个数据包时，检查该包的包头，获取包的目的地址，启动内部的动态查找表转换

成相应的输出端口，在输入与输出交叉处接通，把数据包直通到相应的端口，实现交换功能。通常情况下，直通交换方式只检查数据包的包头即前 14 个字节，由于不需要考虑前导码，只需要检测目的地址的 6B（48bit），所以最短的传输延迟是 0.48μs。

58．解析：根据题意，生成多项式 G(x)对应的二进制比特序列为 11001。进行如图 3-23 所示的二进制模 2 除法，被除数为 10110011010，除数为 11001。

```
          1101010
11001 ⟌ 10110011010
        11001
         11110
         11001
           11111
           11001
              11001
              11001
                 00
```

图 3-23　第 58 题的运算过程

所得余数为 0，因此该二进制比特序列在传输过程中没有出现差错。发送数据的比特序列是 1011001，CRC 检验码的比特序列是 1010。注意，CRC 检验码的位数等于生成多项式 G(x)的次数。

59．解析：数据链路与链路的区别在于数据链路除了本身是一条链路外，还必须有一些必要的规程来控制数据的传输。因此，数据链路比链路多了实现通信规程所需要的硬件和软件。

60．解析："电路接通了"表示链路两端的结点交换机已经开机，物理连接已经能够传送比特流了。但是，数据传输并不可靠。在物理连接基础上，再建立数据链路连接，才是"数据链路接通了"。此后，由于数据链路连接具有检测、确认和重传等功能，才使得不太可靠的物理链路变成可靠的数据传输。当数据链路断开连接时，物理连接不一定跟着断开。

61．解析：假如数据链路层的字节流是一直连续不断的，那么采用一个字节的标志是可以分清不同帧之间的界限的。但是如果一个帧结束了传递，以 flag 字节结束，之后的 15min 内没有新的帧传输。在这种情况下，接收方无法确认下一个到来的字节是一个新的帧开始，还是链路上的噪声。采用开始和结束都添加标志字节的办法，可以大大简化数据链路层协议的设计。

62．解析：对于选择重传协议，发送窗口和接收窗口的条件是**接收窗口的值+发送窗口的值≤2^n**，而题目中给出的数据 $W_T+W_R=9>2^3$，所以是无法正常工作的。找出序号产生歧义的点即可。设想在发送窗口内的序号为 0、1、2、3、4、5，而接收窗口等待后面的 6、7、0。接收端若收到 0 号帧，则无法判断是新帧还是重传帧（当确认帧丢失时）。

63．解析：选择重传 ARQ 协议是在连续重传 ARQ 协议的基础上，增加了接收窗口的数目，实现对于传输出现差错的帧的选择性重传。即接收窗口在实际应用中等于 1 时，选择重传 ARQ 协议退化成连续 ARQ 协议。

64．解析：卫星信道端到端的传播时延是 250ms，当以 1Mbit/s 的速率发送数据时，2000bit 长的帧的发送时延是 2ms。用 t=0 表示开始传输时间，那么在 t=2ms 时，第一帧发送完毕；t=252ms 时，第一帧完全到达接收方；t=502ms 时，带有确认的帧完全到达发送方。因此，周期是 502ms（确认帧的发送时间忽略不计）。若在 502ms 内可以发送 k 个帧（每个帧的发送用 2ms 时间），则信道利用率是 2k/502。

1）停止-等待协议，此时 k=1，则信道的利用率为 2/502=1/251。

2）W_T=7，则信道的利用率为 14/502=7/251。

3）W_T=127，则信道的利用率为 254/502=127/251。

4）W_T=255，可以看出 $2W_T$=510>502，也就是说，第一帧的确认到达发送方时，发送方还在发送数据，即发送方就没有休息的时刻，所以信道利用率为 100%。

☞ **可能疑问点：**周期 502ms 是不是应该随着一次性发送的帧的数量增加而增加？因为发送时延增加了。

解析：下面用一个例子来说明为什么不管一次性发送多少帧，周期永远都是 502ms。假设帧序号为 2，可表示 0、1、2、3 号帧，并假设发送窗口为 3。现在可以给发送周期定义了，从发送 0 号帧开始计时（0 号帧在传输的时候，1、2 号帧在发送，所以时间叠加了，因为一般传播时延都远远大于发送时延），到收到 2 号帧的确认为止，就算是一个周期。应该很容易看出，这里有时间重叠了，其实当发送端收到第 0 号帧的确认的时候，发送窗口已经向前滑动了，此时第二轮发送已经悄然开始了。所以说只要收到第一个帧的确认第二轮就开始了。是不是和发送 0 号帧收到 0 号帧的确认的时间是一样的？现在大家应该都已经很明白了。但是问题又来了，这种一次性传送多个帧的，一般都是使用累计确认，不会一个个去确认的，如果是这种情况，又作何解释？这已经属于超纲的知识点了，没有必要去深究。

65．解析：CSMA/CD 是一种动态的介质随机接入共享信道方式，而传统的时分复用（TDM）是一种静态的划分信道，所以从对信道的利用率来讲，CSMA/CD 是用户共享信道，更灵活，可提高信道的利用率。

不像 TDM，为用户按时隙固定分配信道，当用户没有数据要传送时，信道在用户时隙就浪费了。也因为 CSMA/CD 是用户共享信道，所以当同时有多个用户需要使用信道时会发生碰撞，降低信道的利用率，而 TDM 中用户在分配的时隙中不会与别的用户发生冲突。对局域网来说，连入信道的是相距较近的用户，因此通常信道带宽较宽。如果使用 TDM 方式，用户在自己的时隙没有数据发送的情况会更多，不利于信道的充分利用。

对于计算机通信来说，突发式的数据更不利于使用 TDM 方式。

66．解析：对于 1000m 电缆，单程传播时间为 $1000\text{m}/2\times10^8\text{m/s}=5\times10^{-6}\text{s}$，即 5μs，来回路程传播时间为 10μs。为了能够按照 CSMA/CD 工作，最小的发送时间不能够小于 10μs。以 1Gbit/s 速率工作，10μs 可以发送比特数为 $10\times10^{-6}/1\times10^{-9}=10\,000$。因此，最小帧应该是 10 000bit 或者 1250B。

☞ **可能疑问点：**为了能够按照 CSMA/CD 工作，最小的发送时间不能够小于 10μs 是怎么得到的？

解析：要知道争用期的概念，争用期一定要保证大于来回往返时延，因为假设现在传了一个帧过去，还没到往返时延就发送完了，其实在中途碰撞了，这样就检测不出错误了；如果中间碰撞了，且这个帧还没有发送完，这样就可以检测出错误了。所以要保证 CSMA/CD 正常工作，就必须使得发送时间（也就是争用期）要大于或等于来回往返的时延（中间没有中继器，说明往返时延直接算传播时延即可），前面已经算得来回往返时延是 10μs。所以为了能够按照 CSMA/CD 工作，最小的发送时间不能够小于 10μs。

67．解析：其中，BASE 表示电缆上的信号是基带信号，采用曼彻斯特编码；BROAD 代表宽带信号。BASE 前面的数字表示数据传输率，后面的数字表示每一段电缆的最大长度。表 3-8 列出了各个物理层的含义。

表 3-8　各个物理层的含义

缩　写	含　义
10BASE5	“10”表示数据传输率为 10Mbit/s，BASE 表示电缆上的信号是基带信号，“5”表示每一段电缆的最大长度是 500m
10BASE2	“10”表示数据传输率为 10Mbit/s，BASE 表示电缆上的信号是基带信号，“2”表示每一段电缆的最大长度是 200m（实际上是 185m）
10BASE-T	“10”表示数据传输率为 10Mbit/s，BASE 表示电缆上的信号是基带信号，“T”表示使用双绞线作为传输介质
1BASE5	“1”表示数据传输率为 1Mbit/s，BASE 表示电缆上的信号是基带信号，“5”表示每一段电缆的最大长度是 500m
10BORAD36	“10”表示数据传输率为 10Mbit/s，BROAD 表示电缆上的信号是宽带信号，“36”表示网络的最大跨度是 3 600m

68．解析：PPP 帧的特殊字符填充法的具体操作是将 7E 转变为 7D 5E；将 7D 转变为 7D 5D。所以只要碰到 7D 5E 就变成 7E，碰到 7D 5D 就转变成 7D，原来真正的数据是 7E FE 27 7D 7D 65 7E。

69．解析：零比特填充法是当进行扫描的时候，每遇到 5 个连续的“1”，即插入一个“0”；读取的时候，每扫描到 5 个连续的“1”，即删除后面接着的一个“0”。

所以，经过填充后的比特串为：0110 1111 1011 1110 00。

经过删除后的比特串为：0001 1101 1111 1111 1110。

70．解析：不是。假定这条链路的通信质量不是非常坏，那么不可能每次传输都出现差错。每当成功传输一次后，发送端就再发送下一帧。虽然耗时较多，但总是能够把所需传送的数据都传送完毕。如果每一次都传输失败，即发送端不管重传多少次都不能成功地传输一次，那么通信就会失败。但这种通信失败的原因并非是数据链路层协议不正确，而是由于通信线路质量太差，使得发送端没有可用的信道。

71．解析：从带宽来看，集线器不管有多少个端口，所有端口都共享一条带宽，在同一时刻只能有两个端口传送数据，其他端口只能等待；同时，集线器只能工作在半双工模式下。因此对于集线器来说，所有连接在这个集线器上的站点共享信道。而对于交换机来说，每一个端口都有一条独占的带宽，且两个端口工作时，不影响其他端口的工作；同时，交换机不但可以工作在半双工模式下，还可以工作在全双工模式下，因此在交换机上的站实际上是独占信道的。所以：

1）10 个站共享 10Mbit/s 的带宽，也就是每一个站所能得到的带宽为 1Mbit/s。

2）10 个站共享 100Mbit/s 的带宽，也就是每一个站所能得到的带宽为 10Mbit/s。

3）每一个站独占 10Mbit/s 的带宽，也就是每一个站所能得到的带宽为 10Mbit/s。

72．解析：当一个网桥刚连接到局域网时，其转发表是空的，若此时收到一个帧，则应按照以下算法处理该帧和建立转发表。

1）从端口 x 收到无差错的帧，在转发表中查找目的站 MAC 地址。

2）若有，则查找出此 MAC 地址应当走的端口 d，然后进行 3)，否则转到 5)。

3）若到这个 MAC 地址去的端口等于 x，则丢弃此帧，否则从端口 d 转发。

4）转到 6)。

5）向网桥除了 x 以外的所有端口转发此帧。

6）若源站不在转发表中，则将源站 MAC 地址加入到转发表中，登记该帧进入网桥的端口号，设置计时器，转到 8)；如果源站在转发表中，执行 7)。

7）更新计时器。

8）等待新的数据帧，转到1）。

根据已知的数据发送过程，按照网桥的工作算法，即可得到最终的结果。

根据上述的算法，下面一一分析题目中的各种转发。

1）A发给E，网桥B1在端口1收到源地址为MAC1、目的地址为MAC5的帧（步骤1），此时转发表为空，转到步骤5，网桥B1向所有端口转发此帧，并将此帧的源地址添加到网桥B1中，并登记该帧进入网桥的端口号，即1端口号，同理网桥B2也将此帧的源地址添加到网桥B2中，并登记该帧进入网桥的端口号，也是1端口号。所以表3-7第一行应该填入：

MAC1	1	MAC1	1	转发，写入转发表	转发，写入转发表

2）C发给B，和第一种情况完全一样，仅仅是C从网桥B1的端口2进入，所以表3-7第二行应填入：

MAC3	2	MAC3	1	转发，写入转发表	转发，写入转发表

3）D发给C，网桥B2没有源地址为MAC4的帧（主机D发的帧），所以将其源地址写入转发表（步骤6），并且是从网桥B2端口2进来的。网桥B1知道目的地址为MAC3的帧（发给主机C）是从端口2进来的，并且转发表中填入的也是端口2，根据步骤3，应该丢弃此帧；由于网桥B1还没有地址为MAC4的帧所以需要将其写入转发表，并且端口为2，因此表3-7第三行应该填入：

MAC4	2	MAC4	2	写入转发表，丢弃不转发	转发，写入转发表

4）B发给A，网桥B1的转发表写入转发目的地址为MAC1的帧是从端口1转发的，但是此时该帧又是从端口1进入的，所以丢弃此帧（步骤3），并将MAC2写入网桥B1的转发表；由于网桥B1丢弃了此帧，因此网桥B2收不到此帧，网桥B2没有任何动作发出。所以表3-7第四行应填入：

MAC2	1	无	无	写入转发表，丢弃不转发	接收不到该帧

综上所述，整个完整的过程见表3-9。

表 3-9

发送的帧	B1的转发表		B2的转发表		B1的处理	B2的处理
	地址	接口	地址	接口		
A→E	MAC1	1	MAC1	1	转发，写入转发表	转发，写入转发表
C→B	MAC3	2	MAC3	1	转发，写入转发表	转发，写入转发表
D→C	MAC4	2	MAC4	2	写入转发表，丢弃不转发	转发，写入转发表
B→A	MAC2	1	无	无	写入转发表，丢弃不转发	接收不到该帧

第4章　网络层

大纲要求

（一）网络层的功能

1．异构网络互连

2．路由与转发

3．拥塞控制

（二）路由算法

1．静态路由与动态路由

2．距离-向量路由算法

3．链路状态路由算法

4．层次路由

（三）IPv4

1．IPv4 分组

2．IPv4 地址与 NAT

3．子网划分与子网掩码、CIDR

4．ARP、DHCP 与 ICMP

（四）IPv6

1．IPv6 的主要特点

2．IPv6 地址

（五）路由协议

1．自治系统

2．域内路由与域间路由

3．RIP 路由协议

4．OSPF 路由协议

5．BGP 路由协议

（六）IP 组播

1．组播的概念

2．IP 组播地址

（七）移动 IP

1．移动 IP 的概念

2．移动 IP 的通信过程

（八）网络层设备

1．路由器的组成和功能

2．路由表与路由转发

考点与要点分析

核心考点

1．（★★★★★）子网划分和无分类编址 CIDR
2．（★★★★★）路由与转发，即各种路由算法
3．（★★★★）IP 地址的分类、IP 数据报格式、NAT
4．（★★★）ARP、DHCP 和 ICMP
5．（★★★）3 种常用路由选择协议：RIP、OSPF、BGP
6．（★★）IP 组播、移动 IP 的基本概念
7．（★★）路由器的组成和功能

基础要点

1．网络层的 3 个主要功能：异构网络互连、路由与转发和拥塞控制
2．静态路由算法和动态路由算法的含义
3．距离-向量路由算法和链路状态路由算法的原理和特点以及层次路由的划分
4．IP 地址的分类、IP 数据报格式、NAT、IP 层转发分组的流程、子网划分、无分类编址 CIDR 方法的相关概念与原理
5．下一代网际协议 IPv6 的主要特点和 IPv6 地址
6．IP 协议相关的 3 个协议：ARP、DHCP 和 ICMP
7．因特网的 3 种常用路由选择协议：内部网关协议 IGP 中的 RIP、OSPF 以及外部网关协议 EGP 中的 BGP
8．IP 组播的基本概念
9．移动 IP 的概念和通信过程
10．路由器的组成和功能以及路由表的构成与路由转发过程

本章知识体系框架图

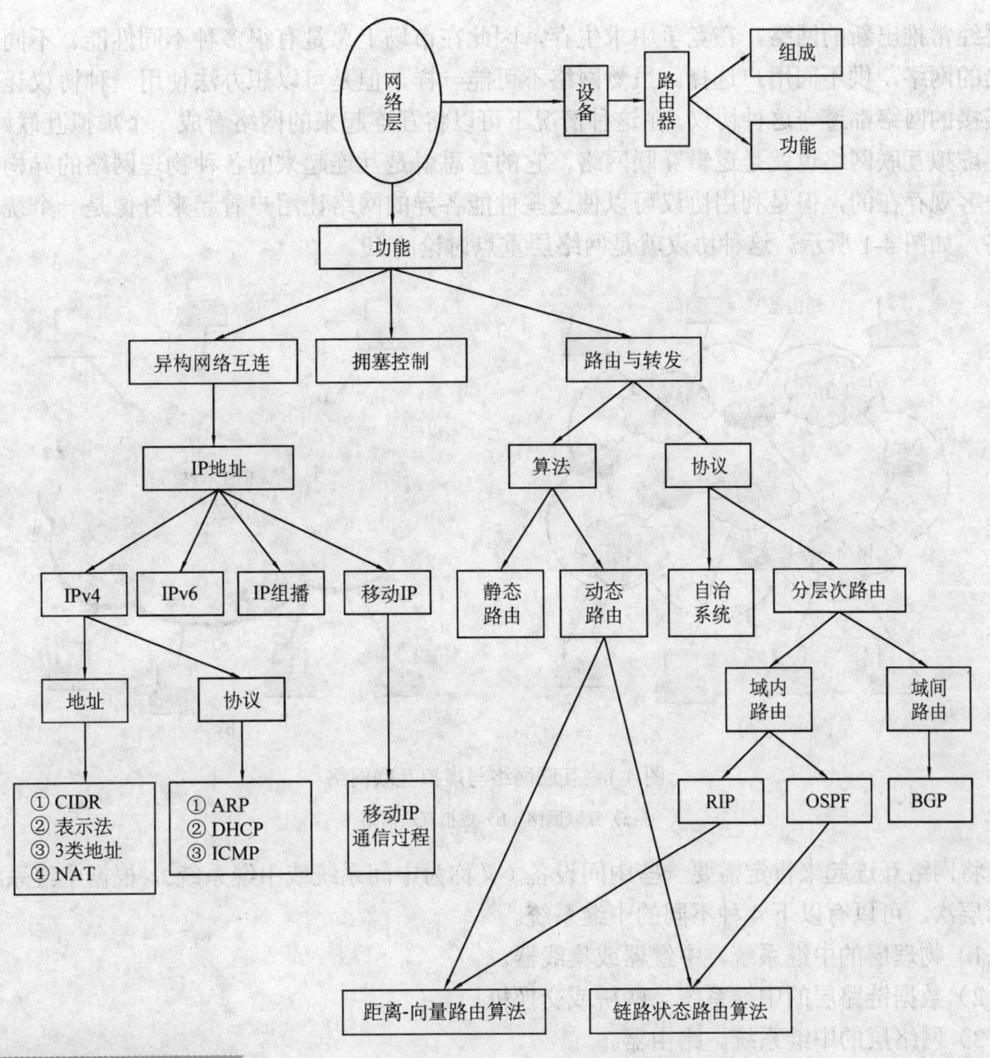

知识点讲解

本章属于计算机网络科目中最重要的一章，仅学习理论效果不会很好，应当联系实际，最好能够解决一些实际问题，才能应对命题老师的创新思路。

4.1　网络层的功能

4.1.1　异构网络互连

背景知识：世界上有数以百万计的网络，要实现这些网络的互连是一件相当困难的事情，因为这些网络并没有统一的标准，如其中某些网络的超时控制可能不同（比如这个网络超时重传的计时器是 1s，另一个网络就可能是 2s，没法统一），甚至这个网络是提供面向连接服务的，另一个网络是提供无连接服务的，所以不可能把这些数量庞大的网络直接互连起来。那为什么不让大家都使用同一个网络呢？这是不可能的，因为用户的需求是多种多样的，不可能有一种单一的网络能够适应所有用户。另外，网络技术是不断发展的，网络的制造厂家

也要经常推出新的网络，在竞争中求生存，因此在市场上总是有很多种不同性能、不同网络协议的网络，供不同用户选择。虽然网络不可能一样，但是可以想办法使用一种协议让路由器连接的网络都遵守这种协议，在这种情况下可以将互连起来的网络看成一个虚拟互联网络。

虚拟互联网络也就是逻辑互联网络，它的意思就是互连起来的各种物理网络的异构性本来是客观存在的，但是利用协议可以使这些性能各异的网络让用户看起来好像是一个统一的网络，如图 4-1 所示。这种协议就是网络层重点讨论的 IP。

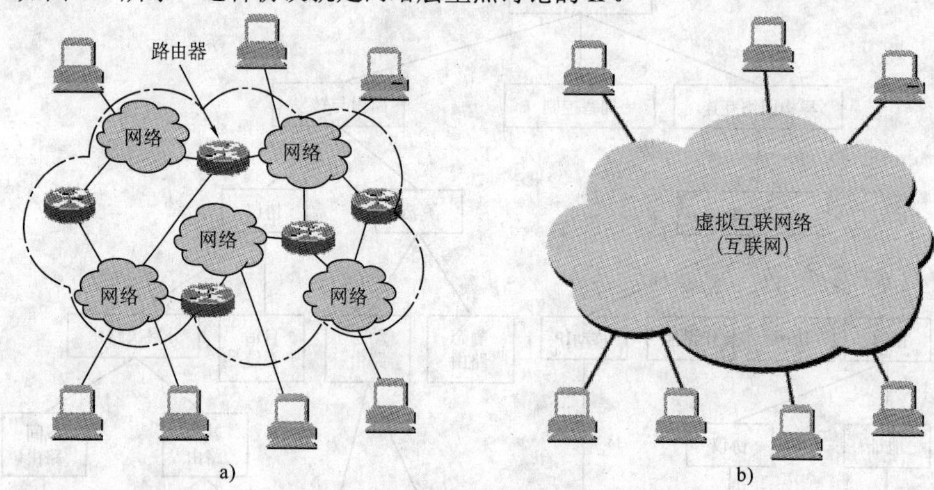

图 4-1　互联网络与虚拟互联网络

a）互联网络　b）虚拟互联网络

将网络互连起来肯定需要一些中间设备（又称为中间系统或中继系统），根据中继系统所在的层次，可以有以下 4 种不同的中继系统。

1）物理层的中继系统。中继器或集线器。

2）数据链路层的中继系统。网桥或交换机。

3）网络层的中继系统。路由器。

4）网络层以上的中继系统。网关。

当中继系统是中继器或网桥时，一般并不称之为网络互连，因为这仅仅是把一个网络扩大了，而这仍然是一个网络。互联网都是指用路由器进行互连的网络。

使用虚拟互联网的好处：当互联网上的主机进行通信时，就好像在同一个网络上通信，而看不见互连的具体的网络异构细节（如超时控制、路由选择协议等）。

4.1.2 路由与转发

路由器的主要功能包括**路由选择**（确定哪一条路径）与**分组转发**（当一个分组到达时所采用的动作）。根据所需性能要求，可以采用适当的路由算法来构造路由表进行路由选择。不仅如此，该路由表还会根据从各相邻路由器所得到的关于整个网络的拓扑变化情况，动态地改变所选择的路由，以便得到最佳路由。

1）**路由选择**。根据路由算法确定一个进来的分组应该被传送到哪一条输出路线上。如果子网内部使用数据报，那么对每一个进来的分组都要重新选择路径。如果子网内部使用虚电路，那么只有当创建一个新的虚电路时，才需要确定路由路径。

2）**分组转发**。就是路由器根据转发表将用户的 IP 数据报从合适的端口转发出去。

注意：路由表是根据路由选择算法得出的，而转发表是从路由表得出的。转发表的结构应当使查找过程最优化，路由表则需要对网络拓扑变化的计算最优化。在讨论路由选择的原理时，往往不去区分转发表和路由表，而是笼统地使用路由表这一名词。

4.1.3　拥塞控制

本章仅介绍拥塞控制的基本概念，有关拥塞控制更详细的讲解请参考 5.3.4 小节。

计算机网络（如交通网络一样）在一个子网或子网的一部分出现太多分组（车辆）时，网络性能开始下降，这种情况称为拥塞。因此需要采取拥塞控制方法，以确保网络不出现拥塞，或确保网络在出现拥塞时也能保持良好的性能。

拥塞控制可以分为两大类：

1）**开环控制**。在网络系统设计时，事先就要考虑到有关发生拥塞的各种因素，力求在系统工作时不会出现拥塞。一旦整个系统启动并运行起来，就不再需要中途进行修改。开环控制手段可包括确定何时可接受新流量、确定何时可丢弃分组及丢弃哪些分组、确定何种调度决策等。所有这些手段的共性是，在做决定时不考虑当前网络状态。

2）**闭环控制**。就是事先不考虑有关发生拥塞的各种因素，采用监视系统去监视，即时检测到哪里发生拥塞（就像道路上的摄像头，看到哪里发生堵车，立刻派交警去解决），然后将拥塞信息传到合适的地方以便调整系统运行，改正问题。其主要措施包括检测拥塞、报告拥塞和调整措施。

加上合适的拥塞控制后，网络就不易出现拥塞和死锁现象了，但代价是当提供的负载较小时，有拥塞控制的吞吐量反而比无拥塞控制时要小。

注意：拥塞控制和流量控制的关系密切，但二者之间也存在一些差异。拥塞控制必须确保通信子网能够传送待传送的数据，是一个全局性的问题，涉及所有主机、路由器以及导致网络传输能力下降的所有因素。而流量控制只与给定的发送端和接收端之间的点对点通信量有关，其任务是使发送端发送数据的速率不能快得让接收端来不及接收。

4.2　路由算法

4.2.1　静态路由与动态路由

路由器转发分组是通过路由表转发的，而路由表是通过各种算法得到的。如果从路由算法能否随网络的通信量或拓扑自适应地进行调整变化来划分，则只有两大类，即**静态路由选择策略**（又称为非自适应路由选择）与**动态路由选择策略**（又称为自适应路由选择）。

静态路由选择的特点是简单和开销小，但不能及时适应网络状态的变化。对于很小的网络，完全可以采用静态路由选择，自己手动配置每一条路由。

动态路由选择的特点是能较好地适应网络状态变化，但实现起来比较复杂，开销也较大。因此，动态路由适用于较复杂的网络。

现代的计算机网络通常使用动态路由选择算法。动态路由算法又可分为两种基本类型：距离-向量路由算法和链路状态路由算法。

4.2.2　距离-向量路由算法

在距离-向量路由算法中，所有的结点都定期地将它们整个路由选择表传送给所有与之直接相邻的结点。这种路由选择表包含每条路径的目的地（另一结点）和路径的代价（距离）。

注意：这里的距离是一个抽象的概念，如RIP就将距离定义为“跳数”。跳数指从源端口到达目的端口所经过的路由个数，经过一个路由器跳数加1。当然距离还可以定义成其他因素。

在该路由算法中，所有结点都必须参与距离-向量交换，以保证路由的有效性和一致性。换句话说，所有结点都监听从其他结点传送来的路由选择更新信息，并在下列情况下更新它们的路由选择表。

情况一：被通告一条新的路由，该路由在本结点的路由表中不存在，此时本地结点加入这条新的路由。

情况二：通过发送路由信息的结点有一条到达某个目的地的路由，该路由比当前使用的路由有较短的距离（例如，RIP就是有较小的跳数）。在这种情况下，用经过发送路由信息的结点的新路由替换路由表中到达那个目的地的现有路由。

距离-向量路由算法的实质是通过迭代法来得到到达某目标的最短通路。它要求每个结点在每次更新中都将它的全部路由表发送给它的所有相邻结点。显然，如果该网络的结点越多，那么每次因为路由更新所产生的报文就越大。另外，由于更新报文发给直接相邻的路由器，因此所有结点都将参加路由选择信息交换。基于这些原因，在通信子网上传送的路由选择信息的数量很容易变得非常大。

目前，最常用的距离-向量路由算法是RIP算法，它采用“跳数”作为距离的代价。

4.2.3 链路状态路由算法

链路状态路由算法要求每个参与该算法的结点都有完全的网络拓扑信息，它们执行下述两项任务：

1）主动测试所有邻接结点的状态。两个共享一条链接的结点是相邻结点，它们连接到同一条链路。

2）定期地将链路状态传播给所有其他结点（或称为路由结点）。

在一个链路状态路由选择中，一个结点检查所有直接链路的状态，并将所得的状态信息发送给网上所有其他的结点，而不仅是发送给那些直接相连的结点。每个结点都用这种方式，所有其他结点从网上接收包含直接链路状态的路由选择信息。

每当链路状态报文到达时，路由结点便使用这些状态信息去更新自己的网络拓扑和状态“视野图”，一旦链路状态发生了变化，结点对更新的网络图利用Dijkstra最短路径算法重新计算路由，从单一结点出发计算到达所有目的结点的最短路径。

链路状态路由算法主要有三大特征：

1）向**本自治系统（参考4.2.4小节）**中的所有路由器发送信息。这里使用的方式是洪泛法，即路由器通过所有输出端口向所有相邻的路由器发送信息，而每一个相邻路由器又将此信息发往其所有相邻路由器（但不再发送给刚刚发来信息的那个路由器）。

2）发送的信息就是与本路由器相邻的所有路由器的链路状态，但这只是路由器所知道的部分信息。所谓“链路状态”就是说明本路由器都和哪些路由器相邻以及该链路的“度量”。对于OSPF算法，链路状态的“度量”主要用来表示费用、距离、时延、带宽等。

3）**只有当链路状态发生变化时**，路由器才用洪泛法向所有路由器发送信息。

由于一个路由器的链路状态只涉及与相邻路由器的连通状态，因此与整个互联网的规模并无直接关系，因此链路状态路由算法可以用于大型的或路由信息变化剧烈的互联网络环境。

目前，最常用的链路状态路由算法是 OSPF 算法。

4.2.4 层次路由

背景知识： 首先要清楚因特网为什么采用分层次的路由选择协议，原因有两个。

1）随着时间的推移，因特网的规模越来越大，现在就有几百万个路由器互连在一起了，如果让所有路由器知道所有网络应该怎样到达，则这种路由表将非常大，处理起来也太耗费时间，而所有这些路由器交换路由信息所需的带宽就会使因特网的通信链路达到饱和。

2）许多单位不愿意外界了解自己单位网络的布局细节和本部门所采用的路由选择协议（这属于本部门内部的事情），但同时还希望连接到因特网上。

基于上述两个原因，因特网将整个互联网划分为许多较小的自治系统（但是注意一个自治系统不是一个局域网，里面包含很多局域网），每个自治系统有权自主地决定本系统内应采用何种路由选择协议。但是问题出来了，如果两个自治系统需要通信，并且这两个自治系统内部所使用的路由选择协议不同，那么怎么通信？所以就需要一种在两个自治系统之间的协议来屏蔽这些差异，据此，因特网把路由选择协议划分为两大类：

1）一个自治系统内部所使用的路由选择协议称为内部网关协议（IGP），具体的协议有 RIP 和 OSPF 等。

2）自治系统之间使用的路由选择协议称为外部网关协议（EGP），主要在不同自治系统的路由器之间交换路由信息，并负责为分组在不同自治系统之间选择最优的路径，具体的协议有 BGP。

自治系统内部的路由选择称为**域内路由选择**。相应的，自治系统之间的路由选择**称为域间路由选择**。

对于非常大的网络，OSPF 协议将一个自治系统再划分为若干个更小的范围，叫做区域。划分区域的好处就是把利用洪泛法交换链路状态信息的范围局限于每一个区域而不是整个自治系统，这样减少了整个网络上的通信量。在一个区域内部的路由器只知道本区域的完整网络拓扑，而不知道其他区域的网络拓扑情况。为了使每一个区域能够和本区域以外的区域进行通信，OSPF 使用层次结构的区域划分。在上层的区域叫做骨干区域，骨干区域的标识符规定为 0.0.0.0。骨干区域的作用是用来连通其他在下层的区域。从其他区域来的信息都由区域边界路由器进行概括。每一个区域至少应当有一个区域边界路由器。在骨干区域内的路由器叫做骨干路由器，一个骨干路由器可以同时是区域边界路由器。在骨干区域内还要有一个路由器，专门与本自治系统外的其他自治系统交换路由信息，这样的路由器叫做自治系统边界路由器。

采用分层次划分区域的方法使交换信息的种类增多了，同时也使 OSPF 协议更加复杂。但此方法能使每一个区域内部交换路由信息的通信量大大减小，因而使 OSPF 协议能够用于大规模的自治系统中。

故事助记： 将整个世界看作一个因特网，每个国家是不同的自治系统，而每个国家又分为许多省（区域），每个省的人只懂得自己省的风俗（即每个路由器只知道本区域的完整网络拓扑）。但是各个省之间是需要互相交流的，这样就在每个省选出一个省长（区域边界路由器），这样该省的百姓就可以将信息通过省长传给另外一个省长（通过骨干区域）。当然有时候国家主席还要给各个省长开会，相互交流信息，所以需要一个组织（骨干区域，取名为 0.0.0.0），该组织包括各省长和国家主席。所以说省长需要演好两个角色，一个是骨干区域的成员，另一个是区域边界成员。当然这样是不够的，如果两个国家互访（不同自治系统交换信息），这时就派主席去和外国交流（可以是骨干区域的任何一个路由器），此时主席可以看成是自治系统边界路由器。

4.3 IPv4

4.3.1 IPv4分组

IP数据报首部格式如图4-2所示。

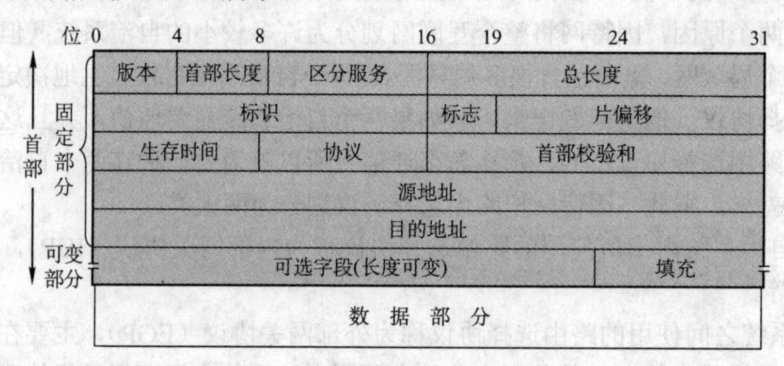

图4-2 IP数据报首部格式

从宏观方面，一般来说，IP数据报的首部是60B，其中21～60B部分是可选字段和填充，用来完成某种功能（什么功能不用管）。而如果使用某功能后，首部的长度若不再是4B的倍数时，就需要使用填充来填满这个4B。例如使用某功能后首部长度是22B（即该功能占用了2B），那么就要用自动填充功能来填到24B。但是一般来说IP数据报不需要使用任何功能，所以在默认情况下考生应该将IP数据报的首部看成是20B（已经是4的倍数，所以不需要填充），千万记住！

从微观的角度去理解这20B的作用，下面是总体介绍，易考到的首部部分会在后面进行总结。

1）版本。占4位，就是说这个IP数据报是IPv4版本还是IPv6版本，通信双方的版本必须一致。

2）首部长度。占4位，IP数据报的首部实际上是60B（但是有40B基本从不使用，考试的时候就认为IP数据报的首部是20B，绝对不会错），前面也讲过IP数据报首部的长度必须是4B的倍数，这样就只要用15个标记（每个标记4位）就可以表示60B，例如，0001表示4B，0010表示8B，…，1111表示60B。

3）区分服务。占1B，从没使用过，不会考，可忽略。

4）总长度。占2B，千万不要和首部的基本长度弄混淆，这里的基本单位长度是1B，不再是4B，并且总长度包括了首部和数据部分，很明显16位可以表示的长度为65535B（因为16位表示的数的范围是0～65535）。如果IP数据报的总长度这么长，MAC帧的数据部分最大长度才1500B（可能还少于1500B，每个网络是可以自己定义的），而IP数据报的总长度恰好就是MAC帧的数据部分，所以当IP数据报的长度大于1500B时，很明显就必须要切割之后发送。但是问题出现了，切割之后接收端怎么合并？首先接收端收到的数据报要是原数

据报的分片（这样的话就需要标志，每个原数据报都可以将这个标识填到每个分片的首部，就是下面要介绍的标识），但是，万一等到的是最后一片，而接收端不知道是最后一片，还会一直等，为了打破僵局，这就需要有一个标志位 MF，去标记该片是不是最后一位。现在继续假设已经收到了最后一个分片，怎样将所有的分片合并呢？这就需要片偏移，只需要按照片偏移从小到大合并即可，在合并的过程中一定要将首部的 20B 删除。

疑问：细心的考生可能会发现，在总长度的设计上明显存在缺陷。MAC 帧数据部分最大的长度是 1500B，既然 IP 数据报是 MAC 帧的数据部分，那么如果 IP 数据报的总长度字段是 2B，可以表示的长度达到 65535B，这样不是浪费了吗？

解析：因为以前用的不是以太网，也许以前用的局域网帧格式可以让帧的长度很长，甚至不加以限制。只是以太网比较流行了，也许才发现这个缺点（这是编者理解的，如果有更好的答案，请与编者联系）。

5）标识。占 2B，它是一个计数器，用来产生 IP 数据报的标识。

6）标志。占 3 位，目前只有前 2 位有意义，即 MF 和 DF。MF 前面已经讲过，作用是为了合并数据报；DF 的作用：比如一个数据报经过某个路由器发现它的长度超过了最大发送长度，并且 DF=1（即不能分片），这样该数据报就过不去了，然后路由器丢弃这个数据报，并发送一个 ICMP 报文（参考 4.3.4 小节）给发送端，说该数据报太长了过不去，并且在 ICMP 报文中填写了该路由器传送的最大传输单位，让主机考虑怎么传，但是如果 DF=0，即使下一跳数据报太大，仍然可以继续分片传送，这就是 DF 的作用。

7）片偏移。占 13 位，前面已经讲过，但是需要注意的是片偏移是 8B 的整数倍。理由就是数据报总长度为 16 位，而片偏移只有 13 位，要使得 13 位能准确地表示 16 位的长度，就必须 1 位可以当 3 位用，即 2^3=8B，为了更好地理解上面所讲的，请参考例 4-1。在例 4-1 中有一点需要提醒，现在假定数据报片 2 经过某个网络时还需要分片，此时还需要分片是建立在数据报 2 的 DF 值都是 0（见表 4-1）的基础上，若数据报片 2 的 DF 值等于 1，则该数据报就不可达，请千万注意。

【例 4-1】 某数据报的总长度为 3820B（使用固定首部），需要分片为长度不超过 1420B 的数据报片，应该怎么分？

解析：由于该数据报采用固定首部，因此该数据报的数据部分长度为 3800B。又由于分片为长度不超过 1420B 的数据报片，因此每个数据报片的数据部分长度不能超过 1400B（原始数据报首部被复制为各数据报片的首部，仅需修改有关字段的值）。图 4-3 给出分片后得出

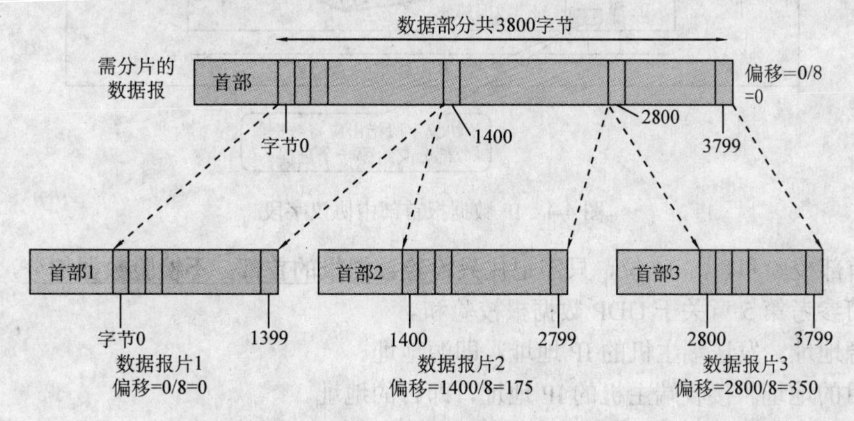

图 4-3　分片后的结果

的结果（注意片偏移的数值）。

表 4-1 是本例中数据报首部与分片有关的字段中的数值，其中标识字段的值是任意给定的（250382）。具有相同标识的数据报片在目的站就可以正确地重装成原来的数据报了。

表 4-1　IP 数据报首部中与分片有关的字段中的数值

	总长度	标识	MF	DF	片偏移
原始数据报	3820	250382	0	0	0
数据报片 1	1420	250382	1	0	0
数据报片 2	1420	250382	1	0	175
数据报片 3	1020	250382	0	0	350

现在假定将数据报片 2 的 DF 设置为 1，并且假设中途要经过一个允许最大数据报的长度为 820B 的网络。这样数据报片 2 又需要分片，但是此时 DF 值为 1，也就是说不允许分片，则需要将其丢弃。若此时 DF 值为 0，允许分片，则需要将数据报片 2 分片为数据报片 2-1（携带 800B）和数据报片 2-2（携带 600B），见表 4-2。

表 4-2　IP 数据报片 2 首部中与分片有关的字段中的数值

	总长度	标识	MF	DF	片偏移
数据报片 2-1	820	250382	1	0	175
数据报片 2-2	620	250382	1	0	275

注意：数据报片 2-2 的 MF 值仍然是 1，因为后面还有数据报片 3。

8）生存时间。占 8 位，如果一个数据报一直在网络中转圈，网络资源就被白白浪费了，所以需要设置生存时间（Time To Live，TTL），即数据报在网络中可通过的路由器数的最大值。

9）协议。占 8 位，当接收端收到数据报时，肯定要交付给传输层的某种协议去处理，是交给传输层的 TCP 协议，还是交给传输层的 UDP 协议，需要此标志给出，如图 4-4 所示。

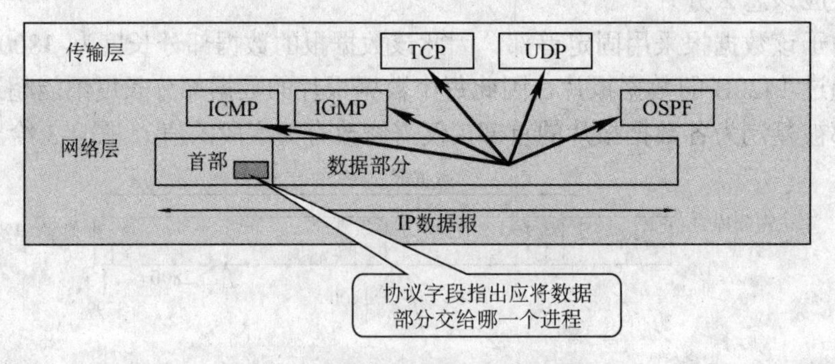

图 4-4　IP 数据报首部中协议字段

10）首部校验和。占 16 位，只需记住**只检验数据报的首部，不检验数据部分**，至于具体检验过程可参考第 5 章关于 UDP 数据报校验和。

11）源地址。发送端主机的 IP 地址，即源地址。

12）目的地址。接收端主机的 IP 地址，即目的地址。

至此，20B 的首部全部介绍完毕，也许看到这里你确实记住了，但是根据经验，不出一

周必忘无疑，希望下面的总结能够帮助大家将遗忘降到最低。

总结：

1）在首部中接触了 3 个关于长度的标记，一个是首部长度，一个是总长度，一个是片偏移，它们的基本单位分别为 **4B、1B、8B（这个一定要记住）**。通过一句话帮助记忆：你不要**总**是拿 **1** 条假首饰（**首 4**）来骗（**偏**）我吧（**8**），记住关键词**总 1、首 4、偏 8**。

所以说还有一点要提醒：编者不可能对每个知识点都能想到过目不忘的记忆方式。但是希望考生能在备考的过程中要善于利用这样的方法来帮助学习，特别是对于网络这样记忆性较强的学科。

2）现在知道了 IP 数据报是由什么构成的，下面来讨论 IP 数据报有关转发的一些疑问总结。

① 默认路由中的“默认”二字并没有出现在路由表中，“默认”会被记为 **0.0.0.0**，这个一定要记住，2009 年最后一题就考到了。但是这里仅仅是将 0.0.0.0 作为**默认目的地址**，绝对不是目的地址，0.0.0.0 不能作为目的地址。

② 得到下一跳路由器的 IP 地址后不是直接将该地址填入到待发送的数据报，而是将该 IP 地址转成 MAC 地址（通过 ARP，参考 4.3.4 小节），将其放到 MAC 帧首部中，然后根据这个 MAC 地址来找到下一跳路由器。也许有人会问，为什么要转换成物理地址？不能直接通过 IP 地址去找吗？当然不能，计算机网络中一直有这样一句话，好像两台主机的网络层有一条链路一样，这仅仅是好像，不是真实有，就好像两栋 7 层楼房，你要从这一栋的第三层到另一栋的第三层，你能直接过去吗？肯定不行，一定要先下到一楼然后走向另一栋，再走楼梯到三楼，但是如果不考虑中间这些细节的话，这个人就好像是从三楼直接飞过去的。

③ 只知道 IP 地址，也就是说，这个人只能站在三楼才能看见去对面三楼的路线，但是你从这一栋下到一楼后走向另一栋，你是不知道怎么样才能过去的，所以第一层也需要地址才知道怎么走到另一栋，这里的地址就是 MAC 地址，所以说 MAC 地址是数据链路层和物理层使用的地址，一定要使用 MAC 地址去找路由器。

④ 在不同网络中传送时，MAC 帧首部中的源地址和目的地址要发生变化，但是网桥在转发帧时，不改变帧的源地址，注意区分。

4.3.2 IPv4 地址与 NAT

1. IPv4 地址

把整个因特网看作一个单一的、抽象的网络。IP 地址就是给每个连接在因特网上的主机（或路由器）分配一个在全世界范围是唯一的 32 位的标识符。一般将 IP 地址分为 A 类地址、B 类地址、C 类地址、D 类地址和 E 类地址。

本小节只介绍 A、B、C 三类地址，D 类地址在 4.6 节中介绍，E 类地址保留为以后使用，不需要介绍。最后，本小节将会介绍一些特殊的 IP 地址，这些全是命题老师喜欢出题的地方。

A 类地址：A 类地址的网络号为前面 8 位，并且第一位规定为 0，如图 4-5 所示。规定网络地址为全 0 的 IP 地址是个保留地址，意思是“本网络”。例如，A 类地址 0.0.0.1，表示在这个网络上主机号为 1 的主机。而网络号 01111111 保留作为本地软件环回测试本主机的进程之间的通信（至于什么是环回测试下面会介绍），所以说 A 类地址可以指派的网络数为 2^7-2。而后面的 3B 为主机号，主机号全 0 表示该网络，如一主机的 IP 地址为 12.0.0.1，那么该主机所在的网络地址就是12.0.0.0。而主机号全1表示广播地址，如12.255.255.255。所以说合法的主机地址就是介于网络地址和广播地址之间的地址，如在12.0.0.0～12.255.255.255都可以，每个A类网络上的最大主机数是$2^{24}-2$。

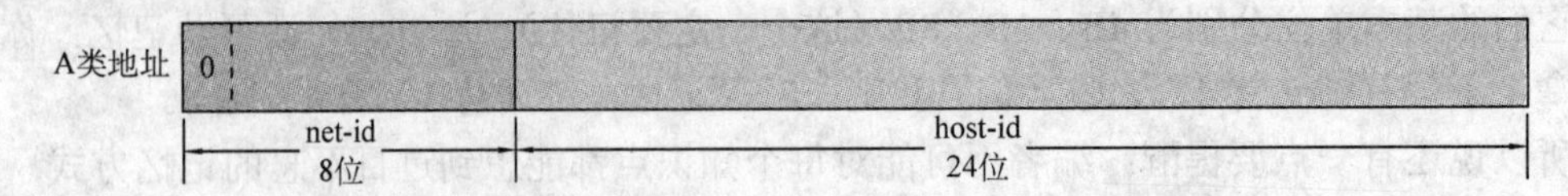

图4-5　A类地址

B类地址：如图4-6所示，B类地址的网络号为前面16位，并且前面2位规定为10，由于不管后面14位怎么设置，都不可能出现全0，所以B类地址不存在网络总数减2的问题，但是实际上网络地址 **10000000.00000000**.00000000.00000000（128.0.0.0）是不指派的，而可以指派的最小网络是 **10000000.00000001**.00000000.00000000（128.1.0.0），因此B类地址可以指派的网络数是$2^{14}-1$。同样，B类地址的每一个网络上的最大主机数是$2^{16}-2$。

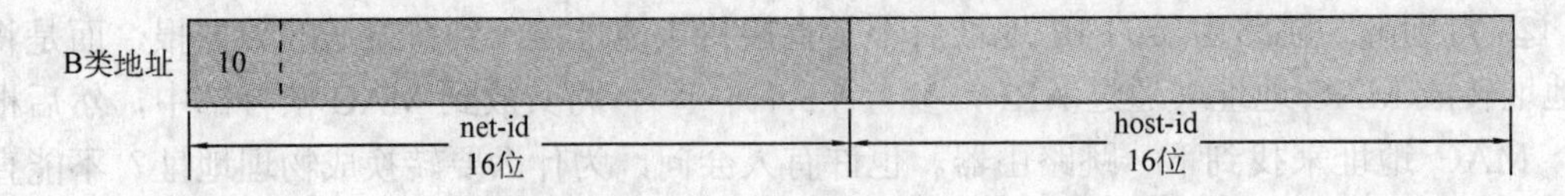

图4-6　B类地址

C类地址：如图4-7所示，C类地址的网络号为前面24位，并且前面3位规定为110，由于不管后面21位怎么设置，都不可能出现全0，所以C类地址不存在网络总数减2的问题，但是实际上网络地址 **11000000.00000000.00000000**.00000000（192.0.0.0）是不指派的，而可以指派的最小网络是 **11000000.00000000.00000001**.00000000（192.0.1.0），因此C类地址可以指派的网络数是$2^{21}-1$。同样，C类地址的每一个网络上的最大主机数是$2^{8}-2$。

图4-7　C类地址

📖 **补充知识点：**关于A、B、C类地址的最小网络地址和最大网络地址。

解析：**A类地址最小网络地址与最大网络地址分别是：**

00000001.00000000.000000000.00000000---**01111110.**00000000.00000000.00000000

（1～126）

B类地址最小网络地址与最大网络地址分别是：

10000000.00000001.00000000.00000000---**1011111111.11111111.**00000000.00000000

（128.1～191.255）

C类地址最小网络地址与最大网络地址分别是

11000000.00000000.00000001.000000000---**11011111.11111111.11111111.**00000000

（192.0.1～223.255.255）

2．6种特殊地址

6种特殊地址见表4-3。

表 4-3　6 种特殊地址

特殊地址	网络号	主机号	源地址或目的地址
网络地址	特定的	全 0	都不是
直接广播地址	特定的	全 1	目的地址
受限广播地址	全 1	全 1	目的地址
这个网络上的这个主机	全 0	全 0	源地址或默认目的地址
这个网络上的特定主机	全 0	特定的	目的地址
环回地址	127	不是全 0 或全 1	源地址或目的地址

注意：网络地址较常见，任何教材都会讲，在此就不讲解了。本小节主要针对其他 5 种特殊地址进行总结。

（1）直接广播地址

在 A、B、C 类地址中，若主机号全 1，则这个地址称为直接广播地址。路由器使用这种地址把一个分组发送到一个特定网络上的所有主机，所有主机都会收到具有这种类型的目的地址的分组。要注意到，这个地址在 IP 分组中只能用做**目的地址。**还要注意到，这个地址也减少了 A、B、C 类地址中每个网络中可用的主机数。在图 4-8 中，路由器发送数据报，它的目的 IP 地址具有全 1 的主机号，在这个网络上的所有设备都接收和处理这个数据报。

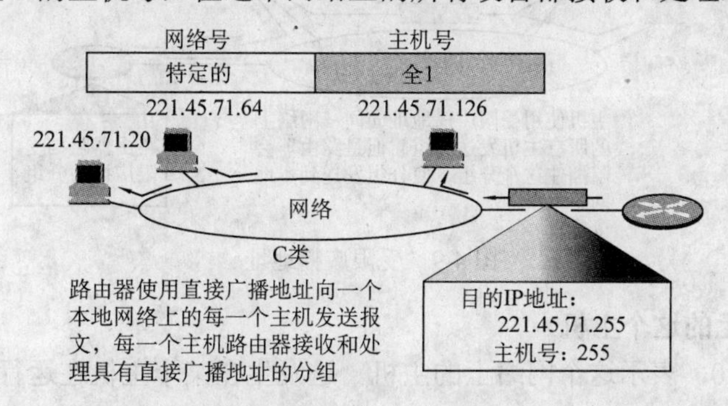

图 4-8　直接广播地址

【例 4-2】（2011 年统考真题）在子网 192.168.4.0/30 中，能接收目的地址为 192.168.4.3 的 IP 分组的最大主机数是（　　）。

A．0　　B．1　　C．2　　D．4

解析：C。在网络 192.168.4.0/30 中只有两位主机号，取值范围如下（为了简便，二进制和十进制混合用）：

192.168.4.000000<u>00</u>～192.168.4.000000<u>11</u>

（192.168.4.0～192.168.4.3）

发现什么了？192.168.4.3 恰好是其广播地址（广播地址的概念就是主机号全为“1”）。既然是广播地址，所以只要是在此网络内的主机，全部都可以接收到广播地址所发出的 IP 分组。而此网络一共有两个主机（4−2=2，要去掉全“0”和全“1”）。

【例 4-3】（2012 年统考真题）某主机的 IP 地址为 180.80.77.55，子网掩码为 255.255.252.0。若该主机向其所在子网发送广播分组，则目的地址可以是（　　）。

A．180.80.76.0　　B．180.80.76.255

C. 180.80.77.255　　　　　　　　　D. 180.80.79.255

解析：D。此题其实就是求该网络的广播地址。首先，由 IP 地址的第一字节 180，可以判断主机的 IP 地址为 B 类地址。其次，从子网掩码 255.255.252.0 中可以判断该网络从主机位拿出 6 位作为子网号。最后，可以得出主机位为 10 位。接下来将 77 转换成二进制，即 01001101。保持前 6 位不变，将后 2 位以及 IP 地址的最后一个字节都置为 1，即 010011**11 11111111**，转换成十进制为 79.255。故该网络的广播地址为：180.80.79.255。

（2）受限广播地址

IP 地址为 255.255.255.255，这个地址用于定义在当前网络（**绝对不是整个因特网，注意出选择题！**）上的广播地址。一个主机若想把报文发送给所有其他主机，就可以使用这样的地址作为分组中的目的地址，但是路由器会把这种类型的地址阻拦，使这样的广播仅局限于本地局域网。应注意，这种地址属于 E 类地址，如图 4-9 所示。

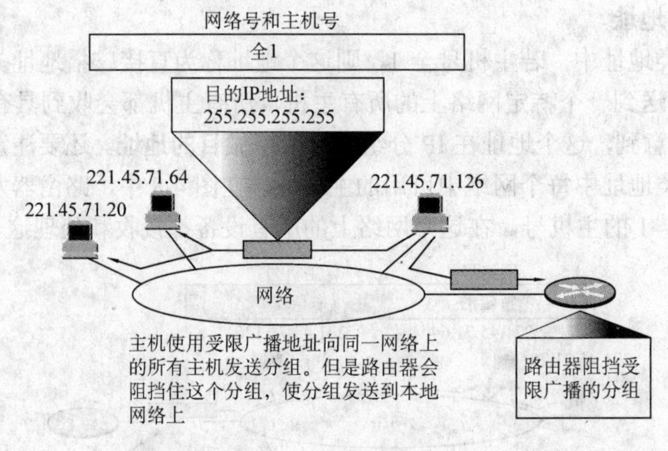

图 4-9　受限广播地址

（3）这个网络上的这个主机

IP 地址为 0.0.0.0，表示这个网络上的主机。这发生在某个主机在运行程序时但又不知道自己的 IP 地址，主机为了要发现自己的 IP 地址，就给引导服务器发送 IP 分组，并使用这样的地址作为源地址，并且使用 255.255.255.255 作为目的地址。此外，这个地址永远是一个 A 类地址，而不管网络是什么类别，这种全 0 地址使 A 类地址网络减少了一个，如图 4-10 所示。

（4）这个网络上的特定主机

具有全 0 的网络号的 IP 地址表示在这个网络上的特定主机，用于当某个主机向同一网络上的其他主机发送报文。因为分组被路由器挡住了，所以这是把分组限制在本地网络上的一种方法。还应注意到，实际上这是一个 A 类地址而不管是什么网络类型，如图 4-11 所示。

（5）环回地址（了解即可，不懂没关系，只需知道 127 是环回用的即可）

第一个字节等于 127 的 IP 地址作为环回地址，这个地址用来测试机器的软件。当使用这个地址时，分组永远不离开这个机器，这个分组就简单地返回到协议软件，因此这个地址可以用来测试 IP 软件。例如，像 ping 这样的应用程序，可以发送把环回地址作为目的地址的分组，以便测试 IP 软件能否接收和处理分组。另一个例子就是，客户进程用环回地址发送报文给同样机器上的服务器进程。应当注意，这种地址在 IP 分组中既能用做目的地址，也能用做源地址。实际上这也是 A 类地址，环回地址也会使 A 类地址中的网络数减少一个，如图 4-12 所示。

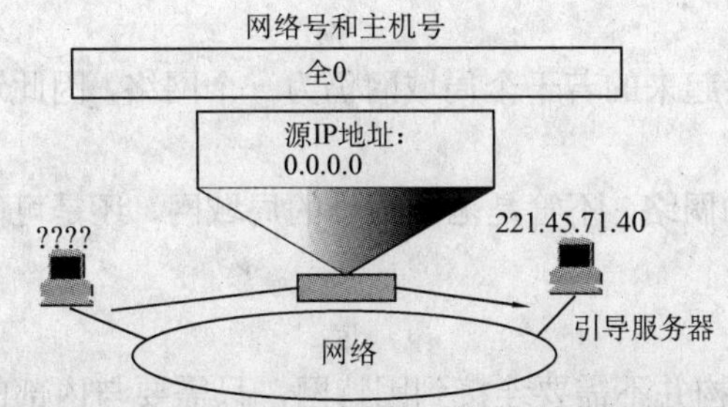

图 4-10 这个网络上的这个主机

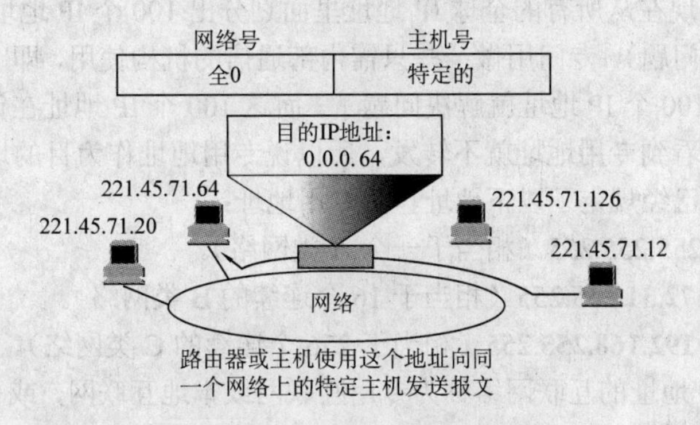

图 4-11 这个网络上的特定主机

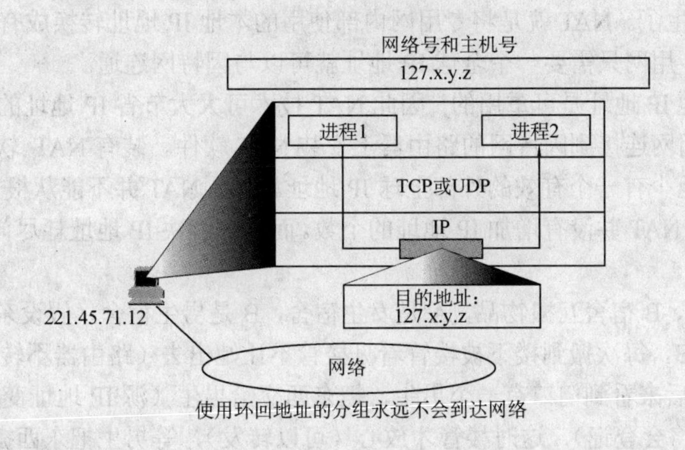

图 4-12 环回地址

📖 **补充知识点：**IP 地址具有以下一些重要特点。

1）IP 地址是一种分等级的地址结构。分等级的两个好处是：

① IP 地址管理机构在分配 IP 地址时只分配网络号，而剩下的主机号则由得到该网络号的单位自行分配。这样就方便了 IP 地址的管理。

② 路由器仅根据目的主机所连接的网络号来转发分组（而不考虑目的主机号），这样就可以使路由表中的项目数大幅度减少，从而减小了路由表所占的存储空间。

2）实际上 IP 地址是标志一个主机（或路由器）和一条链路的接口。当一个主机同时连接到两个网络上时，该主机就必须同时具有两个相应的 IP 地址，其网络号（net-id）必须是不同的。这种主机称为多接口主机，例如，路由器的每个接口都有一个不同网络号的 IP

地址。

3）用中继器或网桥连接起来的若干个局域网仍为一个网络，因此这些局域网都具有同样的网络号。

4）所有分配到网络号的网络，不管是范围很小的局域网，还是可能覆盖很大地理范围的广域网，两者都是平等的。

3．NAT

背景知识：其实某些机构并不需要连接到因特网，只需要与内部的主机通信，这样如果还是按照全球IP地址去分配，则会大大浪费IP地址。

例如，100个机构各有100台主机，假设现在A、B机构都分配全球IP地址，就需要10 000个全球IP地址，但是现在从所有的全球IP地址里面划分出100个IP地址（当然不只100个，这里仅仅是为了简化问题），专门用做一些只需内部通信的机构使用，即100个机构都使用这100个地址，只需要100个IP地址就解决问题了。而这100个IP地址在计算机网络中被称为专用地址，而路由器看到专用地址就不转发，所以说专用地址作为目的地址是不可能在因特网上传送的。因特网已经规定了以下地址作为专用地址：

1）**10**.0.0.0～**10**.255.255.255（相当于一个A类网络）。

2）**172.16**.0.0～**172.31**.255.255（相当于16个连续的B类网络）。

3）**192.168.0**.0～**192.168.255**.255（相当于256个连续的C类网络）。

这种采用专用IP地址的互联网络称为专用互联网或本地互联网，或直接称为专用网。专用IP地址也叫做可重用地址。问题出现，如果专用网的主机想和因特网的主机通信，怎么办？这时候NAT就诞生了。NAT就是将专用网内部使用的本地IP地址转换成有效的外部全球IP地址，使得整个专用网只需要一个全球IP地址就可以与因特网连通。

由于这些本地IP地址是可重用的，因此NAT技术可大大节省IP地址的消耗。使用NAT技术，需要在专用网连接到因特网的路由器上安装NAT软件。装有NAT软件的路由器叫做NAT路由器，它至少有一个有效的外部全球IP地址。但是NAT并不能从根本上解决IP地址的耗尽问题，因为NAT并没有增加IP地址的个数。而真正解决IP地址耗尽问题的是IPv6（参考4.4节）。

故事助记：A、B宿舍互搬物品，A是女生宿舍，B是男生宿舍，假设东西太重，女生不能独自从A搬到B，每次搬到楼下被楼管看见楼管不让她出去（路由器不转发，显然A宿舍是一个专用网），后来看到门口有一个男生，把东西交给男生（源IP地址变成全球IP地址，且这个源IP地址将会登记），这时楼管才放心（可以转发），等男生把东西搬到B宿舍门口，然后B宿舍的楼管看见了，查看物品是给谁的（查看目的地址），直接交给那个人，并把这个源地址（这个源地址是转换后的地址）记下。但是反过来由于B是男生宿舍，所以男生可以直接搬（B宿舍是因特网，不是专用网），因为男生并不知道这个东西是从A宿舍的哪个女生搬来的，只知道是A宿舍（但是没有关系，A宿舍的楼管知道），然后这个男生到了A宿舍，楼管一看源地址就知道叫哪个女生拿东西了（因为刚才这个女生曾经搬过东西到这个地址）。很明显，这个就是网络地址转换NAT的工作原理。如果有多个这样热心的绅士，也就是说，路由器具有多个全球IP地址，那就可以同时帮多个女生搬家啦！

需要注意的是，如果曾经没有A宿舍的女生搬东西到B宿舍，那么B宿舍的男生搬东西到A宿舍之后，A宿舍楼管因为没有记录该地址，所以就不知道将东西给哪个女生。因此，专用网的主机是不能充当服务器直接被因特网的主机访问的，即一定要专用网的主机先发起通信。也就是说**专用网的主机不联系因特网的主机，因特网的主机就一定不会联系专用网的主机**。

【例 4-4】 假设一个 NAT 服务器的公网地址为 205.56.79.35，公网中的转换端口、源 IP、源端口对应表见表 4-4。那么当一个 IP 地址为 192.168.32.56，端口为 21 的分组进入公网的时候，转换后的端口号和源 IP 地址是（　　）。

表 4-4　公网中的转换端口、源 IP、源端口对应表

转换端口	源 IP	源端口
2056	192.168.32.56	21
2057	192.168.32.56	20
1892	192.168.48.26	80
2256	192.168.55.106	80

A．205.56.79.35：2056　　　B．192.168.32.56：2056

C．205.56.79.35：1892　　　D．205.56.79.35：2256

解析：A。NAT 协议利用端口域来解决内网到外网的地址映射问题。当一个向外发送的分组进入到 NAT 服务器时，源地址被真实的公网地址（IP 地址）所取代，而端口域被转换为一个索引值（查表 4-4 可知，21 被转换成 2056）。

【例 4-5】 例 4-4 的 NAT 服务器，当它从外网收到一个要发往 IP 地址为 192.168.32.56，端口为 80 的分组，它的动作为（　　）。

A．转换地址，将源 IP 变为 205.56.79.35，端口变为 2056，然后发送到公网

B．添加一个新的条目，转换 IP 地址以及端口然后发送到公网

C．不转发，丢弃该分组

D．直接将分组转发到公网上

解析：C。题目中主机发送的分组在 NAT 表项中找不到（端口 80 是从源端口找，不是从转换端口找），所以服务器就不转发该分组。

4.3.3 子网划分与子网掩码、CIDR

1．子网划分

两级 IP 地址（网络号+主机号）设计得不合理。

1）IP 地址空间的利用率有时很低。例如，对于一个只有 200 台主机的公司，分配一个 A 类网络，显然 IP 地址利用率极低。

2）给每一个物理网络分配一个网络号会使路由表变得太大而使网络性能变坏。

3）两级的 IP 地址不够灵活。

聪明的人类想出了“子网号字段”，使得两级的 IP 地址变为三级的 IP 地址，这种做法叫做划分子网。划分子网属于一个单位内部的事情，单位对外仍然表现为没有划分子网的网络。

划分子网的基本思路：从主机号借用若干个比特作为子网号，而主机号也就相应减少了若干个比特，网络号不变。于是三级的 IP 地址可记为

IP 地址:：= {<网络号>，<子网号>，<主机号>}

凡是从其他网络发送给本单位某个主机的 IP 分组，仍然根据 IP 分组的目的网络号先找到连接在本单位网络上的路由器，然后此路由器在收到 IP 分组后，再按目的网络号和子网号

找到目的子网。最后将该IP分组直接交付给目的主机。

疑问：子网号到底可不可以使用全“0”和全“1”？如果不可以，那么CIDR怎么解释？

解析：对于分类的IPv4地址进行子网划分时，子网号绝对不能使用全“1”和全“0”。但是CIDR是可以使用全“0”和全“1”的。其实CIDR准确来讲不能算是划分子网，只是形式上像划分子网。准确地说，CIDR应该是划分子块。

【例4-6】（2010年统考真题）某网络的IP地址空间为192.168.5.0/24，采用长子网划分，子网掩码为255.255.255.248，则该网络的最大子网个数、每个子网内的最大可分配地址个数为（ ）。

A．32，8　　B．32，6　　C．8，32　　D．8，30

解析：B。先将子网掩码写成二进制为11111111 11111111 11111111 11111000，可见IP地址空间192.168.5.0/24（本来主机位是8位）拿出了5位来划分子网，所以一共可以划分32个子网（这里使用的是CIDR，所以全“0”、全“1”的子网不用去除），而主机位只有3位了，所以最大可分配的地址是$2^3-2=6$个（要去除全“0”、全“1”的地址）。

【例4-7】（2011年统考真题）某网络拓扑如图4-13所示，路由器R_1只有到达子网192.168.1.0/24的路由。为使R_1可以将IP分组正确地路由到图中所有子网，则在R_1中需要增加的一条路由（目的网络、子网掩码、下一跳）是（ ）。

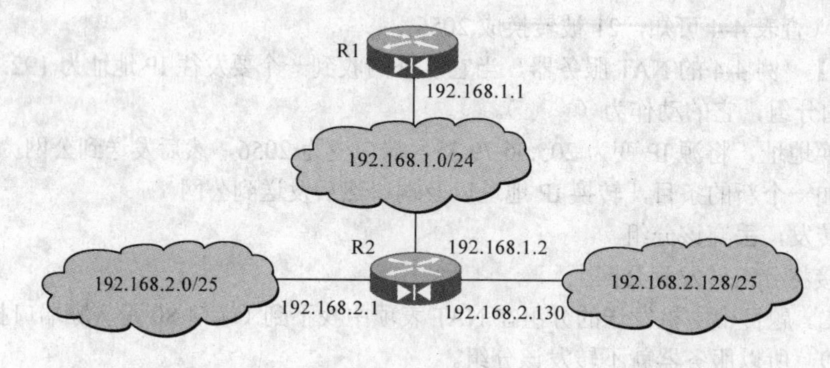

图4-13　某网络拓扑

A．192.168.2.0，255.255.255.128，192.168.1.1

B．192.168.2.0，255.255.255.0，192.168.1.1

C．192.168.2.0，255.255.255.128，192.168.1.2

D．192.168.2.0，255.255.255.0，192.168.1.2

解析：D。很明显本题考查了路由聚合的相关知识点。将网络192.168.2.0/25和网络192.168.2.128/25进行聚合，方法如下：

192.168.2.0　　换成二进制　**11000000 10101000 00000010** 00000000

192.168.2.128　换成二进制　**11000000 10101000 00000010** 10000000

发现前24位一样，所以聚合后的超网为192.168.2.0/24，子网掩码自然就是24个“1”，后面全为“0”，即11111111 11111111 11111111 00000000（255.255.255.0）。下一跳从图4-13中可以得出为192.168.1.2。

2．子网掩码

子网划分与否是看不出来的，如果要告诉主机或路由器是否对一个A类、B类、C类网络进行了子网划分，则需要**子网掩码**。

子网掩码是一个与 IP 地址相对应的 32 位的二进制串，它由一串 1 和 0 组成。其中，1 对应于 IP 地址中的网络号和子网号，0 对应于主机号。因为 1 对 1 进行与操作，结果为 1；1 对 0 进行与操作，结果为 0。所以使用一串 1 对网络号和子网号进行与操作，就可以得到网络号，参考例 4-8。

【例 4-8】 已知 IP 地址是 141.14.72.24，子网掩码为 255.255.192.0，试求网络地址。

解析：如图 4-14 所示。

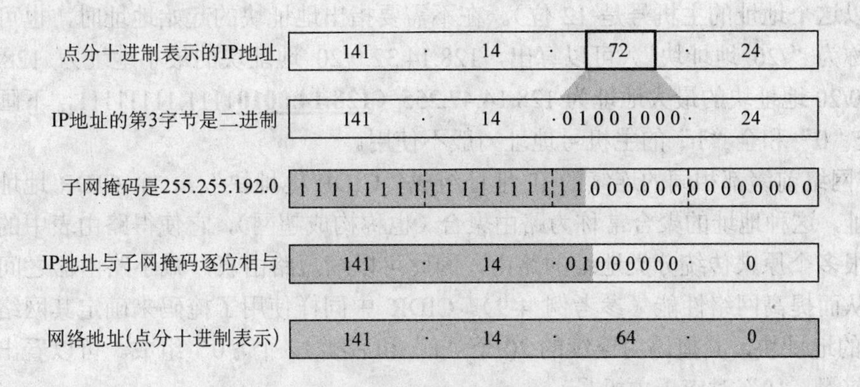

图 4-14　使用子网掩码求网络地址

现在的因特网标准规定，所有网络都必须有一个子网掩码。如果一个网络没有划分子网，就采用默认子网掩码。A 类、B 类、C 类地址的默认子网掩码分别是 255.0.0.0、255.255.0.0 和 255.255.255.0。

总结：不管网络有没有划分子网，只要将子网掩码和 IP 地址进行逐位的“与”运算，就一定能立即得出网络地址。

使用子网掩码后，路由表的每行所包括的主要内容是目的网络地址、子网掩码和下一跳地址。此时，路由器的分组转发算法如下：

1）从收到的分组首部提取目的 IP 地址 D。

2）先判断是否为直接交付，用那些和路由器直接相邻的网络的子网掩码和 D 逐位相“与”，看是否和相应的网络地址匹配。若匹配，则将分组直接交付，否则就是间接交付。

3）若路由表中有目的地址为 D 的特定主机路由，则将分组传送给指明的下一跳路由器，否则执行 4）。

4）对路由表中的每一行的子网掩码和 D 逐位相“与”。若其结果与该行的目的网络地址匹配，则将分组传送给该行指明的下一跳路由器；否则，执行 5）。

5）若路由表中有一个默认路由，则将分组传送给路由表中所指明的默认路由器；否则，执行 6）。

6）报告转发分组出错。

3．CIDR

划分子网在一定程度上缓解了因特网在发展中遇到的困难。然而，在 1992 年因特网仍然面临 3 个必须尽早解决的问题，即 B 类地址在 1992 年已分配了近一半（眼看就要在 1994 年 3 月全部分配完毕）、因特网主干网上的路由表中的项目数急剧增长（从几千个增长到几万个）、整个 IPv4 的地址空间最终将全部耗尽。

无分类编址（CIDR）是为解决 IP 地址耗尽而提出的一种措施。

1）CIDR 消除了传统的 A 类、B 类和 C 类地址以及划分子网的概念，因而可以更加有效地分配 IPv4 的地址空间。CIDR 使用各种长度的“网络前缀”来代替分类地址中的网络号和子网号。于是，IP 地址又从三级编址回到了两级编址，其地址格式为

IP 地址：：= {<网络前缀>，<主机号>}

为了区分网络前缀，通常采用“斜线记法”（又称 CIDR 记法），即 IP 地址/网络前缀所占位数。例如，128.14.32.0/20 表示的地址块共有 2^{12} 个地址（因为斜线后面的 20 是网络前缀的位数，所以这个地址的主机号是 12 位）。在不需要指出地址块的起始地址时，也可将这样的地址块简称为“/20 地址块”。可以算出，128.14.32.0/20 地址块的最小地址为 128.14.32.0；128.14.32.0/20 地址块的最大地址为 128.14.47.255（**128.14.0010**1111.11111111，下画线为网络前缀），全“0”和全“1”的主机号地址一般不使用。

2）将网络前缀都相同的连续的 IP 地址组成“CIDR 地址块”。一个 CIDR 地址块可以表示很多地址，这种地址的聚合常称为路由聚合（也称构成超网），它使得路由表中的一个项目可以表示很多个原来传统分类地址的路由，因此可以缩短路由表，减小路由器之间选择信息的交换，从而提高网络性能（参考例 4-9）。CIDR 中同样使用了掩码来确定其网络前缀。对于“/20”的地址块，其掩码由连续的 20 个“1”和后续 12 个“0”组成。可以看出，“1”对应于网络前缀，“0”对应于主机号。

在使用 CIDR 时，路由表中的每个项目由网络前缀和下一跳地址组成。这样就会导致查找路由表时可能会得到不止一个匹配结果。应当从匹配结果中选择具有最长网络前缀的路由，因为网络前缀越长，其地址块就越小，路由就越具体。最长前缀匹配原则又称为最长匹配或最佳匹配，参考例 4-10。

【例 4-9】 设有两个子网 202.118.133.0/24 和 202.118.130.0/24，如果进行路由聚合，得到的网络地址是（　　）。

A．202.118.128.0/21　　B．202.118.128.0/22

C．202.118.130.0/22　　D．202.118.132.0/20

解析：A。路由聚合的计算方法如下：

1）将需要聚合的几个网段的地址转换为二进制的表达方式。

2）比较这些网段，寻找它们 IP 地址前面相同的部分，从不同的位置进行划分，相同的部分作为网络段，而不同的部分作为主机段。

计算过程如图 4-15 所示。

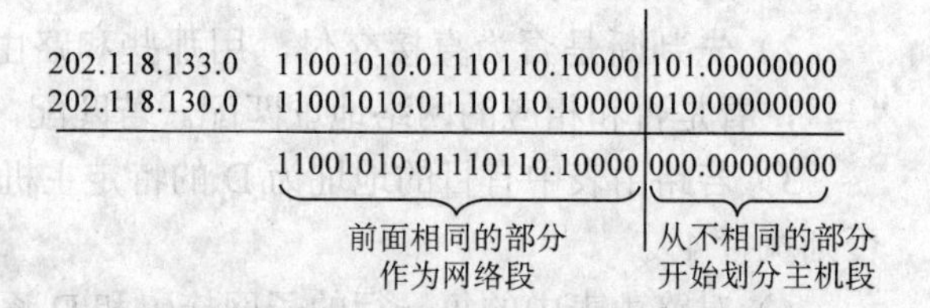

图 4-15　路由聚合

由图 4-15 可以看出，这两个 C 类地址的前 21 位完全相同，因此构成的超网应该采用 21 位的网络段。CIDR 依然遵循主机段全“0”表示网络本身的规定，因此通过 CIDR 技术构成的超网可表示为 11001010.01110110.10000**000.00000000**，即 202.118.128.0/21。

【例 4-10】 表 4-5 是使用无类别域间路由（CIDR）的路由选择表，**地址字节是用十六进制表示的**。在 C4.50.0.0/12 中的“/12”表示开头有 12 个 1 的网络掩码，也就是 FF.F0.0.0。注意，最后 3 个登录项涵盖每一个地址，因此起到了默认路由的作用。试指出具有下列目标地址的 IP 分组将被投递到哪个下一站？

解析：

解题思路：将右边的 IP 地址与左边的网络号进行一一比较，如果可以满足前缀相同的长

度大于或等于掩码的长度，则表示可以走此条路由，称为匹配。但是如果有更长掩码的网络与之匹配，则应该优先选择具有更长掩码的网络，即满足最长匹配原则。

表 4-5 路由选择表

网络/掩码长度	下一站
C4.50.0.0/12	A
C4.5E.10.0/20	B
C4.60.0.0/12	C
C4.68.0.0/14	D
80.0.0.0/1	E
40.0.0.0/2	F
0.0.0.0/2	G

（1）C4.5E.13.87
（2）C4.5E.22.09
（3）C3.41.80.02
（4）5E.43.91.12
（5）C4.6D.31.2E
（6）C4.6B.31.2E

解题技巧：既然需要满足最长匹配原则，那么应该从掩码长度最长的开始比较。

1）网络号 C4.5E.10.0/20 的第三字节可以用二进制表示成 **0001** 0000，目标地址 C4.5E.13.87 的第三字节可以用二进制表示成 **0001** 0011，前 20 位相同，恰好匹配了。所以具有该目标地址的 IP 分组将被投递到 B 站。

2）目标地址 C4.5E.22.09 与网络号 C4.5E.10.0/20 的前 20 位不一样，所以不能进行匹配。其次，优先考虑的应该是网络号 C4.50.0.0/12，恰好匹配，所以具有该目标地址的 IP 分组将被投递到 A 站。

3）经过比较，目标地址 C3.41.80.02 只能与 80.0.0.0/1 匹配。因为目标地址 C3.41.80.02 的第一字节为 **1**100 0011，而网络 80.0.0.0 的第一字节为 **1**000 0000，第一位都为 1，匹配。所以具有该目标地址的 IP 分组将被投递到 E 站。

4）同上分析，目标地址 5E.43.91.12 与网络 40.0.0.0/2 匹配，所以具有该目标地址的 IP 分组将被投递到 F 站。

5）同上分析，目标地址 C4.6D.31.2E 与网络 C4.60.0.0/12 匹配（**目标地址 C4.6D.31.2E 与网络 C4.68.0.0/14 只有前 13 位相同，所以不能匹配**），所以具有该目标地址的 IP 分组将被投递到 C 站。

6）同上分析，目标地址 C4.6B.31.2E 与网络 C4.68.0.0/14 匹配，所以具有该目标地址的 IP 分组将被投递到 D 站。

补充：有些同学可能还不是很明白为什么要满足最长匹配原则？下面用一个生活实例来解释。

解析：比如我要邮寄一个包裹给我的同学。然后我给了快递人员如下 3 个地址：

1）浙江省杭州市。

2）浙江省杭州市西湖区。

3）浙江省杭州市西湖区浙江大学玉泉校区。

其实以上 3 个地址都是正确的（即匹配），但是作为快递人员（路由器）会去选择哪一个呢？当然是会选择第三个，地址就会越具体（即掩码长度越长），就能越准确地找到目标地址。

路由表表项在各种情况下的总结，见表 4-6。

表 4-6 各种情况下路由表表项的结构

研究对象	主要表项
没划分子网前的路由表	目的网络地址、下一跳地址
划分子网后的路由表	目的网络地址、子网掩码、下一跳地址
使用 CIDR 后的路由表	网络前缀、下一跳地址

4.3.4 ARP、DHCP 与 ICMP

1．ARP

虽然在网络层转发分组用的是 IP 地址，但是最终还是要使用 MAC 地址来在实际网络的链路上传送数据帧，所以知道目的地的 IP 地址是没用的。如果有办法能够把 IP 地址直接转换成物理地址就好了，ARP 就是为了解决这个问题诞生的。

在每个主机中都有一个 ARP 高速缓存，里面存放的是**所在局域网上**的各主机和路由器的 IP 地址到硬件地址的映射表，ARP 的职责就是动态地维护该表。

当源主机欲向本局域网上的某个目标主机发送 IP 分组时，应先在其 ARP 高速缓存中查看有无目标主机的 IP 地址。如果有，就可查出其对应的硬件地址，再将此硬件地址写入 MAC 帧，然后通过局域网将该 MAC 帧发往此硬件地址。如果没有，则先通过广播 ARP 请求分组，在获得目标主机的 ARP 响应分组后，将目标主机的硬件地址写入 ARP 高速缓存，建立目标主机的 IP 地址到硬件地址的映射关系。

ARP 是解决同一个局域网上的主机或路由器的 IP 地址和硬件地址的映射问题的。如果所要找的主机和源主机不在同一个局域网上，那么就要通过 ARP 找到一个位于本局域网上的某个路由器的硬件地址，然后把分组发送给这个路由器，让这个路由器把分组转发给下一个网络，剩下的工作就由下一个网络来做。尽管 **ARP 请求分组是广播**（见图 4-16）发送的，但是 **ARP 响应分组是普通的单播**（见图 4-17），即从一个源地址发送到一个目的地址。

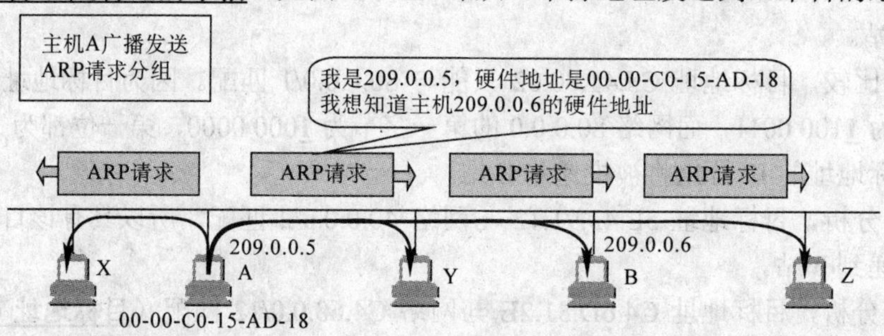

图 4-16　ARP 广播请求分组

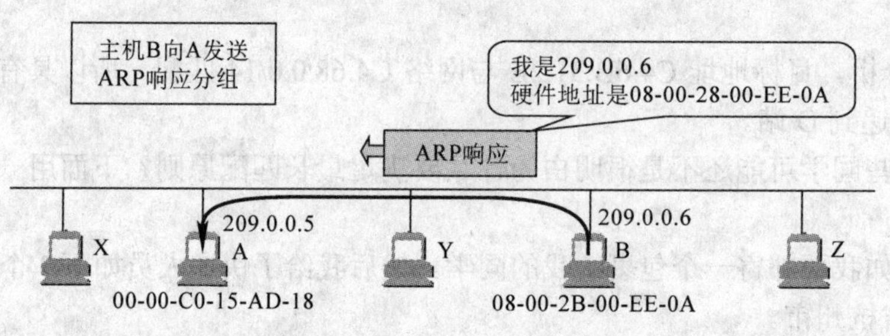

图 4-17　B 向 A 单播响应分组

注意：从 IP 地址到硬件地址的解析是自动进行的，主机的用户对这种地址解析过程是不知道的。只要主机或路由器与本网络上的另一个已知 IP 地址的主机或路由器进行通信，ARP 协议就会自动地将该 IP 地址解析为链路层所需要的硬件地址。

ARP 的 4 种典型情况总结：

1）发送方是主机，要把 IP 数据报发送到本网络上的另一个主机。这时用 ARP 找到目的主机的硬件地址。

2）发送方是主机，要把 IP 数据报发送到另一个网络上的一个主机。这时用 ARP 找到本网络上的一个路由器的硬件地址，剩下的工作由这个路由器来完成。

3）发送方是路由器，要把 IP 数据报转发到本网络上的一个主机。这时用 ARP 找到目的主机的硬件地址。

4）发送方是路由器，要把 IP 数据报转发到另一个网络上的一个主机。这时用 ARP 找到

本网络上的一个路由器的硬件地址，剩下的工作由这个路由器来完成。

既然 ARP 可以将 IP 地址转换成物理地址，那么有没有一种设备可以将物理地址转换成 IP 地址呢？RARP 可以转换，但是基本已经被淘汰了，因为物理地址转换成 IP 地址这种功能已经被集成到了 DHCP。

【例 4-11】　（2012 年统考真题）ARP 的功能是（　　）。

A．根据 IP 地址查询 MAC 地址　　B．根据 MAC 地址查询 IP 地址

C．根据域名查询 IP 地址　　D．根据 IP 地址查询域名

解析：A。**ARP** 用于解决同一个局域网上的主机或路由器的 IP 地址和硬件地址的映射问题（IP 地址→物理地址）。

2．DHCP

动态主机配置协议（DHCP）常用于给主机动态地分配 IP 地址。它提供了即插即用连网的机制，这种机制允许一台计算机加入新的网络和获取 IP 地址而不用手工参与。DHCP 是**应用层**协议，DHCP 报文使用 **UDP** 传输。例如，现在有一台主机需要 IP 地址，在该主机启动时就可以向 DHCP 服务器广播发送报文，将源地址设置为 0.0.0.0，目的地址设置为 255.255.255.255（看到这里是不是有种似曾相识的感觉，请返回到前面讲解的特殊 IP 地址中的 0.0.0.0 地址，可更加深刻地理解这个特殊地址），这时候该主机就成为 DHCP 的客户，发送广播报文主要是因为现在该主机还不知道 DCHP 在哪里，这样在本网络上的所有主机都能够收到这个广播报文，但是只有 DHCP 服务器才应答。DHCP 服务器先在其数据库中查找该计算机的配置信息，若找到，则返回找到的信息；若找不到，则从服务器的 IP 地址池中取一个地址分配给该计算机。DHCP 服务器的回答报文叫做提供报文。

DHCP 服务器分配给 DHCP 客户的 IP 地址是临时的，因此 DHCP 客户只能在一段有限的时间内使用这个分配到的 IP 地址。DHCP 协议称这段时间为租用期。

DHCP 服务器和 DHCP 客户端的交换过程如下：

1）DHCP 客户机广播 **“DHCP 发现”消息**，试图找到网络中的 DHCP 服务器，服务器获得一个 IP 地址。

2）DHCP 服务器收到“DHCP 发现”消息后，就向网络中广播 **“DHCP 提供”消息**，其中包括提供 DHCP 客户机的 IP 地址和相关配置信息。

3）DHCP 客户机收到“DHCP 提供”消息，如果接受 DHCP 服务器所提供的相关参数，则通过广播 **“DHCP 请求”消息**向 DHCP 服务器请求提供 IP 地址。

4）DHCP 服务器广播 **“DHCP 确认”消息**，将 IP 地址分配给 DHCP 客户机。

DHCP 协议允许网络上配置多台 DHCP 服务器，当 DHCP 客户发出 DHCP 请求时，就有可能收到多个应答信息。这时，DHCP 客户只会挑选其中的一个，通常是挑选 **“最先到达的信息”**。

3．ICMP

主机在发送数据报时，经常会由于各种原因发送错误，如路由器拥塞丢弃了或者传输过程中出现错误丢弃了（**注意：**如果是首部出错，当然可以发，但是一般都不发，因为首部出错很有可能源 IP 地址都错了，所以即使发了源主机也不一定收到）。如果检测出错误的路由器或主机都能把这些错误报告通过一些控制消息告诉发送数据的主机，那么发送数据的主机就可根据 ICMP 报文确定发生错误的类型，并确定如何才能更好地重发失败的数据报（比如 ICMP 报文发过来的是改变路由，那么主机就不能继续按照这个路由线路发送了，需要用另

外一条路由线路发送数据）。尽管这些控制消息并不传输用户数据，但是对于用户数据的传递起着重要的作用。

ICMP 报文分为两种，即 **ICMP 差错报告报文**和 **ICMP 询问报文**。

（1）ICMP 差错报告报文的分类（2010 年考过一道选择题）

1）终点不可达。当路由器或主机不能交付数据报时就向源点发送终点不可达报文。

2）源站抑制。当路由器或主机由于拥塞而丢弃数据报时，就向源点发送源点抑制报文，使源点知道应当把数据报的发送速率放慢。

3）时间超过。当 IP 分组的 TTL 值被减为 0 后，路由器除了要丢弃该分组外，还要向源点发送时间超过报文。当终点在预先规定的时间内不能收到一个数据报的全部数据报片时，就把已收到的数据报片都丢弃，并向源点发送时间超过报文。

4）参数问题。当路由器或目的主机收到的数据报的首部中有字段的值不正确时，就丢弃该数据报，并向源点发送参数问题报文（现在一般都不发）。

5）改变路由（重定向）。路由器把改变路由报文发送给主机，让主机知道下次应将数据报发送给其他的路由器（比当前更好的路由）。

【例 4-12】（2010 年统考真题）若路由器 R 因为拥塞丢弃 IP 分组，则此时 R 可向发出该 IP 分组的源主机发送的 ICMP 报文的类型是（　　）。

A．路由重定向　　　　　　　　　B．目的不可达

C．源抑制　　　　　　　　　　　D．超时

解析：C。当路由器或主机由于拥塞而丢弃数据报时，就向源点发送源点抑制报文，使源点知道应当把数据报的发送速率放慢。

（2）ICMP 询问报文的分类

1）有回送请求和回答报文。

2）时间戳请求和回答报文。

3）掩码地址请求和回答报文。

4）路由器询问和通告报文。

（3）不应发送 ICMP 差错报告报文的几种情况

1）对 ICMP 差错报告报文不再发送 ICMP 差错报告报文。

2）对第一个分片的数据报片的所有后续数据报片都不发送 ICMP 差错报告报文。

3）对具有组播地址的数据报都不发送 ICMP 差错报告报文。

4）对具有特殊地址（如 127.0.0.0 或 0.0.0.0）的数据报不发送 ICMP 差错报告报文。

ICMP 的两个典型应用，其实在日常生活中经常用，即 ping 和 tracert。ping 用来测试两个主机之间的连通性。ping 使用了 ICMP 回送请求与回送回答报文。ping 是应用层直接使用网络层 ICMP 的例子，它没有通过传输层的 TCP 或 UDP。tracert 可以用来跟踪分组经过的路由，它工作在网络层。

如图 4-18 和图 4-19 所示，ICMP 报文应该包括 ICMP 报文的类型和代码，这样源主机收到该报文就知道是由于什么故障需要重传了，但是仅有 ICMP 的类型是不够的，源主机需要知道哪个数据报发生了这样的错误。这就需要将发生错误的那个数据报的首部也要放在该 ICMP 报文中，源主机一看就知道是哪个数据报错了。最后为什么还要将出错 IP 数据报的数据部分的前 8 个字节放入 ICMP 报文？因为该 8 个字节包含了 TCP 报文（UDP 报文）首部中的 TCP 端口号（UDP 端口号），关于 TCP 首部和 UDP 首部将在第 5 章详细讲解。这样源主

机和用户进程（用户进程需要 IP 地址和端口号才能唯一确定）能更好地联系起来，因为发送数据的是某个主机中的某个进程而不是主机本身，这样才算真正找到了发送数据的源泉。

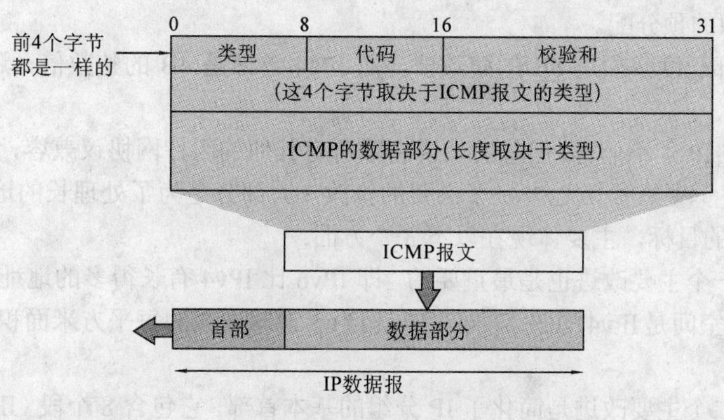

图 4-18　ICMP 报文格式

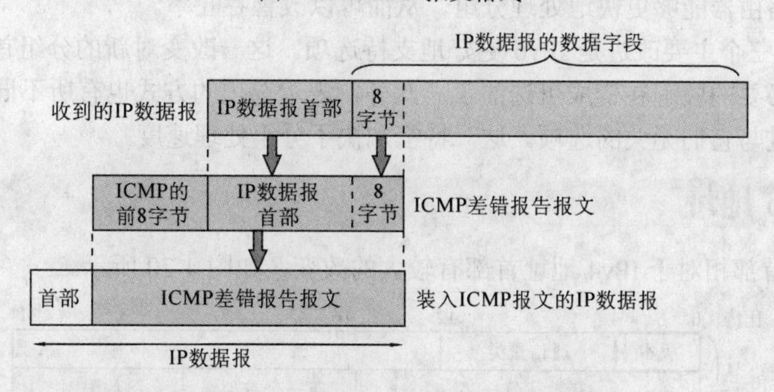

图 4-19　ICMP 差错报告报文的数据字段的内容

很多人可能会对代码字段产生疑问，既然有了类型为什么还要代码？举个例子，类型值是 3 表示终点不可达，但是不可达也有很多种，如有网络不可达、主机不可达、协议不可达（仅是例子，不要求掌握），所以需要代码字段来更确切地表示是哪一种不可达。

4.4　IPv6

4.4.1　IPv6 的主要特点

由于 IPv4 地址即将耗尽，因此必须采取相应的办法去解决。前面已经介绍过采用网络地址转换（NAT）方法以节省全球 IP 地址和采用无分类编址（CIDR）使 IP 地址的分配更加合理。这两种方法仅是优化了 IPv4 地址的使用方法，并没有从根本上解决 IP 地址的耗尽问题，而采用具有更大地址空间的新版本的 IPv6 才能真正意义上地解决 IPv4 即将耗尽问题。下面总结 IPv6 的主要特点。

1）更大的地址空间。IPv6 将地址从 IPv4 的 32 位增大到了 128 位。

2）扩展的地址层次结构。因为地址多了，所以可以划分更多的层次。

3）灵活的首部格式。

4）改进的选项。

5）允许协议继续扩充。

6）支持即插即用（即自动配置）。

7）支持资源的预分配。

8）IPv6 首部长度必须是 **8B** 的整数倍，而 IPv4 首部是 4B 的整数倍（还记得首饰=首 4 吗？）。

虽然 IPv6 与 IPv4 不兼容，但总的来说它跟所有其他的因特网协议兼容，包括 TCP、UDP、ICMP、DNS 等，只是在少数地方做了必要的修改（大部分是为了处理长的地址）。IPv6 相当好地满足了预定的目标，主要体现在以下 3 个方面：

1）IPv6 第一个主要改进也是最重要的，即 IPv6 比 IPv4 有长得多的地址。IPv6 的地址用 128 位表示，地址空间是 IPv4 的 $2^{128-32}=2^{96}$ 倍，相当于地球表面的每平方米面积都有大约 6×10^{23} 个地址。

2）IPv6 第二个主要改进是简化了 IP 分组的基本首部，它包含 8 个段（IPv4 是 12 个段）。这一改变使得路由器能够更快地处理分组，从而可以改善吞吐率。

3）IPv6 第三个主要改进是 IPv6 更好地支持选项。这一改变对新的分组首部很重要，因为一些从前是必要的段现在变成可选的了。此外，表示选项的方式也有所不同，使得路由器能够简单地跳过与它们无关的选项。这一特征加快了分组处理速度。

4.4.2 IPv6 地址

IPv6 地址首部相对于 IPv4 地址首部有较大的改变，如图 4-20 所示。

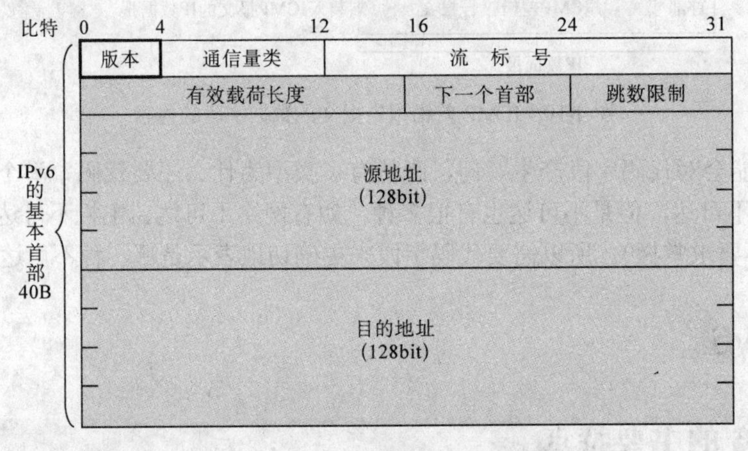

图 4-20 IPv6 地址首部

1）版本（version）。占 4 位，它指明了协议的版本，对于 IPv6，该字段总是 6。

2）通信量类（Traffic Class）。占 8 位，这是为了区分不同的 IPv6 数据报的类别或优先级。已经定义了 0～15 共 16 个优先级，0 的优先级最低。0～7 表示允许延迟，8～15 表示高优先级，需要固定速率传输。

3）流标号（Flow Label）。占 20 位，“流”是互联网络上从特定源点到特定终点的一系列数据报，“流”所经过的路径上的路由器都保证指明的服务质量。所有属于同一个流的数据报都具有同样的流标号。

4）有效载荷长度（Payload Length）。占 16 位，它指明 IPv6 数据报除基本首部以外的字节数（所有扩展首部都算在有效载荷之内），其最大值是 64KB。

5）下一个首部（Next Header）。占 8 位，它相当于 IPv4 的协议字段或可选字段。

6）跳数限制（Hop Limit）。占 8 位，源站在数据报发出时即设定跳数限制，路由器在转发数据报时将跳数限制字段中的值减 1。当跳数限制的值为零时，就要将此数据报丢弃。

7）源地址。占 128 位，数据报的发送站的 IP 地址。

8）目的地址。占 128 位，数据报的接收站的 IP 地址。

IPv6 定义了以下 3 种地址类型：

1）**单播**。传统的点对点通信。

2）**组播**。数据报交付到一组计算机中的每一个广播可看作是组播的一个特例。

3）**任播**。其目的站是一组主机，但数据报在交付时只交付给其中一个，通常是距离最近的那个。

为了使地址简洁，通常采用冒号十六进制法表示 IPv6 地址。它把每 16bit 用一个十六进制数表示，各值之间用冒号分隔，如 68E6:8C64:FFFF:FFFF:0111:1180:960A:FFFF。

通常可以把 IPv6 地址缩写成更紧凑的形式。当 16 位域的开头有连续的 0 时，可以采用缩写法表示，但在域中必须至少有一个数字，如可以把地址 5ED4:0000:0000:0000:EBCD:045A:000A:7654 缩写成 5ED4:0:0:0:EBCD:45A:A:7654。

当有相继的 0 值域时，还可以采用双冒号表示法进一步缩写。这些域可以用双冒号（::）。但要注意，双冒号表示法在一个地址中仅可以出现一次，因为 0 值域的个数没有编码，需要从指定的总的域的个数中推算。这样，前述示范地址可以被更紧凑地书写成 5ED4::EBCD:45A:A:7654。

4.5　路由协议

因特网有两大路由选择协议：

1．内部网关协议（IGP）

内部网关协议是在一个自治系统内部使用的路由选择协议，它与互联网中其他自治系统选用什么路由选择协议无关。目前这类路由选择协议使用得最多，如 RIP 和 OSPF 路由协议。

2．外部网关协议（EGP）

若源站和目的站处在不同的自治系统中，当数据报传到另一个自治系统的边界时（这两个自治系统可能使用不同的内部网关协议），就需要使用一种协议将路由选择信息传递到另一个自治系统中，如图 4-21 所示。这样的协议就是外部网关协议，如 BGP-4。

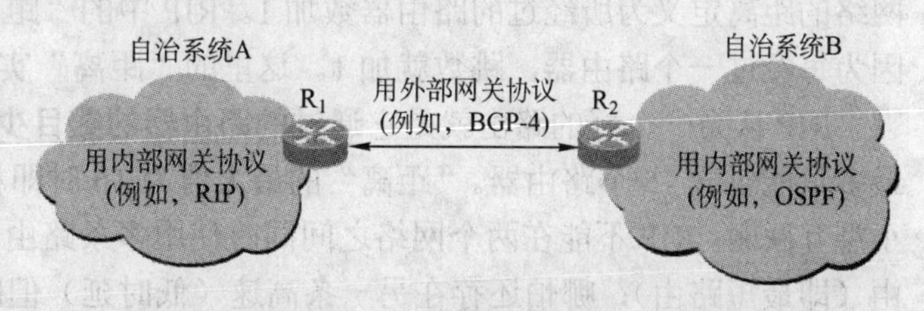

图 4-21　自治系统和内部网关协议、外部网关协议

4.5.1　自治系统

此知识点在 4.2.4 小节层次路由中已详细介绍过。

4.5.2　域内路由与域间路由

此知识点在 4.2.4 小节层次路由中已详细介绍过。

4.5.3 RIP

疑问：讲到这里，不得不提一个知识点。很多考生做了以前比较老的题目，经常会出现“网关”一词，这个词具体是什么意思？

解析：因特网的早期RFC文档中未使用“路由器”而是使用“网关”这一名词。但是在新的 RFC 文档中又使用了“路由器”这一名词。应当把这两个词当做同义词。

注意：RIP知识点里面所提到的结点，全部都是路由器，而不包括主机。

每个自治系统可以选择该自治系统中各个路由器之间的路由选择协议，而最常用的就是RIP协议。现在先在脑海中形成一个框架图，就是好多网络，并将每个网络都想像成一朵云，这些云都由很多的路由器连接着，现在应该对自己提出疑问，这些路由器到底是按照一种怎样的原则去选择一条路使得分组从这个网络到达另一个网络？下面就介绍应用最广泛的一种选路原则，这种原则简单地描述就是使得在传送数据报到目的网络的途中经过的路由器数目最少，时延小但经过路由器多的路都不走。

例如，假设从A地到B地运送货物有两条路可走，一条路途中经过10个收费站（收费站看成路由器），但是每个收费站的等待时间是1min，另外一条路途中经过2个收费站，但是每个收费站等待的时间是10min，这时司机都会去选择经过2个收费站的那条路。但是如果途中需要经历超过15个收费站，这时候司机就认为这个地方很遥远，不能达到。这句话转换到专业知识就是：RIP只关心自己周围的世界，即只与自己相邻的路由器交换信息，并且范围限制在15跳之内，再远它就不关心了。

正因为如此，RIP仅适合比较小的自治系统，因为比较大的自治系统里面的路由器的数量肯定会大大超过15个。在这种情况下使用RIP，距离相隔远点（中间超过15个路由器）的主机就不能通信了。但是现在也许会有人问，最大跳数设置大点不行吗？这肯定是不行的，为了说明这一点，首先需要介绍RIP所使用的距离-向量算法。

1．距离-向量算法

知识背景：需要讲解RIP中“距离”的定义以及RIP的三要点。

解析：从一个路由器到直接连接的网络的距离定义为1。从一个路由器到非直接连接的网络的距离定义为所经过的路由器数加1。RIP中的“距离”也称为“跳数”（Hop Count），因为每经过一个路由器，跳数就加1。这里的“距离”实际上指的是“最短距离”。

RIP认为一个好的路由就是它**通过的路由器的数目少**，即“距离短”。RIP允许一条路径最多只能包含15个路由器。“距离”的最大值为16时即相当于不可达。可见，RIP只适用于小型互联网。RIP不能在两个网络之间同时使用多条路由。RIP选择一个具有最少路由器的路由（即最短路由），哪怕还存在另一条高速（低时延）但路由器较多的路由。

RIP的三要点：

1）仅和相邻路由器交换信息。

2）交换的信息是当前本路由器所知道的全部信息，即自己的路由表。

3）按固定的时间间隔（如每隔30s）交换路由信息。

距离-向量算法如下所述：

某路由器收到相邻路由器（其地址为X）的一个RIP报文，按以下步骤进行。

1）先修改此RIP报文中的所有项目：把“下一跳”字段中的地址都改为X，并把所有的“距离”字段的值加1。

2）对修改后的 RIP 报文中的每一个项目，重复以下步骤：

```
if（项目中的目的网络不在路由表中）{
    把该项目加到路由表中
}else if（下一跳字段给出的路由器地址是同样的）{
    把收到的项目替换原路由表中的项目
}else if（收到项目中的距离小于路由表中的距离）{
    进行更新
}else {
    什么都不做
}
```

3）若 3min（RIP 默认超时时间为 3min）还没有收到相邻路由器的更新路由表，则把此相邻路由器记为不可达路由器，即将距离设置为 16（距离为 16 表示不可达）。若在其后 120s 内仍未收到更新报文，就将这些路由从路由表中删除。

4）返回。

C(目的网络) ——— router A ———— router B

C(目的网络) ——||— router A ———— router B

图 4-22　路由器连接的网络示意图

学完距离-向量算法后，就可以理解为什么不把最大跳数设置大点，如图 4-22 所示。

在正常情况下（图 4-22 上半部分），A 路由器到达目的网络 C 的跳数为 1，B 路由器到达目的网络 C 的跳数为 2。当目的网络 C 与 A 路由器之间的链路发生故障而断掉以后（图 4-22 下半部分），A 路由器会将到达目的网络 C 的路由表项的跳数设置为 16，即标记目的网络 C 不可达，并准备在每 30s（这个 30s 是为相邻路由器交换信息所规定的时间）进行一次的路由表更新中发送出去。但是现在也许会出现这种问题，在这个信息还未发出的时候，B 路由器发 RIP 报文告诉 A 路由器，到达目的网络 C 的距离是 2，根据上面提到的路由更新方法，A 路由器会错误地认为有一条通过 B 路由器的路径可以到达目的网络 C，从而更新其路由表，将到达目的网络 C 的路由表项的跳数值由 16 改为 3。过段时间 A 路由器又发送 RIP 报文给 B 路由器，内容是到目的网络 C 的距离是 3，B 将无条件更新其路由表，将跳数值改为 4，看到这里也许会有人提出疑问，以前 B 路由器到达目的网络 C 的距离是 2，现在为什么改成 4？因为这是最新的路由，要以最新的为准。该条信息又从 B 发向 A，A 将跳数改为 5，这样循环下去，最后双方的路由表关于目标网络 C 的跳数值都变为 16。此时，才真正得到了正确的路由信息。这种现象称为“计数到无穷大”现象，虽然最终完成了收敛，但是收敛太慢了，看到这里应该知道了为什么不能把最大跳数设置更大了。因为如果链路出现故障，更大的跳数只会浪费网络资源来发送这些循环的分组。一对很明显的矛盾就出来了，设置太小，尽管收敛得快（所谓收敛快就是当路由变化时，能以最短的时间达到稳定状态），但是只适合小网络；设置大，尽管能满足大网络的要求，但是收敛慢，所以把跳数设置为 16 不可达较合理。

以上讲解了 RIP 的原理以及所使用的算法，下面讲解 RIP 报文的组成。

【例 4-13】（2010 年统考真题）某自治系统采用 RIP，若该自治系统内的路由器 R1 收到其邻居路由器 R2 的距离矢量中包含的信息<net1，16>，则可能得出的结论是（　）。

A．R2 可以经过 R1 到达 net1，跳数为 17

B．R2 可以到达 net1，跳数为 16

C．R1 可以经过 R2 到达 net1，跳数为 17

D．R1 不能经过 R2 到达 net1

解析：D。此题考查概念，记住就得分。RIP 允许一条路径最多只能包含 15 个路由器，因此距离等于 16 时相当于不可达，上面相关知识点已经讲解过了。

2．RIP 报文格式

首先要清楚的是 RIP 报文使用传输层的 **UDP**（第 5 章详细介绍）进行传送。RIP 报文从应用层交付下来要在传输层加上 UDP 首部形成 UDP 用户数据报，然后在网络层加上 IP 首部形成 IP 数据报进行传送。下面详细讲解 RIP 报文部分（尽量以最简单的方式去描述，因为 RIP 报文不像 IP 数据报那么重要，所以很多时候为什么要设置这个不需要讲。RIP 报文有两种版本，但现在都是讲解版本 2，所以在此仅介绍版本 2）。

RIP 报文分为首部和路由两大部分，如图 4-23 所示。

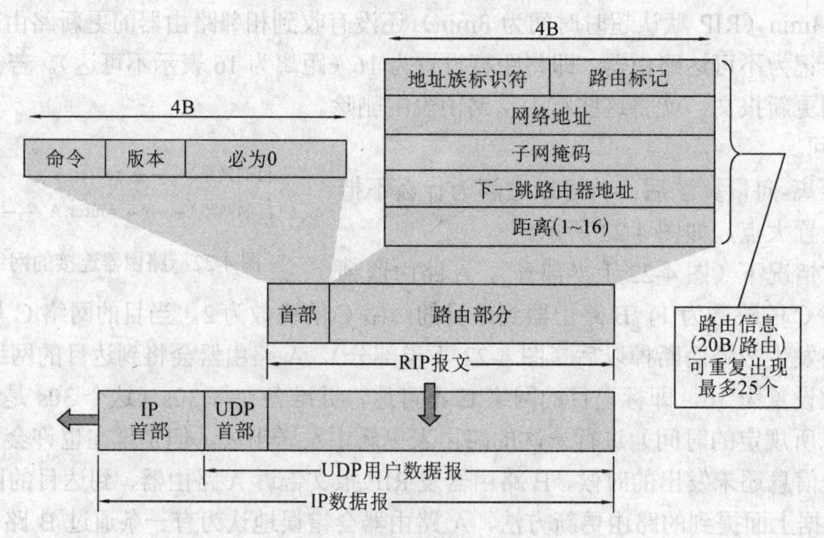

图 4-23　RIP2 的报文格式

（1）首部

前面讲过首饰=首 4，还记得吗？所以首部占用 4B。这 4B 包括 1B 命令（识别是进行请求操作还是进行响应操作）和 1B 版本（一般有两个版本，版本 1 和版本 2），但是现在只占用了 2B，所以就把剩下的 2B 用 0 来填充。

（2）路由

每个路由器把自己的路由表告诉相邻的路由器的时候，需要通过 RIP 报文来传送。首先构造 4B 的首部，然后把自己的路由表分成几段（详细见下面的补充知识点），每一段 25 个路由（例如，该路由器有 100 个路由，分成 4 部分，每部分 25 个路由），将这 25 个路由放在首部之后，形成一个 RIP 报文发给相邻路由器。只需记住每一条路由占据 20B 的位置。至于里面有什么字段不需要理解，因为 RIP 重点考查协议怎么实现，至于 RIP 报文格式不重要，如果感兴趣可以参考相关教材。

最后，再次申明，RIP 选择的路径不一定是时间最短的，但一定是具有最少路由器的路径。因为它是根据最少的跳数进行路径选择的。

📖 **补充知识点：**整个 RIP 报文的最大长度为 4B（首部）+25×20B（路由信息）=504B（另一种思考，因为 RIP 使用 UDP 传送，而 UDP 限制其报文大小为 512B 或更小，去除 8B 的 UDP 首部，恰好可以得到 RIP 报文最大长度为 504B）。因此，在更大的 RIP 网络中，对整

个路由表的更新请求需要传送多个 RIP 报文。报文到达目的地时不提供顺序化（即报文不需要编号）；一个路由表项不会分开在两个 RIP 报文中。

因此，任何 RIP 报文的内容都是完整的，即使它们可能仅是整个路由表的一个子集。当报文收到时，接收结点可以任意处理更新，而不需对其进行顺序化。例如，一个 RIP 路由器的路由表可以包括 100 项路由，与其他 RIP 路由器共享这些信息需要 4 个 RIP 报文，每个报文包括 25 项。如果一个接收结点收到了 4 号报文（包括从 76～100 的表项），它会简单地更新路由表中的对应部分，这些报文之间没有顺序相关性。这样使得 RIP 报文的转发可以省去传输协议（如 TCP）所特有的开销。

3．RIP 的优缺点

RIP 的优点是实现简单、开销小，收敛过程较快。

RIP 的缺点：

1）RIP 限制了网络的规模，它能使用的最大距离为 15（16 表示不可达）。

2）路由器之间交换的路由信息是路由器中的完整路由表，因而随着网络规模的扩大，开销也就增加了。

3）当网络出现故障时，RIP 要经过比较长的时间才能将此信息传送到所有的路由器，即“坏消息传播得慢”，使更新过程的收敛时间长。

4.5.4 OSPF

随着网络的扩大，一个自治系统内路由器的个数肯定会很多，但是 RIP 不适合大型网络并且其收敛速度很慢，所以必须使用一种协议来完成大型自治系统的通信并且尽最大努力去提高收敛的速度，这就是 OSPF 协议的由来。前面已经讲过 RIP 是使用距离-向量算法，而这种算法不适合大型自治系统，所以推出一种链路状态协议，下面讲解该协议的详细实现。

为了更好地理解 OSPF 协议，本书讲解的方式是先详细讲解 OSPF 所采用的链路状态协议，然后将 OSPF 协议与 RIP 进行比较，总结出几点不同之处，这样就可以更好地区分 RIP 和 OSPF 协议。

1．链路状态协议

其实在 4.2.3 小节就介绍了链路状态协议的基本原理，这里再结合 OSPF 协议具体讲解。

前面讲过使用 RIP 路由协议的自治系统，路由器会在一个固定的时隙交换路由信息（不管网络是否发生变化），并且只与自己相邻的路由器交换路由信息。而 OSPF 路由协议仅仅当网络拓扑发生变化（如增加或减少一个路由器）时，才向本自治系统的**所有**路由器发送信息（使用洪泛法）。而这里的信息不再是网络的距离和下一条路由器（RIP 路由协议），而是链路状态的信息（每个路由器都有许多接口，并且每个接口都通过不同的链路连接其他的路由器，每一条链路的时延、带宽都是不一样的，如从这个路由器到那个路由器需要多少的时延就可以看做链路状态信息）。路由器就将此信息发送给自己相邻的路由器，相邻路由器根据此信息去修改自己的路由表，修改完之后又将该信息从各个端口传送给与它相邻的路由器（当然不包括信息进来的端口）。这样下去，最后的结果就是在这个自治系统内部的所有路由器都会维持一个链路状态数据库，这个数据库实际上就是全自治系统的拓扑结构图，它在全自治系统范围内是一致的，这称为链路数据库的同步。

讲到这里，该自治系统内部的每一个路由器都有一个一模一样的链路状态数据库了。因此，每一个路由器都知道全自治系统内有多少个路由器以及哪些路由器是相连的，其代价是多少等。每一个路由器就可以使用链路状态数据库中的数据（这里面的数据可以看成是数据结构中图的邻接矩阵，当代价为无穷时，就说明这两个路由器没有相连，即不可达，如果为其他数值，如代价为 5，说明这两个路由器直接相连，并且从这个路由器到那个路由器的代价为 5），这样就可以通过最短路径算法去算出各个结点到其他结点的最短路径了。例如，要算路由器 1 到路由器 2、3、4 的最短路径（给出邻接矩阵，即链路状态数据库），就可以将路由器 1 看成是起始结点，然后使用 3 次 Dijkstra 算法分别计算出路由器 1 到路由器 2、3、4 的最短路径，路由表就出来了。一旦网络拓扑又有变化，如以前没有相连的路由器，现在相连了，就又按照这样的步骤去计算路由表，这就是链路状态协议。但是为了使 OSPF 路由协议能够用于规模很大的网络，并且使其收敛得更快，OSPF 路由协议将一个自治系统再划分为若干个更小的范围，称为区域，如图 4-24 所示。

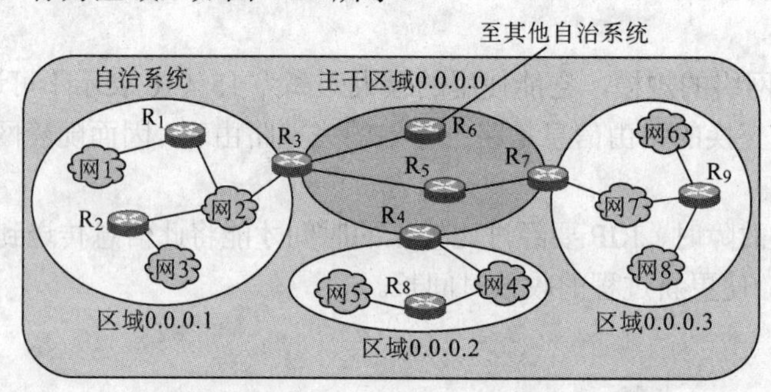

图 4-24　OSPF 划分为两种不同的区域

注意：虽然使用 Dijkstra 算法可以算出完整的最优路径，但是路由表中不会存储完整路径，而只存储"下一跳"。

教材上说 OSPF 协议不使用 UDP 数据报传送，而是直接使用 IP 数据报传送，在此解释一下什么叫用 UDP 传送，什么叫用 IP 数据报传送。用 UDP 传送是指将该信息作为 UDP 报文的数据部分，而直接使用 IP 数据报传送是指将该信息直接作为 IP 数据报的数据部分。从图 4-23 中可以看出，RIP 报文是 UDP 数据报的数据部分。

总结：OSPF 协议的三要点。

1）向本自治系统中所有路由器发送信息，这里使用的方法是洪泛法。

2）发送的信息就是与本路由器相邻的所有路由器的链路状态，但这只是路由器所知道的部分信息。

3）"链路状态"就是说明本路由器都和哪些路由器相邻以及该链路的"度量"（metric）。**只有当链路状态发生变化时**，路由器才用洪泛法向所有路由器发送此信息。

2．OSPF 的 5 种分组类型（了解）

1）类型 1。问候（Hello）分组，用来发现和维持邻站的可达性。

2）类型 2。数据库描述分组，向邻站给出自己的链路状态数据库中的所有链路状态项目的摘要信息。

3）类型 3。链路状态请求分组，向对方请求发送某些链路项目的详细信息。

4）类型 4。链路状态更新分组，用洪泛法对全网更新链路状态。

5）类型 5。链路状态确认分组，对链路更新分组的确认。

通常每隔 10s，每两个相邻路由器要交换一次问候分组，以便知道哪些站可达。在路由器刚开始工作时，OSPF 让每一个路由器使用数据库描述分组和相邻路由器交换本数据库中已有

的链路状态摘要信息。然后，路由器就使用链路状态请求分组，向对方请求发送自己所缺少的某些链路状态项目的详细信息。经过一系列的这种分组交换，全网同步的链路数据库就建立了。在网络运行过程中，只要一个路由器的链路状态发生变化，该路由器就使用链路状态更新分组，用洪泛法对全网更新链路状态。其他路由器在更新后，发送链路状态确认分组对更新分组进行确认，如图 4-25 所示。

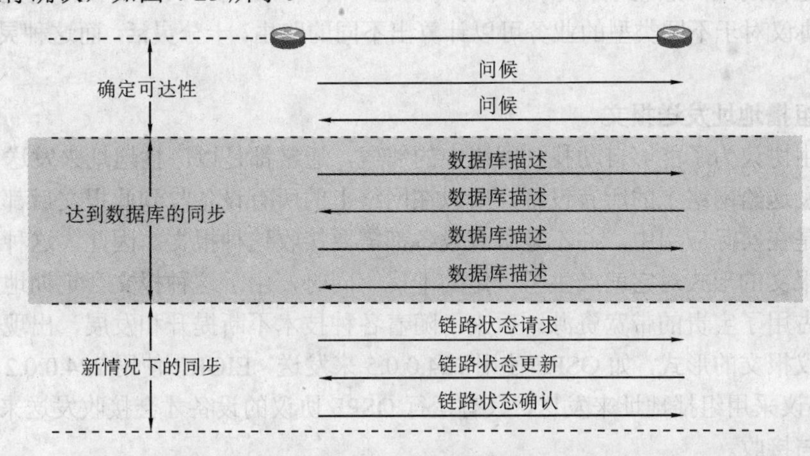

图 4-25　OSPF 的基本操作

OSPF 还规定每隔一段时间，如 30min，要刷新一次数据库中的链路状态。由于一个路由器的链路状态只涉及与相邻路由器的连通状态，因此与整个互联网的规模并无直接关系。因此，当互联网规模很大时，OSPF 协议要比 RIP 好得多，且 OSPF 协议没有“坏消息传播得慢”的问题。据统计，OSPF 协议响应网络变化的时间小于 100ms。

3．RIP 与 OSPF 协议的比较

（1）协议参数

RIP 中用于表示目的网络远近的参数为跳数，即到达目的网络所要经过的路由器的个数。在 RIP 中，该参数被限制为最大 15。对于 OSPF 路由协议，路由表中表示目的网络的参数为费用（如时延），该参数为一虚拟值，与网络中链路的带宽等相关，也就是说 OSPF 路由信息不受物理跳数的限制。因此，OSPF 协议适合应用于大型网络，支持几百台的路由器，甚至如果规划合理，支持 1000 台以上的路由器也是没有问题的。

（2）收敛速度

路由收敛速度是衡量路由协议的一个关键指标。RIP 周期性地将整个路由表作为路由信息广播至网络中，该广播周期为 30s。在一个较大型的网络中，RIP 会产生很大的广播信息，占用较多的网络带宽资源，并且由于 RIP 30s 的广播周期，影响了 RIP 的收敛，甚至出现不收敛的现象。而 OSPF 是一种链路状态的路由协议，当网络比较稳定时，网络中的路由信息比较少，并且其广播也不是周期性的，因此 OSPF 路由协议在大型网络中也能够较快地收敛。

（3）分层

在 RIP 中，网络是一个平面的概念，并无区域及边界等的定义。在 OSPF 路由协议中，一个网络或者一个自治系统可以划分为很多个区域，每一个区域通过 OSPF 边界路由器相连。

（4）负载平衡

在 OSPF 路由选择协议中，如果到同一个目的网络有多条相同代价的路径，那么可以将通信量分配给这几条路径。这称为多路径间的负载平衡。而 RIP 不会，它只能按照一条路径传送数据。

（5）灵活性

OSPF 协议对不同的链路可根据 IP 分组的不同服务类型而设置成不同的代价（就好像有两个人要去旅游，一个人希望以最少的时间到达目的地，多花点钱也没事；另一个人希望以最小花费到达目的地，晚点到都没事。尽管目的地一样，但这两个人的路径肯定是不一样的），因此 OSPF 协议对于不同类型的业务可以计算出不同的路由，十分灵活。而这种灵活性是 RIP 所没有的。

（6）以组播地址发送报文

动态路由协议为了能够自动找到网络中的邻居，通常都是以广播地址来发送。RIP 使用广播报文来发送给网络上的所有设备，所以在网络上的所有设备收到此报文后都需要做相应的处理，但是在实际应用中，并不是所有设备都需要接收这种报文。因此，这种周期性以广播形式发送报文的形式对它就产生了一定的干扰。同时，由于这种报文会定期地发送，在一定程度上也占用了宝贵的带宽资源。后来，随着各种技术不断提升和发展，出现了以组播地址来发送协议报文的形式，如 OSPF 使用 224.0.0.5 来发送，EIGRP 使用 224.0.0.2 来发送。所以，OSPF 协议采用组播地址来发送，只有运行 OSPF 协议的设备才会接收发送来的报文，其他设备不参与接收。

4.5.5 BGP

1．BGP 的基本概念

边界网关协议（BGP）是在不同自治系统的路由器之间交换路由信息的协议。BGP 采用的是**路径-向量路由选择协议**。由于以下原因边界网关协议只能是力求寻找一条能够到达目的网络且比较好的路由（不能转圈），而**并非要寻找一条最佳路由**。

1）因特网的规模太大，使得自治系统之间路由选择非常困难。

2）对于自治系统之间的路由选择，要寻找最佳路由是很不现实的。

3）自治系统之间的路由选择必须考虑有关策略。

BGP 的基本原理：每一个自治系统的管理员要选择**至少**一个路由器（可以有多个）作为该自治系统的“BGP 发言人”。一个 BGP 发言人要与其他自治系统中的 BGP 发言人交换路由信息，就要先建立 TCP 连接（可见 BGP 报文是通过 TCP 传送的，也就是说 BGP 报文是 TCP 报文的数据部分），然后在此连接上交换 BGP 报文以建立 BGP 会话，再利用 BGP 会话交换路由信息。各 BGP 发言人互相交换网络可达性的信息后，各 BGP 发言人就可找出到达各自治系统比较好的路由了。

2．BGP 的特点

1）BGP 交换路由信息的结点数量级是自治系统数的量级，这要比自治系统中的网络数少很多。

2）每一个自治系统中 BGP 发言人（或边界路由器）的数目是很少的，这样就使得自治系统之间的路由选择不过分复杂。

3）BGP 支持 CIDR，因此 BGP 的路由表也就应当包括目的网络前缀、下一跳路由器以及到达该目的网络所要经过的各个自治系统序列。

4）在 BGP 刚刚运行时，BGP 的邻站是交换整个的 BGP 路由表，但以后只需要在发生变化时更新有变化的部分。这样对节省网络带宽和减少路由器的处理开销方面都有好处。

3．BGP 的 4 种报文

1）打开（Open）报文。用来与相邻的另一个 BGP 发言人建立关系。

2）更新（Update）报文。用来发送某一路由的信息以及列出要撤销的多条路由。

3）保活（Keepalive）报文。用来确认打开报文和周期性地证实邻站关系。

4）通知（Notificaton）报文。用来发送检测到的差错。

4．RIP、OSPF、BGP 最终陈述

RIP、OSPF、BGP 总结见表 4-7。

表 4-7　RIP、OSPF、BGP 总结

主要特点	RIP	OSPF	BGP
网关协议	内部	内部	外部
路由表内容	目的网络，下一跳，距离	目的网络，下一跳，距离	目的网络，完整路径
最优通路依据	跳数	费用	多种有关策略
算法	距离-向量协议	链路状态协议	路径-向量协议
传送方式	传输层 UDP	IP 数据报	建立 TCP 连接
其他	简单、效率低、跳数为 16 不可达；好消息传得快，坏消息传得慢	效率高、路由器频繁交换信息，难维持一致性；规模大、统一度量为可达性	

☞ **可能疑问点：** 在不同的两本书上看到内部网关协议属于不同的层，一会儿是网络层，一会儿是传输层，内部网关协议到底属于哪一层？

解析：内部网关协议包括 RIP、OSPF，外部网关协议包括 BGP。

通过表 4-8，这个题目的思路就很清晰了。RIP 使用 UDP 来传送，所以 RIP 是应用层协议，同理 BGP 也是应用层协议。OSPF 使用 IP 数据报传送，很明显是传输层协议。但是有些教材一定要说是网络层，这是不严谨的！

表 4-8　RIP、OSPF、BGP 的传送

RIP	OSPF	BGP
使用 UDP 传送	使用 IP 数据报传送	使用 TCP 传送

一个协议的实现需要依赖协议所在层次的下一层功能。简单地说，如果 TCP 需要依赖网际层协议 IP，那么它就是传输层的协议。同理，如果 RIP 需要依赖传输层的 UDP，那至少它应该是被定义在 UDP 之上的协议，但是笔者不认为它能算是应用层协议。

举个例子，ICMP 是网络层协议，但它需要依赖 IP 承载，那么 ICMP 是传输层协议吗？说明 TCP/IP 是相当不严谨的。严格意义上说，根本就没有明确定义过这些协议的位置。学习这些协议关键是掌握它们在网络中的功能和如何应用它们，至于它们到底是哪一层的协议，并不重要。

4.6　IP 组播

前面就提到过一共有 3 种 IP 地址：单播地址、组播地址和广播地址，本节内容主要详细地介绍组播地址。组播一定是仅应用于 **UDP**，它们对需将报文同时传往多个接收者的应用来说非常重要。而 TCP 是一个面向连接的协议，它意味着分别运行于两台主机（由 IP 地址来确定）内的两个进程（由端口号来确定）之间存在一条连接，所以是一对一的发送。

4.6.1 组播的概念

使用IP组播的缘由：有的应用程序要把一个分组发送给多台目的主机。采用的方法不是让源主机给每台目的主机都发送一个单独的分组，而是让源主机把单个分组发送给一个组播地址，该组播地址标识一组主机。网络把这个分组复制后传递给该组中的每台主机。主机可以选择加入或者离开一个组，而且一台主机可以同时属于多个分组。

IP组播的思想：源主机只发送一份数据，该数据中的目的地址为组播的组地址。组地址中的所有接收者都可以接收到同样的数据副本，并且只有组播内的主机可以接收数据，网络中的其他主机不可能收到该数据。

与广播所不同的是，主机组播时仅发送一份数据，组播的数据仅在传送路径分岔时才将数据报复制后继续转发，如图4-26和图4-27所示。采用组播协议可明显地减轻网络中各种资源的消耗。组播需要路由器的支持才能实现，能够运行组播协议的路由器称为组播路由器。

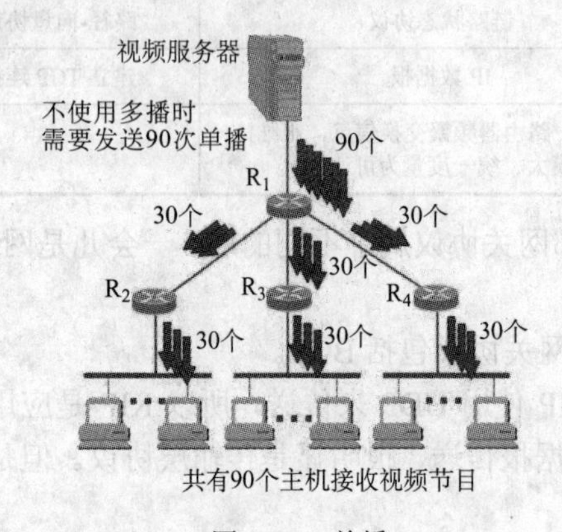

图4-26 单播

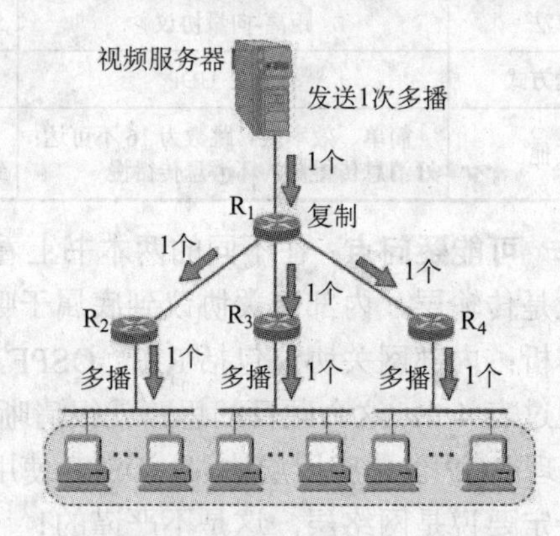

图4-27 组播

4.6.2 IP组播地址

IP使用D类地址支持组播。D类IP地址的前缀是“1110”，因而地址范围是224.0.0.0～239.255.255.255，每一个D类地址标志一组主机，下面4点应该记住。

1）组播地址只能用于**目的地址**，不能用于**源地址。**

2）组播数据报“尽最大努力交付”，不提供可靠交付。

3）对组播数据报不产生ICMP差错报文。换句话说，如果在PING命令后面输入组播地址，将永久不会收到响应，在讲解ICMP的时候已经提到过。

4）并非所有D类地址都可以作为组播地址。

IP组播可以分为两种：一种是只在本局域网上进行硬件组播，另一种是在因特网的范围内进行组播。前一种虽然简单，但是很重要，因为现在大部分主机都是通过局域网接入因特网的。在因特网上进行组播的最后阶段，还是要把组播数据报在局域网上用硬件组播交付给组播组的所有成员。

4.6.3 组播地址与MAC地址的换算

组播地址与MAC地址的换算算法记住即可，下面将换算过程模拟一遍。

现假设组播地址为 224.215.145.230，先把 IP 地址换算成二进制 224.215.145.230→11100000.1**1010111.10010001.11100110**，只映射 IP 地址的后面 23 位，因为 MAC 地址是用十六进制表示的，所以只要把二进制的 IP 地址 4 位一组合就可以了，其中第 24 位取 0，没有为什么，这是规定，即 0**1010111.10010001.11100110** 换成十六进制为 57-91-E6，然后再在前面加上固定的首部，即 01-00-5E。所以，最后结果应该是 01-00-5E-57-91-E6。虽然结果得到了，但是疑问又来了，参考下面的总结疑问点。

疑问：组播 MAC 地址和组播 IP 地址的这种映射关系不是唯一对应的，因为在 32 位 IP 组播地址可以变化的 28 位中只映射了其中的 23 位，还剩下 5 位是可以自由变化的，所以每 32 个 IP 组播地址映射一个组播 MAC 地址。这样会不会导致数据报发送错误？

解析：能映射成相同 MAC 地址的不同组播 IP 地址出现在同一个网络里面的概率很小，如果出现了，那么加入其中一个组的主机能收到另一个组的组播报，但是该主机的上层协议会做出判断，丢弃不属于自己的组播报。

4.7 移动 IP

4.7.1 移动 IP 的概念

随着移动终端设备的广泛使用，移动计算机和移动终端等设备也开始需要接入网络（Internet），但传统的 IP 设计并未考虑到移动结点会在链接中变化互联网接入点的问题。

传统的 IP 地址包括两方面的意义：一方面是用来标识唯一的主机，另一方面它还作为主机的地址在数据的路由中起重要作用。但对于移动结点，由于互联网接入点会不断发生变化，所以其 IP 地址在两方面发生分离，一方面是移动结点需要一种机制来唯一标识自己，另一方面是需要这种标识不会被用来路由。而移动 IP 便是为了让移动结点能够分离 IP 地址这两方面功能，而又不彻底改变现有互联网的结构而设计的。

例如，某用户离开北京总公司，出差到上海分公司时，只要简单地将移动结点（如笔记本电脑）连接至上海分公司网络上，那么用户就可以享受到跟在北京总公司里一样的所有操作。用户依旧能使用北京总公司的共享打印机，或者可以依旧访问北京总公司同事计算机里的共享文件及相关数据库资源；而当该计算机移动到外网的话，尽管 IP 地址没变，但是不能再用这个 IP 地址来找寻路由了，而应该申请一个**转交地址**，由转交地址来实现找路由功能。诸如此类的种种操作，让用户感觉不到自己身在外地，同事也感觉不到你已经出差到外地了。总结来说就是移动 IP 技术可以使移动结点以固定的网络 IP 地址，实现跨越不同网段的漫游功能，并保证了基于网络 IP 的网络权限在漫游过程中不发生任何改变。听起来很悬，那怎么去实现呢？下面用提问的方式来慢慢引入。

问题 1：实现移动 IP 需要哪些功能实体？

解析：需要以下三大功能实体。

1）**移动结点**。具有永久 IP 地址的移动结点。

2）**本地代理**。有一个端口与移动结点本地链路相连的路由器，它根据移动用户的转交地址，采用隧道技术转交移动结点的数据报。

3）**外部代理**。移动结点的漫游链路上的路由器，它通知本地用户代理自己的转交地址，是移动结点漫游链路的默认路由器。

问题2：实现移动IP需要哪些技术？

解析：需要以下四大技术。

技术一：代理搜索。

计算机要知道自己是否正在漫游，这里就要用到代理搜索技术。

技术二：申请转交地址。

移动结点移动到外网时从外代理处得到的临时地址，就好像我现在到了外地，无依无靠，已经居无定所了，所以别人寄信给我没有固定地址，我要找一个有固定住址的朋友，以后如果有人写信给我就直接寄给他，然后再由他转交给我，这个固定住址在移动IP领域就称为转交地址。

技术三：登录。

移动结点到达外网时进行一系列认证、注册、建立隧道的过程。

技术四：隧道。

本地代理与外部代理之间临时建立的双向数据通道。

☞ **可能疑问点**：移动IP和动态IP有什么区别？

解析：移动IP和动态IP是两个完全不同的概念。动态IP是指局域网中的计算机可以通过网络中的DHCP服务器动态地获得一个IP地址，就好像家里的电信带宽，每次拨号登录都会是不同的IP地址，即自动获取IP地址，所以就不需要用户在计算机的网络设置中指定IP地址。

4.7.2 移动IP的通信过程

移动IP技术的通信过程如下：

1）移动结点在本地网时，按传统的TCP/IP方式进行通信（在本地网有固定的地址）。

2）移动结点漫游到一个外地网络时，仍然使用固定的IP地址进行通信。为了能够收到通信对端发给它的IP分组，移动结点需要向本地代理注册当前的位置地址，这个位置地址就是转交地址。移动IP的转交地址可以是外部代理的地址或动态配置的一个地址。

3）本地代理接收来自转交地址的注册后，会构建一条通向转交地址的隧道，将截获的发给移动结点的IP分组通过隧道送到转交地址处。

4）在转交地址处解除隧道封装，恢复出原始的IP分组，最后送到移动结点，这样移动结点在外网就能够收到这些送给它的IP分组了。

5）移动结点在外网通过外网的路由器或者外代理向通信对端发送IP数据报。

6）当移动结点来到另一个外网时，只需要向本地代理更新注册的转交地址，就可以继续通信了。

7）当移动结点回到本地网时，移动结点向本地代理注销转交地址，这时移动结点又将使用传统的TCP/IP方式进行通信。

总结：移动IP为移动主机设置了两个IP地址，即主地址和辅地址（转交地址）。移动主机在本地网时，使用的是主地址。当移动到另外一个网络时，需要获得一个辅助的临时地址，但是此时主地址仍然保持不变。当从外网移回本地网时，辅地址改变或撤销，而主地址仍然保持不变。

4.8 网络层设备

4.8.1 路由器的组成和功能

路由器工作在网络层，实质上是一种多个输入端口和多个输出端口的专用计算机，其任务是连接不同的网络转发分组。也就是说，将路由器某个输入端口收到的分组，按照分组要去的目的地（即目的网络），把该分组从路由器的某个合适的输出端口转发给下一跳路由器。下一跳路由器也按照这种方法处理分组，直到该分组到达终点为止。

整个路由器的结构可划分为两大类：路由选择部分和分组转发部分，如图4-28所示。

路由选择部分的任务是根据所选定的路由选择协议构造出路由表，同时经常或定期地和相邻路由器交换路由信息而不断更新和维护路由表，其核心部件是路由选择处理器。

分组转发部分由三部分组成：一组输入端口、交换结构和一组输出端口，交换结构从输入端口接收到分组后，根据转发表对分组进行处理，然后从一个合适的输出端口转发出去。交换结构是路由器的关键部件，它将分组从一个输入端口转移到某个合适的输出端口。有3种常用的交换方法：通过存储器进行交换、通过总线进行交换和通过互联网络进行交换。以上3种交换了解即可，不要求掌握。下面结合图4-28来详细介绍路由器的工作流程，参考4.8.2小节。

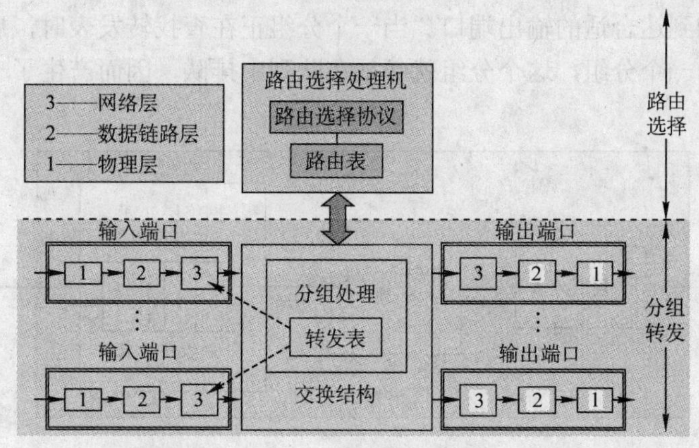

图4-28 路由器的结构

【例4-14】（2010年统考真题）下列网络设备中，能够抑制广播风暴的是（ ）。

Ⅰ．中继器 Ⅱ．集线器

Ⅲ．网桥 Ⅳ．路由器

A．仅Ⅰ和Ⅱ B．仅Ⅲ C．仅Ⅲ和Ⅳ D．仅Ⅳ

解析：D。什么是广播风暴？一个数据帧或包被传输到本地网段上的每个结点就是广播。由于网络拓扑的设计和连接问题，或其他原因导致广播在网段内大量复制、传播数据帧，最终导致网络性能下降，甚至网络瘫痪，这就是**广播风暴**。所以需要有能够隔离广播域的设备才可以抑制广播风暴，只有路由器可以隔离广播域，总结如下：

	隔离广播域	隔离冲突域	设备所在的层
中继器	×	×	物理层

集线器	×	×	物理层
网桥	×	√	数据链路层
交换机	×	√	数据链路层
路由器	√	√	网络层

4.8.2 路由表与路由转发

讲解工作流程前先把一些易混的概念总结一下。

1）转发就是路由器根据**转发表**将用户的IP数据报从合适的端口转发出去。

2）路由选择则是按照分布式算法，根据从各相邻路由器得到的关于网络拓扑的变化情况，动态地改变所选择的路由。

3）路由表是根据路由选择算法得出的，而转发表是从路由表得出的。

注意：在讨论路由选择的原理时，往往区分转发表和路由表。

详细工作流程如下：

1）首先路由器从线路上接收分组，也就是图4-28的输入端口，经过1时进行物理层处理（进行比特的接收），经过2时进行数据链路层处理（剥去帧头、帧尾，得到了IP数据报），然后分组就被送入网络层的模块，如图4-29所示。若接收的分组是路由器之间交换路由信息的分组（如RIP和OSPF分组），则把这种分组送交路由器的路由选择部分中的路由选择处理器。若接收的是数据分组，则按照分组首部中的目的地址查找转发表，根据得到的结果，分组就经过交换结构到达合适的输出端口。当一个分组正在查找转发表时，后面又紧跟着从这个输入端口收到另一个分组，这个分组就必须在队列中排队，因而产生了一定的时延，详见图4-29。

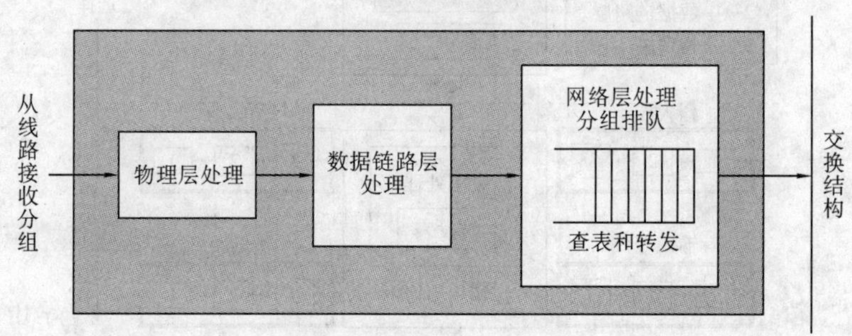

图4-29　输入端口的处理

2）从交换结构传送过来的分组先进行缓存，数据链路层处理模块将给分组加上数据链路层的首部和尾部，交给物理层后发送到外部线路，如图4-30所示。

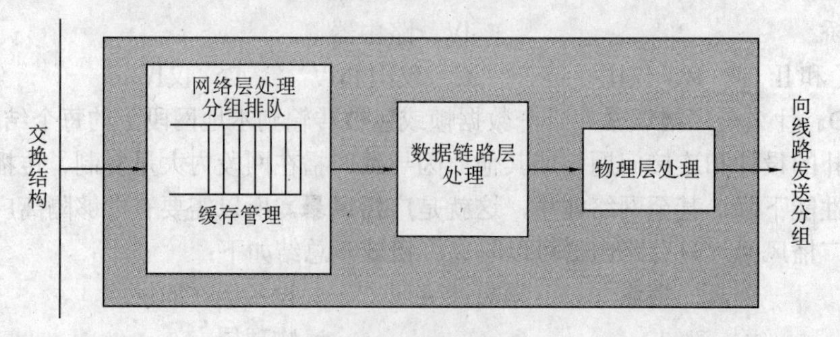

图4-30　输出端口的处理

📖 **补充知识点：**若路由器处理分组的速率达不到分组进入队列的速率，则队列的存储空间最终必定减少到零，这就使后面再进入队列的分组由于没有存储空间而只能被丢弃。路由器中的输入或输出队列产生溢出是造成分组丢失的重要原因。

【例 4-15】（2012 年统考真题）下列关于 IP 路由器功能的描述中，正确的是（　　）。

Ⅰ．运行路由协议，设置路由表

Ⅱ．监测到拥塞时，合理丢弃 IP 分组

Ⅲ．对收到的 IP 分组头进行差错校验，确保传输的 IP 分组不丢失

Ⅳ．根据收到的 IP 分组的目的 IP 地址，将其转发到合适的输出线路上

A．仅Ⅲ、Ⅳ　　B．仅Ⅰ、Ⅱ、Ⅲ

C．仅Ⅰ、Ⅱ、Ⅳ　　D．Ⅰ、Ⅱ、Ⅲ、Ⅳ

解析：C。

Ⅰ：路由器上都会运行相应的路由协议，如 RIP、OSPF 协议等；另外，设置路由表也是路由器必须完成的，故Ⅰ正确。

Ⅱ：当监测到拥塞时，路由器会将 IP 分组丢弃，并向源点发送源抑制报文，故Ⅱ正确。

Ⅲ：尽管路由器会对 IP 分组首部进行差错校验，但是不能确保传输的 IP 分组不丢失。当路由器收到的数据报的首部中有的字段值不正确时，就丢弃该数据报，并向源站发送参数问题报文，故Ⅲ错误。

Ⅳ：这个是路由表最基本的路由功能，当路由器某个输入端口收到分组后，路由器将按照分组要去的目的地（即目的网络），把该分组从路由器的某个合适的输出端口转发给下一跳路由器。下一跳路由器也按照这种方法处理分组，直到该分组到达终点为止，故Ⅳ正确。

4.9 难点分析

本章属于重点章，下面列出考生在天勤论坛中最常提出的疑问。

问题 1：在一个互联网中，能否使用一个很大的交换机（Switch）来代替互联网中很多的路由器？

解析：不行。交换机和路由器的功能不一样。

交换机可在单个的网络中和若干个计算机相连，并且可以将一个计算机发送过来的帧转发给另一个计算机。从这一点上看，交换机具有集线器的转发帧的功能。

但交换机比集线器的功能强很多。集线器在同一时间只允许一个计算机和其他计算机进行通信，但交换机允许多个计算机同时进行通信。

路由器连接两个或多个网络。路由器可在网络之间转发分组（即 IP 数据报）。特别是，这些互联的网络可以是异构的。

因此，如果是许多相同类型的网络互连在一起，那么用一个很大的交换机（如果能够找得到）代替原来的一些路由器是可以的。如果这些互联的网络是异构的网络，那么就必须使用路由器来进行互联。

问题 2：有的教材上使用虚拟分组（Virtual Packet）这一名词，虚拟分组是什么意思？它和 IP 数据报有什么区别？

解析：虚拟分组就是 IP 数据报。

因为因特网是由大量异构的物理网络互连而成的。这些物理网络的帧格式是各式各样的，

它们的地址也可能是互不兼容的。路由器无法将一种格式的帧转发到另一种网络，因为另一种网络无法识别与自己格式不同的帧的地址。路由器也不可能对不同的地址格式进行转换。

为了解决这一问题，IP定义了IP数据报的格式。所有连接在因特网中的路由器都能识别IP数据报的IP地址，因此能够对IP数据报进行转发（在进行转发时当然要调用ARP以便获得相应的硬件地址）。IP数据报是作为物理网络的帧的数据部分。各个物理网络在转发帧时是根据帧的首部中的硬件地址而不看帧的数据部分，因此所有的物理网络都看不见帧里面的IP数据报，这样就使得IP数据报得到“虚拟分组”这样的名称。

问题3：网络前缀是指网络号字段（net-id）中前面的几个类别位还是指整个的网络号字段？

解析：网络前缀是指整个网络号字段，即包括了最前面的几个类别位在内。网络前缀常常简称为前缀。

例如，一个B类地址10100000 00000000 00000000 00010000，其类别位就是最前面的两位10，而网络前缀就是前16位10100000 00000000。

问题4：有的书将IP地址分为前缀和后缀两大部分，它们和网络号字段及主机号字段有什么关系？前缀和后缀有什么不同？

解析：前缀（prefix）是网络号字段（net-id），而后缀（suffix）是主机号字段（host-id）。图4-31所示是以C类地址为例来说明前缀和后缀是什么。

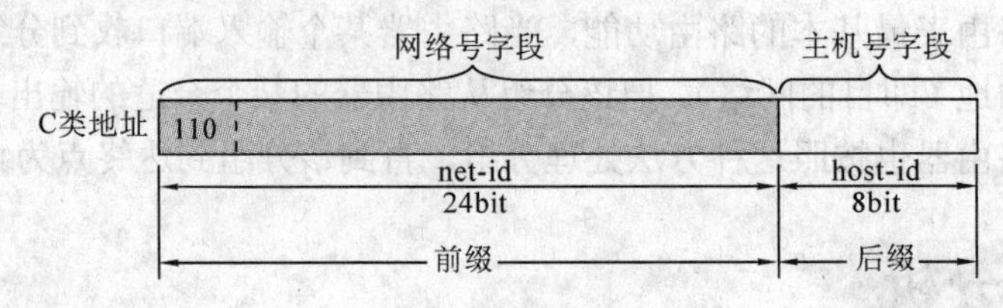

图4-31　IP地址前缀和后缀

前缀与后缀的区别：

1）前缀是由因特网管理机构进行分配的，而后缀是由分配到前缀的单位自行分配的。

2）IP数据报的寻址是根据前缀来找目的网络，找到目的网络后再根据后缀找目的主机。

问题5：IP数据报中的数据部分的长度是可变的（即IP数据报不是定长的），这样做有什么好处？

解析：这样做的好处是可以满足各种不同应用的需要。有时从键盘键入的一个字符就可以构成一个很短的IP数据报。但有的应用程序需要将很长的文件构成一个大的IP数据报（最长为64KB，包括首部在内）。当然，大多数IP数据报的数据部分的长度都远大于首部长度。这样做的好处是可以提高传输效率（首部开销所占的比例较小）。

问题6：在IP地址中，为什么使用最前面的一个或几个比特来表示地址的类别？

解析：知道了IP地址的类别，就可以很快地将IP地址的前缀和后缀区分开，这在路由器寻找下一跳地址时是必须做的一件事。

但是怎样才能尽快地让计算机完成这一动作呢？如果将IP地址大致按照一定的地址数目划分为几部分作为各类地址，那么计算机执行这样的操作将会花费较多的时间。计算机进行比特操作（如左移、右移、布尔运算等）比进行整数运算要快得多。因此，IP地址的类别划分就用地址中最前面的一位或几位来标志地址的类别。

问题7：全“1”的IP地址是否是向整个因特网进行广播的一种地址？

解析：不是。

设想一下，如果是向整个因特网进行广播的地址，那么一定会在因特网上产生极大的通信量，这样会严重地影响因特网的正常工作，甚至还会使因特网瘫痪。

因此，在 IP 地址中的全“1”地址表示仅在本网络上（就是这个主机所连接的局域网）进行广播。这种广播称为受限的广播（Limited Broadcast）。

如果 net-id 是具体的网络号，而 host-id 是全“1”，就称为定向广播（Directed Broadcast），因为这是对某一个具体的网络（即 net-id 指明的网络）上的所有主机进行广播的一种地址。具体参考 4.3.2 小节中的 6 种特殊地址的总结，这里只是再提醒一下，因为经常考选择题。

问题 8：路由表中只给出到目的网络的下一跳路由器的 IP 地址，然后在下一个路由器的路由表中再给出再下一跳的路由器的 IP 地址，最后才能到达目的网络进行直接交付。采用这样的方法有什么好处？

解析：这样做的最大好处就是使得路由选择成为动态的，十分灵活。当 IP 数据报传送到半途时，若网络的情况发生了变化（如网络拓扑变化或出现了拥塞），那么中途的路由器就可以改变其下一跳路由，从而实现动态路由选择。

问题 9：链路层广播和 IP 广播有何区别？

解析：链路层广播是用数据链路层协议（第二层）在一个以太网上实现对该局域网上的所有主机的 MAC 帧进行广播。

IP 广播则是用 IP 通过因特网实现的对一个网络（即目的网络）上的所有主机的 IP 数据报进行广播。

问题 10：IP 地址和电话号码相比有何异同之处？

解析：

相同之处：

（1）唯一性

每个电话机的电话号码（指包括国家码以及区号在内的号码）在电信网上是唯一的。每个主机的 IP 地址在因特网上也是唯一的。

（2）分等级的结构

电话号码：(国家号码)-(区号)-(局号)-(电话机号)。

IP 地址：(网络号)-(主机号)，或(网络号)-(子网号)-(主机号)。

不同之处：

各国的电话号码都是自主设置的，因此号码的位数可以各不相同。但 IP 地址一律是 32 位的固定长度（这是 IPv4 的地址长度，若使用 IPv6 则地址长度为 128 位）。因此电话号码空间是不受限的。当一个城市的电话号码空间不够用时，就可以增加电话号码的位数（例如，6 位不够用了就升级为 7 位，以后又不够用了就再升级为 8 位）。但 IP 地址空间是受限的，全部的 IP 地址用尽后就必须将 IPv4 升级到 IPv6。

电话号码中的“国家号码”“区号”“局号”都能直接反映出具体的地理位置（或范围），但从 IP 地址的“网络号”却不能直接反映出具体的地理位置（或范围）。IP 地址的管理机构在分配 IP 地址时并不是先将整个的地址空间按国家来分配，而是按网络来分配（不管这个网络在哪个国家）。

但是有的 IP 地址可以反映出一定的地理范围。例如，顶级域名采用国家域名的，如顶级域名是.cn 的在中国，但在中国的什么地方则不知道。而二级域名若采用省级域名时，如采用.js.cn的在中国的江苏省，但在江苏省的什么地方也是不知道的。然而在采用通用顶级域名时，如采用.com或.net或.org时，则无法知道该主机在哪一个国家或地区。

问题11："尽最大努力交付"都有哪些含义？

解析：

1）不保证源主机发送出来的IP数据报**一定无差错地交付**到目的主机。

2）不保证源主机发送出来的IP数据报都**在某一规定的时间内交付**到目的主机。

3）不保证源主机发送出来的IP数据报一定**按发送时的顺序交付**到目的主机。

4）不保证源主机发送出来的IP数据报**不会重复交付**到目的主机。

5）不故意丢弃IP数据报。丢弃IP数据报的情况：路由器检测出首部检验和有错误；或由于网络中通信量过大，路由器或目的主机中的缓存已无空闲空间。

但是要注意，IP数据报的首部中有一个"首部检验和"。当它检验出IP数据报的首部出现了差错时，就将该数据报丢弃。因此，凡交付给目的主机的IP数据报都是IP数据报的首部没有出现差错的，或没有检测出来有差错的。这就是说，传输过程中出现差错的IP数据报都被丢弃了。例如，源主机一连发送了10 000个IP数据报，结果有9999个IP数据报都出现了差错，因而都被丢弃了。这样，只有一个不出错的IP数据报最后交付给了目的主机。这也完全符合"尽最大努力交付"的原则。甚至当所发送的10 000个IP数据报都被丢弃了，也不能说这不是"尽最大努力交付"，只要路由器不是故意地丢弃IP数据报即可。

现在因特网上绝大多数的通信量都属于"尽最大努力交付"。如果要保证数据可靠地交付给目的地，则必须由使用IP的高层软件来负责解决这一问题。

问题12：假定在一个局域网中计算机A发送ARP请求分组，希望找出计算机B的硬件地址。这时局域网上的所有计算机都能收到这个广播发送的 ARP 请求分组。试问这时由哪一个计算机使用ARP响应分组将计算机B的硬件地址告诉计算机A？

解析：这要区分两种情况。

如果计算机B和计算机A都连接在同一个局域网上，那么就是计算机B发送ARP响应分组。

如果计算机B和计算机A不是连接在同一个局域网上，那么就必须由一个连接在本局域网上的路由器来转发ARP请求分组。这时，该路由器向计算机A发送ARP回答分组，给出自己的硬件地址。

问题13：一台主机要向另一台主机发送IP数据报。是否使用一次ARP就可以得到该目的主机的硬件地址，然后直接用这个硬件地址将IP数据报发送给目的主机？

解析：有时是这样，但有时也不是这样。

ARP只能对连接在同一个网络上的主机或路由器进行地址解析，如图4-32所示。

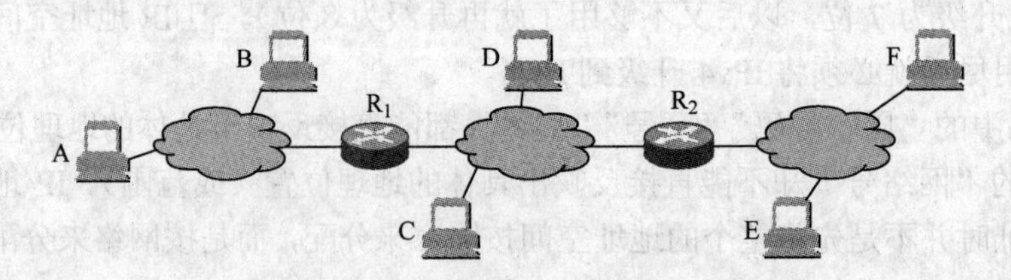

图4-32　同一个网络上的主机或路由器

由于主机A和B连接在同一个网络上，所以主机A使用一次ARP就可得到主机B的硬

件地址，然后用主机 B 的硬件地址将 IP 数据报组装成帧，发送给主机 B。

但当目的主机是主机 F 时，情况就不同了。主机 A 无法得到主机 F 的硬件地址。主机 A 只能先将 IP 数据报发送给本网络上的一个路由器（在本例中就是路由器 R_1）。因此，当主机 A 发送 IP 数据报给主机 F 时，在地址解析方面要经过以下 3 个步骤。

1）主机 A 先通过 ARP 解析出路由器 R_1 的硬件地址，将 IP 数据报发送到 R_1。

2）R_1 再通过 ARP 解析出 R_2 的硬件地址，将 IP 数据报转发到 R_2。

3）R_2 再通过 ARP 解析出主机 F 的硬件地址，将 IP 数据报交付给主机 F。

因此，主机 A 发送 IP 数据报给主机 F 要经过 3 次 ARP 地址解析。

问题 14：IP 数据报在传输的过程中，其首部长度是否会发生变化？

解析：首部长度不会发生变化，但首部中的某些字段（如生存时间、标志、检验和等）的数值一般都要发生变化。

习题

1．在 TCP/IP 模型中，上层协议实体与下层协议实体之间的逻辑接口称为服务访问点（SAP）。在 Internet 中，网络层的服务访问点是（　　）。

A．MAC 地址　　B．LLC 地址　　C．IP 地址　　D．端口号

2．下列能反映出使网络中发生了拥塞的现象是（　　）。

A．随着网络负载的增加，吞吐量反而降低

B．网络结点接收和发出的分组越来越多

C．随着网络负载的增加，吞吐量也增加

D．网络结点接收和发出的分组越来越少

3．路由器转发分组是根据报文的（　　）。

A．端口号　　B．MAC 地址　　C．IP 地址　　D．域名

4．在路由器进行互联的多个局域网的结构中，要求每个局域网（　　）。

A．物理层、数据链路层、网络层协议都必须相同，而高层协议可以不同

B．物理层、数据链路层协议可以不同，而数据链路层以上的高层协议必须相同

C．物理层、数据链路层、网络层协议可以不同，而网络层以上的高层协议必须相同

D．物理层、数据链路层、网络层协议及高层协议都可以不同

5．下列协议中属于网络层协议的是（　　）。

Ⅰ．IP　　Ⅱ．TCP　　Ⅲ．FTP　　Ⅳ．ICMP

A．Ⅰ和Ⅱ　　B．Ⅱ和Ⅲ　　C．Ⅲ和Ⅳ　　D．Ⅰ和Ⅳ

6．以下说法错误的是（　　）。

Ⅰ．路由选择分直接交付和间接交付

Ⅱ．直接交付时，两台机器可以不在同一物理网段内

Ⅲ．间接交付时，不涉及直接交付

Ⅳ．直接交付时，不涉及路由器

A．Ⅰ和Ⅱ　　B．Ⅱ和Ⅲ　　C．Ⅲ和Ⅳ　　D．Ⅰ和Ⅳ

7．路由器在能够开始向输出链路传输分组的第一位之前，必须接收到整个分组，这种机制称为（　　）。

A．存储转发机制　　　　　　　　B．直通交换机制
C．分组交换机制　　　　　　　　D．分组检测机制
8．下列关于拥塞控制策略的描述中，（　　）符合开环控制。
A．在拥塞已经发生或即将发生时做出反应，调节交通流
B．根据用户的协议限制进入网络的交通，从而阻止拥塞的发生
C．需要实时将网络的状态反馈到调节交通的地点（通常是源）
D．不需要预留某些资源，资源的使用率很高
9．下列关于交换机式网络和路由网络的描述，（　　）是错误的。
A．交换机式网络整个帧是以 MAC 地址为基础进行传输的
B．路由网络中，路由器从帧中提取出分组，然后利用分组中的地址来决定它的目标去向
C．交换机不必理解分组中所使用的网络协议
D．路由器不必理解分组中的网络协议
10．路由器进行间接交付的对象是（　　）。
A．脉冲信号　　B．帧　　　　C．IP 数据报　　D．UDP 数据报
11．在因特网中，一个路由器的路由表通常包含（　　）。
A．目的网络和到达该目的网络的完整路径
B．所有的目的主机和到达该目的主机的完整路径
C．目的网络和到达该目的网络路径上的下一个路由器的 IP 地址
D．目的网络和到达该目的网络路径上的下一个路由器的 MAC 地址
12．下列关于路由算法的描述中，（　　）是错误的。
A．静态路由有时也被称为非自适应的算法
B．静态路由所使用的路由选择一旦启动就不能修改
C．动态路由也称为自适应算法，会根据网络的拓扑变化和流量变化改变路由决策
D．动态路由算法需要实时获得网络的状态
13．因特网的 RIP、OSPF 协议、BGP 分别使用了（　　）路由选择算法。
Ⅰ．路径-向量路由选择协议　　Ⅱ．链路状态协议　　Ⅲ．距离-向量路由选择协议
A．Ⅰ、Ⅱ、Ⅲ　B．Ⅱ、Ⅲ、Ⅰ　C．Ⅱ、Ⅰ、Ⅲ　D．Ⅲ、Ⅱ、Ⅰ
14．在因特网中（不考虑 NAT），IP 分组从源结点到目的结点可能要经过多个网络和路由器。在传输过程中，IP 分组头部中的（　　）。
A．源地址和目的地址都不会发生变化
B．源地址有可能发生变化而目的地址不会发生变化
C．源地址不会发生变化而目的地址有可能发生变化
D．源地址和目的地址都有可能发生变化
15．下列哪一项不属于路由选择协议的功能？（　　）
A．获取网络拓扑结构的信息
B．选择到达每个目的网络的最优路径
C．构建路由表
D．发现下一跳的物理地址
16．在因特网中，IP 分组的传输需要经过源主机和中间路由器到达目的主机，通常（　　）。
A．源主机和中间路由器都知道 IP 分组到达目的主机需要经过的完整路径

B．源主机知道 IP 分组到达目的主机需要经过的完整路径，而中间路由器不知道

C．源主机不知道 IP 分组到达目的主机需要经过的完整路径，而中间路由器知道

D．源主机和中间路由器都不知道 IP 分组到达目的主机需要经过的完整路径

17．在链路状态路由算法中，每个路由器得到了网络的完整拓扑结构后，使用（　　）算法来找出从它到其他路由器的路径长度。

A．Prim 最小生成树算法　　　　B．Dijkstra 最短路径算法

C．Kruskal 最小生成树算法　　　D．拓扑排序

18．下列关于分层路由的描述中，（　　）是错误的。

A．采用了分层路由之后，路由器被划分成区域

B．每个路由器不仅知道如何将分组路由到自己区域的目标地址，而且知道如何路由到其他区域

C．采用了分层路由后，可以将不同的网络连接起来

D．对于大型网络，可能需要多级的分层路由来管理

19．IP 分组头部中有两个有关长度的字段，一个是头部长度字段，另一个是总长度字段，其中（　　）。

A．头部长度字段和总长度字段都是以 8bit 为计数单位

B．头部长度字段以 8bit 为计数单位，总长度字段以 32bit 为计数单位

C．头部长度字段以 32bit 为计数单位，总长度字段以 8bit 为计数单位

D．头部长度字段和总长度字段都是以 32bit 为计数单位

20．动态路由选择和静态路由选择的主要区别是（　　）。

A．动态路由选择需要维护整个网络的拓扑结构信息，而静态路由选择只需要维护有限的拓扑结构信息

B．动态路由选择需要使用路由选择协议去发现和维护路由信息，而静态路由选择只需要手动配置路由信息

C．动态路由选择的可扩展性要大大优于静态路由选择，因为在网络拓扑结构发生了变化时，路由选择不需要手动配置去通知路由器

D．动态路由选择使用路由表，而静态路由选择不使用路由表

21．对路由选择协议的一个要求是必须能够快速收敛，所谓路由收敛是指（　　）。

A．路由器能把分组发送到预订的目标

B．路由器处理分组的速度足够快

C．网络设备的路由表与网络拓扑结构保持一致

D．能把多个子网汇聚成一个超网

22．在 IPv4 中，组播地址是（　　）地址。

A．A 类　　B．B 类　　C．C 类　　D．D 类

23．下面的地址中，属于本地回路地址的是（　　）。

A．10.10.10.1　　　　B．255.255.255.0

C．127.0.0.1　　　　 D．192.0.0.1

24．假设有一个 B 类地址指定了子网掩码 255.255.255.0，则每个子网可以有的主机数为（　　）。

A．256　　B．254　　C．1024　　D．1022

25．在两个指定主机间通信，以下列出的IP地址中，不可能作为目的地址的是__（1）__，不能作为源地址的是__（2）__。

（1）A．0.0.0.0　　B．127.0.0.1
　　C．100.10.255.255　　D．10.0.0.1

（2）A．0.0.0.0　　B．127.0.0.1
　　C．100.255.255.255　　D．10.0.0.1

26．在IP首部的字段中，与分片和重组无关的是（　　）。
注：假设现在已经分片完成。

A．总长度　　B．标识　　C．标志　　D．片偏移

27．网络中如果出现了错误会使得网络中的数据形成传输环路而无限转发环路的分组，IPv4协议使用（　　）解决该问题。

A．报文分片　　B．增加校验和
C．设定生命期　　D．增加选项字段

28．把IP网络划分成子网，这样做的好处是（　　）。

A．增加冲突域的大小　　B．增加主机的数量
C．减小广播域的大小　　D．增加网络的数量

29．在一条点对点的链路上，为了减少地址的浪费，子网掩码应该指定为（　　）。

A．255.255.255.252　　B．255.255.255.248
C．255.255.255.240　　D．255.255.255.196

30．根据NAT协议，下列IP地址中（　　）不允许出现在因特网上。

A．192.172.56.23　　B．172.15.34.128
C．192.168.32.17　　D．172.128.45.34

31．在路由表中设置一条默认路由，目标地址应为__（1）__，子网掩码应为__（2）__。

（1）A．127.0.0.0　　B．127.0.0.1
　　C．1.0.0.0　　D．0.0.0.0

（2）A．0.0.0.0　　B．255.0.0.0
　　C．0.0.0.255　　D．255.255.255.255

32．如果用户网络需要划分成5个子网，每个子网最多20台主机，则适用的子网掩码是（　　）。

A．255.255.255.192　　B．255.255.255.240
C．255.255.255.224　　D．255.255.255.248

33．一个B类地址，如果不分子网，那么最多可以容纳（　　）个主机。

A．65 536　　B．65 534　　C．256　　D．255

34．根据分类编制方案，总共有（　　）个A类地址。

A．254　　B．127　　C．255　　D．126

35．如果IPv4的分组太大，则会在传输中被分片，那么在（　　）地方将对分片后的数据报重组。

A．中间路由器　　B．下一跳路由器
C．核心路由器　　D．目的端主机

36．下面的地址中，属于单播地址的是（　　）。

A．172.31.128.255/18　　　　　　　　B．10.255.255.255

C．192.168.24.59/30　　　　　　　　D．224.105.5.211

37．某端口的 IP 地址为 172.16.7.131/26，则该 IP 地址所在网络的广播地址是（　　）。

A．172.16.7.255　　　　　　　　　　B．172.16.7.129

C．172.16.7.191　　　　　　　　　　D．172.16.7.252

38．主机地址 172.16.2.160 属于下面哪一个子网？（　　）

A．172.16.2.64/26　　　　　　　　　B．172.16.2.96/26

C．172.16.2.128/26　　　　　　　　D．172.16.2.192/26

39．局域网中某主机的 IP 地址为 172.16.1.12/20，该局域网的子网掩码为__（1）__，最多可以连接的主机数为__（2）__。

（1）A．255.255.255.0　　　　　　　B．255.255.254.0

C．255.255.252.0　　　　　　　D．255.255.240.0

（2）A．4094　　B．2044　　C．1024　　D．512

40．CIDR 技术的作用是（　　）。

A．把小的网络汇聚成大的超网　　　B．把大的网络划分成小的子网

C．解决地址资源不足的问题　　　　D．由多个主机共享同一个网络地址

41．设有两个子网 202.118.133.0/24 和 202.118.130.0/24，如果进行路由汇聚，得到的网络地址是（　　）。

A．202.118.128.0/21　　　　　　　B．202.118.128.0/22

C．202.118.130.0/22　　　　　　　D．202.118.132.0/20

42．可以动态为主机配置 IP 地址的协议是（　　）。

A．ARP　　B．RARP　　C．DHCP　　D．NAT

43．数据链路层使用以太网的 IP 地址，使用（　　）将 IP 地址转换为物理地址，使用（　　）将物理地址转换为 IP 地址。

A．ARP　　B．RARP　　C．DHCP　　D．NAT

44．主机 A 发送 IP 数据报给主机 B，途中经过了 5 个路由器，请问在此过程中总共使用了（　）次 ARP。

A．5　　B．6　　C．10　　D．11

45．ARP 的作用是由 IP 地址求 MAC 地址，ARP 请求是__（1）__发送，ARP 响应是__（2）__发送。

（1）A．单播　　B．组播　　C．广播　　D．点播

（2）A．单播　　B．组播　　C．广播　　D．点播

46．为了使互联网中的路由器报告差错或提供有关意外情况的信息，在 TCP/IP 中设计了一个特殊用途的报文机制，称为（　　）。

A．ARP　　B．RARP　　C．ICMP　　D．IGMP

47．ICMP 报文的传输方式是（　　）。

A．无连接的 UDP 数据报形式传送

B．面向连接的 TCP 报文形式传送

C．放在 IP 数据报的首部字段中传送

D．放在 IP 数据报的数据字段中传送

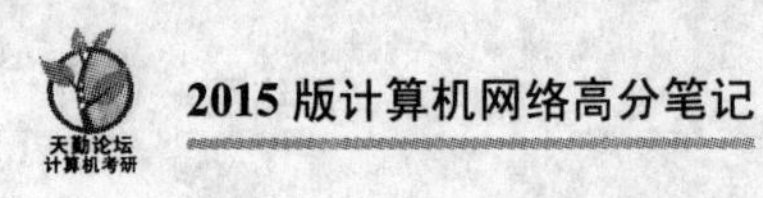

48．ICMP有多种控制报文，当网络中出现拥塞时，路由器发出（　　）报文。

A．由重定向　　B．目标不可到达

C．源抑制　　D．子网掩码请求

49．当路由器无法转发或传送IP数据报时，向初始源站点发回一个（　　）报文。

A．由重定向　　B．目标站不可到达

C．源抑制　　D．子网掩码请求

50．IPv6的地址长度为（　　）位。

A．32　　B．64　　C．128　　D．256

51．如果一台路由器接收到的IPv6数据报因太大而不能转发到输出链路上，则路由器将把该数据报（　　）。

A．分片　　B．暂存　　C．转发　　D．丢弃

52．下列关于IPv6的表述中，（　　）是错误的。

A．IPv6的头部长度是不可变的

B．IPv6不允许路由设备来进行分片

C．IPv6采用了16B的地址号，理论上不可能用完

D．IPv6使用了头部校验和来保证传输的正确性

53．一个IPv6的简化写法为8::D0:123:CDEF:89A，那么它的完整地址应该是（　　）。

A．8000:0000:0000:0000:00D0:1230:CDEF:89A0

B．0008:00D0:0000:0000:0000:0123:CDEF:089A

C．8000:0000:0000:0000:D000:1230:CDEF:89A0

D．0008:0000:0000:0000:00D0:0123:CDEF:089A

54．用于域间选路的协议是（　　）。

A．RIP　　B．BGP　　C．PIM　　D．OSPF

55．OSPF协议的实现中使用（　　）来传输信息，RIP的实现中使用（　　）来传输信息，BGP协议的实现中使用（　　）来传输信息。

A．UDP　　B．IP　　C．TCP　　D．DNS

56．RIP规定，（　　）跳为一条不可达路径（**此知识点已在2010年真题中考查过**）。

A．1024　　B．512　　C．16　　D．8

57．关于RIP，以下选项中错误的是（　　）。

A．RIP使用距离矢量算法计算最佳路由

B．RIP规定的最大跳数为16

C．RIP默认的路由更新周期为30s

D．RIP是一种内部网关协议

58．OSPF协议使用（　　）分组来保持与其邻居的连接。

A．Hello　　B．Keepalive

C．SPF（最短路径优先）　　D．LSU（链路状态更新）

59．运行OSPF协议的路由器每10s向它的各个接口发送Hello分组，接收到Hello分组的路由器就知道了邻居的存在。如果在（　　）秒内没有从特定的邻居接收到这种分组，路由器就认为那个邻居不存在了。

A．30　　B．40　　C．50　　D．60

60．以下关于 OSPF 协议的描述中，最准确的是（　　）。

A．OSPF 协议根据链路状态法计算最佳路由

B．OSPF 协议是用于自治系统之间的外部网关协议

C．OSPF 协议不能根据网络通信情况动态地改变路由

D．OSPF 协议只能适用于小型网络

61．BGP 交换的网络可达性信息是（　　）。

A．到达某个网络的链路状态的摘要信息

B．到达某个网络的最短距离以及下一跳路由器

C．到达某个网络的下一跳路由器

D．到达某个网络所经过的路径

62．BGP 报文封装在（　　）中传送。

A．以太帧　　　　B．IP 数据报

C．UDP 报文　　　　D．TCP 报文

63．下面有关 BGP4 的描述中，不正确的是（　　）。

A．BGP4 是自治系统之间的路由协议

B．BGP4 不支持 CIDR 技术

C．BGP4 加入路由表的路由并不一定是最佳路由

D．BGP4 封装在 TCP 段中传送

64．下列地址中，（　　）是组播地址。

A．10.255.255.255　　　　B．228.47.32.45

C．192.32.44.59　　　　D．172.16.255.255

65．采用了隧道技术后，如果一个不运行组播路由器的网络遇到了一个组播数据报，那么它会（　　）。

A．丢弃该分组，不发送错误信息

B．丢弃该分组，并且通知发送方错误信息

C．选择一个地址，继续转发该分组

D．对组播数据报再次封装，使之变为单一目的站发送的单播数据报，然后发送

66．如果一个用户需要实现漫游，那么它需要完成以下哪项工作？（　　）

A．创建一个本地代理

B．创建一个外部代理

C．外部代理与该用户本地代理进行联系

D．以上工作都要完成

67．一个主机移动到了另一个局域网中，如果一个分组到达了它原来所在的局域网中，分组会被转发给（　　）。

A．移动 IP 的本地代理　　　　B．移动 IP 的外部代理

C．主机　　　　D．丢弃

68．如果一台主机的 IP 地址为 160.80.40.20/16，那么当它被移动到了另一个不属于 160.80/16 子网的网络中时，它将（　　）。

A．可以直接接收和直接发送分组，没有任何影响

B．既不可以直接接收分组，也不可以直接发送分组

C. 不可以直接发送分组，但是可以直接接收分组
D. 可以直接发送分组，但是不可以直接接收分组
69. 下列（　　）设备可以隔离 ARP 广播帧。
A. 路由器　　　　　　　　　　B. 网桥
C. 以太网交换机　　　　　　　D. 集线器
70. 关于路由器，下列说法中正确的是（　　）。
A. 路由器处理的信息量比交换机少，因而转发速度比交换机快
B. 对于同一目标，路由器只提供延迟最小的最佳路由
C. 通常的路由器可以支持多种网络层协议，并提供不同协议之间的分组转换
D. 路由器不但能够根据 IP 地址进行转发，而且可以根据物理地址进行转发
71. 路由器主要实现了（　　）的功能。
A. 数据链路层、网络层与应用层的功能
B. 网络层与传输层的功能
C. 物理层、数据链路层与网络层的功能
D. 物理层与网络层的功能
72. 路由器的路由选择部分，包括了（　　）。
A. 路由选择处理器　　　　　　B. 路由选择协议
C. 路由表　　　　　　　　　　D. 以上都是
73. 路由器的分组转发部分由（　　）部分组成。
A. 交换结构　　　　　　　　　B. 输入端口
C. 输出端口　　　　　　　　　D. 以上都是
74. 试简述路由器的路由功能和转发功能。
75. 为什么要划分子网？子网掩码的作用是什么？
76.（1）有人认为："ARP 向网络层提供了转换地址的服务，因此 ARP 应当属于数据链路层。"这种说法是否错误？
（2）试解释为什么 ARP 高速缓存每存入一个项目就要设置 10～20min 的超时计时器。这个时间设置得太大或者太小会出现什么问题？
77. 一个数据报长度为 4000B（固定首部长度，即 20B）。现在经过一个网络传送，但此网络能够传送的最大数据报长度为 1500B。试问应该划分为几个短些的数据报片？各数据报片的数据字段长度、片偏移字段和 MF 标志应为什么数值？
78. IP 首部的结构中有一个首部校验位，它仅作用在首部，而没有包括数据部分。问这样设计的理由是什么？
79. 表 4-9 中 20 个字节为一个 IPv4 数据报的首部，请分析该头部并回答之后的问题（可对照 IPv4 首部图做题，如果真题考查这种形式，一定会给出相应的首部图，考生不必死背）。

表 4-9　IPv4 数据报首部

编号	1	2	3	4	5	6	7	8	9	10
数据	45	00	00	30	52	52	40	00	80	06
编号	11	12	13	14	15	16	17	18	19	20
数据	2C	23	C0	A8	01	01	D8	03	E2	15

1）该IP数据报的发送主机和接收主机的地址分别是什么？

2）该IP数据报的总长度是多少？头部长度是多少？

3）该IP分组有分片吗？如果有分片它的分片偏移量是多少？

4）该IP数据报是由什么传输层协议发出的？

80．试辨认表4-10中的IP地址的网络类别。

表4-10 IP地址的网络类别

IP地址	类别
128.36.199.3	
21.12.240.17	
183.194.76.253	
192.12.69.248	
89.3.0.1	
200.3.6.2	

81．试回答以下问题。

1）子网掩码为255.255.255.0代表什么意思？

2）有一个网络的掩码为255.255.255.248，问该网络能够连接多少个主机？

3）一个A类网络和一个B类网络的子网号分别为16bit和8bit，问这两个网络的子网掩码有什么不同？

4）一个B类地址的子网掩码是255.255.240.0，试问在其中每一个子网上的主机数最多是多少？

5）一个A类网络的子网掩码为255.255.0.255，它是否为一个有效的子网掩码？

6）某个IP地址的十六进制表示是C22F1481，试将其转换为点分十进制的形式。这个地址是哪一类网络？

82．设某路由器建立了路由表（这3列分别是目的网络、子网掩码和下一跳路由器，若直接交付则最后一列表示应当从哪个接口转发出去），见表4-11。

现在共收到5个分组，其目的站IP地址分别为：

1）128.96.39.10

2）128.96.40.12

3）128.96.40.151

4）192.4.153.17

5）192.4.153.90

试分别计算下一跳。

表4-11 路由表

128.96.39.0	255.255.255.128	接口0
128.96.39.128	255.255.255.128	接口1
128.96.40.0	255.255.255.128	R2
192.4.153.0	255.255.255.192	R3
默认		R4

83．某单位分配到一个B类地址，其网络地址为129.250.0.0，该单位有4000台机器，平均分布在16个不同的地点。如果选用子网掩码为255.255.255.0，试给每一个地点分配一个子网号码，并计算出每个地点主机号码的最小值和最大值。

84．有如下的4个/24地址块，试进行最大可能的聚合。

212.56.132.0/24，212.56.133.0/24，212.56.134.0/24，212.56.135.0/24

85．有两个CIDR地址块208.128/11和208.130.28/22。是否有哪一个地址块包含了另一个地址块？如果有，请指出，并说明理由。

86．一个自治系统有5个局域网，如图4-33所示。LAN2至LAN5上的主机数分别为91、150、3和15，该自治系统分配到的IP地址块为30.138.118/23，试给出每一个局域网的地址块（包括前缀）。

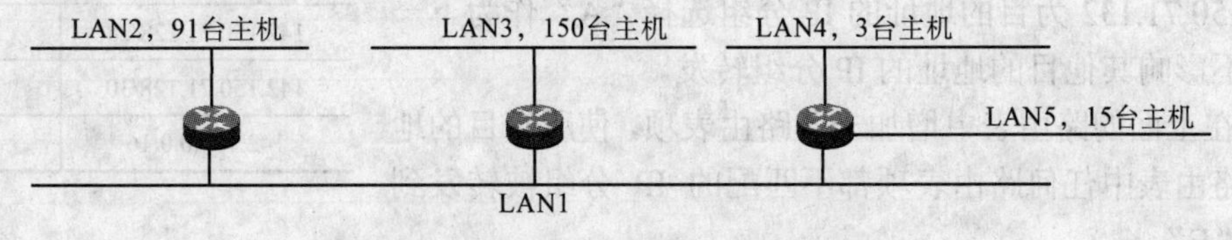

图4-33 有5个局域网的自治系统

87.（2009年统考真题）某公司网络拓扑图如图4-34所示，路由器R1通过接口E1、E2分别连接局域网1、局域网2，通过接口L0连接路由器R2，并通过路由器R2连接域名服务器与互联网。R1的L0接口的IP地址是202.118.2.1；R2的L0接口的IP地址是202.118.2.2，L1接口的IP地址是130.11.120.1，E0接口的IP地址是202.118.3.1；域名服务器的IP地址是202.118.3.2。

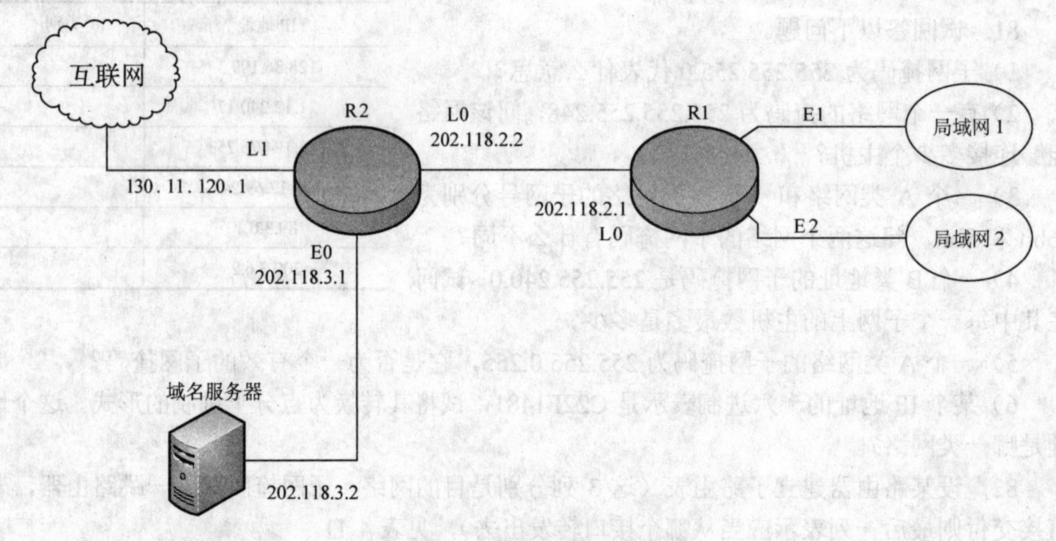

图4-34 某公司网络拓扑图

R1和R2的路由表结构如下：

目的网络IP地址	子网掩码	下一跳IP地址	接口

1）将IP地址空间202.118.1.0/24划分为两个子网，分别分配给局域网1、局域网2，每个局域网需分配的IP地址数不少于120个。请给出子网划分结果，说明理由或给出必要的计算过程。

2）请给出R1的路由表，使其明确包括到局域网1的路由、局域网2的路由、域名服务器的主机路由和互联网的路由。

3）请采用路由聚合技术，给出R2到局域网1和局域网2的路由。

88．以下地址中的哪一个和86.32/12匹配？

1）86.33.224.123；2）86.79.65.216；3）86.58.119.74；4）86.68.206.154。

89．考虑某路由器具有下列路由表项（大纲样题），见表4-12。

1）假设路由器接收到一个目的地址为142.150.71.132的IP分组，请确定该路由器为该IP分组选择的下一跳，并解释说明。

2）在上面的路由表中增加一条路由表项，该路由表项使以142.150.71.132为目的地址的IP分组选择“A”作为下一跳，而不影响其他目的地址的IP分组转发。

3）在上面的路由表中增加一条路由表项，使所有目的地址与该路由表中任何路由表项都不匹配的IP分组被转发到下一跳“E”。

表4-12 某路由器的路由表项

网络前缀	下一跳
142.150.64.0/24	A
142.150.71.128/28	B
142.150.71.128/30	C
142.150.0.0/16	D

4）将 142.150.64.0/24 划分为 4 个规模尽可能大的等长子网，给出子网掩码及每个子网的可分配地址范围。

90. 在某个网络中，R1 和 R2 为相邻路由器，其中表 4-13 为 R1 的原路由表，表 4-14 为 R2 广播的距离向量报文<目的网络，距离>，请根据 RIP 更新 R1 的路由表，并写出更新后的 R1 路由表。

表 4-13　R1 的原路由表

目的网络	距离	下一跳
10.0.0.0	0	直接
30.0.0.0	7	R7
40.0.0.0	3	R2
45.0.0.0	4	R8
180.0.0.0	5	R2
190.0.0.0	10	R5

表 4-14　R2 的广播报文

目的网络	距离
10.0.0.0	4
30.0.0.0	4
40.0.0.0	2
41.0.0.0	3
180.0.0.0	5

91．RIP 使用 UDP，OSPF 使用 IP，而 BGP 使用 TCP，这样做有何优点？为什么 RIP 周期性地和邻站交换路由信息而 BGP 却不这样做？

92．试将以下的 IPv6 地址用零压缩方法写成简洁形式。

1）0000:0000:0F53:6382:AB00:67DB:BB27:7332

2）0000:0000:0000:0000:0000:0000:004D:ABCD

3）0000:0000:0000:AF36:7328:000A:87AA:0398

4）2819:00AF:0000:0000:0000:0035:0CB2:B271

93．IGMP 的要点是什么？

94．简述一台新的主机进入一个区域的时候，在外部代理的注册过程。

95.（2013 年统考真题）假设 Internet 的两个自治系统构成的网络如图 4-35 所示，自治系统 ASI 由路由器 R1 连接两个子网构成；自治系统 AS2 由路由器 R2、R3 互联并连接 3 个子网构成。各子网地址、R2 的接口名、R1 与 R3 的部分接口 IP 地址如图 4-35 所示。

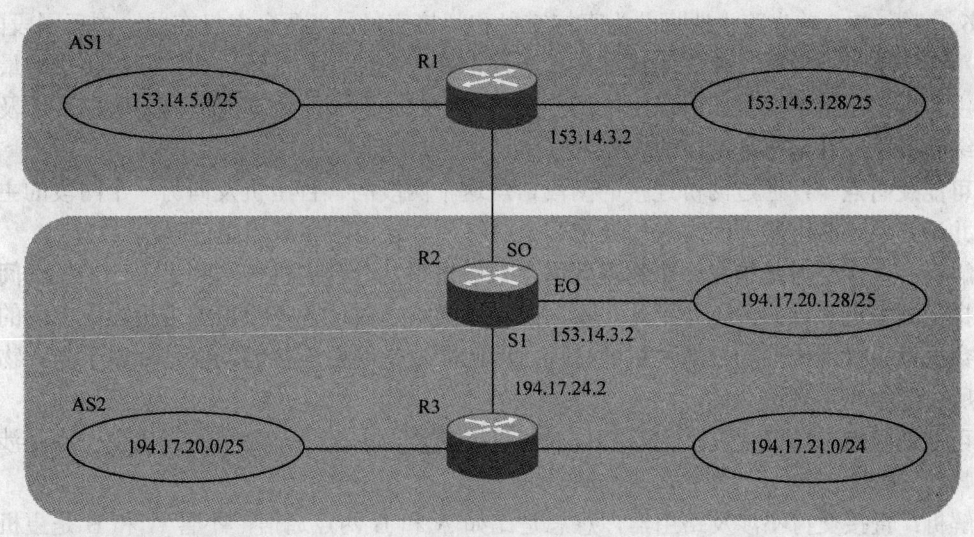

图 4-35　网络拓扑结构

请回答下列问题。

1）假设路由表结构如下表所示。请利用路由聚合技术，给出 R2 的路由表，要求包括到达图 4-35 所示中所有子网的路由，且路由表中的路由项尽可能少。

目的网络	下一跳	接口

2）若 R2 收到一个目的 IP 地址为 194.17.20.200 的 IP 分组，R2 会通过哪个接口转发该 IP 分组？

3)R1 与 R2 之间利用哪个路由协议交换路由信息？该路由协议的报文被封装到哪个协议的分组中进行传输？

习题答案

1．解析：C。在 TCP/IP 模型中，网络接口层的服务访问点是 MAC 地址；在网际层（也可称为网络层）使用的协议主要是 IP，其服务访问点便是 IP 地址；而传输层使用的主要协议为 TCP 和 UDP，TCP 使用的服务访问点为 TCP 的端口号，UDP 使用的服务访问点为 UDP 的端口号。

2．解析：A。拥塞是指在某段时间内，如果对网络中某一资源的需求超过了该资源提供的可用部分，网络的性能将明显变差。当网络中发生拥塞时，网络的性能将急剧下降，整个网络的吞吐量就会随着网络负载的增加而不断下降。在网络正常运行时，网络的吞吐量将随网络负载的增加而线性增加。因此，判断网络是否出现拥塞的依据是网络的吞吐量是否随着负载的增加而不断下降。

3．解析：C。路由器工作在网络层，所以路由器转发分组是根据报文的 IP 地址。

4．解析：C。本层及本层以下的协议可以不同，但是高层协议必须相同。例如，在数据链路层互连，物理层协议与数据链路层协议可以不同，但是网络层及其以上协议必须相同。

5．解析：D。TCP 属于传输层协议，FTP 属于应用层协议，只有 IP 和 ICMP 属于网络层协议。

6．解析：B。首先路由选择分为直接交付和间接交付，当两台主机在同一物理网段内时，就使用直接交付，反之，使用间接交付，所以 I 是正确的，II 是错误的；间接传送的最后一个路由器肯定是直接交付，所以III错误；直接交付时是在同一物理网段内，所以不涉及路由器。综上所述，II 和III是错误的。

可能疑问点一：通过网桥连接的网段，从这个网段的一台主机发向另一个网段的主机，中间并没有经过路由器，因为它们处在一个网络中。这也叫做直接交付吗？

解析：**直接交付是指在一个物理网络上**把数据报从一台主机传输到另一台主机。**间接交付**是指当源主机和目的主机分别处于不同的物理网络上时，数据报由源主机通过中间的路由器把数据报间接地传输到目的主机的过程。因此即使是网桥连接的，但是都属于同一物理网络，所以仍然属于直接交付。

可能疑问点二：书上说路由器将数据报直接交付给主机 A，这里的直接交付不是涉及路由器吗？

解析：直接交付不涉及路由器，意思是比如 A 和 B 两点通信，不管 A 和 B 是主机还是路由器，只需看中间过程是否经过路由器。经过，就是间接交付；不经过，就是直接交付。

7．解析：A。路由器转发一个分组的过程：先接收整个分组；然后对分组进行错误检查，如果出错，则丢弃错误的分组，否则存储正确分组；最后根据路由选择协议将正确的分组转发到合适的端口。这种机制称为存储转发机制。

8．解析：B。开环算法和闭环算法的目的是保证由源点产生的交通流不会把网络性能降低到指定的服务质量值之下。开环算法依据用户的协议限制进入网络的交通，从而阻止拥塞

的发生，所以 B 选项正确。如果服务质量不能被保证，那么网络不得不拒绝交通流。决定接受或拒绝交通流的功能称为**准入控制**。因此，开环算法包含某种类型的资源预留。

另外，闭环算法是在拥塞已经发生或即将发生时对它做出反应，典型的是依据网络的状态调节交通流。因此，必须把网络的状态反馈到调节交通的地点，所以人们把这种算法称为闭环。闭环算法在一般情况下都不使用资源预留。

9．解析：D。使用交换机（或者网桥）和使用路由器是连接两个不同网络的两种办法。交换机式网络实现在数据链路层上，它不需要理解网络层协议，整个网络互连是以数据链路层地址为基础的。而路由器式网络是在网络层的互连，它需要理解网络层的协议。

10．解析：C。路由器间接交付是在 IP 层上实行跨网段的交付，所以需要使用 IP 地址，间接交付的对象是 IP 数据报。

11．解析：C。路由器是网络互连的关键设备，其任务是转发分组。每个路由器都维护着一个路由表以决定分组的传输路径。当目的主机与源主机不在同一个网络中时，则应将数据报发送给源主机所在网络上的某个路由器，由该路由器按照转发表（由路由表构造的）指出的路由将数据报转发给下一个路由器。这种交付方式称为间接交付。为了提高路由器的查询效率和减少路由表的内容，路由表只保留到达目的主机的下一个路由器的地址，而不是保留通向目的主机的传输路径上的所有路由信息。因此，因特网的路由表的表项通常包含目的网络和到达该目的网络的下一个路由器的 IP 地址。

12．解析：B。静态路由又称为非自适应的算法，它不会根据流量和结构来调整它们的路由决策。但是这并不说明路由选择是不能够改变的，事实上用户可以随时配置路由表。动态路由称为自适应的算法，需要实时获得网络的状态，并且根据网络的状态适时地改变路由决策。

13．解析：D。RIP 即路由信息协议，OSPF 即开放最短路径优先协议，BGP 即边界网关协议。RIP 和 OSPF 协议属于内部网关协议，主要处理自治系统内部的路由选择问题；BGP 属于外部网关协议，主要处理自治系统之间的路由选择问题。

RIP 是一种分布式的基于距离-向量的路由选择协议。RIP 的距离也称为“跳数”，跳数越少，距离越短。RIP 优先选择距离短的路径。

OSPF 最主要的特征是使用分布式的链路状态协议。在 OSPF 协议中，路由器间彼此交换的信息是与本路由器相邻的所有路由器的链路状态，最终各自建立一个链路数据库，这个链路数据库实际上就是全网拓扑结构图。每个路由器使用链路状态数据库中的数据来构造自己的路由表。

由于 BGP 只是力求寻找一条能够到达目的网络且比较好的路由，而并非要寻找一条最佳路由，所以它采用的是路径-向量路由选择协议。在 BGP 中，每个自治系统选出一个 BGP 发言人，这些发言人通过相互交换自己的路径向量（即网络可达性的信息）后，就可找出到达各自治系统的比较好的路由。

14．解析：A。在因特网中，当一个路由器接收到一个 IP 分组时，路由器根据 IP 分组头部中的目的 IP 地址进行路由选择，并不改变源 IP 地址和目的 IP 地址的值。即使在 IP 分组被分片时，源 IP 分组的源 IP 地址和目的 IP 地址也将复制到每个分片的头部中。因此，在整个传输过程中，IP 分组中的源 IP 地址和目的 IP 地址都不发生变化。

需要提醒的是，MAC 帧在不同的网络上传送时，MAC 帧首部中的源地址和目的地址发生变化。

15．解析：D。路由选择协议是一些规定和过程的组合，使得在互联网中的各个路由器能够彼此互相共享路由信息。路由选择协议的功能包括获取网络拓扑结构的信息、构建路由表、在网络中更新路由信息、选择到达每个目的网络的最优路径、识别一个通过网络的无环通路等。发现下一跳的物理地址不属于路由选择协议的功能，一般通过其他方式来完成，如使用 ARP。

16．解析：D。为了减少路由器的负担，因特网通常采用的是基于下一跳的路由选择方法，发送 IP 数据报的源主机和转发数据报的中间路由器只指定到达目的主机的下一个路由器的 IP 地址，都不知道 IP 数据报需要经过的完整路径。

17．解析：B。在链路状态路由算法中，路由器通过交换每个结点到邻居结点的延迟或开销来构建一个网络的完整拓扑结构。得到了完整的拓扑结构后，路由器就使用 Dijkstra 最短路径算法来计算到所有结点的最短路径。

18．解析：B。采用了分层路由之后，路由器被划分为区域，每个路由器知道如何将分组路由到自己所在区域内的目标地址，但是对于其他区域内部结构毫不知情。当不同的网络被相互连接起来的时候，可以将每个网络当做一个独立的区域，这样做的好处是一个网络中的路由器不必知道其他网络的拓扑结构。

19．解析：C。前面已经用一句话来记住各个字段的计数单位，这句话是：不要总拿 1 条假首饰来骗我吧=不要**总**拿 **1** 条假**首 4** 来**偏**我 **8**，从这一句话中可以得出总长度的计数单位是 1B（8bit），首部长度的计数单位是 4B（32bit），位偏移的计数单位是 8B。

20．解析：B。从路由算法能否随网络的通信量或拓扑自适应地进行调整变化来划分，可分为两类：静态路由选择策略和动态路由选择策略。前者使用手动配置的路由信息，不能及时适应网络状态的变化。后者通过路由选择协议自动发现并维护路由信息，能及时适应网络状态的变化。

21．解析：C。收敛，就是当路由环境发生变化后，各路由器调整自己的路由表以适应网络拓扑结构的变化，最终达到稳定的状态。“收敛”得越快，路由器就越快适应网络拓扑结构的变化。

22．解析：D。

23．解析：C。所有形如 127.xx.yy.zz 的 IP 地址都作为保留地址，用于回路测试。

24．解析：B。由于 B 类地址的默认子网掩码是 255.255.0.0，而题目给的子网掩码为 255.255.255.0，可以看出从主机位拿了 8 位出来划分子网，最后只剩下 8 位来表示主机位，一共有 256（2^8）种可能，再去掉全“0”和全“1”的地址，所以每个子网可以有的主机数为 254。

25．解析：（1）A、（2）C。0.0.0.0 代表本网络，不能作为目的地址（如果某个 IP 分组是发往互联网的，则 0.0.0.0 可以成为**默认的目的 IP 地址**，但是指定两台主机通信则不能作为目的地址）；100.255.255.255 是 A 类广播地址，不能作为源地址。

26．解析：A。在 IP 首部中，标识域的用途是让目标主机确定一个新到达的分段属于哪一个数据报，用于重新组合分片后的 IP 数据报；而标志域中的 DF（是否不能分片）和 MF（是否后面还有分片）位都与分片有关；片偏移则是标志分片在 IP 数据报中的位置，重新组合分组的时候用到。

27．解析：C。为了解决由路由错误而形成的数据无限转发的问题，IPv4 在首部中设有生命期字段，数据报每经过一个路由器，路由器会将其生命期减 1，当生命期为 0 时，路由

器将不再转发数据报。

28．解析：C。本题考查划分子网的用途。划分子网可以增加子网的数量（也就是把一个大的网络划分成许多小的网络），子网之间的数据传输需要通过路由器进行，因此自然就减小了广播域的大小。

☞ **可能疑问点：** 有些考生可能觉得增加主机的数量也是正确的，错在哪里？

解析：可以这样去分析。例如，作为一个完整的 C 类网络，本身可容纳 254 台主机，如果对其进行划分子网，假设划分了 6 个子网，这 6 个子网所能容纳的主机数量相加会大于 254 吗（最后计算为可容纳 180 台主机）？显然不会，而且还会小于 254，因为子网号占据了主机位。其实，划分子网仅仅是使得 IP 地址的利用率提高，并不会增加主机的数量。

29．解析：A。在一条点对点的链路上，存在两台主机，即只需要给这个网络分配 2 位主机位（$2^2-2=2$）即可，所以说子网掩码应该为 11111111.11111111.11111111.11111100，即 255.255.255.252。

30．解析：C。NAT 协议保留了 3 段 IP 地址供内部使用，这 3 段地址见表 4-15。

表 4-15　3 段 IP 地址

IP 地址	掩码长度	主机数
10.0.0.0～10.255.255.255	8	16777216
172.16.0.0～172.31.255.255	12	1048576
192.168.0.0～192.168.255.255	16	65536

所以只有 C 选项是内部地址，不允许出现在因特网上。

31．解析：（1）D、（2）A。此题属于记忆性的题目（**相当重要**，2009 年真题最后一题不知道这个概念就做不出来），默认路由和子网掩码都是 0.0.0.0。

☞ **可能疑问点：** 在 25 题中讲解过，0.0.0.0 不能作为目的地址，那该题为什么说路由器的默认目标地址是 0.0.0.0，这不是矛盾了吗？

解析：书上说的 0.0.0.0 不能作为目的地址，是指两台主机正常情况通信所指的目的地址，也许就是因为它特殊，才被用来当做默认路由的目的地址和掩码，这个记住即可，无需深究！

32．解析：C。子网掩码的作用就是对网络进行重新划分，以实现地址资源的灵活应用。由于用户网络需要划分成 5 个子网，每个子网最多 20 台主机，$2^2<5<2^3$，$2^4<20<2^5$，因此需要采用 3 位的子网段和 5 位的主机段。所以网络段是 27 位，子网掩码是 255.255.255.224。

33．解析：B。B 类地址共有 16 位的主机号，最多可以有 65 536 个 IP 地址，但是还需要去掉全“0”和全“1”的情况，剩下 65 534 个主机。

34．解析：D。A 类地址总共有 7 位的网络号，最多可以有 128 个地址，同样也需要去掉全“0”和全“1”的情况，剩下 126 个网络地址可以分配。

35．解析：D。数据报被分片后，每个分片都将独立地传输到目的地，期间有可能会经过不同的路径，而最后在目的端主机分组被重组。

36．解析：A。10.255.255.255 为 A 类地址，而主机位是全“1”，代表网内广播，为广播地址；192.168.24.59/30 为 C 类地址，并可以知道只有后面 2 位为主机号，而 59 用二进制表示为 00111011，可以知道后面两位都为 1，即主机位是全“1”，代表网内广播，为广播地址；224.105.5.211 为 D 类组播地址。

37．解析：C。要清楚广播地址就是将主机位全部置为“1”，“/26”表示前 3 个字节都是网络段，最后一个字节的头两位也是网络段。前 3 个字节忽略，只解释最后一个字节。将 131 以二进制表示为 10000011。根据广播地址的定义，主机段全“1”即为广播地址，即 10111111，转换为十进制为 191，所以广播地址为 172.16.7.191。

38．解析：C。在这里只详细讲解一个地址块。例如，172.16.2.64/26，“/26”表示只有 6 位是主机号，而 64 的二进制表示是 01000000，所以最小地址和最大地址分别是 01**000000（64）**和 01**111111（127）**，即 172.16.2.64/26 的地址范围是 172.16.2.64～172.16.2.127。同理可以得出 172.16.2.96/26 的地址范围是 172.16.2.64～172.16.2.127；172.16.2.128/26 的地址范围是 172.16.2.128～172.16.2.191；172.16.2.192/26 的地址范围是 172.16.2.192～172.16.255。综上所述，地址 172.16.2.160 在 172.16.2.128/26 地址块内。

39．解析：（1）D、（2）A。本题主要考查子网掩码的求法。从地址块 172.16.1.12/20 中可以看出子网掩码为 20 个连续的“1”和 12 个“0”，即 11111111 11111111 11110000 00000000，转换成十进制为 255.255.240.0。由于拿出了 12 位作为主机号，所以一共可以连接 $2^{12}-2=4094$ 台主机。

40．解析：A。无类域间路由（Classless Inter-Domain Routing，CIDR）是一种将网络归并的技术。CIDR 技术的作用是把小的网络汇聚成大的超网。

41．解析：A。前两个字节和最后一个字节不做比较了，只比较第三个字节。

129→10000**001**

130→10000**010**

132→10000**100**

133→10000**101**

显然，这 4 个数字只有前 5 位是完全相同的，因此汇聚后的网络的第三个字节应该是 10000000→128。汇聚后的网络的掩码中“1”的数量应该有 8+8+5=21，因此答案是 202.118.128.0/21。

42．解析：C。动态主机配置协议（Dynamic Host Configuration Protocol，DHCP）提供了一种机制，使得使用 DHCP 自动获得 IP 的配置信息而不需要手工干预。

43．解析：A、B。地址解析协议（Address Resolution Protocol，ARP）用于将 IP 地址转换为物理地址。而 RARP 将物理地址转换为 IP 地址，由于在 DHCP 中包含了 RARP 的功能，所以目前很少有人使用 RARP。

☞ **可能疑问点：**DHCP 也可以将物理地址转换为 IP 地址，为什么不选？

解析：就好像定义域，比如现在求的定义域是[1，2]，照这么说[0，3]也是对的，因为包含了[1，2]，就是这个道理。

44．解析：B。主机 A 先使用 ARP 来查询本网络路由器的地址，然后每个路由器使用 ARP 来寻找下一跳路由器的地址，总共使用 4 次 ARP 从主机 A 网络的路由器到达主机 B 网络的路由器。然后，主机 B 网络的路由器使用 ARP 找到主机 B，所以总共使用 4+2=6 次 ARP。

45．解析：（1）C、（2）A。由于不知道目标设备的 MAC 地址在哪里，所以 ARP 请求必须使用广播方式。但是 ARP 请求包中包含发送方的 MAC 地址，因此应答的时候就应该使用单播方式了。

46．解析：C。

47．解析：D。网际报文控制协议（ICMP）属于 IP 层协议。ICMP 报文作为 IP 层数据报的数据，加上 IP 数据报的首部，组成 IP 数据报发送出去。

48．解析：C。拥塞是无连接传输机制面临的严重问题。由于路由器或者主机无法为数据报分配足够的缓冲区，可能出现大量数据报涌入同一个路由器或者主机的情况，导致路由

器或者主机被“淹没”，这就是拥塞（Congestion）。拥塞控制有很多办法，在 TCP/IP 体系中，ICMP 采用的是“源抑制”方法，即当路由器或者主机因拥塞而丢掉数据报时，它就向数据报的源主机发送源抑制报文，抑制源主机发送数据报的速率。

49．解析：B。当路由器无法转发或者传送 IP 数据报时，向初始源点发回一个目的站不可达报文。目的站不可达报文的代码字段包含了进一步描述问题的整数，以表明不可达的原因，如端口不可达、目的网络未知、目的主机未知等。

50．解析：C。IPv6 地址使用了 16B，即 128bit，其地址空间是 2^{128}，从根本上解决了 IPv4 地址耗尽的问题。

51．解析：D。在 IPv6 中不允许分片，因此如果路由器发现到来的数据报太大而不能转发到链路上，则丢弃该数据报，并向发送方发送一个分组太大的 ICMP 报文。

52．解析：D。IPv6 去掉了校验和域，它不会计算头部的校验和，因为计算校验和会极大地降低性能。而现在往往使用了可靠的网络层。IPv6 的头部长度是固定的，因此不需要头部长度域。IPv6 允许在源结点分片，不允许由报文传递路径上的路由设备来进行分片。

53．解析：D。IPv6 的表示法为分成 8 组来表示，每个组含有 4 个十六进制的数字，组之间使用冒号隔开。IPv6 简化写法的规则是 16 个“0”位构成的一个或者多个组可以用一对冒号来代替；每个组的前导的“0”可以省略。题目中给出的简化写法中只有 5 组，所以在一对冒号处省略了 3 组全“0”。然后将不满 4 个十六进制数字的组的前导“0”补上就可以得到原来的 IPv6 地址了。

54．解析：B。属于不同域之间的路由器交换信息需要使用 BGP，本题属于记忆性的题目。

55．解析：B、A、C。此题属于记忆性的题目，RIP 处于 UDP 的上层，RIP 所接收的路由信息都封装在 UDP 数据报中；OSPF 协议位于网络层，由于要交换的信息量较大，应使报文的长度尽量短，所以采用 IP；BGP 需要在不同的自治系统之间交换路由信息，由于网络环境复杂，需要保证可靠地传输，所以使用了 TCP。

56．解析：C。

提醒：16 这个数字在计算机网络出现的次数很多，如处理冲突的退避算法也是达到 16 次还没成功就丢弃该帧，并向高层报告等，在复习的过程中还会碰到其他关于 16 的规定。

57．解析：B。RIP 规定要使得一条路径是可达的，最大的跳数就是 15（也就是说一条路径上最多只能包含 15 个路由器），一旦到了 16 就认为是不可达，所以 B 选项是错误的，其他 3 个选项都是 RIP 的特点。

58．解析：A。此题属于记忆性的题目，OSPF 协议使用 Hello 分组来保持与其邻居的连接。

59．解析：B。

60．解析：A。开放最短路径优先（OSPF）协议是一种用于自治系统内的路由器之间的协议（B 选项错误）。它是一种基于链路状态路由选择算法的协议（C 选项错误），能够适应大型全局 IP 网络的扩展，支持可变长子网掩码，所以 OSPF 协议可以用于管理一个受限地址域的中大型网络（D 选项错误）。

OSPF 协议维护一张它所连接的所有链路状态信息的邻居表和拓扑数据库，使用组播链路状态更新（Link State Update，LSU）报文实现路由更新，并且只有当网络已经发生变化时才传送 LSU（C 选项错误）。OSPF 协议不是传送整个路由表，而是传送受影响的路由更新报文。

61．解析：D。边界网关协议（BGP）是一个自治系统之间（或域间）的路由协议，它用来在 BGP 路由器间交换网络可达性信息。BGP 是一个通路向量协议，它通告前往目的地的一条完整路径信息，如 10.11.21.1/24 可以通过 AS2、AS4、AS5 到达。

62．解析：D。第 55 题就讲过 BGP 的实现中使用 TCP 来传输信息，所以 BGP 报文封装在 TCP 报文中传送。

63．解析：B。Internet 由很多自治系统（AS）组成，在 AS 之间进行路由就要用到 BGP。BGP 的产生和完善经历了较长的时间，最初的 BGP 出现在 1989 年，称为 BGPv1，这是一个不支持 CIDR 技术的协议。经过多年发展到现在 BGPv4 版本，目前的 BGP 已经支持 CIDR 技术，并且支持路由汇聚，是一个很完善的网关协议，所以选项 B 错误。

BGP 路由器使用 TCP 端口 179 相互建立对等会话，进行邻居协商成为对等实体，然后利用对等信息创建所涉及的所有自治系统的无环路地图，也可以称为 BGP 树。一旦创建了 BGP 树，它们就开始交换路由信息，对等实体会首先交换它们的整张路由表，网络产生变化后交换路由表中新增的反映网络变化的更新路由，并且随时交换 Keepalive 消息确定对方是否还是活动的。边界网关协议 BGP 只能是力求寻找一条能够到达目的网络且比较好的路由（只要不转圈就可以），而并非要寻找一条最佳路由，所以选项 C 正确；选项 D 看第 62 题解析，所以选项 D 正确。

64．解析：B。本题考查组播地址的概念。组播地址的格式如下：

1110	组播地址

使用点分十进制表示的范围是 224.0.0.0～239.255.255.255，4 个选项中只有 B 是在这个区间内的。

65．解析：D。组播数据报在传输的过程中，若遇到不运行组播路由器的网络，路由器就对组播数据报进行再次封装，使之成为一个单一目的站发送的单播数据报。通过隧道之后，再由路由器剥去其首部，使其又恢复成原来的组播数据报，继续向多个目的站转发。

66．解析：D。如果一个站点的用户希望实现漫游，那么它必须先创建一个本地代理；如果一个站点允许其他的访问者进到它的网络中，那么它必须创建一个外部代理。当移动主机在一个外地站点中启动的时候，它与当地的外部代理联系，并且进行注册。然后，外部代理与该用户的本地代理进行联系，并且交给它一个转交地址。

67．解析：A。当一个分组到达用户的本地局域网中的时候，它被转发给某一台与局域网相连接的路由器。该路由器寻找目标 IP 主机，这时候本地代理响应该请求，并且接收该分组。然后将这些分组封装到一些新 IP 分组中，并将新分组发送给外部代理。外部代理将原分组分解出来后，移交给移动后的主机。

68．解析：B。因为所有路由器都是按照子网来安排路由表的，所以所有发往主机 160.80.40.20/16 的分组都会被发送到 160.80/16 子网中。当主机离开了这个子网的时候，自然就不能直接接收和直接发送分组了，但是可以通过转交地址来间接接收和发送分组。

69．解析：A。集线器是物理层的设备，交换机和网桥都是数据链路层的设备，广播域是网络层的概念，网络层以下的设备是不可能分隔广播域的。而路由器是网络层的设备，它能够分隔广播域。

70．解析：C。路由器是第三层设备，要处理的内容比第二层设备交换机要多，因而转发速度比交换机慢，所以选项 A 错误；虽然一些路由协议可以将延迟作为参数进行路由选择，

但路由协议使用最多的参数是传输距离，此外还有其他的一些参数，所以选项 B 错误；路由器只能够根据 IP 地址进行转发，所以选项 D 错误。

71．解析：C。路由器是网络层的设备，所以它也必须要实现网络层以下的功能，也就是物理层与数据链路层的功能。而传输层和应用层是在网络层之上的，它们使用网络层的接口，路由器不实现它们的功能。

72．解析：D。路由器的路由选择部分包括了 3 个部分：①路由选择处理器，它根据所选定的路由选择协议构造出路由表，同时和相邻路由器交换路由信息；②路由选择协议，路由器用来更新路由表的算法；③路由表，它是根据路由算法得出的，一般包括从目的网络到下一跳的映射。

73．解析：D。分组转发部分由 3 部分组成：①交换结构，用来根据转发表对分组进行处理，将从某个输入端口进入的分组从一个合适的输出端口转发出去；②输入端口，包括物理层、数据链路层和网络层的处理模块；③输出端口，它负责从交换结构接收分组，然后将它们发送到路由器外面的线路上。

74．解析：转发即当一个分组到达的时候所采取的动作，在路由器中每个分组到达的时候对路由器进行处理，路由器在路由表中查找分组所对应的输出线路。通过查得的结果，将分组发送到正确的线路上去。

路由算法是网络层软件的一部分，它负责确定一个进来的分组应该被传送到哪一条输出线路上。路由算法负责填充和更新路由表，转发功能则根据路由表的内容来确定当每个分组到来的时候应该采取什么动作（如从哪个端口转发出去）。

75．解析：由于因特网的每台主机都要分配一个唯一的 IP 地址，所以分配的 IP 地址很多，这将使路由器的路由表变得很大，进而影响了路由器在进行路由选择时的工作效率。解决这个问题的方法就是将一个大的网络划分为几个较小的网络，每个小的网络称为一个子网。

当一个分组到达一个路由器时，路由器应该能够判断出 IP 地址的网络号。子网掩码用来判断 IP 地址的哪一部分是网络号与子网号，哪一部分是主机号。为了完成这种分离，路由器将对 IP 地址和子网掩码进行“与”运算。

76．解析：

1）这种说法是错误的，ARP 不是向网络层提供服务，它本身就是网络层的一部分，帮助向传输层提供服务。数据链路层不存在 IP 地址的问题。数据链路层协议如 HDLC 和 PPP，它们把比特串从线路的一端传送到另一端。

2）ARP 将保存在高速缓存中的每一个映射地址项目都设置生存时间（如 10～20min）。凡超过生存时间的项目就从高速缓存中删除掉。设置这种地址映射项目的生存时间是很重要的。设想有一种情况，主机 A 和 B 通信，A 的 ARP 高速缓存里保存有 B 的物理地址，但 B 的网卡突然坏了，B 立即更换了一块网卡，因此 B 的物理地址就发生了变化。A 还要和 B 继续通信。A 在其 ARP 高速缓存中查找到了 B 原先的硬件地址，并使用该硬件地址向 B 发送数据帧，但 B 原先的硬件地址已经失效了，因此 A 无法找到主机 B。但是过了一段时间，A 的 ARP 高速缓存中已经删除了 B 原先的硬件地址（因为它的生存时间到了），于是 A 重新广播发送 ARP 分组，又找到了 B。

时间设置太大，造成 A 一直空等而产生通信时延，网络传输缓慢。若太小，有可能网络状况不好时，B 暂时没有答应 A，但 A 已经认为 B 的地址失效，A 重新发送 ARP 请求分组，造成通信时延。

77．解析：数据报去头为 4000B−20B=3980B，1500B 去头为 1500B−20B=1480B；2<3980/1480<3，所以应该划分为 3 个数据报片，长度分别为 1480B、1480B、1020B；片偏移字段分别为 0、1480/8=185、2960/8=370；MF 标志位（表示后面是否还有分片）分别为 1、1、0。详细答案见表 4-16。

表 4-16　各数据报片的数据字段长度、片偏移字段和 MF 标志

	总长度/B	数据长度/B	MF	片偏移
原始数据报	4000	3980	0	0
数据报片 1	1500	1480	1	0
数据报片 2	1500	1480	1	185
数据报片 3	1040	1020	0	370

78．解析：首部的错误要比数据的错误更加严重。假设首部中的地址发生了错误，那么就可能导致分组被发送到错误的主机上。有许多主机其实并不检查转发给它们的分组的地址是否正确，主机假设网络层永远不会将分组发送到错误的地址上。

另外，校验数据的开销比较大，路由器如果要校验数据花费的代价太大。而且上层软件经常会对数据进行校验，那么在网络层再校验一次数据就显得多余了。

79．解析：首先列出 IP 首部的格式，然后按照这个格式来解析题目给出的首部数据。IPv4 的首部格式如图 4-36 所示。

32 位

0　3 4　7 8　15 16　31

<table>
<tr><td>版本</td><td>IHL</td><td>服务类型</td><td colspan="3">总长度</td></tr>
<tr><td colspan="3">标识</td><td>D F</td><td>M F</td><td>分段偏移</td></tr>
<tr><td colspan="2">生命期（TTL）</td><td>协议</td><td colspan="3">头部校验和</td></tr>
<tr><td colspan="6">源地址</td></tr>
<tr><td colspan="6">目标地址</td></tr>
<tr><td colspan="6">选项</td></tr>
</table>

图 4-36　IP 数据报首部格式

1）根据以上的分析，可以得出源 IP 地址是第 13、14、15、16 字节，也就是 C0 A8 01 01，转换为十进制表示得到源 IP 地址为 192.168.1.1。目标 IP 地址是第 17、18、19、20 字节即 D8 03 E2 15，转换为十进制表示得到目标 IP 地址为 216.3.226.21。

2）IP 数据报的总长度域是 IP 头部的第 3、4 字节，即 00 30，转换为十进制表示得到该 IP 数据报的长度是 48。而头部长度为 IHL 域，是第 1 字节的后 4 个位表示，根据题目的数据 IHL 值是 5，再将 IHL 的值乘以 4 即得到头部的长度为 20。

3）是否分片的标识在 IP 数据报头的第 7 字节的第 7 位表示，那么该分组的第 7 字节为 40，对应第 7 位是“1”，即 DF 位置为“1”表示没有分片。

4）协议域是第 10 字节，值为 06，用于表示传输层的协议，根据 RFC 标准“6”表示的是 TCP 协议。

80．解析：A 类地址以 1～126 开头，B 类地址以 128～191 开头，C 类地址以 192～223

开头，因此可得各 IP 地址的类别，见表 4-17。

表 4-17　IP 地址的网络类别

IP 地址	类别
128.36.199.3	B 类网
21.12.240.17	A 类网
183.194.76.253	B 类网
192.12.69.248	C 类网
89.3.0.1	A 类网
200.3.6.2	C 类网

81．解析：子网掩码由一连串“1”和一连串“0”组成，“1”代表网络号和子网号，“0”对应主机号。解答时，将点分十进制记法的地址转化成二进制的记法，结合子网掩码的定义和 IP 地址的分类方法，最后还要注意全“0”和全“1”的情况。

1）可以代表 C 类地址对应的默认子网掩码，当然也可以代表 A 类和 B 类地址的掩码（划分子网后的），前 24 位决定网络号和子网号（如果是 C 类就不存在子网号了），后 8 位决定主机号。

2）255.255.255.248 转化成二进制序列为 11111111 11111111 11111111 11111000，根据掩码的定义，后 3 位是主机号，一共可以表示 8 个主机号，千万别忘记了除去全“0”和全“1”的两个，所以该网络可以连接 6 台主机。

3）子网掩码的形式是一样的，都是 255.255.255.0，但是子网数目不一样，前者为 65 534（$2^{16}-2$），后者为 254（$2^{8}-2$）。

4）255.255.240.0 转化为二进制是 11111111 11111111 11110000 00000000，它是 B 类地址的子网掩码，主机地址域为 12bit，所以每个子网的主机数最多为 $2^{12}-2=4094$。

5）选这个题目是为了让考生明白子网掩码不一定是先一连串“1”，接着一连串“0”，可以是相间的，但是一般不这么使用，千万不要说这种子网掩码是不合法的。子网掩码 255.255.0.255 的意思是使用前面 16 位和后面 8 位作为网络号，点到为止，不再解释了，不然会越来越糊涂。总之，记住一点，子网掩码可以是“0”“1”相间的，但是做题的时候千万不要这么去写。

6）用点分十进制表示该 IP 地址是 194.47.20.129，所以为 C 类地址。

82．解析：

1）先将 128.96.39.10 转换成二进制分别和各个子网掩码进行与操作。128.96.39.10 转换成二进制为 10000000 01100000 00100111 00001010，将其和子网掩码 11111111 11111111 11111111 10000000（255.255.255.128）进行与操作（同时为“1”才为 1），可以得出最后的结果为 128.96.39.0，与第一行的网络号一样，所以从接口 0 转发出去。

2）和 1）的方法一样，先转成二进制，再和 11111111 11111111 11111111 10000000 进行“与”操作，得到的结果是 128.96.40.0，所以下一跳为路由器 R2。

3）和 1）的方法一样，先转成二进制，再和 11111111 11111111 11111111 10000000 进行“与”操作，得到的结果是 128.96.40.128，发现前 3 行没有一个匹配。然后再和 11111111 11111111 11111111 11000000（255.255.255.192）进行“与”操作，其结果为 128.96.40.128，仍然没有匹配的，所以应该选择默认路由，即下一跳为路由器 R4。

4）和 1）的方法一样，最后发现和 11111111 11111111 11111111 11000000（255.255.255.192）进行“与”操作的结果为 192.4.153.0，匹配了，说明下一跳为路由器 R3。

5）和 3）的情况一样，同两个子网掩码相与之后都不匹配，所以下一跳为路由器 R4。

83．解析：本题考查子网划分的具体应用。这是一个 B 类地址，而子网掩码为 255.255.255.0，说明在主机位拿出了 8 位来划分子网，所以现在一共可以划分 $2^{8}-2=254$ 个子网。可以在这 254 个里面随机挑选 16 个作为子网号，而每个子网可以拥有 254 台主机，254×16>4000，所以可以满足要求，分配情况见表 4-18。

表 4-18　子网划分情况表

子网号	主机号码最小值	主机号码最大值
1（00000001）	1	254
2（00000010）	1	254
3（00000011）	1	254
4（00000100）	1	254
5（00000101）	1	254
6（00000110）	1	254
7（00000111）	1	254
8（00001000）	1	254
9（00001001）	1	254
10（00001010）	1	254
11（00001011）	1	254
12（00001100）	1	254
13（00001101）	1	254
14（00001110）	1	254
15（00001111）	1	254
16（00010000）	1	254

84．解析：已知有 212.56.132.0/24，212.56.133.0/24，212.56.134.0/24，212.56.135.0/24 地址块，$212=(11010100)_2$，$56=(00111000)_2$。

由于这 4 个地址块的第 1、2 字节相同，考虑它们的第 3 字节：

$$132=(\mathbf{100001}00)_2$$
$$133=(\mathbf{100001}01)_2$$
$$134=(\mathbf{100001}10)_2$$
$$135=(\mathbf{100001}11)_2$$

所以共同的前缀有 22 位，即 11010100 00111000 100001，聚合的 CIDR 地址块是 212.56.132.0/22。

📖 **补充知识点：**由于一个 CIDR 地址块可以包含很多地址，因此路由表中就利用 CIDR 地址块来查找目的网络，这种地址的聚合常称为路由聚合。实际上就是提取各地址（块）的公共网络前缀组成一个新的地址块，恰好包含原来所有的地址块。

85．解析：这种题目的做法就是先将地址转化成二进制表示，然后看前缀是否有重复的地方。

208.128/11 的前缀为 11010000 100，208.130.28/22 的前缀为 11010000 10000010 000101。208.130.28/2 前缀的前 11 位与 208.128/11 的前缀是一致的，所以 208.128/11 包含了 208.130.28/22 这一地址块。

86．解析：分配网络前缀应先分配地址数较多的前缀。记住这种原则肯定不会错，当然不按照这个也行，但是会碰到出错的情况。例如，有一个网络需要分配 60 台机器，放在最后，网络号都占用了 4 位，而前面却把网络号短的给了只有几台主机的网络，这样分配极其不合

理。已知该自治系统分配到的 IP 地址块为 30.138.118/23。

LAN3：主机数 150，由于（2^7−2）<150+1<（2^8−2），因此主机号为 8bit，网络前缀为 24。取第 24 位为 0，分配地址块 30.138.118.0/24（150+1 里面的 1 是路由器也要占用一个 IP 地址）。

LAN2：主机数 91，由于(2^6−2)<91+1<（2^7−2），因此主机号为 7bit，网络前缀为 25。取第 24、25 位为 10，分配地址块 30.138.119.0/25。

LAN5：主机数为 15，由于（2^4−2）<15+1<（2^5−2），因此主机号为 5bit，网络前缀为 27。取第 24、25、26、27 位为 1110，分配的地址块为 30.138.119.192/27。

LAN1：共有 3 个路由器，至少需要 4 个 IP 地址。由于（2^2−2）<3+1<（2^3−2），因此主机号为 3bit，网络前缀为 29。取第 24、25、26、27、28、29 位为 111101，分配的地址块为 30.138.119.232/29。

☞ **可能疑问点**：为什么 3+1，这个 1 是什么？

解析：因为这是一个自治系统，肯定还要有一个边界路由器与其他自治系统相连，所以要留出一个端口，故需要占一个 IP 地址。

LAN4：主机数为 3，由于（2^2−2）<3+1<（2^3−2），因此主机号为 3bit，网络前缀为 29。取第 24、25、26、27、28、29 位为 111110，分配的地址块为 30.138.119.240/29。

87．解析：

1）将 IP 地址空间 202.118.1.0/24 划分为两个子网，可以从主机位拿出 1 位来划分子网，剩余的 7 位用来表示主机号（2^7−2>120，满足要求），所以两个子网的子网掩码都为 11111111 11111111 11111111 10000000，即 255.255.255.128。所划分的两个子网的网络地址分别为 202.118.1.**0**0000000 和 202.118.1.**1**0000000（为了理解方便将最后一个字节用二进制表示，这样可以看清楚子网的划分过程），即 202.118.1.0 和 202.118.1.128。

综上所述，划分结果如下：

子网 1：202.118.1.0，子网掩码为 255.255.255.128。

子网 2：202.118.1.128，子网掩码为 255.255.255.128。

或者写成：

子网 1：202.118.1.0/25；

子网 2：202.118.1.128/25。

2）下面分两种情况：

① 假设子网 1 分配给局域网 1，子网 2 分配给局域网 2；路由器 R1 到局域网 1 和局域网 2 是直接交付的，所以下一跳 IP 地址可以不写（打一横即可），接口分别是从 E1、E2 转发出去；路由器 R1 到域名服务器是属于特定的路由，所以子网掩码应该为 255.255.255.255（只有和全“1”的子网掩码相与后才能 100%保证和目的网络地址一样，从而选择该特定路由），而路由器 R1 到域名服务器应该通过接口 L0 转发出去，下一跳 IP 地址应该是路由器 R2 的 L0 接口，即 IP 地址为 202.118.2.2；路由器 R1 到互联网属于默认路由（记住就好），而前面已经提醒过，默认路由的目的网络 IP 地址和子网掩码都是 0.0.0.0，而路由器 R1 到互联网应该通过接口 L0 转发出去，下一跳 IP 地址应该是路由器 R2 的 L0 接口，即 IP 地址为 202.118.2.2。详细答案见表 4-19。

② 假设子网 1 分配给局域网 2，子网 2 分配给局域网 1，中间过程几乎一样，答案见表 4-20。

表 4-19 R1 和 R2 的路由表 1

目的网络地址	子网掩码	下一跳 IP 地址	接口
202.118.1.0	255.255.255.128	—	E1
202.118.1.128	255.255.255.128	—	E2
202.118.3.2	255.255.255.255	202.118.2.2	L0
0.0.0.0	0.0.0.0	202.118.2.2	L0

表 4-20 R1 和 R2 的路由表 2

目的网络地址	子网掩码	下一跳 IP 地址	接口
202.118.1.128	255.255.255.128	—	E1
202.118.1.0	255.255.255.128	—	E2
202.118.3.2	255.255.255.255	202.118.2.2	L0
0.0.0.0	0.0.0.0	202.118.2.2	L0

3）首先将 202.118.1.0/25 与 202.118.1.128/25 聚合，聚合的地址为 202.118.1.0/24（只有前面 24 位一样），显然子网掩码为 255.255.255.0，路由器 R2 经过接口 L0，下一跳为路由器 R1 的接口 L0，IP 地址为 202.118.2.1，所以路由表项见表 4-21。

88．解析：观察地址的第二个字节，其二进制表示为 00100000，前缀 12 位，说明第二个字节的前 4 位在前缀中，给出 4 个地址的第二个字节的前 4 位分别是 0010、0100、0011 和 0100，因此只有 1）和 86.32/12 匹配。

表 4-21 R2 的路由表

目的网络地址	子网掩码	下一跳 IP 地址	接口
202.118.1.0	255.255.255.0	202.118.2.1	L0

89．解析：

1）要知道使用 CIDR 时，可能会导致有多个匹配结果，但是应该遵循一个原则：应当从匹配结果中选择具有最长网络前缀的路由。网络前缀 142.150.0.0/16（即 142.150）和 142.150.71.132 是相匹配的，因为前面 16 位都相同。下面来一一分析表 4-12 中 4 项的匹配性。

① 142.150.64.0/24 和 142.150.71.132 是不匹配的，因为前 24 位不相同。

② 142.150.71.128/28 和 142.150.71.132 前 24 位是匹配的，只需看后面 4 位是否一样，128 转换成二进制是 **10000**000，132 转换成二进制是 **10000**100，所以前面 5 位一样，匹配了，且匹配了 28 位。

③ 142.150.71.128/30 和 142.150.71.132 前 24 位是匹配的，只需看后面 6 位是否一样，前面已经计算过，只有前面 5 位一样，第 6 位不一样，所以不匹配。

④ 前面讲过 142.150.0.0/16 和 142.150.71.132 是匹配的，且匹配了 16 位。

综上所述，只有 2）和 4）匹配，且 2）匹配的位数比 4）长，再根据最长匹配原则，应当从匹配结果中选择具有最长网络前缀的路由，所以应当选取第二项的下一跳地址 B。

2）要想该路由表项使以 142.150.71.132 为目的地址的 IP 分组选择“A”作为下一跳，而不影响其他目的地址的 IP 分组转发，这个道理很简单，只需要构造一个网络前缀和该地址匹

配 32 位，所以路由器可以增加这样一条表项：

142.150.71.132/32	A

3）这里考查的是默认路由的概念，增加的表项如下：

默认路由	E

4）将 142.150.64.0/24 划分为 4 个规模尽可能大的等长子网，只需要 2 位（在分类的 IP 地址中，不能使用全“0”或全“1”的子网号，但在 CIDR 中可以使用）。所以子网块地址分别为 142.150.64.**00**000000、142.150.64.**01**000000、142.150.64.**10**000000、142.150.64.**11**000000，即 142.150.64.0/26、142.150.64.64/26、142.150.64.128/26、142.150.64.192/26。子网掩码都是 11111111 11111111 11111111 11000000，即 255.255.255.192。关于可分配地址范围只详细讲解一个：142.150.64.00000000/26，因为主机号为后面 6 位，所以地址范围为 142.150.64.00**000001**～142.150.64.00111110（全“0”和全“1”都去掉），即 142.150.64.1～142.150.64.62。其他 3 个以此类推，最后的详细答案见表 4-22。

表 4-22 4 个子网的子网掩码和可分配地址范围

子网地址块	子网掩码	可分配地址范围
142.150.64.0/26	255.255.255.192	142.150.64.1～142.150.64.62
142.150.64.64/26	255.255.255.192	142.150.64.65～142.150.64.126
142.150.64.128/26	255.255.255.192	142.150.64.129～142.150.64.190
142.150.64.192/26	255.255.255.192	142.150.64.193～142.150.64.254

90. 解析：

将表 4-14 中的距离都加 1，并把下一跳路由器都改为 R2，得到表 4-23。

把表 4-23 的每一行和表 4-13 进行比较。

第一行的 10.0.0.0 在表 4-13 中有，但下一跳路由器不相同。于是就要比较距离，新的路由信息的距离是 5，大于原来表中的 0，因此不更新。

第二行的 30.0.0.0 在表 4-13 中有，但下一跳路由器不相同。于是就要比较距离，新的路由信息的距离是 5，小于原来表中的 7，因此需要更新。

第三行的 40.0.0.0 在表 4-13 中有，且下一跳路由器也是 R2，因此要更新（距离没变）。

第四行的 41.0.0.0 在表 4-13 中没有，因此要将这一行添加到表 4-13 中。

第五行的 180.0.0.0 在表 4-13 中有，且下一跳路由器也是 R2，因此要更新（距离增大了）。

综上所述，路由器 R1 的路由表更新后得到表 4-24。

表 4-23 改变后 R2 的广播报文

目的网络	距离	下一跳
10.0.0.0	5	R2
30.0.0.0	5	R2
40.0.0.0	3	R2
41.0.0.0	4	R2
180.0.0.0	6	R2

表 4-24 路由器 R1 更新后的路由表

目的网络	距离	下一跳
10.0.0.0	0	直接
30.0.0.0	5	R2
40.0.0.0	3	R2
41.0.0.0	4	R2
45.0.0.0	4	R8
180.0.0.0	6	R2
190.0.0.0	10	R5

91. 解析：RIP 处于 UDP 的上层，RIP 所接收的路由信息都封装在 UDP 数据报中；OSPF 的位置位于网络层，

由于要交换的信息量较大，所以应使报文的长度尽量短，采用 IP；BGP 需要在不同的自治系统之间交换路由信息，由于网络环境复杂，需要保证可靠地传输，所以使用了 TCP。

内部网关协议主要是设法使数据报在一个自治系统中尽可能有效地从源站传送到目的站，在一个自治系统内部并不需要考虑其他方面的策略，然而 BGP 使用的环境却不同，主要有以下 3 个原因：①因特网规模太大，使得自治系统之间的路由选择非常困难；②对于自治系统之间的路由选择，要寻找最佳路由是不现实的；③自治系统之间的路由选择必须考虑有关策略。由于上述情况，边界网关协议（BGP）只能是力求寻找一条能够到达目的地网络且比较好的路由，而并非寻找一条最佳路由，所以 BGP 不需要像 RIP 那样周期性和邻站交换路由信息。

92．解析：零压缩是指一连串的“0”可以用一对冒号表示，前导“0”也可以省略（如 00FF 可以写成 FF）。例如，FF05:0000:0000:0000:0000:0000:0000:00B3 可以写成 FF05::B3，所以答案如下：

1）::F53:6382:AB00:67DB:BB27:7332

2）::4D:ABCD

3）::AF36:7328:A:87AA:398

4）2819:AF::35:CB2:B271

93．解析：IGMP 是用来进行组播的，采用组播协议可以明显地减轻网络中各种资源的消耗，IP 组播实际上只是硬件组播的一种抽象；IGMP 只有两种分组，即**询问分组**和**响应分组**。IGMP 使用 IP 数据报传递其报文，但它也向 IP 提供服务；IGMP 属于整个网际协议 IP 的一个组成部分，IGMP 也是 TCP/IP 的一个标准。

94．解析：当一台主机进入一个区域的时候，不管它是直接通过电缆连接到网络中，还是通过漫游方式进入到无线蜂窝单元中，该主机必须在外部代理那里注册自己。注册过程通常如下所述：

1）每个外部代理周期性地广播一个分组，宣布它的存在以及地址。一个新到达的移动主机可能会等待这样的消息，但是如果这样的消息不能够很快到来，那么移动主机可以广播一个询问分组：这里有外部代理吗？

2）移动主机向外部代理请求注册，提供自己的主地址、当前的数据链路层地址以及一些安全信息。

3）外部代理与移动主机的本地代理进行联系，告诉它：你的一个主机在我这里。从外部代理发送到本地代理的消息中包含了外部代理的网络地址。该消息也包含了相应的安全信息，以便让本地代理确信该移动主机确实在这个外部代理处。

4）本地代理对安全信息进行检查，在安全信息中包含了一个时间戳，通过这个时间戳可以证明该消息是刚刚（几秒钟内）产生的。如果安全检查通过，则本地代理告诉外部代理可以继续进行。

5）外部代理得到了来自本地代理的确认之后，在本地表中加入一个表项，并通知移动主机注册已经完成。

95．解析：1）在 AS1 中，子网 153.14.5.0/25 和子网 153.14.5.128/25 可以聚合为子网 153.14.5.0/24；在 AS2 中，子网 194.17.20.0/25 和子网 194.17.21.0/24 可以聚合为子网 194.17.20.0/23，但缺少 194.17.20.128/25；子网 194.17.20.128/25 单独连接到 R2 的接口 E0。

于是可以得到 R2 的路由表（见表 4-25）：

表 4-25　R2 的路由表

目的网络	下一跳	接口
153.14.5.0/24	153.14.3.2	S0
194.17.20.0/23	194.17.24.2	S1
194.17.20.128/25	—	E0

2）该 IP 分组的目的 IP 地址 194.17.20.200 与路由表中 194.17.20.0/23 和 194.17.20.128/25 两个路由表项均匹配，根据最长匹配原则，R2 将通过 E0 接口转发该 IP 分组。

补充：有些考生不是很明白为什么要满足最长匹配原则？

解析：其实这个用专业术语解释比较绕口。用生活的场景想必会更通俗易懂点。例如，我要邮寄一个包裹给我的同学，然后我把 3 个地址给快递人员：浙江省杭州市、浙江省杭州市西湖区、浙江省杭州市西湖区浙江大学玉泉校区。

其实以上 3 个地址都是正确的，即匹配。但是作为快递人员（路由器）会去选择哪一个呢？当然是会选择第三个，因为子网掩码长度越长，地址就会越具体，就能越快地找到目的地。

3）因为路由器 R1 和路由器 R2 属于不同自治系统，所以应该使用外部网关协议 BGP4（或 BGP）协议交换路由信息。而 BGP4 的报文被封装到 TCP 协议段中进行传输。各种路由协议请参考表 4-26。

表 4-26　RIP、OSPF、BGP 协议总结

主要特点	RIP	OSPF	BGP
网关协议	内部	内部	外部
路由表内容	目的网络，下一跳，距离	目的网络，下一跳，距离	目的网络，完整路径
最优通路依据	跳数	费用	多种有关策略
算法	距离-向量协议	链路状态协议	路径-向量协议
传送方式	传输层 UDP	IP 数据报	建立 TCP 连接
其他	简单、效率低、跳数为 16 不可达；好消息传得快，坏消息传得慢	效率高、路由器频繁交换信息，难维持一致性；规模大、统一度量为可达性	

第5章 传输层

大纲要求

（一）传输层提供的服务

1．传输层的功能

2．传输层寻址与端口

3．无连接服务与面向连接服务

（二）UDP

1．UDP 数据报

2．UDP 校验

（三）TCP

1．TCP 段

2．TCP 连接管理

3．TCP 可靠传输

4．TCP 流量控制与拥塞控制

考点与要点分析

核心考点

1．（★★★★★）TCP 的流量控制（见第 3 章）和拥塞控制机制

2．（★★★★）TCP 的连接和释放

3．（★★★）TCP 报文格式、UDP 数据报格式

基础要点

1．传输层的基本功能及特点

2．TCP 报文的格式

3．寻址与端口的概念

4．UDP 的特点、数据报格式及 UDP 校验

5．TCP 的拥塞控制机制

6．TCP 的连接管理机制，特别是“三次握手”原理

本章知识体系框架图

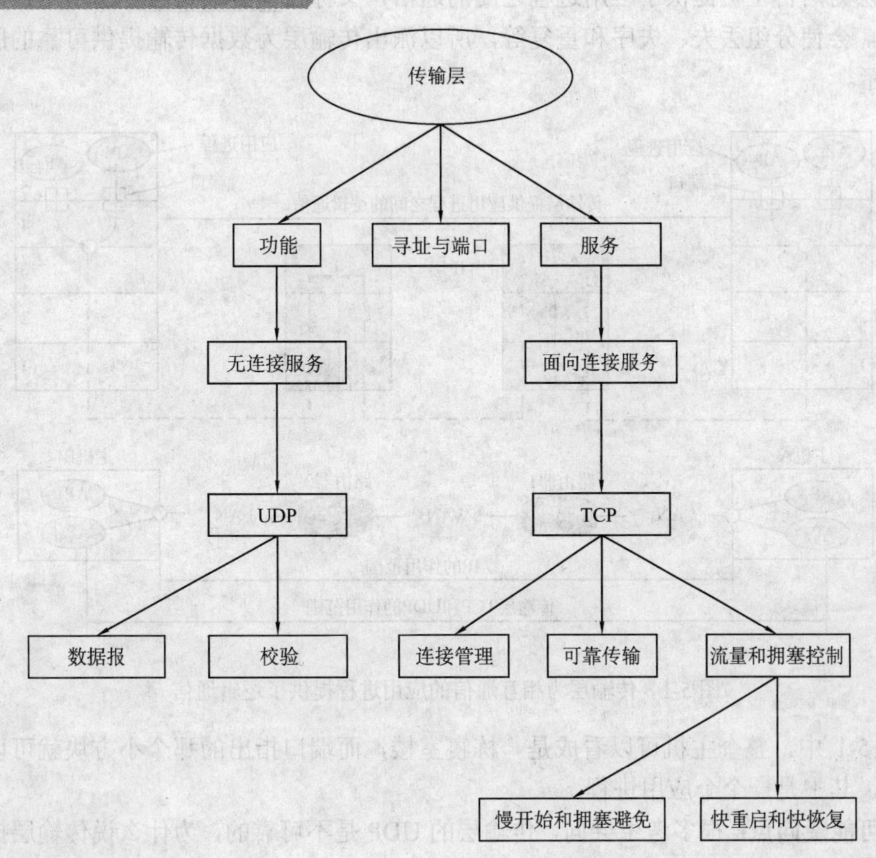

知识点讲解

疑问：既然 IP 能够把源主机发送出的分组按照首部中的目的地址送交到目的主机，那么为什么还需要再设置一个传输层呢？

解析：假设有 A、B 两个宿舍，A 宿舍的同学需要拿一本书给 B 宿舍的一个同学，这个过程能说成是 A 宿舍和 B 宿舍通信吗？显然这种说法很不严谨，严谨的描述应该是 A、B 宿舍里面的两个同学通信。就好像不能说两个主机通信一样，而是主机里面的两个进程通信。IP 能够把源主机发送出的分组按照首部中的目的地址交送到目的主机，就好像 A 宿舍的同学将这本书放在 B 宿舍楼管那里，没有真正地交到 B 宿舍的那个同学，而传输层就是这个作用，将该分组交到某个进程，即把这本书交到 B 宿舍那个同学的手上，所以需要设置传输层，如图 5-1 所示。

5.1 传输层提供的服务

5.1.1 传输层的功能

从通信和信息处理的角度看，传输层是 5 层参考模型中的第 4 层，它向上面的应用层提供通信服务。它属于面向通信部分的最高层，同时也是用户功能中的最低层。

传输层为两台主机提供了应用进程之间的通信，又称为**端到端通信**。由于网络层协议是不可靠的，会使分组丢失、失序和重复等，所以派出传输层为数据传输提供可靠的服务，如图 5-1 所示。

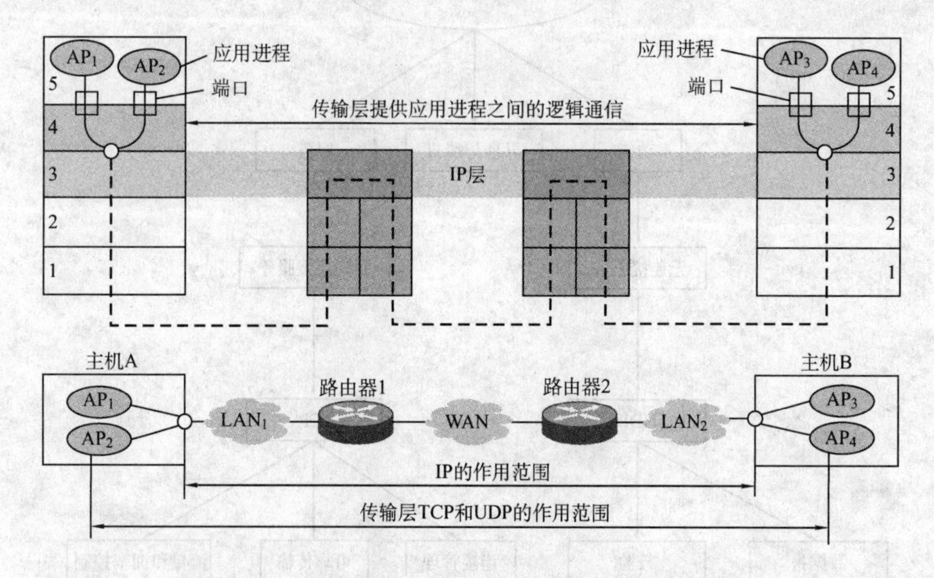

图 5-1　传输层为相互通信的应用进程提供了逻辑通信

在图 5-1 中，整个主机可以看成是一栋寝室楼，而端口指出的那个小方块就可以看成是一个寝室，其中是一个个应用进程。

☞ **可能疑问点：**很多考生会问，传输层的 UDP 是不可靠的，为什么说传输层提供可靠的服务？

解析：某一层是否是可靠的，确实取决于这一层使用的是什么协议。例如，以前说数据链路层可靠，是因为链路层使用了 HDLC 协议。而现在因为一般在链路上传输不会出现错误，所以淘汰了 HDLC 协议，都使用无连接的 PPP（PPP 和 HDLC 请参考数据链路层的讲解）。现在数据链路层又是不可靠的。当然，网络层也一样不可靠，因为使用了无连接的 IP。

类推到传输层，由于现在的可靠传输交给数据链路层和网络层已经不可能，自然这份可靠的任务就落在了传输层身上。确实传输层中的 UDP 是不可靠的，因为使用 UDP 不能保证数据报都能正确地到达目的地，UDP 发现错误之后可以选择丢弃，也可以选择向应用层报告错误。但是关键还是要由用户自己来选择，如果用户选择了 TCP（如 FTP 软件），自然传输层就是可靠的。但是，如果用户使用了 UDP（如 QQ 软件、视频会议软件等），传输层就不可靠。所以说传输层是否可靠与传输层使用的协议有很大关系，但是一般**默认**传输层是可靠的。

传输层的功能如下：

（1）提供应用进程间的逻辑通信（网络层提供主机之间的逻辑通信）

“逻辑通信”的意思是传输层之间的通信好像是沿图 5-2 中所示水平方向传送数据，但事实上这两个传输层之间并没有一条水平方向的物理连接。

（2）差错检测

对收到报文的首部和数据部分都进行差错检测（网络层只检查 IP 数据报首部，并不检查

数据部分)。

(3)提供无连接或面向连接的服务

根据应用的不同,如有些数据传输要求实时性(如实时视频会议),传输层需要有两种不同的传输协议,即面向连接的TCP和无连接的UDP。TCP提供了一种可靠性较高的传输服务,UDP则提供了一种高效率的但不可靠的传输服务。

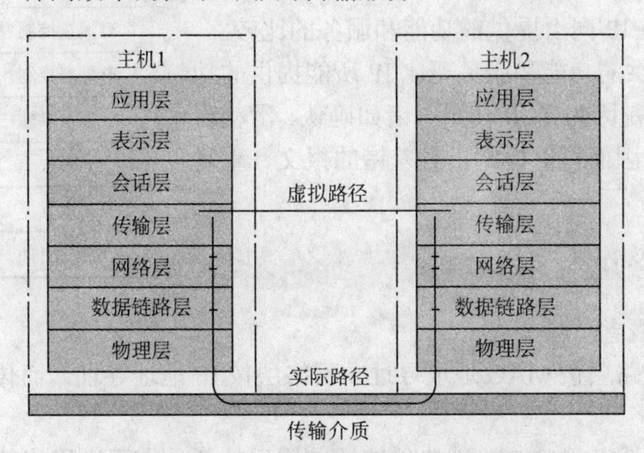

图5-2 实际路径与虚拟路径的区别

(4)复用和分用

复用是指发送方不同的应用进程都可以使用同一个传输层协议传送数据。分用是指接收方的传输层在剥去报文的首部后能够把这些数据正确交付到目的应用进程。与在第3章讲解的4种多路复用原理上差不多,只是形式上改变了。

以上的功能是针对整个传输层而言的,而对于面向连接的服务还有以下两个功能:

(1)连接管理

通常把连接的定义和建立的过程称为握手。例如,TCP的“三次握手”机制。

(2)流量控制与拥塞控制

以对方和网络普遍接受的速度发送数据,从而防止网络拥塞造成数据的丢失。

疑问1:在传输层应根据什么原则来确定使用面向连接服务还是无连接服务?

解析:需要根据上层应用程序的性质来区分。

例如,在传送文件时要使用文件传送协议(FTP),而文件的传送必须是可靠的,不能有错误或者丢失,因此在传输层就必须使用面向连接的TCP。但是若应用程序是要传送分组话音或视频点播信息,那么为了保证信息传输的实时性,传输层就必须使用无连接的UDP。

疑问2:应用进程看见的好像在两个传输层实体之间有一条端到端的逻辑通信信道,怎么理解?

故事助记:例如现在有两栋7层楼房,张三站在其中一栋的4楼,李四站在对面那栋楼房的4楼,并且招手示意让张三过去。根据常理,张三肯定必须先下到一楼,再从地面走向另外一栋楼,然后爬楼梯到4楼。没过一会,张三突然出现在李四的面前。在李四眼里,好像这两栋楼的第4层是相连的,可以直接走过来。其实不是这样,只是李四没有看到张三爬楼梯的细节而已。

疑问3:TCP是面向连接的,但TCP使用的IP却是无连接的。这两种协议都有哪些主要的区别?

解析：这个问题很重要，一定要弄清楚。TCP是面向连接的，但TCP所使用的网络则可以是面向连接的（如X.25网络，已经淘汰，在此仅作为例子，不用了解）也可以是无连接的（如现在大量使用的IP网络）。选择无连接网络就使得整个系统非常灵活，当然也带来了一些问题。

表5-1是TCP与IP向上提供的功能和服务的比较。

显然，TCP所提供的功能和服务要比IP所能提供的功能和服务多得多。这是因为TCP使用了诸如确认、滑动窗口、计时器等机制，因而可以检测出有差错的报文、重复的报文和失序的报文。

表5-1 TCP与IP的比较

TCP	IP
面向连接服务	无连接服务
字节流接口	IP数据报接口
有流量控制	无流量控制
有拥塞控制	无拥塞控制
保证可靠性	不保证可靠性
无丢失	可能丢失
无重复	可能重复
按序交付	可能失序

5.1.2 传输层寻址与端口

1．端口的基本概念

前面讲过数据链路层按MAC地址寻址，网络层按IP地址寻址，而传输层是按**端口号**寻址的。

端口就是传输层服务访问点，端口能够让应用层的各种应用进程将其数据通过端口向下交付给传输层以及让传输层知道应当将其报文段中的数据向上通过端口交付给应用层的相应进程。从这个意义上讲，端口就是用来标志应用层的进程。换句通俗的话，端口就类似于寝室号，而寝室里面住着应用进程。

注意：以上讲解的端口都是软件端口。软件端口与硬件端口的区别：硬件端口是不同硬件设备进行交互的接口（如交换机和路由器的端口），而软件端口是应用层的各种协议进程与传输实体进行层间交互的一种**地址**。

2．端口号

由于同一时刻一台主机上会有大量的网络应用进程在运行，所以需要有大量的端口号来标识不同的进程。

端口用一个16位端口号进行标志，共允许有2^{16}=65 536个端口号。端口号只具有本地意义，即端口号只是为了标志本计算机应用层中的各进程。例如，主机A的8080号端口和主机B的8080号端口是没有任何联系的。根据端口号范围可将端口分为3类。

1）**熟知端口（保留端口）：**数值一般为0～1023。当一种新的应用程序出现时，必须为它指派一个熟知端口，以便其他应用进程和其交互。常见的几个熟知端口见表5-2。

表5-2 常见的几个熟知端口

应用程序	FTP	TELNET	SMTP	DNS	TFTP	HTTP	SNMP
熟知端口	21，20	23	25	53	69	80	161

2）**登记端口：**数值为1024～49 151。它是为没有熟知端口号的应用程序使用的，使用这类端口号必须在IANA登记，以防止重复。

3）**客户端端口或短暂端口：**数值为49 152～65 535。由于这类端口号仅在客户进程运行时才动态选择，所以称为短暂端口或临时端口。通信结束后，此端口就自动空闲出来，以供其他客户进程使用。

注意：1）和2）又称为服务端端口。

3．套接字

一台拥有IP地址的主机可以提供许多服务，如Web服务、FTP服务、SMTP服务等，这些服务完全可以通过一个IP地址来实现。

故事助记：例如A宿舍的一个同学要分别送不同的东西给B宿舍不同的同学，就类似使用Web服务、FTP服务、SMTP服务等多种服务。当然仅仅知道这些东西是送给B宿舍的同学是不够的，就好像只知道IP地址，所以说需要知道不同的东西送到B宿舍的哪个寝室（假设寝室都是单人间，住在这里面的人就相当于一个进程），寝室号码就类似端口号。因此，要确定一个东西送到哪里，需要宿舍号+寝室号。就好像如果要实现FTP服务就需要知道主机的IP地址和该应用程序的端口号，这样才能区分不同的服务。但是需要注意的是，端口并不是一一对应的。例如你的计算机作为客户机访问一台WWW服务器时，WWW服务器使用"80"端口与你的计算机通信，但你的计算机则可能使用"50000"这样的端口。所以只有通过IP地址和端口号才能唯一确定一个连接的端口，称为套接字。即

套接字=（主机IP地址，端口号）

它唯一地标识了网络中的某台主机上的某个应用进程。

5.1.3　无连接服务与面向连接服务

关于无连接服务与面向连接服务的基本概念请参考1.2.2小节。

传输层提供了两种类型的服务：无连接服务和面向连接服务。相应的实现分别是用户数据报协议（UDP）和传输控制协议（TCP）。当采用TCP时，传输层向上提供的是一条全双工的可靠的逻辑信道；当采用UDP时，传输层向上提供的是一条不可靠的逻辑信道。

1．UDP的主要特点

1）传送数据前无需建立连接，数据到达后也无需确认。

2）不可靠交付。

3）报文头部短，传输开销小，时延较短。

2．TCP的主要特点

1）面向连接，不提供广播或多播服务。

2）可靠交付。

3）报文段头部长，传输开销大。

总结1：UDP数据报与IP分组的区别。

解析：IP分组要经过互联网中许多路由器的存储转发，但UDP数据报是在传输层的端到端抽象的逻辑信道中传送的，UDP数据报只是IP数据报中的数据部分（见图5-3），对路由器是不可见的。

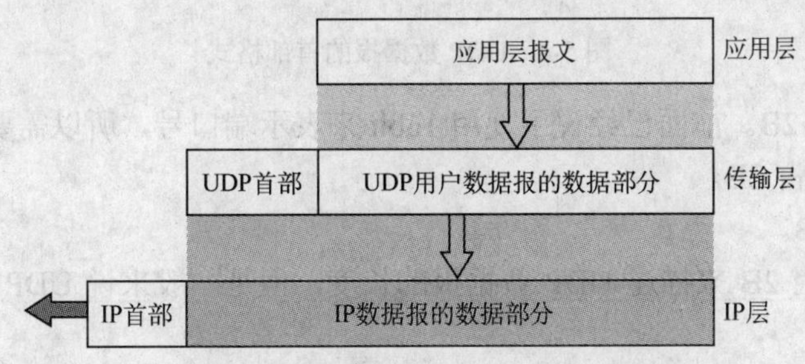

图5-3　UDP数据报与IP数据报的关系

总结 2：TCP 连接和网络层的虚电路的区别。

解析：TCP 报文段是在传输层抽象的端到端逻辑信道中传送的，对路由器不可见。TCP 中所谓的连接只是在 TCP 的 TCB（见下解释）中存储了对端的地址信息，并且记录连接的状态，通过重发之类来保证可靠传输，并没有一条真正的物理连接。而电路交换是真正建立一条物理连接，考生不要弄混。另外，虚电路建立的也不是一条真正的物理连接。

注意：在网络传输层，TCP 模块中有一个 TCB（传输控制模块，Transmit Control Block），它用于记录 TCP 运行过程中的变量。对于有多个连接的 TCP，每个连接都有一个 TCB。TCB 结构的定义包括这个连接使用的源端口、目的端口、目的 IP、序号、应答序号、对方窗口大小、自己窗口大小、TCP 状态等。

5.2 UDP

5.2.1 UDP 数据报

1．UDP 的基本概念

UDP 和 TCP 最大的区别在于它是无连接的，UDP 其实只在 IP 的数据报服务之上增加了端口的功能（为了找到进程）和差错检测的功能。

虽然 UDP 用户数据报只能提供不可靠的交付，但 UDP 在某些方面有其特殊的优点。

1）发送数据之前不需要建立连接。

2）UDP 的主机不需要维持复杂的连接状态表。

3）UDP 用户数据报只有 8 个字节的首部开销。

4）网络出现的拥塞不会使源主机的发送速率降低（即没有拥塞控制）。这对某些实时应用（如 IP 电话、实时视频会议）是很重要的。

5）UDP 支持一对一、一对多、多对一和多对多的交互通信。

2．UDP 数据报的组成

UDP 数据报有两个字段：数据字段和首部字段。首部字段有 8B，由 4 个字段组成，如图 5-4 所示。

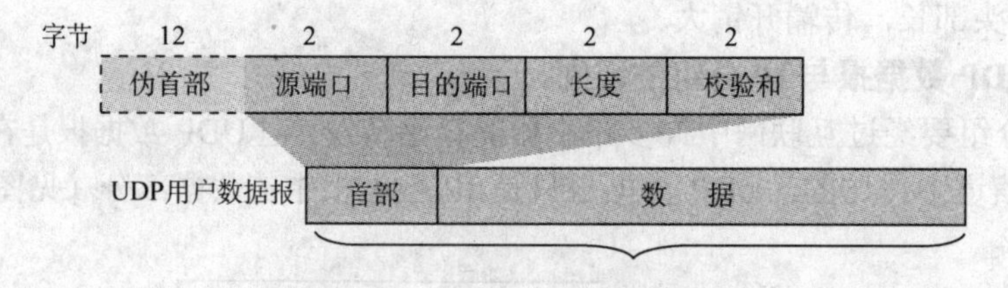

图 5-4 UDP 数据报的首部格式

1）**源端口**。占 2B。前面已经说了使用 16bit 来表示端口号，所以需要 2B 长度。

2）**目的端口**。占 2B。

3）**长度**。占 2B。

注意：尽管使用 2B 来描述 UDP 数据报的长度，但是一般来说 UDP 限制其应用程序数据为 512B 或更小。

4）**校验和**。占 2B。用来检测 UDP 用户数据报在传输中是否有错（既检验首部，又检验

数据部分），如果有错，就直接丢弃；若该字段为可选字段，当源主机不想计算校验和时，则直接令该字段为全 0。检验范围：**伪首部、UDP 数据报的首部和数据**。其中，在计算校验和时临时生成伪首部。

具体校验和的计算方法参考 5.2.2 小节。

5.2.2 UDP 校验

UDP 校验只提供差错检测。在计算校验和时，要在 UDP 用户数据报之前临时加上 12B 的**伪首部**，如图 5-4 所示。

其中，伪首部包括**源 IP 地址字段、目的 IP 地址字段、全 0 字段、协议字段**（UDP 固定为 17）、**UDP 长度字段（图 5-5 假设用户数据报的长度是 15B）**。一定要记住**伪首部只用于计算和验证校验和，其既不向下传送，也不向上递交**。

注意：

1）校验的时候若 UDP 数据报数据部分的长度不是偶数字节，则需要填入一个全 0B，如图 5-5 所示。但是此字节和伪首部一样，是不发送的。

2）如果 UDP 校验和校验出 UDP 数据报是错误的，可以丢弃，也可以交付给上层，但是需要附上错误报告，即告诉上层这是错误的数据报。

3）通过伪首部，不仅可以检查源端口号、目的端口号和 UDP 用户数据报的数据部分，还可以检查 IP 数据报的源 IP 地址和目的地址。

不难看出，图 5-5 这种简单的差错检验方法的检错能力并不强，但它的好处是简单，处理起来较快。

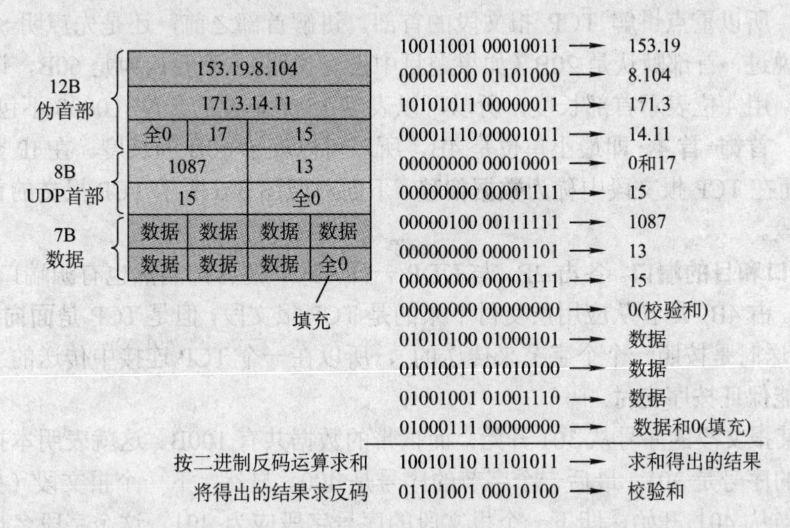

图 5-5　计算 UDP 校验和的例子

按二进制反码计算后，**当无差错时其结果应该为全 1**；否则就表明有差错出现，接收方就应该丢弃这个 UDP 报文。

☞ **可能疑问点：**什么是按二进制反码运算求和？

解析：两个数的二进制反码求和的运算规则如下。

1）从低位到高位逐列进行运算。

2）0+0=0，0+1=1，1+1=0（进位 1 加到下一列）。

3）如果最高位相加产生进位，则需要对最后的结果加 1。

例如，按照以上规则下面两个数相加的结果应该是什么？

0100 1111 0001 1010
0111 1010 0001 1000

解析：先求出反码（反码即将所有位取反），然后进行相加，如下所示。

```
   1011 0000 1110 0101
+  1000 0101 1110 0111
-----------------------
=  0011 0110 1100 1100
```

以上答案其实是错误的，由于最高位产生了进位，所以要对最后的结果加 1，最后的答案应该为 0011 0110 1100 1101。

5.3 TCP

5.3.1 TCP 段

最麻烦的知识点来了，不是说它难，而是很快就容易忘记，希望下面的总结能帮助快速记住 TCP 报文段的各个字段含义。

在讲 IP 数据报的时候，讲过 IP 数据报分为首部和数据部分，IP 数据报的功能全部体现在首部，而 TCP 报文段也分为首部和数据两部分。同理，TCP 的全部功能也都体现在首部的各个字段中，所以重点讲解 TCP 报文段的首部。讲解首部之前，还是先声明一点：讲解 IP 数据报时就说过，首部默认是 20B（如果题目中没有说明），不要认为是 60B，记忆方式和 IP 数据报类似，用 4 位表示首部长度，所以可以表示 15 个单位的长度（0000 不包括），然后根据记忆方式：**首饰=首 4**，即最小单位是 4B，所以可以表示 60B 的长度。在 IP 数据报中称为**首部长度**，而在 TCP 报文段中称为**数据偏移**。下面对照图 5-6 所示 TCP 报文的首部格式详细讲解各个字段。

1）**源端口和目的端口**。各占 2B。与 UDP 一样，TCP 的首部当然也有源端口和目的端口。

2）**序号**。占 4B。尽管从应用层交付下来的是 TCP 报文段，但是 TCP 是**面向字节流的**（就是说 TCP 传送时是按照一个个字节来传送的），所以在一个 TCP 连接中传送的字节流需要编号，这样才能保证按序交付。

例如，某报文段的序号从 301 开始，而携带的数据共有 100B。这就表明本报文段数据的第一个字节的序号是 301，最后一个字节的序号是 400。显然，下一个报文段（如果还有）的数据序号应当从 401 开始，即下一个报文段的序号字段应为 401，这个字段名也称为“报文段序号”。

3）**确认号**。占 4B。TCP 是含有确认机制的，所以接收端需要给发送端发送确认号，这个确认号只需记住一点：若确认号等于 N，则表明到序号 N-1 为止的所有数据都已经正确收到。

例如，B 正确收到了 A 发送过来的一个报文段，其序号字段值是 501，而数据长度是 200B（序号 501～700），这表明 B 正确收到了 A 发送的到序号 700 为止的数据。因此，B 期望收到 A 的下一个数据序号是 701，于是 B 将发送给 A 的确认报文段中的确认号设置为 701。注意，

现在的确认号不是 501，也不是 700，而是 701。

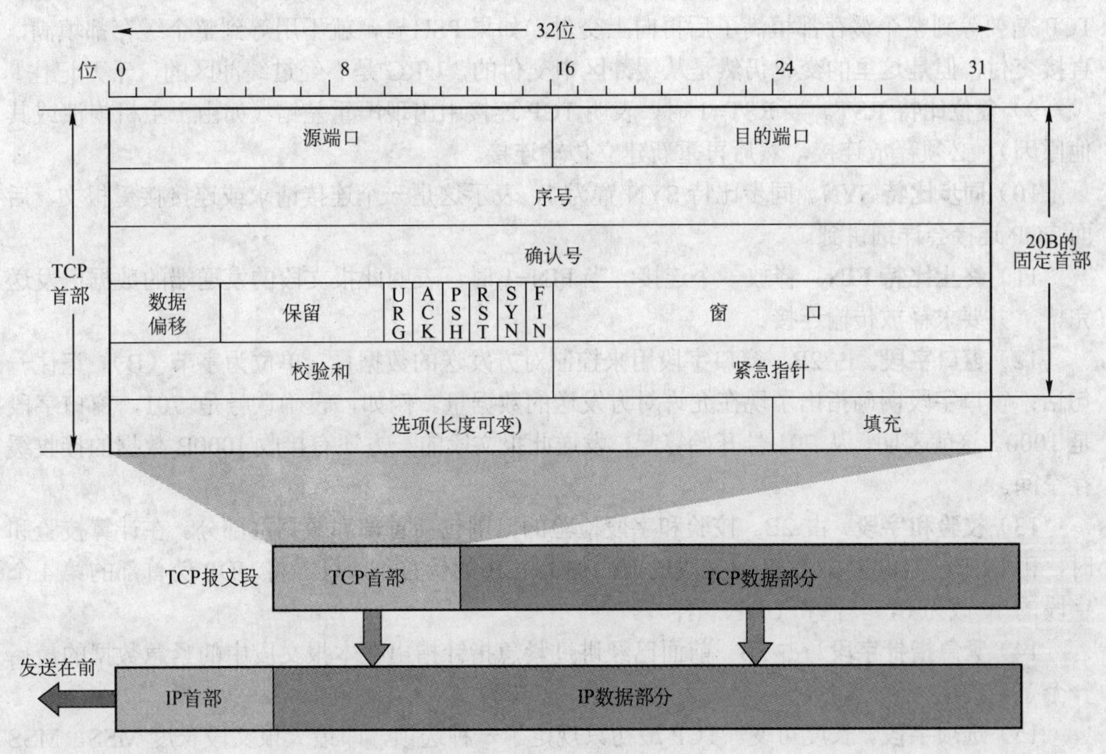

图 5-6 TCP 报文的首部格式

4）**数据偏移**。占 4 位。前面已经讲过，这里的数据偏移不是 IP 数据报中分片的那个数据偏移，而是表示首部长度，千万不要混淆。占 4 位可表示 0001～1111 一共 15 种状态，而基本单位是 4B，所以数据偏移确定了首部最长为 60B。

5）**保留字段**。占 6 位。保留为今后使用，但目前应置为 0，该字段可以忽略不计。

6）**紧急 URG**。当 URG=1 时，表明紧急指针字段有效。它告诉系统此报文段中有紧急数据，应尽快传送（相当于高优先级的数据）。就好像有一个等待红灯的超长车队，此时有一辆救护车过来，属于紧急事件，救护车就可以不用等红灯了，直接从边上绕过所有的车。但是紧急 URG 需要和**紧急指针**配套使用，比如说有很多救护车过来，现在就需要一个紧急指针指向最后一辆救护车，一旦最后一辆救护车过去之后，TCP 就告诉应用程序恢复到正常操作，也就是说数据从第一字节到紧急指针所指字节就是紧急数据。

7）**确认比特 ACK**。只有当 ACK=1 时确认号字段才有效。当 ACK=0 时，确认号无效。TCP 规定，一旦连接建立了，所有传送的报文段都必须把 ACK 置 1。

8）**推送比特 PSH**。TCP 收到推送比特置 1 的报文段，就尽快地交付给接收应用进程，而不再等到整个缓存都填满后再向上交付。

☞ **可能疑问点**：看到这里肯定有考生会有这样的疑惑：在 TCP 首部中，URG 是紧急比特，而当 URG=1 时，表示紧急指针有效，也就是能发送紧急数据。而 PSH 的目的也是发送紧急数据，那么 URG 和 PSH 到底有什么区别？

解析：URG=1，表示紧急指针指向报文内数据段的某个字节（数据从第一字节到指针所指字节就是紧急数据），不进入**接收缓冲**（前面讲了待上交的数据要先进入接收缓存，然后再交付给应用层。而这里就直接交给上层进程，余下的数据都是要进入接收缓冲的）。一般来说，TCP 是要等到整个缓存都填满了后再向上交付，如果 PSH=1，就不用等到整个缓存都填满，直接交付，但是这里的交付仍然是从缓冲区中交付的，URG 是不经过缓冲区的，千万记住！

9）**复位比特 RST**。当 RST=1 时，表明 TCP 连接中出现严重差错（如由于主机崩溃或其他原因），必须释放连接，然后再重新建立传输连接。

10）**同步比特 SYN**。同步比特 SYN 置为 1，表示这是一个连接请求或连接接受报文，后面 TCP 连接会详细讲到。

11）**终止比特 FIN**。释放一个连接。当 FIN=1 时，表明此报文段的发送端的数据已发送完毕，并要求释放传输连接。

12）**窗口字段**。占 2B。窗口字段用来控制对方发送的数据量，单位为字节（B）。记住一句话：窗口字段明确指出了现在允许对方发送的数据量。例如，设确认号是 701，窗口字段是 1000。这就表明，从 701 号开始算起，发送此报文段的一方还有接收 1000B 数据的接收缓存空间。

13）**校验和字段**。占 2B。校验和字段检验的范围包括**首部和数据**两部分。在计算校验和时，和 UDP 一样，要在 TCP 报文段的前面加上 12B 的伪首部（只需将 UDP 伪首部的第 4 个字段的 17 改为 6，其他和 UDP 一样）。

14）**紧急指针字段**。占 2B。前面已经讲过紧急指针指出在本报文段中的紧急数据的最后一个字节的序号。

15）**选项字段**。长度可变。TCP 最初只规定了一种选项，即最大报文段长度 MSS。MSS 告诉对方 TCP：“我的缓存所能接收的报文段的数据字段的最大长度是 MSS 字节。”

16）**填充字段**。为了使整个首部长度是 4B 的整数倍。

5.3.2 TCP 连接管理

TCP 的传输连接分为 3 个阶段：连接建立、数据传送和连接释放。TCP 传输连接的管理就是使传输连接的建立和释放都能正常地进行。

TCP 把连接作为最基本的抽象，每一条 TCP 连接有两个端点，TCP 连接的端点不是主机，不是主机的 IP 地址，不是应用进程，也不是传输层的协议端口。TCP 连接的端点叫做套接字（socket）或插口，在 5.1.2 小节已经提到过。端口号拼接到 IP 地址即构成了套接字。

每一条 TCP 连接唯一地被通信两端的两个端点（即两个套接字）所确定。例如，TCP 连接::={socket1，socket2}={(IP_1:$port_1$)，(IP_2:$port_2$)}。

TCP 的连接和建立都是采用客户/服务器方式。主动发起连接建立的应用进程叫做客户（client），被动等待连接建立的应用进程叫做服务器（server）。

TCP 传输连接的建立采用“三次握手”的方法，如图 5-7 所示。下面从一个实例来分析建立连接的过程。

第一步：客户机 A 的 TCP 向服务器 B 发出连接请求报文段，其首部中的同步位 SYN=1（TCP 规定，SYN 报文段不能携带数据，**但要消耗一个序号**），并选择序号 seq=x，表明传送数据时的第一个数据字节的序号是 x。

第二步：服务器收到了数据报，并从 SYN 位为 1 知道这是一个建立请求的连接。如果同意，则发回确认。B 在确认报文段中应使 SYN=1，ACK=1，其确认号 ack=x+1，自己选择的序号 seq=y。注意，此时该报文段也不能携带数据（助记：因为有 SYN=1，所以不能带数据）。

第三步：A 收到此报文段后向 B 给出确认，其 ACK=1，确认号 ack=y+1。A 的 TCP 通知上层应用进程，连接已经建立。B 的 TCP 收到主机 A 的确认后，也通知其上层应用进程，此时 TCP 连接已经建立，ACK 报文可以携带数据（没有 SYN 字段），如果不携带数据则不消耗序号。

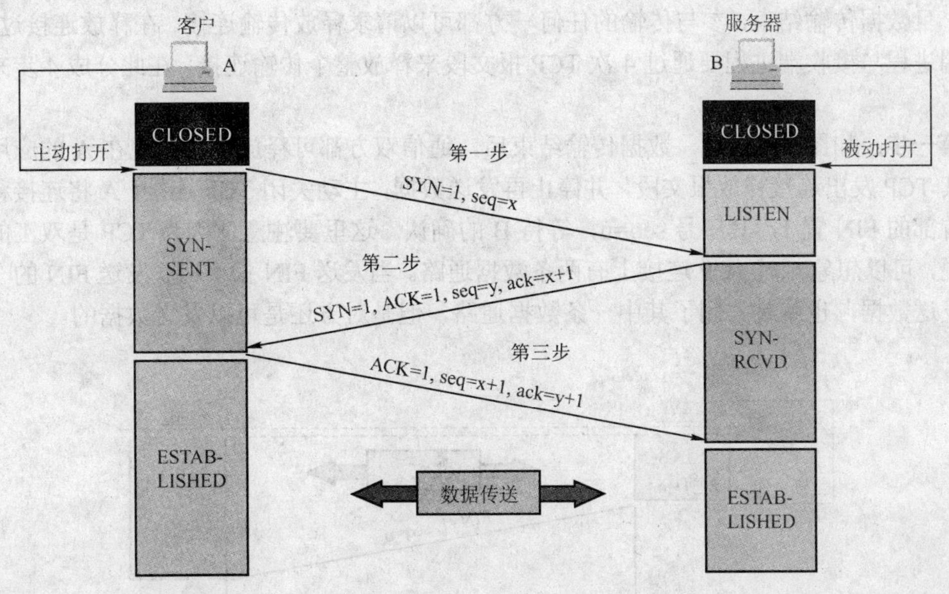

图 5-7 用“三次握手”方法建立 TCP 传输连接

采用“三次握手”的方法，目的是为了防止报文段在传输连接建立过程中出现差错。通过 3 次报文段的交互后，通信双方的进程之间就建立了一条传输连接，然后就可以用全双工的方式在该传输连接上正常地传输数据报文段了，下面先看两个例子。

【例 5-1】（2011 年统考真题）主机甲向主机乙发送一个（SYN=1，seq=11220）TCP 段，期望与主机乙建立 TCP 连接，若主机乙接受该连接请求，则主机乙向主机甲发送的正确的 TCP 段可能是（　　）。

A.（SYN=0，ACK=0，seq=11221，ack=11221）

B.（SYN=1，ACK=1，seq=11220，ack=11220）

C.（SYN=1，ACK=1，seq=11221，ack=11221）

D.（SYN=0，ACK=0，seq=11220，ack=11220）

解析：C。不管是连接还是释放，SYN、ACK、FIN 的值一定是 1，排除 A 和 D 选项。确认号是甲发送的序列号加 1，ack 的值应该为 11221（即 11220 已经收到，期待接收 11221）。另外需要提醒的一点是，乙的 seq 值是主机随意给的，和甲的 seq 值没有任何关系，请参考下面的总结。

【例 5-2】（2011 年统考真题）主机甲与主机乙之间建立了一个 TCP 连接，主机甲向主机乙发送了 3 个连续的 TCP 段，分别包含 300B、400B 和 500B 的有效载荷，第 3 个段的序号为 900。若主机乙仅正确收到第 1 个和第 3 个段，则主机乙发送给主机甲的确认序号是（　　）。

A．300　　B．500

C．1200　　D．1400

解析：B。首先应该计算出第 2 个段的第 1 个字节的序号。第三个段的第 1 个字节序号为 900，由于第 2 个段有 400B，所以第 2 个段的第 1 个字节的序号为 500。另外，由于确认号就是期待接收下一个 TCP 段的第 1 个字节序号，所以主机乙发送给主机甲的确认序号是 500。

一旦数据传输结束，参与传输的任何一方都可以请求释放传输连接。在释放连接过程中，发送端进程与接收端进程要通过 4 次 TCP 报文段来释放整个传输连接，在此分成 4 步来详细讲解。

第一步：如图 5-8 所示，数据传输结束后，通信双方都可释放连接。现在 A 的应用进程先向其 TCP 发出连接释放报文段，并停止再发送数据，主动关闭 TCP 连接。A 将连接释放报文段首部的 FIN 置 1，其序号 seq=u，等待 B 的确认。这里要注意，因为 TCP 是双工的，也就是说，可以想象一对 TCP 连接上有两条数据通路。当发送 FIN 报文时，发送 FIN 的一端就不能发送数据，也就是关闭了其中一条数据通路，但是对方还是可以发送数据的。

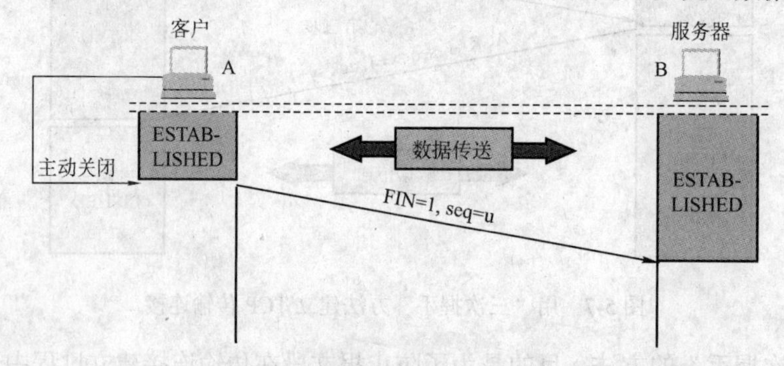

图 5-8　TCP 连接释放过程第一步

第二步：如图 5-9 所示，B 发出确认，确认号 ack=u+1，而这个报文段自己的序号 seq=v。TCP 服务器进程通知高层应用进程。从 A 到 B 这个方向的连接就释放了，TCP 连接处于半关闭状态。B 若发送数据，则 A 仍要接收。

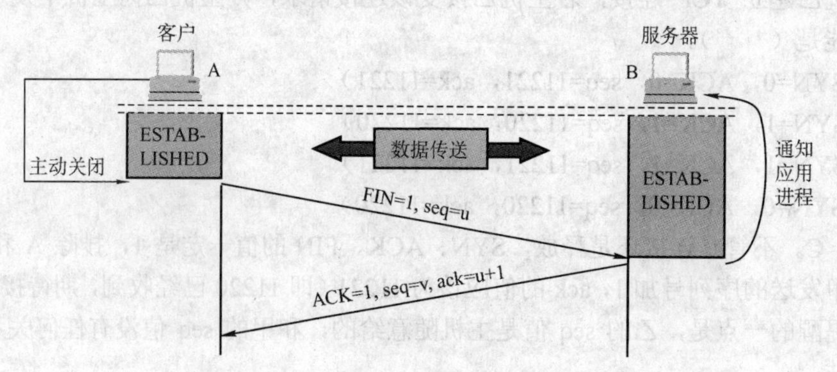

图 5-9　TCP 连接释放过程第二步

第三步：如图 5-10 所示，若 B 已经没有要向 A 发送的数据，其应用进程就通知 TCP 释放连接。

第四步：如图 5-11 所示，A 收到连接释放报文段后，必须发出确认。在确认报文段中，ACK=1，确认号 ack=w+1，自己的序号 seq=u+1。

提醒：**TCP 连接必须经过时间 2MSL 后才真正释放**，如图 5-12 所示。

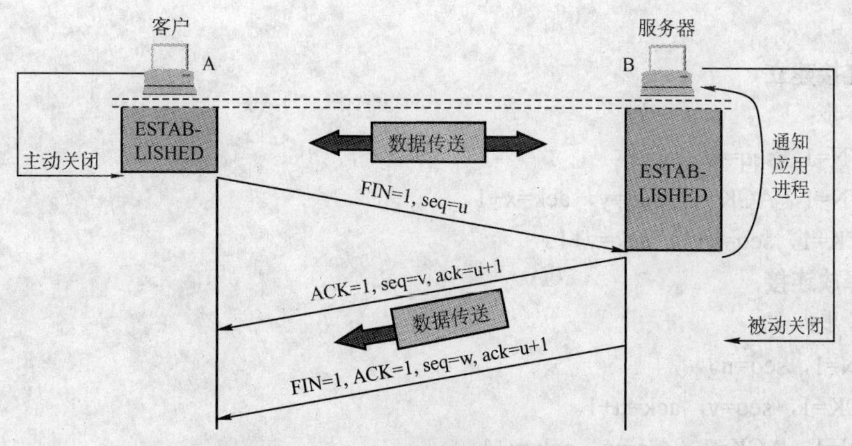

图 5-10　TCP 连接释放过程第三步

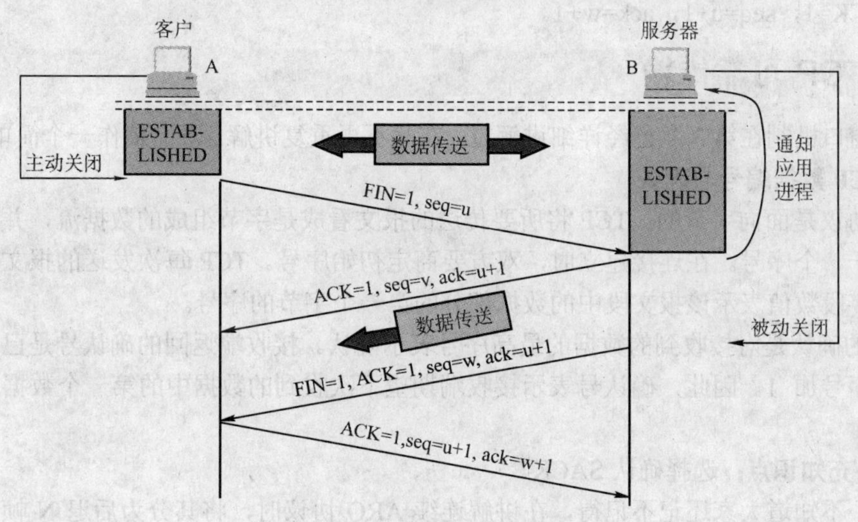

图 5-11　TCP 连接释放过程第四步

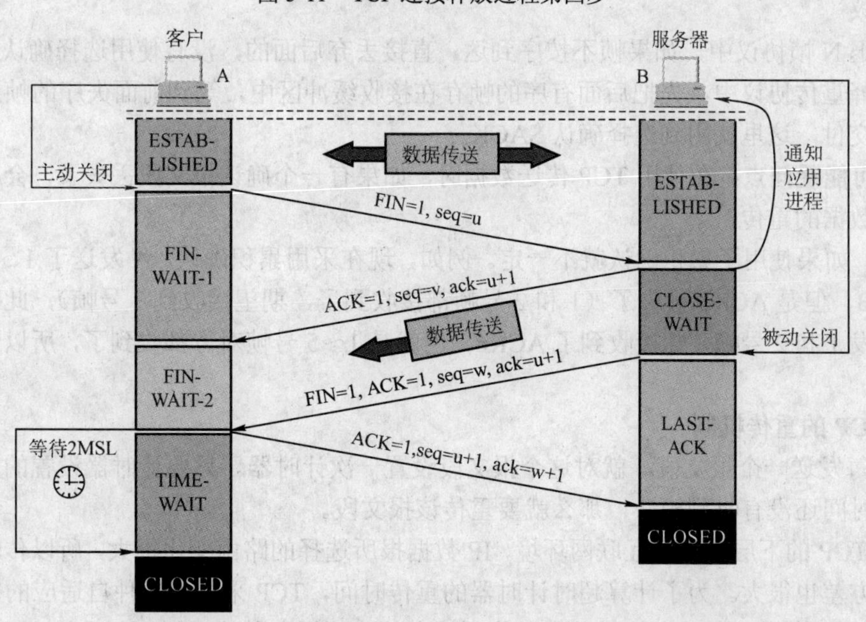

图 5-12　TCP 连接必须经过时间 2MSL 后才真正释放

总结：

（1）连接建立

分为 3 步：

1）SYN=1，seq=x。

2）SYN=1，ACK=1，seq=y，ack=x+1。

3）ACK=1，seq=x+1，ack=y+1。

（2）释放连接

分为 4 步：

1）FIN=1，seq=u。

2）ACK=1，seq=v，ack=u+1。

3）FIN=1，ACK=1，seq=w，ack=u+1。

4）ACK=1，seq=u+1，ack=w+1。

5.3.3 TCP 可靠传输

滑动窗口机制在第 3 章已经详细讲解过，在此不再重复讲解。下面仅作一个简单的总结。

1．TCP 数据编号与确认

TCP 协议是面向字节的。TCP 将所要传送的报文看成是字节组成的数据流，并使每一个字节对应于一个序号。在连接建立时，双方要商定初始序号。TCP 每次发送的报文段的首部中的序号字段数值表示该报文段中的数据部分的第一个字节的序号。

TCP 的确认是对接收到的数据的最高序号表示确认。接收端返回的确认号是已收到的数据的最高序号加 1。因此，确认号表示接收端期望下次收到的数据中的第一个数据字节的序号。

🕮 **补充知识点：**选择确认 SACK。

解析：不知道大家还记不记得，在讲解连续 ARQ 协议时，将其分为后退 N 帧协议和选择重传协议。

在后退 N 帧协议中，如果帧不按序到达，直接丢弃后面的，没有使用选择确认。

在选择重传协议中，先把后面有序的帧存在接收缓冲区中，等到前面失序的帧到达后，一起按序交付，这里就用到选择确认 SACK。

☞ **可能疑问点：**在使用 TCP 传送数据时，如果有一个确认报文段丢失了，会不会一定引起对方数据的重传？

解析：如果使用了累积确认就不一定。例如，现在采用累积确认，A 发送了 1、2、3、4、5 号帧给 B，但是 ACK3 丢失了（1 和 2 号帧都接收到了，期望接收到 3 号帧），此时发送方正准备重发 1 和 2 号帧，却接收到了 ACK6，也就是 1～5 号帧对方都收到了，所以就不要重发了。

2．TCP 的重传机制

TCP 每发送一个报文段，就对这个报文段设置一次计时器。只要计时器设置的重传时间到了规定时间还没有收到确认，那么就要重传该报文段。

由于 TCP 的下层是一个互联网环境，IP 数据报所选择的路由变化很大，所以传输层的往返时延的方差也很大。为了计算超时计时器的重传时间，TCP 采用了一种自适应的算法。

1）记录每个报文段发出的时间以及收到相应的确认报文段的时间。这两个时间之差就是

报文段的往返时延。

2）将各个报文段的往返时延样本加权平均，就得出报文段的平均往返时延（RTT）。

3）每测量到一个新的往返时延样本，就按下式重新计算一次平均往返时延。

$$\text{RTT}=(1-\alpha)\times(\text{旧的 RTT})+\alpha\times(\text{新的往返时延样本})$$

在上式中，$0\leqslant\alpha<1$。若 α 很接近于 1，表示新算出的平均往返时延 RTT 和原来的值相比变化较大，即 RTT 的值更新较快。若选择 α 接近于 0，则表示加权计算的 RTT 受新的往返时延样本的影响不大，即 RTT 的值更新较慢，一般推荐 α 取 0.125。

计时器的超时重传时间（RTO）应略大于上面得出的 RTT，即

$$\text{RTO}=\beta\times\text{RTT}（其中 \beta>1）$$

注意：谢希仁的教材有更复杂求 RTO 的公式，都无需掌握，只需知道**计时器的 RTO 应略大于上面得出的 RTT 即可。**

🕮 **补充知识点：**Karn 算法。

解析：当出现超时，源主机在重传报文段后，收到了确认报文段，但该确认报文段有可能是对后来重传报文段的确认，也有可能是对先前发送报文段的确认，如何进行判定？由于重传的报文段和原来的报文段完全一样，所以源主机在收到确认后就无法作出正确的判定，而正确的判定与确定加权 RTT 的值关系很大。

Karn 提出了一个算法：在计算加权 RTT 时，只要报文段重传了，就不采用其作为往返时间样本。这样得出的加权 RTT 和 RTO 就较准确。

修正的 Karn 算法：报文段每重传一次，就把 RTO 增大一些。

$$\text{新的 RTO}=\gamma\times（\text{旧的 RTO}）$$

系数γ的典型值是 2。当不再发生报文段的重传时，才根据报文段的往返时延更新加权 RTT 和 RTO 的数值。

5.3.4 TCP 流量控制与拥塞控制

1．流量控制

一般来说，人们总是希望数据传输得更快一些。但如果发送方把数据发送得过快，接收方就可能来不及接收，这就会造成数据的丢失。流量控制（Flow Control）就是让发送方的发送速率不要太快，既要让接收方来得及接收，也不要使网络发生拥塞。利用滑动窗口机制可以很方便地在 TCP 连接上实现流量控制，请看图 5-13 所示的例子。

注意：

1）TCP 为每一个连接设有一个持续计时器。只要 TCP 连接的一方收到对方的零窗口通知，就启动持续计时器。若持续计时器设置的时间到期，就发送一个零窗口探测报文段（仅携带 1B 的数据），而对方就在确认这个探测报文段时给出了现在的窗口值。若窗口仍然是零，则收到这个报文段的一方就重新设置持续计时器。若窗口不是零，则死锁的僵局就可以打破了。

2）可以用不同的机制来控制 TCP 报文段的发送时机。

第一种机制：TCP 维持一个变量，它等于最大报文段长度 MSS。只要缓存中存放的数据达到 MSS 字节时，就组装成一个 TCP 报文段发送出去。

第二种机制：由发送方的应用进程指明要求发送报文段，即 TCP 支持的推送（push）操作（前面将其和紧急指针做过比较，这里不再解释）。

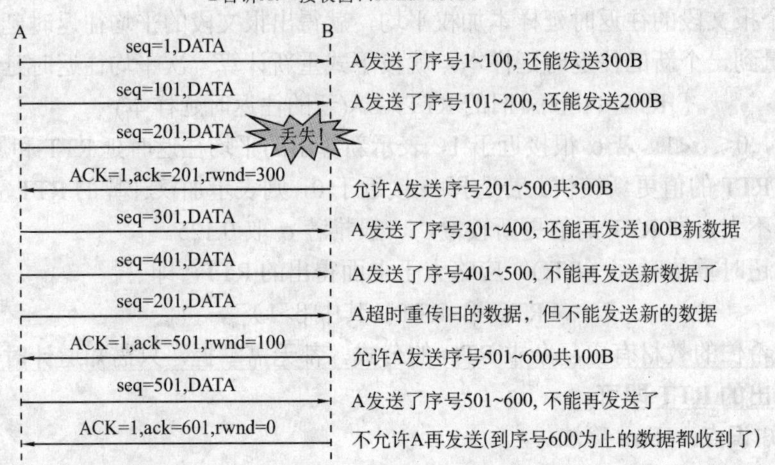

图 5-13　流量控制举例

第三种机制：发送方的一个计时器期限到了，这时就把当前已有的缓存数据装入报文段（但长度不能超过 MSS）发送出去。

【例 5-3】（2009 年统考真题）主机甲和主机乙间已建立一个 TCP 连接，主机甲向主机乙发送了两个连续的 TCP 段，分别包含 300B 和 500B 的有效载荷，第一个段的序列号为 200，主机乙正确接收到两个段后，发送给主机甲的确认序列号是（　　）。

A．500　　　　B．700

C．800　　　　D．1000

解析：D。ACKn 的意思是前 n-1 号的帧都已经收到，请发送方继续发送第 n 号帧。在本题中，主机甲发送的第一个段的序号为 200～499，第二个段的序列号为 500～999，主机乙正确接收到两个段后，应该希望主机甲接下来发送 1000 号帧，所以主机乙发送给主机甲的确认序列号是 1000。

2．拥塞控制的基本概念

在某段时间，若对网络中某资源的需求超过了该资源所能提供的可用部分，网络的性能就要变坏——产生拥塞（Congestion）。出现资源拥塞的条件是

对资源需求的总和>可用资源

若网络中产生拥塞，网络的性能就要明显变坏，整个网络的吞吐量将随输入负荷的增大而下降。

拥塞控制与流量控制的性质对比：

1）拥塞控制所要做的只有一个前提，就是使得网络能够承受现有的网络负荷。

2）拥塞控制是一个全局性的过程，涉及所有的主机、所有的路由器以及与降低网络传输性能有关的所有因素。

3）流量控制往往指在给定的发送端和接收端之间的点对点通信量的控制。

4）流量控制所要做的就是抑制发送端发送数据的速率，以便使接收端来得及接收。

5）拥塞控制是很难设计的，因为它是一个动态的（而不是静态的）问题。

6）当前网络正朝着高速化的方向发展，这很容易出现缓存不够大而造成分组的丢失。但分组的丢失是网络发生拥塞的征兆而不是原因。

7）在许多情况下，甚至正是拥塞控制本身成为引起网络性能恶化甚至发生死锁的原因，这点应特别引起重视。

拥塞控制又分为闭环控制和开环控制。

1）开环控制方法就是在设计网络时事先将有关发生拥塞的因素考虑周到，力求网络在工作时不产生拥塞。

2）闭环控制是基于反馈环路的概念。属于闭环控制的有以下几种措施：

① 监测网络系统以便检测到拥塞在何时、何处发生。

② 将拥塞发生的信息传送到可采取行动的地方。

③ 调整网络系统的运行以解决出现的问题。

以上是拥塞控制的一些基本概念，下面详细讲解拥塞控制的方法。

3．拥塞控制的 4 种算法

发送端的主机在确定发送报文段的速率时，既要根据接收端的接收能力，又要从全局考虑不要使网络发生拥塞。因此，TCP 要求发送端维护以下两个窗口。

1）接收端窗口 rwnd。接收端根据其目前接收缓存大小所许诺的最新的窗口值，反映了接收端的容量。由接收端将其放在 TCP 报文的首部的窗口字段通知发送端，如图 5-13 所示。

2）拥塞窗口 cwnd。发送端根据自己估计的网络拥塞程度而设置的窗口值，反映了网络的当前容量。

发送端发送窗口的上限值应当取接收端窗口 rwnd 和拥塞窗口 cwnd 这两个变量中较小的一个，即应按以下公式确定：

发送窗口的上限值=Min [rwnd，cwnd]

从这个式子可以看出：

当 rwnd<cwnd 时，发送窗口的上限值是接收方的接收能力限制发送窗口的最大值。

反之，当 cwnd<rwnd 时，发送窗口的上限值是网络的拥塞限制发送方窗口的最大值。

也就是说，rwnd 和 cwnd 中较小的一个控制发送方发送数据的速率。

注意：接收方总是有足够大的缓存空间，因而发送窗口的大小由网络的拥塞程度来决定，也就是说可以将发送窗口等同为拥塞窗口。

【例 5-4】 主机甲和主机乙之间建立一个 TCP 连接，TCP 最大段长度为 1000B，若主机甲的当前拥塞窗口为 4000B，在主机甲向主机乙连续发送两个最大段后，成功收到主机乙发送的第一段的确认段，确认段中通告的接收窗口大小为 2000B，则此时主机甲还可以向主机乙发送的最大字节数是（　　）。

A．1000B　　　　B．2000B

C．3000B　　　　D．4000B

解析：A。发送窗口的上限值=Min {接收窗口，拥塞窗口}，于是此时发送方的发送窗口=Min {4000，2000} =2000B，而主机甲向主机乙连续发送两个最大段后，只收到第一个段的确认，所以此时主机甲还可以向主机乙发送的最大字节数为 2000B−1000B=1000B。

接收窗口的大小可以根据 TCP 报文首部的窗口字段通知发送端，而发送端怎么去维护拥塞窗口呢？这就是下面要讲解的慢开始算法和拥塞避免算法。

（1）慢开始算法的原理

1）在主机刚刚开始发送报文段时可先设置拥塞窗口 cwnd=1，即设置为一个最大报文段 MSS 的数值。

2）在每收到一个对新的报文段的确认后，将拥塞窗口加1，即增加一个MSS的数值。

注意：这里是说每收到**1个**对新的报文段的确认后，将拥塞窗口加1，而第二次会收到2个确认，第三次会收到4个确认，依此类推，可以知道每经过一个传输轮次，拥塞窗口就加倍，如图5-14所示。

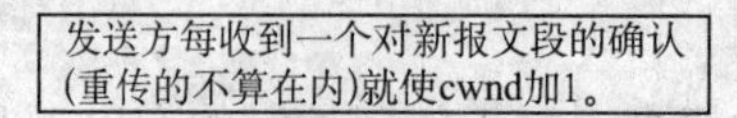

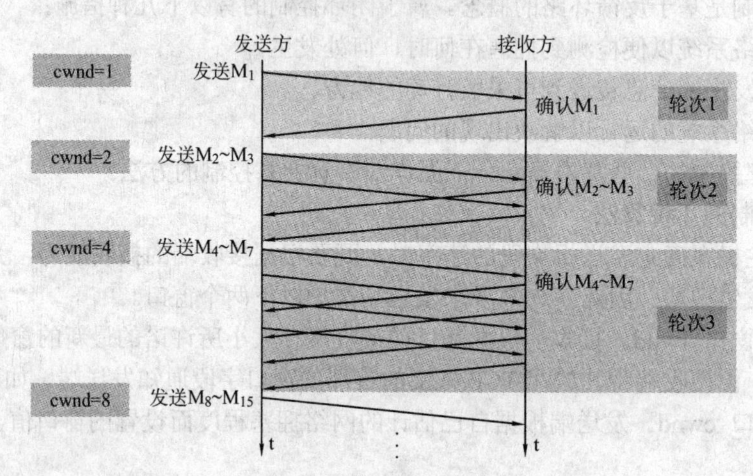

图5-14　每经过一个传输轮次，拥塞窗口加倍

3）用这样的方法逐步增大发送端的拥塞窗口 cwnd，可以使分组注入到网络的速率更加合理。

📖 **补充知识点：**什么是传输轮次？

解析：使用慢开始算法后，每经过一个传输轮次，拥塞窗口 cwnd 就加倍。一个传输轮次所经历的时间其实就是往返时间 RTT。传输轮次更加强调把拥塞窗口 cwnd 所允许发送的报文段都连续发送出去，并收到了对已发送的最后一个字节的确认。

例如，拥塞窗口 cwnd=4，这时的往返时间 RTT 就是发送方连续发送4个报文段，并收到这4个报文段的确认总共经历的时间。

使用慢开始算法后，每经过一个传输轮次，拥塞窗口 cwnd 就加倍，即 cwnd 的大小呈指数形式增长。这样慢开始一直把拥塞窗口 cwnd 增大到一个规定的慢开始门限 ssthresh（阈值），然后改用拥塞避免算法。

（2）拥塞避免算法的原理

为防止拥塞窗口 cwnd 的增长引起网络阻塞，还需要一个状态变量，即慢开始门限 ssthresh，其用法如下：

当 cwnd<ssthresh 时，使用慢开始算法。

当 cwnd>ssthresh 时，停止使用慢开始算法，改用拥塞避免算法。

当 cwnd=ssthresh 时，既可以使用慢开始算法，也可以使用拥塞避免算法。

其中，拥塞避免算法的做法是，发送端的拥塞窗口 cwnd 每经过一个往返时延 RTT 就增加一个 MSS 的大小。通常表现为按线性规律增长。

无论在慢开始阶段还是在拥塞避免阶段，只要发送方判断网络出现拥塞（其根据就是没有按时收到确认），就要把慢开始门限 ssthresh 设置为出现拥塞时的发送窗口值的一半（但不能小于2），然后把拥塞窗口 cwnd 重新设置为1，执行慢开始算法。这样做的目的就是要迅

速减少主机发送到网络中的分组数，使得发生拥塞的路由器有足够时间把队列中积压的分组处理完毕。以上具体过程通过下面一系列过程图来详细讲解。

1）当 TCP 连接进行初始化时，将拥塞窗口设置为 1，如图 5-15 所示。图中的窗口单位不使用字节而使用报文段。慢开始门限的初始值设置为 16 个报文段，即 ssthresh=16。发送端的发送窗口不能超过拥塞窗口 cwnd 和接收端窗口 rwnd 中的最小值。假定接收端窗口足够大，因此现在发送窗口的数值等于拥塞窗口的数值。

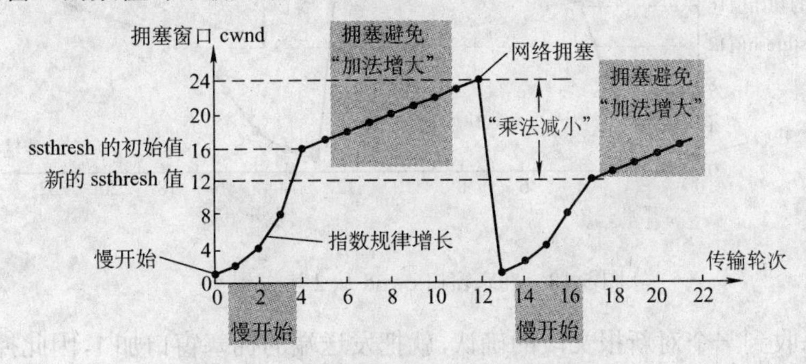

图 5-15 TCP 连接初始化时拥塞窗口设置为 1

2）在执行慢开始算法时，拥塞窗口 cwnd 的初始值为 1，发送第一个报文段 M_0，如图 5-16 所示。

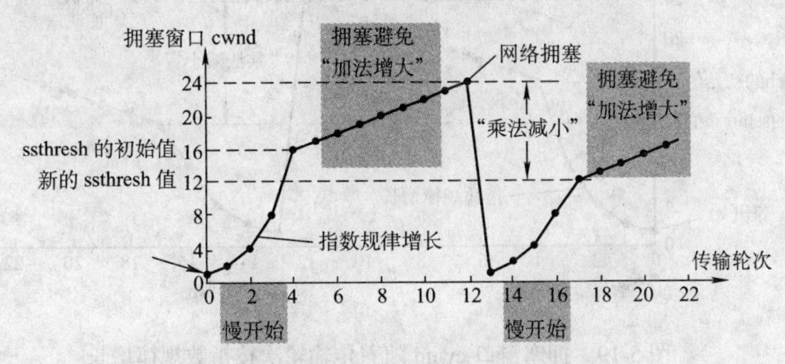

图 5-16 拥塞窗口 cwnd 初始值为 1

3）发送端每收到一个确认，就把 cwnd 加 1，于是发送端可以接着发送 M_1 和 M_2 两个报文段，如图 5-17 所示。

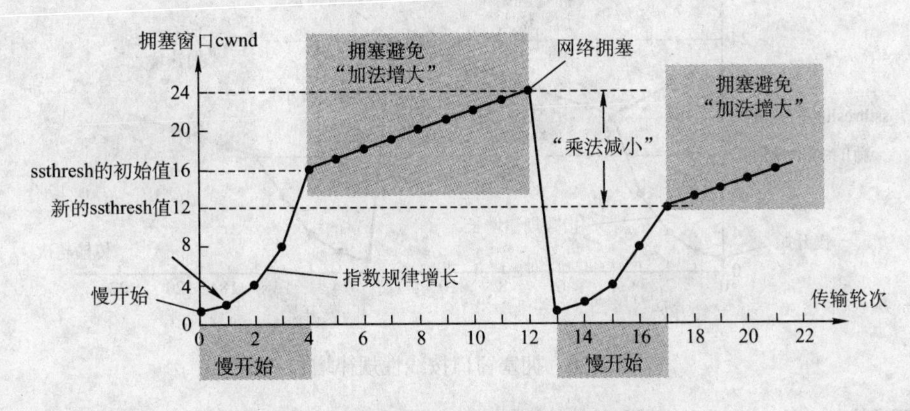

图 5-17 拥塞窗口 cwnd 加 1 增大到 2

4）接收端共发回两个确认。发送端每收到一个对新报文段的确认，就把发送端的 cwnd 加 1。现在 cwnd 从 2 增大到 4，并可接着发送后面的 4 个报文段，如图 5-18 所示。

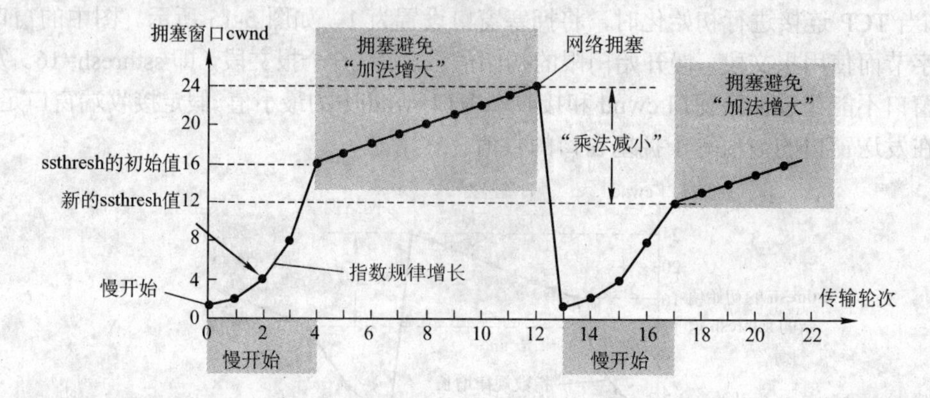

图 5-18 拥塞窗口 cwnd 从 2 增大到 4

5）发送端每收到一个对新报文段的确认，就把发送端的拥塞窗口加 1，因此拥塞窗口 cwnd 随着传输轮次按指数规律增长，如图 5-19 所示。

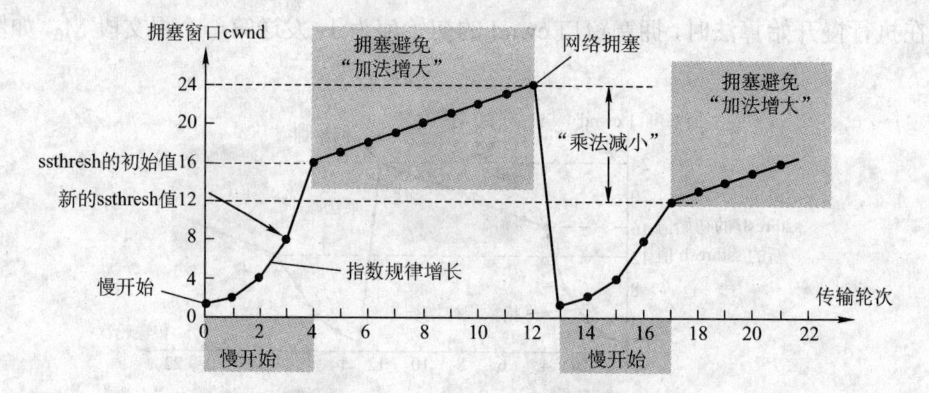

图 5-19 拥塞窗口 cwnd 随着传输轮次按指数规律增长

6）当拥塞窗口 cwnd 增长到慢开始门限值 ssthresh 时（即当 cwnd=16 时），就改为执行拥塞避免算法，拥塞窗口按线性规律增长，如图 5-20 所示。

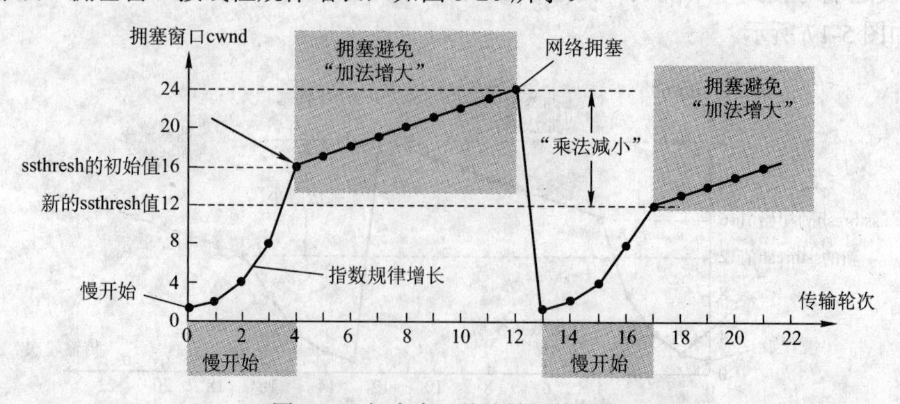

图 5-20 拥塞窗口按线性规律增长

7）假定拥塞窗口的数值增长到 24 时，网络出现超时，表明网络拥塞了，如图 5-21 所示。

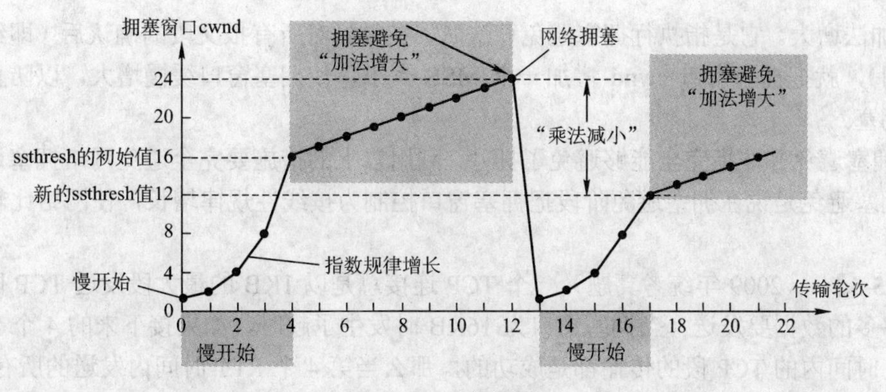

图 5-21　网络拥塞

8）更新后的 ssthresh 值变为 12（即发送窗口数值 24 的一半），拥塞窗口重新设置为 1，并执行慢开始算法，如图 5-22 所示。

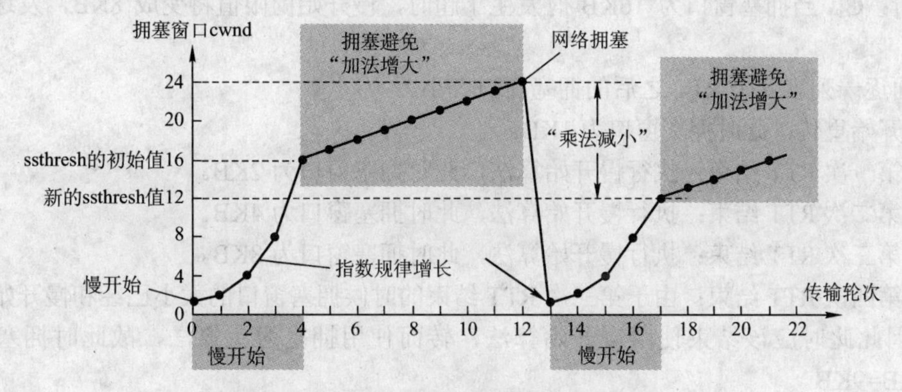

图 5-22　拥塞窗口重新设置为 1

9）当 cwnd=12 时改为执行拥塞避免算法，拥塞窗口按线性规律增长，每经过一个往返时延就增加一个 MSS 的大小，如图 5-23 所示。

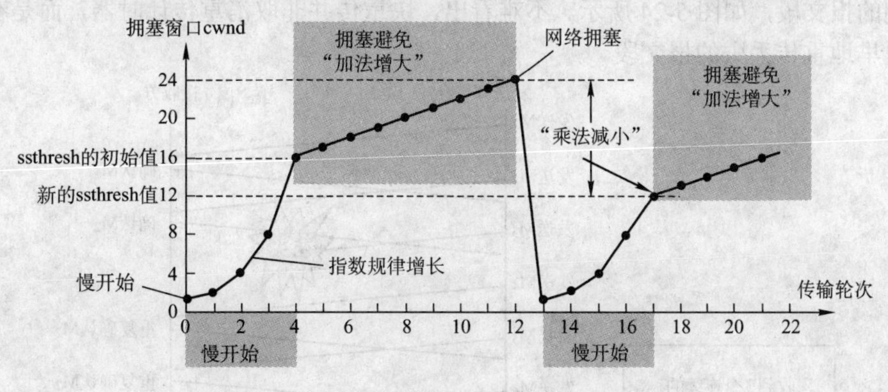

图 5-23　执行拥塞避免算法

总结：

1）乘法减小。它是指不论在慢开始阶段还是拥塞避免阶段，只要出现一次超时（即出现一次网络拥塞），就把慢开始门限值 ssthresh 设置为当前的拥塞窗口值的一半。当网络频繁出现拥塞时，ssthresh 值就下降得很快，以减少注入到网络中的分组数。

2）加法增大。它是指执行拥塞避免算法时，在收到对所有报文段的确认后（即经过一个往返时间），就把拥塞窗口 cwnd 增加一个 MSS 大小，使拥塞窗口缓慢增大，以防止网络过早出现拥塞。

3）拥塞避免并非指完全能够避免了拥塞。利用以上的措施要完全避免网络拥塞还是不可能的。拥塞避免是说在拥塞避免阶段把拥塞窗口控制为按线性规律增长，使网络比较不容易出现拥塞。

【例 5-5】（2009 年统考真题）一个 TCP 连接总是以 1KB 的最大段发送 TCP 段，发送方有足够多的数据要发送。当拥塞窗口为 16KB 时发生了超时，如果接下来的 4 个 RTT（往返时间）时间内的 TCP 段的传输都是成功的，那么当第 4 个 RTT 时间内发送的所有 TCP 段都得到肯定应答时，拥塞窗口的大小是（　　）。

A．7KB　　B．8KB
C．9KB　　D．16KB

解析：C。当拥塞窗口为 16KB 时发生了超时，慢开始门限值将变成 8KB，发送窗口变为 1KB。

下面逐一列出各个 RTT 之后的拥塞窗口大小。

1）开始重传：此时拥塞窗口为 1KB。

2）第一次 RTT 结束：执行慢开始算法，此时拥塞窗口为 2KB。

3）第二次 RTT 结束：执行慢开始算法，此时拥塞窗口为 4KB。

4）第三次 RTT 结束：执行慢开始算法，此时拥塞窗口为 8KB。

5）第四次 RTT 结束：由于第三次 RTT 结束的时候拥塞窗口的大小已经和慢开始门限值相等，因此此时应该结束使用慢开始算法，转而使用拥塞避免算法，故此时拥塞窗口为 8KB+1KB=9KB。

（3）快重传算法

首先要求接收方每收到一个失序的报文段后就立即发出重复确认。这样做可以让发送方及早知道有报文段没有到达接收方。发送方只要连续收到 3 个重复确认就应当立即重传对方尚未收到的报文段，如图 5-24 所示。不难看出，快重传并非取消重传计时器，而是在某些情况下可更早地重传丢失的报文段。

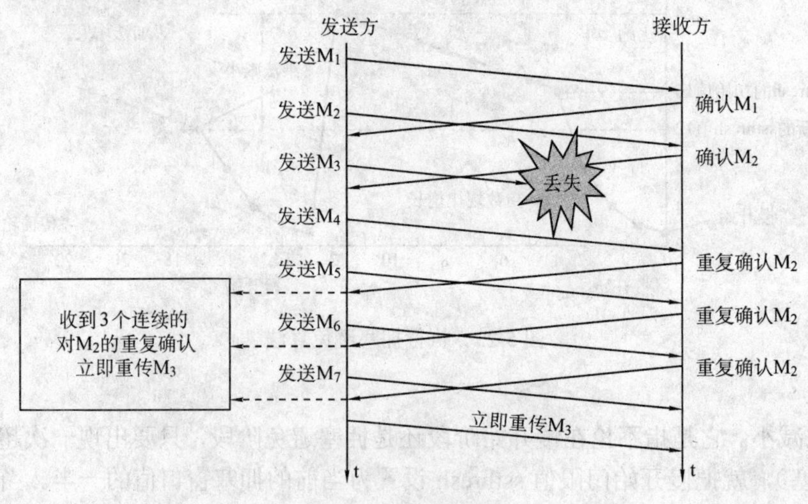

图 5-24　快重传

（4）快恢复算法

1）当发送端收到连续3个重复的确认时，就执行“乘法减小”算法，把慢开始门限ssthresh设置为当前拥塞窗口的一半。但接下去不执行慢开始算法。

2）由于发送方现在认为网络很可能没有发生拥塞，所以现在不执行慢开始算法，即拥塞窗口cwnd现在不设置为1，而是将慢开始门限ssthresh设置为当前拥塞窗口的一半，然后开始执行拥塞避免算法（“加法增大”），使得拥塞窗口缓慢地线性增大，如图5-25所示。

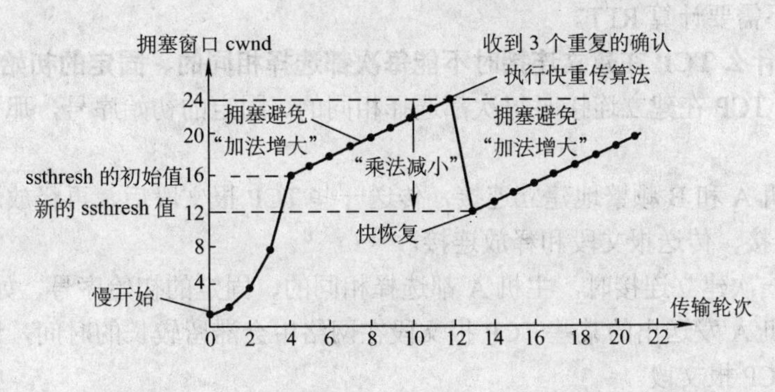

图5-25 快恢复

快恢复具体算法如下：

1）当发送端收到连续3个重复的ACK时，就重新设置慢开始门限ssthresh（拥塞窗口的一半）。

2）与慢开始的不同之处是拥塞窗口cwnd不是设置为1，而是设置为新的ssthresh。

3）若发送窗口值还允许发送报文段，就按拥塞避免算法继续发送报文段。

📖 **补充知识点：**有些快重传实现用的是另一种算法，考试的时候肯定会说明，为了全面地复习，所以将另一种算法也罗列出来，仅供参考，算法如下。

1）当发送端收到连续3个重复的ACK时，就重新设置慢开始门限ssthresh（拥塞窗口的一半）。

2）与慢开始的不同之处是拥塞窗口cwnd不是设置为1，而是设置为ssthresh+3×MSS。

3）若收到的重复的ACK为n个（n>3），则将cwnd设置为ssthresh+n×MSS。

4）若发送窗口值还允许发送报文段，就按拥塞避免算法继续发送报文段。

5.4 难点分析

由于本章属于重点，以下列出考生在天勤论坛中最常提出的疑问。

问题1：当应用程序使用面向连接的TCP和无连接的IP时，这种传输是面向连接的还是面向无连接的？

解析：这个问题应该回答都是。因为这要从不同的层次来看，在传输层是面向连接的，而在网络层是面向无连接的。

问题2：在TCP报文段的首部中只有端口号而没有IP地址。当TCP将其报文段交给IP层时，IP怎样知道目的IP地址呢？

解析：显然，仅从TCP报文段的首部是无法得知目的IP地址的。因此，TCP必须告诉IP层此报文段要发送给哪一个目的主机（给出其IP地址）。此目的IP地址填写在IP数据报的首部中。

问题3：是否TCP和UDP都需要计算往返时间RTT？

解析：往返时间RTT只是对传输层的TCP很重要，因为TCP要根据RTT的值来设置超时计时器的超时时间。

UDP没有确认和重传机制，因此RTT对UDP没有什么意义。

因此，不要笼统地说"往返时间RTT对传输层来说很重要"，因为只有TCP才需要计算RTT，而UDP不需要计算RTT。

问题4：为什么TCP在建立连接时不能每次都选择相同的、固定的初始序号？

解析：如果TCP在建立连接时每次都选择相同的、固定的初始序号，那么设想以下的情况。

1）假定主机A和B频繁地建立连接，传送一些TCP报文段后，再释放连接，然后又不断地建立新的连接、传送报文段和释放连接。

2）假定每一次建立连接时，主机A都选择相同的、固定的初始序号，如选择1。

3）假定主机A发送出的某些TCP报文段在网络中会滞留较长的时间，以致造成主机A超时重传这些TCP报文段。

4）假定有一些在网络中滞留时间较长的TCP报文段最后终于到达了主机B，但这时传送该报文段的那个连接早已释放了，而在到达主机B时的TCP连接是一条新的TCP连接。

这样，工作在新的TCP连接下的主机B就有可能会接收在旧的连接传送的、已经没有意义的、过时的TCP报文段（因为这个TCP报文段的序号有可能正好处在现在新的连接所使用的序号范围之中），结果产生错误。

因此，必须使得迟到的TCP报文段的序号不处在新的连接中所使用的序号范围之中。

这样，TCP在建立新的连接时所选择的初始序号一定要和前面的一些连接所使用过的序号不一样。因此，不同的TCP连接不能使用相同的初始序号。

问题5：假定在一个互联网中，所有的链路的传输都不出现差错，所有的结点也都不会发生故障。试问在这种情况下，TCP的"可靠交付"的功能是否就是多余的？

解析：不是多余的。TCP的"可靠交付"功能在互联网中起着至关重要的作用。至少在以下所列举的情况下，TCP的"可靠交付"功能是必不可少的。

1）每个IP数据报独立地选择路由，因此在到达目的主机时有可能出现失序。

2）由于路由选择的计算出现错误，导致IP数据报在互联网中转圈。最后数据报首部中的生存时间TTL的数值下降到零，这个数据报在中途就被丢弃了。

3）在某个路由器突然出现很大的通信量，以致路由器来不及处理到达的数据报，因此有的数据报被丢弃。

以上列举的问题表明：必须依靠TCP的"可靠交付"功能才能保证在目的主机的目的进程中接收到正确的报文。

问题6：为什么不采用"两次握手"建立连接？

解析："三次握手"完成两个重要的功能，既要双方做好发送数据的准备工作（双方都知道彼此已准备好），也要允许双方就初始序列号进行协商，这个序列号在握手过程中被发送和确认。

如果把"三次握手"改成"两次握手"，就可能发生死锁。例如，考虑计算机A和B之间的通信，假定A给B发送一个连接请求分组，B收到了这个分组，并发送了确认应答分组。

按照“两次握手”的协定，B 认为连接已经成功地建立了，可以开始发送数据分组。可是，A 在 B 的应答分组在传输中被丢失的情况下，将不知道 B 是否已准备好，也不知道 B 发送数据使用的初始序列号，A 甚至怀疑 B 是否收到自己的连接请求分组。在这种情况下，A 认为连接还未建立成功，将忽略 B 发来的任何数据分组，只等待连接确认应答分组。而 B 在发出的分组超时后，重复发送同样的分组。这样就形成了死锁，如图 5-26 所示。

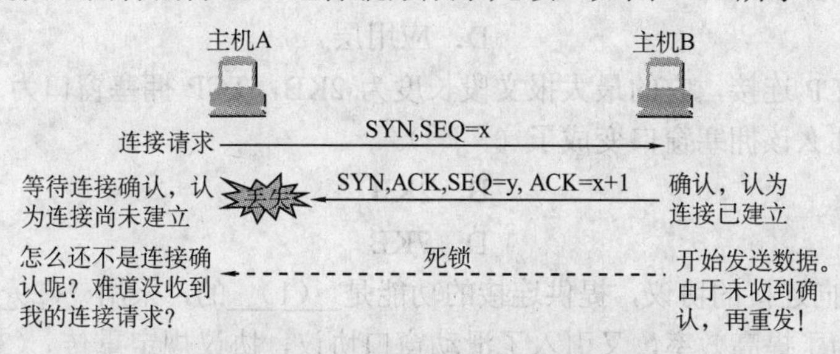

图 5-26 “两次握手”可能导致死锁

问题 7：为什么不采用“三次握手”释放连接，且发送最后“一次握手”报文后要等待 2MSL（最长报文寿命）的时间呢？

解析：首先，为了保证 A 发送的最后一个确认报文段能够到达 B。如果 A 不等待 2MSL，A 返回的最后确认报文段丢失，则 B 不能进入正常关闭状态，而 A 此时已经关闭，也不可能再重传。

其次，防止出现“已失效的连接请求报文段”。A 在发送完最后一个确认报文段后，再经过 2MSL 可保证本连接持续的时间内所产生的所有报文段从网络中消失。造成错误的情形与上文不采用“两次握手”建立连接的原因所述的情形相同。

习题

1．在 TCP 中，采用（ ）来区分不同的应用进程。

A．端口号　　B．IP 地址
C．协议类型　　D．MAC 地址

2．下面信息中（ ）包含在 TCP 首部中而不包含在 UDP 首部中。

A．目标端口号　　B．序号
C．源端口号　　D．校验号

3．在 TCP/IP 模型中，传输层的主要作用是在互联网络的源主机和目的主机对等实体之间建立用于会话的（ ）。

A．点到点连接　　B．操作连接
C．端到端连接　　D．控制连接

4．在 TCP/IP 网络中，为各种公共服务保留的端口号范围是（ ）。

A．1～255　　B．0～1023
C．1～1024　　D．1～65 535

5．假设某应用程序每秒产生一个 60B 的数据块，每个数据块被封装在一个 TCP 报文中，然后再封装到一个 IP 数据报中，那么最后每个数据报所含有的应用数据所占的百分比是（ ）（**注意：**TCP 报文和 IP 数据报的首部没有附加字段）。

A．20%　　B．40%

C．60%　　D．80%

6．如果用户程序使用UDP进行数据传输，那么（　　）协议必须承担可靠性方面的全部工作。

A．数据链路层　　B．网际层

C．传输层　　D．应用层

7．有一条TCP连接，它的最大报文段长度为2KB，TCP拥塞窗口为24KB，这时候发生了超时事件，那么该拥塞窗口变成了（　　）。

A．1KB　　B．2KB

C．5KB　　D．7KB

8．TCP是面向连接的协议，提供连接的功能是__（1）__的，采用__（2）__技术来实现可靠数据流的传送。为了提高效率，又引入了滑动窗口协议，协议规定重传__（3）__的报文段，这种报文段的数量最多可以__（4）__。TCP采用滑动窗口协议可以实现__（5）__。

（1）A．全双工　　B．单工

C．半双工　　D．单方向

（2）A．超时重传　　B．肯定确认（捎带一个报文段的序号）

C．超时重传和肯定确认　　D．丢失重传和否定性确认

（3）A．未被确认及至窗口首端的所有报文段

B．在计时器到时前未被确认的所有报文段

C．未被确认及至退回N值的所有报文段

D．未被确认的报文段

（4）A．是任意的　　B．1个

C．大于发送窗口的大小　　D．等于发送窗口的大小

（5）A．端到端的流量控制

B．整个网络的拥塞控制

C．端到端的流量控制和网络的拥塞控制

D．整个网络的差错控制

9．OSI 7层模型中，提供端到端的透明数据传输服务、差错控制和流量控制的层是（　　）。

A．物理层　　B．网络层

C．传输层　　D．会话层

10．传输层为（　　）之间提供逻辑通信。

A．主机　　B．进程

C．路由器　　D．操作系统

11．（　　）是TCP/IP模型传输层中的无连接协议。

A．TCP　　B．IP

C．UDP　　D．ICMP

12．假设在没有发生拥塞的情况下，在一条往返时间RTT为10ms的线路上采用慢开始控制策略。如果接收窗口的大小为24KB，最大报文段MSS为2KB，那么需要（　　）发送方才能发送出一个完全窗口。

A．30ms　　B．40ms

C．50ms　　　　　　　　　　　　D．60ms

13．可靠的传输协议中的“可靠”指的是（　　）。

A．使用面向连接的会话　　　　　B．使用“尽力而为”的传输

C．使用滑动窗口来维持可靠性　　D．使用确认机制来维持可靠性

14．下列关于 TCP 的叙述，正确的是（　　）。

A．TCP 是一个点到点的通信协议

B．TCP 提供了无连接的可靠数据传输

C．TCP 将来自上层的字节流组织成 IP 数据报，然后交给 IP 协议

D．TCP 将收到的报文段组成字节流交给上层

15．一个 TCP 连接的数据传输阶段，如果发送端的发送窗口值由 2000 变为 3000，意味着发送端（　　）。

A．在收到一个确认之前可以发送 3000 个 TCP 报文段

B．在收到一个确认之前可以发送 1000B

C．在收到一个确认之前可以发送 3000B

D．在收到一个确认之前可以发送 2000 个 TCP 报文段

16．下列关于因特网中的主机和路由器的说法，错误的是（　　）。

A．主机通常需要实现 IP　　　　　B．路由器必须实现 TCP

C．主机通常需要实现 TCP　　　　D．路由器必须实现 IP

17．下列有关面向连接和无连接的数据传输的速度的描述，正确的说法是（　　）。

A．面向连接的网络数据传输得快　　B．面向无连接的数据传输得慢

C．二者速度一样　　　　　　　　　D．不可判定

18．下列关于 TCP 和 UDP 的描述，正确的是（　　）。

A．TCP 和 UDP 都是无连接的

B．TCP 是无连接的，UDP 是面向连接的

C．TCP 适用于可靠性较差的网络，UDP 适用于可靠性较高的网络

D．TCP 适用于可靠性较高的网络，UDP 适用于可靠性较差的网络

19．TCP 报文包括两个部分，它们是（　　）。

A．源地址和数据　　　　　　　B．目的地址和数据

C．首部和数据　　　　　　　　D．序号和数据

20．UDP 报文头标不包括（　　）。

A．目的地址　　　　　　　　　B．源 UDP 端口

C．目的 UDP 端口　　　　　　D．报文长度

21．在 TCP 中，发送方的窗口大小是由（　　）的大小决定的。

A．仅接收方允许的窗口　　　　B．接收方允许的窗口和发送方允许的窗口

C．接收方允许的窗口和拥塞窗口　D．发送方允许的窗口和拥塞窗口

22．下列关于 UDP 的描述，正确的是（　　）。

A．给出数据的按序投递　　　　B．不允许多路复用

C．拥有流量控制机制　　　　　D．是无连接的

23．通信子网不包括（　　）。

A．物理层　　　　　　　　　　B．数据链路层

C．传输层　　　　　　　　　　　　D．网络层

24．TCP 中滑动窗口的值设置太大，对主机的影响是（　　）。

A．由于传送的数据过多而使路由器变得拥挤，主机可能丢失分组

B．产生过多的 ACK

C．由于接收的数据多，而使主机的工作速度加快

D．由于接收的数据多，而使主机的工作速度变慢

25．传输层中的套接字是（　　）。

A．IP 地址加端口

B．使得传输层独立的 API

C．允许多个应用共享网络连接的 API

D．使得远端过程的功能就像在本地一样

26．下列关于传输层协议中面向连接的描述，（　　）是错误的。

A．面向连接的服务需要经历 3 个阶段：连接建立、数据传输以及连接释放

B．面向连接的服务可以保证数据到达的顺序是正确的

C．面向连接的服务有很高的效率和时间性能

D．面向连接的服务提供了一个可靠的数据流

27．一个 UDP 用户数据报的数据字段为 8192B。在链路层要使用以太网来传输，那么应该分成（　　）IP 数据片。

A．3 个　　B．4 个　　C．5 个　　D．6 个

28．UDP 数据报比 IP 数据报多提供了（　　）服务。

A．流量控制　　　　　　　　　　B．拥塞控制

C．端口功能　　　　　　　　　　D．路由转发

29．下列网络应用中，（　　）不适合使用 UDP。

A．客户/服务器领域　　　　　　　B．远程调用

C．实时多媒体应用　　　　　　　D．远程登录

30．假设拥塞窗口为 20KB，接收窗口为 30KB，TCP 能够发送的最大字节数是（　　）。

A．30KB　　　　　　　　　　　　B．20KB

C．50KB　　　　　　　　　　　　D．10KB

31．下列（　　）不是 TCP 服务的特点。

A．字节流　　　　　　　　　　　B．全双工

C．可靠　　　　　　　　　　　　D．支持广播

32．TCP 使用“三次握手”协议来建立连接，握手的第一个报文段中被置为 1 的标志位是（　　）。

A．SYN　　　　　　　　　　　　B．ACK

C．FIN　　　　　　　　　　　　D．URG

33．TCP 的通信双方，有一方发送了带有 FIN 标志位的数据段后表示（　　）。

A．将断开通信双方的 TCP 连接

B．单方面释放连接，表示本方已经无数据发送，但是可以接收对方的数据

C．终止数据发送，双方都不能发送数据

D．连接被重新建立

34．如果主机 1 的进程以端口 x 和主机 2 的端口 y 建立了一条 TCP 连接，这时如果希望再在这两个端口间建立一个 TCP 连接，那么会（　　）。

A．建立失败，不影响先建立连接的传输

B．建立成功，并且两个连接都可以正常传输

C．建立成功，先建立的连接被断开

D．建立失败，两个连接都被断开

35．（2013 年统考真题）主机甲与主机乙之间已建立一个 TCP 连接，双方持续有数据传输，且数据无差错与丢失。若甲收到 1 个来自乙的 TCP 段，该段的序号为 1913、确认序号为 2046、有效载荷为 100B，则甲立即发送给乙的 TCP 段的序号和确认序号分别是（　　）。

A．2046、2012　　B．2046、2013

C．2047、2012　　D．2047、2013

36．假定 TCP 的拥塞窗口值被设定 18KB，然后发生了网络拥塞。如果紧接着的 4 次突发传输都是成功的，那么拥塞窗口将是多大？假定最大报文段长度 MSS 为 1KB。

37．如果 TCP 往返时延 RTT 的当前值是 30ms，随后收到的 3 组确认按到达顺序分别是在数据发送后 26ms、32ms 和 24ms 到达发送方，那么新的 RTT 估计值分别是多少？假定加权因子 $\alpha=0.9$。

38．为什么说 UDP 是面向报文的，而 TCP 是面向字节流的？

39. 在一个 1Gbit/s 的 TCP 连接上，发送窗口的大小为 65 535B，单程延迟时间等于 10ms。问可以取得的最大吞吐量是多少？线路效率是多少？（确认帧长度忽略不计）

40．主机 A 向主机 B 连续发送了两个 TCP 报文段，其序号分别为 70 和 100。试问：

1）第一个报文段携带了多少字节的数据？

2）主机 B 收到第一个报文段后发回的确认中的确认号应当是多少？

3）如果主机 B 收到第二个报文段后发回的确认中的确认号是 180，试问 A 发送的第二个报文段中的数据有多少字节？

4）如果 A 发送的第一个报文段丢失了，但第二个报文段到达了 B。B 在第二个报文段到达后向 A 发送确认。试问这个确认号应为多少？

41．一个 TCP 报文段的数据部分最多为多少字节？为什么？如果用户要传送的数据的字节长度超过 TCP 报文段中的序号字段可能编出的最大序号，问还能否用 TCP 来传送？

42．有一个 TCP 连接，当它的拥塞窗口大小为 64 个分组大小时超时，假设该线路往返时间 RTT 是固定的即为 3s，不考虑其他开销，即分组不丢失，该 TCP 连接在超时后处于慢开始阶段的时间是多少秒？

43．如果收到的报文段无差错，只是未按序号，则 TCP 对此未作明确规定，而是让 TCP 的实现者自行确定。试讨论两种可能的方法的优劣。

1）将不按序的报文段丢弃。

2）先将不按序的报文段暂存于接收缓存内，待所缺序号的报文段收齐后再一起上交应用层。

44．一个 UDP 用户数据报的首部的十六进制表示为 07 21 00 45 00 2C E8 27。试求源端口、目的端口、用户数据报总长度、数据部分长度。这个用户数据报是从客户发送给服务器还是服务器发送给客户？使用 UDP 的这个服务器程序是什么？

45．为什么在 TCP 首部有一个表示首部长度的偏移段，而 UDP 的首部就没有这个段？

46．一个TCP的首部字节数据见表5-3，请分析后回答问题。

表5-3　一个TCP的首部字节数据

编号	1	2	3	4	5	6	7	8	9	10
数据	0d	28	00	15	00	5f	a9	06	00	00
编号	11	12	13	14	15	16	17	18	19	20
数据	00	00	70	02	40	00	C0	29	00	00

1）本地端口号是多少？目的端口号是多少？

2）发送的序列号是多少？确认号是多少？

3）TCP首部的长度是多少？

4）这是一个使用什么协议的TCP连接？该TCP连接的状态是什么？

47．图5-27所示为一个TCP主机中的拥塞窗口的变化过程，这里最大数据段长度为1KB，请回答以下问题：

1）该TCP的初始阈值是多少？为什么？

2）本次传输是否发生超时？如果有是在哪一次传输超时？

3）在本例中，采用了什么拥塞控制算法？

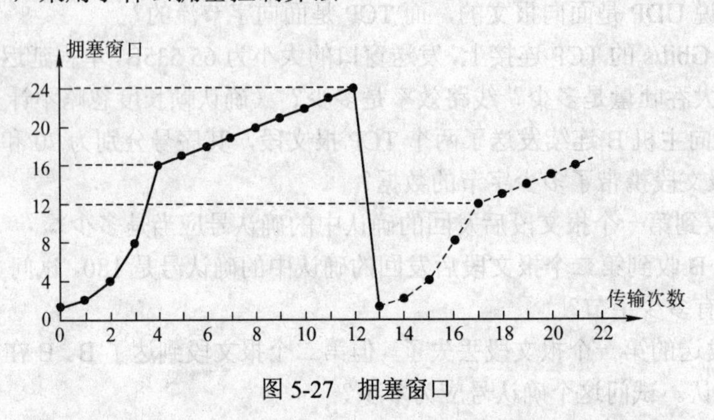

图5-27　拥塞窗口

习题答案

1．解析：A。

2．解析：B。显然TCP数据报和UDP数据报都包含目标端口号、源端口号、校验号。但是由于UDP是不可靠的传输，帧不需要编号，所以不会有序号这一字段，而TCP是可靠的传输，需要设置序号这一字段。

3．解析：C。在TCP/IP模型中，网络层及其以下各层所构成的通信子网负责主机到主机或点到点的通信，而传输层的主要作用是实现分布式的进程通信，即在源主机进程与目的主机进程之间提供端到端的数据传输。一般来说，端到端信道是由一段段的点到点信道构成的，端到端协议建立在点到点协议之上，提供应用进程之间的通信手段。相应地，在网络层标识主机的是IP地址，而在传输层标识进程的是端口号。

📖 **补充知识点：**端到端与点到点是针对网络中传输的两端设备间的关系而言的。端到端传输是指在数据传输前，经过各种各样的交换设备，在两端设备间建立一条链路，就像它

们是直接相连的一样，链路建立后，发送端就可以发送数据，直至数据发送完毕，接收端确认接收成功。点到点系统是指发送端把数据传给与它直接相连的设备，这台设备在合适的时候又把数据传给与之直接相连的下一台设备，通过一台一台直接相连的设备，把数据传到接收端。端到端传输的优点是链路建立后，发送端知道接收设备一定能收到，而且经过中间交换设备时不需要进行存储转发，因此传输延迟小。端到端传输的缺点是直到接收端收到数据为止，发送端的设备一直要参与传输。如果整个传输的延迟很长，那么对发送端的设备造成很大的浪费。端到端传输的另一个缺点是如果接收设备关机或故障，那么端到端传输不可能实现。

点到点传输的优点是发送端设备送出数据后，它的任务已经完成，不需要参与整个传输过程，这样不会浪费发送端设备的资源。另外，即使接收端设备关机或故障，点到点传输也可以采用存储转发技术进行缓冲。点到点传输的缺点是发送端发出数据后，不知道接收端能否收到或何时能收到数据。在一个网络系统的不同分层中，可能用到端到端传输，也可能用到点到点传输（如 Internet 网），IP 层及以下各层采用点到点传输，IP 层以上均采用端到端传输。

4．解析：B。保留端口（Reserved Port）也称为熟知端口（Well-Known Port），以全局方式分配，只占全部端口数目很小的部分，为各种公共服务保留。TCP 和 UDP 均规定小于 1024 的端口号才能作为保留端口。

5．解析：C。前面已经讲过在实际计算中 TCP 报文和 IP 数据报首部都是以 20B 计算（有附加字段题目会说明），而不是以 60B 计算。在此题中，一个 TCP 报文的首部长度是 20B，一个 IP 数据报首部的长度也是 20B，再加上 60B 的数据，一个 IP 数据报的总长度为 100B，可以知道数据占 60%。

6．解析：D。传输层协议需要具有的主要功能包括创建进程到进程的通信，提供流量控制机制。UDP 在一个低的水平上完成以上的功能，使用端口号完成进程到进程的通信，但在收到用户数据报时没有流量控制机制，也没有确认，而且只是提供有限的差错控制。因此，UDP 是一个无连接、不可靠的传输层协议。如果用户应用程序使用 UDP 进行数据传输，必须在传输层的上层（即应用层）提供可靠性方面的全部工作。

7．解析：B。在 TCP 报文中，当发生超时事件，阈值被设置成当前拥塞窗口的一半，而拥塞窗口被设为一个最大报文段。

8．解析：（1）A、（2）C、（3）B、（4）D、（5）A。TCP 提供的是一条全双工的可靠逻辑信道。为了提供可靠的数据传输服务，TCP 采用了确认（即捎带正确收到的报文段的最后一个字节的序号的下一个序号）和超时重传两种机制。为了提高效率，TCP 采用可变发送窗口的方式进行流量控制。滑动窗口协议规定，只要发送窗口未满，发送方就可以继续发送报文段；每发送一个报文段，就创建该报文段的重传计时器，**当计时器超时**还未收到确认，发送方就重传该报文段。由于发送窗口的限制，发送方在未经确认之前，最多能发送的报文段的数量等于发送窗口的大小。

拥塞控制是一个全局性的过程，涉及所有的主机、路由器以及与降低网络传输性能有关的所有因素。而滑动窗口协议仅仅是对于点对点的通信进行控制，即 TCP 采用的滑动窗口协议只能够解决流量控制。

9．解析：C。

10．解析：B。

11．解析：C。

12．解析：B。慢开始算法是 TCP 用于拥塞控制的算法，考虑了两个潜在的问题，即网络容量与接收端容量。为此，TCP 要求每个发送端维护两个窗口，即接收端窗口和拥塞窗口，两个窗口的较小值就为发送窗口。所谓“慢开始”就是由小到大逐渐增大发送端的拥塞窗口数值。慢开始算法的基本原理：在连接建立时，将拥塞窗口的大小初始化为一个 MSS 的大小，此后拥塞窗口每经过一个 RTT，就按指数规律增长一次，直到出现报文段传输超时或达到所设定的慢开始门限值 ssthresh。

本题中，按照慢开始算法，发送窗口的初始值为拥塞窗口的初始值（即 MSS 的大小 2KB），然后依次增大为 4KB、8KB、16KB，接着是接收窗口的大小 24KB，即达到第一个完全窗口。因此，达到第一个完全窗口所需的时间为 4×RTT=40ms。

13．解析：D。如果一个协议使用确认机制对传输的数据进行确认，那么可以认为是一个可靠的协议。如果一个协议采用“尽力而为”的传输方式，那么是不可靠的。例如，TCP 对传输的报文段提供确认，因此是可靠的传输协议；而 UDP 不提供确认，因此是不可靠的传输协议。

14．解析：D。TCP 在网络层 IP 的基础上，向应用层提供可靠、全双工的端到端的数据流传输。TCP 通过可靠的传输连接将收到的报文段组织成字节流，然后交给上层的应用进程，这就为应用进程提供了有序、无差错、不重复和无报文丢失的流传输服务。A 选项 IP 才是点到点的通信协议，C 选项中 IP 数据报不是由传输层来组成的，而应该由网络层加上 IP 数据报的首部来形成 IP 数据报。

15．解析：C。TCP 提供的是可靠的传输服务，使用滑动窗口机制进行流量控制。应当注意的是，TCP 通过滑动窗口实现了以**字节**为单位的确认，因此窗口大小的单位为字节。假设发送窗口的大小为 N，这意味着发送端可以在没有收到确认的情况下连续发送 N 个字节。

16．解析：B。路由器工作在网络层，TCP 的报文段只是封装在网络层的 IP 数据报中，对路由器是不可见的，所以它不需要实现 TCP。

17．解析：D。面向连接由于建立了一个虚链路，所以每个数据分组可以省略信源地址，减小了数据冗余，这是速度增加的因素。另外，建立虚链路也要花费一定的时间，这是速度降低的因素。因此，很难说二者速度谁快，但是可以肯定的是大量数据传输时面向连接的方式有利。

18．解析：C。显然 A、B 错误。由于 TCP 是可靠的传输，因此适用于可靠性比较差的网络；而 UDP 是不可靠的传输，如果网络本身还不可靠，就会造成错误太多，所以 UDP 适用于可靠性较高的网络。

19．解析：C。明显不包含源地址和目的地址，因为目的地址和源地址是检验的时候才加上去的伪首部，所以排除 A 和 B 选项。而 D 选项的序号仅仅是首部的一部分。

20．解析：A。与 TCP 一样，目的地址是在检验的时候加上去的伪首部，所以不在 UDP 报文的首部。

21．解析：C。

22．解析：D。UDP 是不可靠的，所以没有数据的按序投递，排除 A 选项；知识点讲解已经说得很清楚，UDP 只在 IP 的数据报服务上增加了很少的功能，即复用和分用的功能以及差错检测的功能，所以排除 B 选项；显然 UDP 没有流量控制，排除 C 选项。

23．解析：C。传输层向它上面的应用层提供通信服务，它属于面向通信部分的最高层，

同时也是用户功能中的最低层。传输层向高层用户屏蔽了下面通信子网的细节（如网络拓扑、路由选择协议等），它使应用进程看见的就是好像在两个传输层实体之间有一条端到端的逻辑通信信道。因此在通信子网上没有传输层，传输层只存在通信子网以外的主机中。

24．解析：A。前面讲过 TCP 使用滑动窗口机制来进行流量控制，其窗口尺寸的设置很重要，如果滑动窗口的值设置太小，会产生过多的 ACK（因为窗口大可以累积确认，这样就会有更少的 ACK）；如果设置太大，又会由于传送的数据过多而使路由器变得拥挤，导致主机可能丢失分组。

25．解析：A。

26．解析：C。由于面向连接的服务需要建立连接，并且需要保证数据的有序性和正确性，导致了它比无连接的服务开销大，而速度和效率方面也比无连接的服务差一点。

27．解析：D。以太网的帧的最大数据负载是 1500B，IP 首部长度为 20B。所以每个分片的数据字段长度为 1480B，所以需要 6 个分片来传输该数据报。

28．解析：C。虽然 UDP 和 IP 都是数据报协议，但是它们之间还是存在差别的。其中，最大的差别是 IP 数据报只能找到目的主机而无法找到目的进程，UDP 提供端口功能以及复用和分用功能，可以将数据报投递给对应的进程。

29．解析：D。UDP 的特点是开销小，时间性能好并且容易实现。在客户/服务器模型中，它们之间的请求都很短，使用 UDP 不仅编码简单，而且只需要很少的消息；远程调用使用 UDP 的理由和客户/服务器模型一样；对于实时多媒体应用来说，需要保证数据及时传送，而比例不大的错误是可以容忍的，所以使用 UDP 也是合适的，而且使用 UDP 可以实现多播传输模式，来给多个客户端服务；而远程登录需要依靠一个客户端到服务器的可靠连接，使用 UDP 是不合适的。

30．解析：B。TCP 既有流量控制也有拥塞控制，在 TCP 发送数据的时候要考虑拥塞窗口也需要考虑接收窗口。在题目中拥塞窗口比较小，所以 TCP 的发送最大字节数要受到拥塞窗口的限制，大小为 20KB。

31．解析：D。TCP 提供的是一对一全双工可靠的字节流服务，所以 TCP 并不支持广播。

32．解析：A。TCP 有 6 个标志位，它们的含义见表 5-4。

表 5-4　TCP 中的 6 个标志位的含义

标志位	含　义
URG	如果紧急指针被使用了，则 URG 被设置为 1
ACK	1 表示确认号有效，0 表示数据段不包含确认信息
PSH	表示带有 PSH 标志的数据，接收方在收到数据后要立即交给应用层
RST	用于重置一个已经混乱的连接
SYN	用于建立连接的过程
FIN	用于释放一个连接

33．解析：B。FIN 标志位用来释放一个连接，它表示本方已经没有数据要传输了。然而，在关闭一个连接之后，对方还可以继续发送数据，所以还有可能接收到数据。

34．解析：A。一条连接使用它们的套接字来标识，因此（1，x）-（2，y）是在两个端口之间唯一可能的连接。而后建立的连接会被阻止，并不影响先前已经存在的连接。

35. 解析：B。若甲收到1个来自乙的TCP段，该段的序号seq=1913、确认序号ack=2046、有效载荷为100字节，则甲立即发送给乙的TCP段的序号seq1=ack=2046和确认序号ack1=seq+100=2013。此题可参考【例5-2】的总结。

36. 解析：由于在拥塞窗口值被设定为18KB时发生了网络拥塞，慢开始门限值被设定为9KB，而拥塞窗口则重置为一个最大报文段长度，然后重新进入慢开始阶段。在慢开始阶段，拥塞窗口值在一次成功传输后将加倍，直至到达慢开始门限值。因此，超时后的第1次传输将是1个最大报文段长度，然后是2个、4个、8个最大报文段长度，所以在4次突发传输成功后，拥塞窗口的大小将变成9KB（第4次没有成功前，应该是8KB）。

37. 解析：往返时延是指数据从发出到收到对方相应的确认所经历的时间。它是用来设置计时器的重传时间的一个主要参考数据。由于对于传输层来说，报文段的往返时延的方差较大，所以TCP采用了一种自适应的算法将各个报文段的往返时延样本加权平均，得到报文段的平均往返时延（RTT），计算公式如下：

RTT=(1−α)×(旧的RTT)+α×(新的往返时延样本)

1）第1个确认到达后，旧的RTT=30ms，新的往返时延样本=26ms。

新的平均往返时延RTT=0.9×26ms+(1−0.9)×30ms=26.4ms。

2）第2个确认到达后，旧的RTT=26.4ms，新的往返时延样本=32ms。

新的平均往返时延RTT=0.9×32ms+(1−0.9)×26.4ms=31.44ms。

3）第3个确认到达后，旧的RTT=31.44ms，新的往返时延样本=24ms。

新的平均往返时延RTT=0.9×24ms+(1−0.9)×31.44ms=24.7ms。

所以，新的RTT估计值分别为26.4ms、31.44ms、24.7ms。

提示：有些辅导书或者教材使用如下公式：

RTT=(1−α)×(新的RTT)+α×(旧的往返时延样本)

当然，以上公式没有错误，只是形式上的一些变化，一般在考研中会说明使用哪个公式，如果没说明，则默认使用**RTT=(1−α)×(旧的RTT)+α×(新的往返时延样本)**。

38. 解析：发送方UDP对应用程序交下来的报文，在添加首部后就向下交付IP层。UDP对应用层交下来的报文，既不合并，也不拆分，而是保留这些报文的边界。接收方UDP对IP层交上来的UDP用户数据报，在去除首部后就原封不动地交付上层的应用进程，一次交付一个完整的报文，所以说UDP是面向报文的。而发送方TCP对应用程序交下来的报文数据块，视为无结构的字节流（无边界约束），但维持各字节，所以说TCP是面向字节流的。

39. 解析：根据题意，往返时延RTT=10ms×2=20ms，发送一个窗口的发送时延是65 535×8bit/1Gbit/s=0.524 28ms，那么最后1bit到达对方主机的时间为10.524 28ms。题目已经说明确认帧的长度忽略不计，所以发送一个窗口的完整时间为20.524 28ms。每秒可发送48.722 7个窗口（1000ms÷20.524 28ms=48.722 7）。而吞吐量的定义就是每秒能发送的数据，即65 535×8×48.722 7bit/s=25.54Mbit/s，线路效率即25.54Mbit/s÷1000Mbit/s≈2.55%。所以，最大吞吐量是25.54Mbit/s，线路效率约为2.55%。

40. 解析：

1）第二个报文段的开始序号是100，说明第一个报文段的序号是70～99，所以第一个报文段携带了30B的信息。

2）由于主机已经收到第一个报文段，即最后一个字节的序号应该是99，因此下一次应

当期望收到第100号字节，故确认中的确认号是100。

3）由于主机B收到第二个报文段后发回的确认中的确认号是180，说明已经收到了第179号字节，也就说明第二个报文段的序号是从100～179，因此第二个报文段有80B。

4）确认的概念就是前面的序号全部收到了，只要有一个没收到，就不能发送更高字节的确认，所以主机B应该发送第一个报文段的开始序号，即70。

41. 解析：一个TCP报文段的数据部分最多为65 495B，此数据部分加上TCP首部的20B，再加上IP首部的20B，正好是IP数据报的最大长度（$2^{16}-1=65\ 535$B）。当然，若IP首部包含了选项，则IP首部长度超过20B，这时TCP报文段的数据部分的长度将小于65 495B。

即使用户要传送的数据的字节长度超过TCP报文段中的序号字段可能编出的最大序号，也还可以用TCP来传送。当今的因特网用户速率还不是很高，且分组的生命期受限。TCP的序号字段有32位，可以循环使用序列号，这样就可保证当序号重复使用时，旧序号的数据早已通过网络到达终点了。

42. 解析：根据题意，当超时的时候，慢开始门限值ssthresh变为拥塞窗口大小的一半，即ssthresh=64/2=32个分组。此后，拥塞窗口重置为1，重新启用慢开始算法。根据慢开始算法的指数增长规律，经过5个RTT，拥塞窗口大小变为$2^5=32$，达到ssthresh。此后便改用拥塞避免算法。

因此，该TCP连接在超时后重新处于慢开始阶段的时间是5×RTT=15s。

43. 解析：第一种方法其实就是后退N帧协议所使用的处理方式，这种方法将不按序的报文段丢弃，会引起被丢弃报文段的重复传送，增加对网络带宽的消耗，但由于用不着将该报文段暂存，可避免对接收方缓冲区的占用。第二种方法就是选择重传协议所使用的处理方式，该方法将不按序的报文段暂存于接收缓存内，待所缺序号的报文段收齐后再一起上交应用层，这样有可能避免发送方对已经被接收方收到的不按序的报文段的重传，减少了对网络带宽的消耗，但增加了接收方缓冲区的开销。

44. 解析：UDP的数据报格式如图5-28所示。

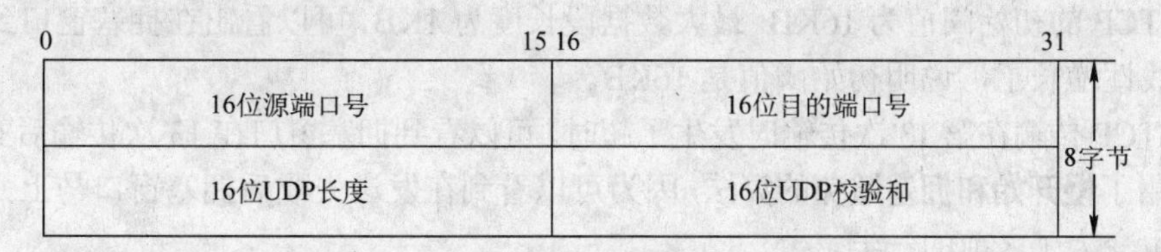

图5-28 UDP的数据报格式

第1、2个字节表示源端口，将07 21转化为二进制是0000011100100001，所以十进制为1825，得到源端口为1825。第3、4个字节为目标端口，将45转换为十进制得到目的端口为69。第5、6字节为2C，转换为十进制的数据总长度为44B，那么数据部分的长度应该等于总长度减去UDP首部8B，即得到数据部分长度为36B。

进一步分析，发现该UDP数据报是发送到69端口，是熟知的TFTP的端口。由此可以推出，该数据报是由客户端发送给服务器的，使用这个服务的程序是TFTP。

45. 解析：TCP首部除固定长度部分外，还有选项，因此TCP首部长是可变的（在20B～60B），在其首部需要有一个偏移段来说明首部的总长度。而UDP首部长度是固定的（永远都是8B），所以在其首部中就没有必要设置这个段。

46. 解析：首先写出TCP首部的格式（考研时会直接给出的），如图5-29所示。然后根据首部格式来分析题目中的数据。

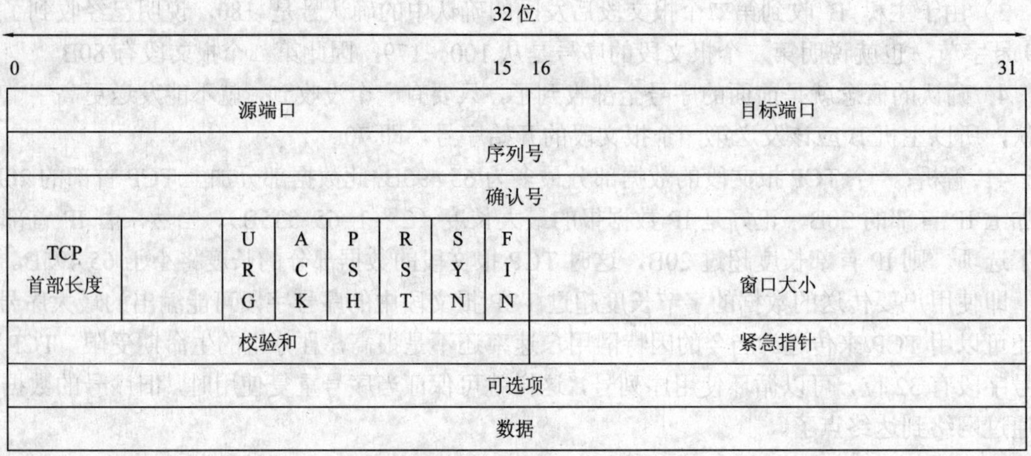

32位

0 15 16 31

<table>
<tr><td colspan="8">源端口</td><td>目标端口</td></tr>
<tr><td colspan="9">序列号</td></tr>
<tr><td colspan="9">确认号</td></tr>
<tr><td>TCP
首部长度</td><td></td><td>U
R
G</td><td>A
C
K</td><td>P
S
H</td><td>R
S
T</td><td>S
Y
N</td><td>F
I
N</td><td>窗口大小</td></tr>
<tr><td colspan="8">校验和</td><td>紧急指针</td></tr>
<tr><td colspan="9">可选项</td></tr>
<tr><td colspan="9">数据</td></tr>
</table>

图5-29 TCP首部的格式

1）源端口为第1、2字节，值是0d 28，转换为十进制是3368。第二个2B字段是00 15，表示目的端口，转换为十进制是21。

2）第5～第8字节表示了顺序号，值是00 5f a9 06，转换为十进制是6269190。紧接着的4个字节是确认号，值是0。

3）第13字节的前4位表示TCP首部的长度，这里的值是7，乘以4后得到TCP的首部长度为28，说明该TCP首部还有8B的选项数据。

4）根据目标端口是21，可以知道这是一条FTP的连接。而TCP的状态则需要分析第14字节，第14字节的值是02，即SYN置位了，而且ACK=0表示该数据段没有捎带的确认域，这说明是第一次握手时发出的TCP连接。

47．解析：

1）该TCP的初始阈值为16KB。最大数据段长度为1KB，可以看出在拥塞窗口到达16KB之后就呈线性增长了，说明初始阈值是16KB。

2）该TCP传输在第13次传输时发生了超时，可以看到拥塞窗口在13次传输后变为1KB。

3）采用了**慢开始和拥塞避免**的算法，因为可以看到在发送失败后拥塞窗口马上变为1KB，而且阈值也变为了之前的一半。

第6章 应用层

大纲要求

（一）网络应用模型
1．客户/服务器模型
2．P2P 模型
（二）DNS 系统
1．层次域名空间
2．域名服务器
3．域名解析过程
（三）FTP
1．FTP 的工作原理
2．控制连接与数据连接
（四）电子邮件
1．电子邮件系统的组成结构
2．电子邮件格式与 MIME
3．SMTP 与 POP3
（五）WWW
1．WWW 的概念与组成结构
2．HTTP

考点与要点分析

核心考点

1．（★★）域名解析过程
2．（★★）FTP 的基本工作原理
3．（★★）HTTP

基础要点

1．客户/服务器模型、P2P 模型的概念
2．域名系统（DNS），包括层次域名空间、域名服务器和域名解析过程
3．FTP 的工作原理，理解控制连接与数据连接

4．电子邮件系统的组成结构、电子邮件格式与MIME、SMTP、POP3
5．万维网（WWW）的基本概念与组成结构，掌握HTTP

本章知识体系框架图

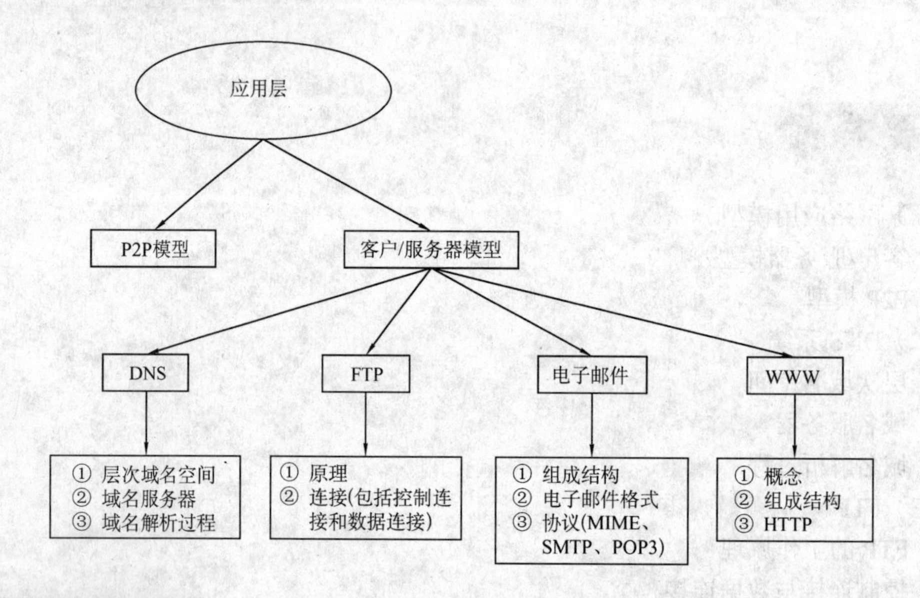

知识点讲解

本章复习建议：应用层中的内容主要以概念性为主，而且与网络技术的日常应用息息相关。本章以选择题为主，重点把握应用层的相关概念、协议、服务过程和原理。

6.1 网络应用模型

每个应用层协议都是为了解决某一类应用问题，而问题的解决又往往是通过位于不同主机中的多个应用进程之间的通信和协同工作来完成的。应用层的具体内容就是规定应用进程在通信时所遵循的协议。这些应用进程之间相互通信和协作通常采用一定的模式，常见的有客户/服务器模型和P2P模型。

6.1.1 客户/服务器模型

客户（Client）和服务器（Server）都是指通信中所涉及的两个应用进程。如图6-1所示，客户/服务器模型所描述的是进程之间的服务和被服务的关系。服务可以是任意的应用，如文件传输服务、电子邮件服务等。在这个模型中，客户是服务的请求方，服务器是服务的提供方。例如，主机A向主机B发出服务请求，所以主机A是客户机；而主机B向主机A提供服务，所以主机B是服务器。

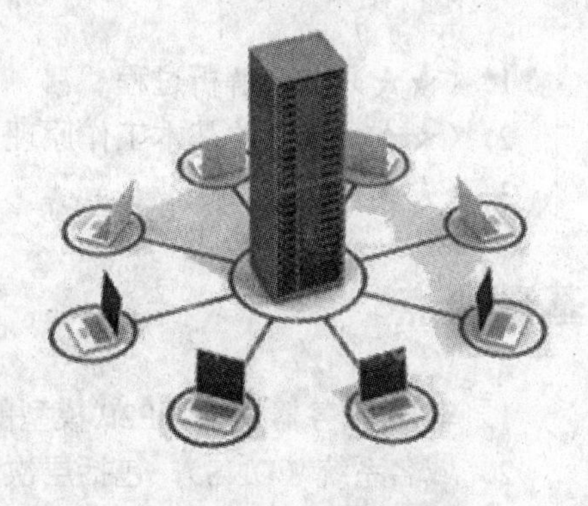
图6-1 客户/服务器模型

在客户机上运行的软件通常是被用户（如操作计算机的人）调用后运行，在打算通信时主动向服务器发起通信。因此，客户程序必须知道服务器程序的地址。此外，客户机上一般不需要特殊的硬件和复杂的操作系统。而服务器上运行的软件则是某些专门用来提供某种服务的程序，可同时处理多个远地或本地客户的请求。系统启动后即自动调用并一直不断地运行着，被动地等待并接受来自各地客户的通信请求。因此，服务器程序不需要知道客户程序的地址。服务器一般需要强大的硬件和高级的操作系统支持。

故事助记：可以将服务器想象成一个大超市，去超市买东西的顾客称为客户。只有超市开着门（服务器开机，一般服务器都是永久开机的），才可向客户提供服务。客户必须知道超市的地址才可以去超市买东西（访问服务器），而超市肯定不需要知道每个顾客住在哪里，所以服务器不需要知道客户的地址。

客户/服务器模型主要特点：

1）网络中各计算机的地位不平等，服务器可以通过对用户权限的限制来达到管理客户机的目的，使它们不能随意存储数据，更不能随意删除数据，或进行其他受限的网络活动。

2）整个网络的管理工作由少数服务器承担，所以网络的管理非常集中和方便。这一优势在大规模网络中更加明显。

3）可扩展性不佳。由于受服务器硬件和网络带宽的限制，服务器所能支持的客户数比较有限，当客户数增长较快时，会急剧影响网络应用系统的效率。

针对以上客户/服务器模型的一些限制，P2P 模型改变了这种模式，下面详细讲解。

6.1.2 P2P 模型

如图 6-2 所示，P2P 模型指两个主机在通信时并不区分哪一个是服务请求方还是服务提供方。只要两个主机都运行了 P2P 软件，它们就可以进行平等的对等连接通信，比如双方都可以下载对方已经存储在硬盘中的共享文档（而在客户/服务器模型下，只有当客户机主动发起请求时，才能从服务器获得文档，或将文档传递给服务器，而且多个客户机之间如果想要共享文件，只能通过服务器中转）。例如，大家现在常用的 QQLive 和电驴等软件就是使用 P2P 模型。

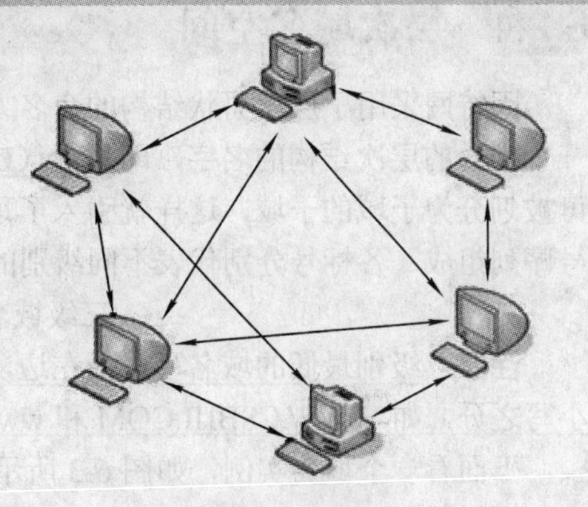

图 6-2 P2P 模型

实际上，P2P 模型从本质上来看仍然是使用客户/服务器方式，只是对等连接中的每一个主机既是客户又是服务器。例如，当主机 C 请求 D 的服务时，C 是客户，D 是服务器，但如果 C 同时又向 F 提供服务，那么 C 又同时起着服务器的作用。

P2P 模型带来的好处是，任何一台主机都可以成为服务器，改变了原来需要专用服务器的模式，很显然，多个客户机之间可以直接共享文档。此外，可以借助 P2P 网络模型，解决专用服务器的性能瓶颈问题（如播放流媒体时对服务器的压力过大，而通过 P2P 模型，可以利用大量的客户机来提供服务）。

P2P 模型主要特点如下：

1）繁重的计算机任务可以被分配到各个结点上，利用每个结点空闲的计算能力和存储空间，聚合实现强大的服务。

2）系统可扩展性好。传统的服务器有连接带宽的限制，只能达到一定的客户端连接数。但是在 P2P 模型中，能避免这个问题。

3）网络更加健壮，不存在中心结点失效的问题。当一部分结点连接失败之后，其余的结点仍然能形成完整的网络。

6.2 DNS 系统

背景：如果现在不允许你通过 www.csbiji.com 来访问天勤论坛的主页，请问还有什么方式？直接使用存放天勤论坛主页的服务器的 IP 地址（116.255.186.25）来访问。当然，如果现在整个网络只有几个网站，人们通过记忆其服务器的 IP 地址来访问还是可以勉强记住的，但是成千上万的网站都需要记忆其服务器的 IP 地址才能正确访问，相信没有几个用户能爱上网络，于是就出现了域名。这样，人们就可以通过便于记忆的域名来访问网站了。但是这个是表面上的，其实真正访问还是要通过 IP 地址，那么我们自然就想到应该存在一个东西，即可以将域名转换成相对应的 IP 地址，于是 DNS 系统就诞生了。

从概念上可以将 DNS 分为 3 个部分：层次**域名空间、域名服务器、解析器**，下面一一讲解。

注意：域名中的“点”和点分十进制 IP 地址中的“点”并无一一对应的关系。点分十进制 IP 地址中一定是包含 3 个“点”（如天勤论坛服务器 IP 地址 116.255.186.25），但每一个域名中“点”的数目则不一定正好是 3 个（如 www.csbiji.com 只有两个点）。

6.2.1 层次域名空间

因特网采用了层次树状结构的命名方法。任何一个连接在因特网上的主机或路由器都有一个唯一的层次结构的名字，即**域名（Domain Name）**。域还可以被划分为子域，而子域还可被划分为子域的子域，这样就引入了顶级域名、二级域名、三级域名等。每个域名都由标号序列组成（各标号分别代表不同级别的域名），各标号之间用点隔开，格式如下所示：

…. 三级域名. 二级域名. 顶级域名

注意：级别最低的域名写在最左边，而级别最高的顶级域名写在最右边，且标号没有大小写之分，如 WWW.CSBIJI.COM 和 www.csbiji.com 均可访问天勤论坛。

下面看一个域名实例，如图 6-3 所示。

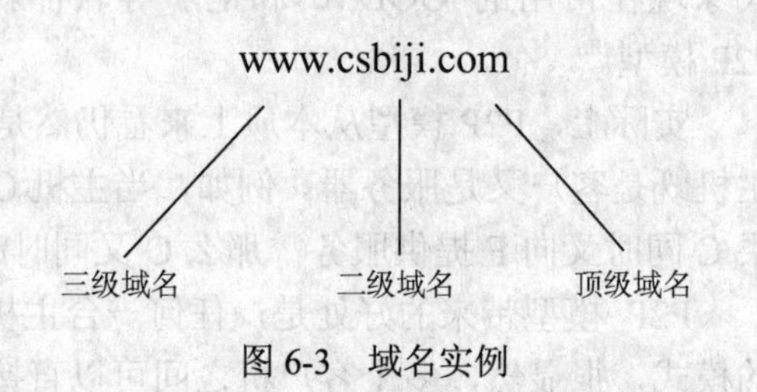

图 6-3 域名实例

顶级域名（Top Level Domain，TLD）主要分为以下三大类：

1）国家顶级域名（nTLD），如.cn 表示中国、.us 表示美国、.uk 表示英国等。

2）通用顶级域名（gTLD），最早的顶级域名如下：

.com　（公司和企业）
.net　（网络服务机构）
.org　（非营利性组织）
.edu　（美国专用的教育机构）
.gov　（美国专用的政府部门）

.mil　　　（美国专用的军事部门）

.int　　　（国际组织）

3）基础结构域名（Infrastructure Domain），这种顶级域名只有一个，即 arpa，用于反向域名解析，因此又称为反向域名。

图 6-4 展示了因特网的域名空间。

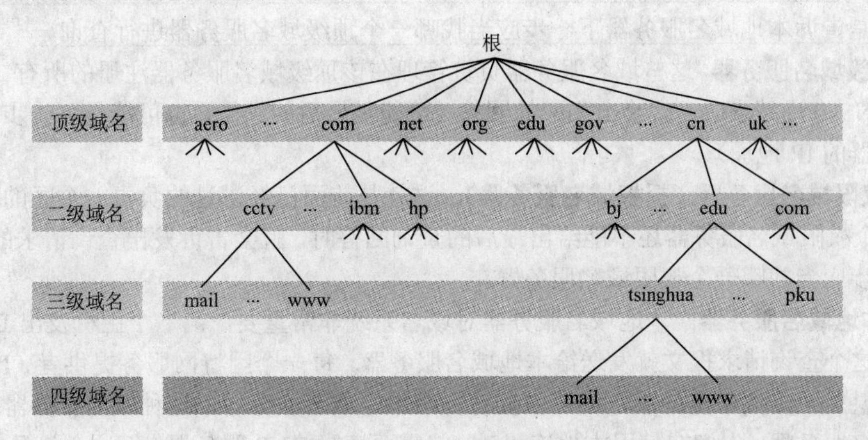

图 6-4　因特网的域名空间

6.2.2　域名服务器

因特网的域名系统（DNS）被设计成一个联机分布式的数据库系统，并采用客户/服务器模型。名字到域名的解析是由若干个域名服务器来完成的，域名服务器程序在专设的结点上运行，运行该程序的机器称为域名服务器。

一个服务器所负责管辖的（或有权限的）范围称为区（zone）。如图 6-5 所示，各单位根据具体情况来划分自己管辖范围的区，但在一个区中的所有结点必须是能够连通的。每一个区设置相应的权限域名服务器，用来保存该区中的所有主机的域名到 IP 地址的映射。DNS 服务器的管辖范围不是以“域”为单位，而是以“区”为单位，区一定小于或等于域。

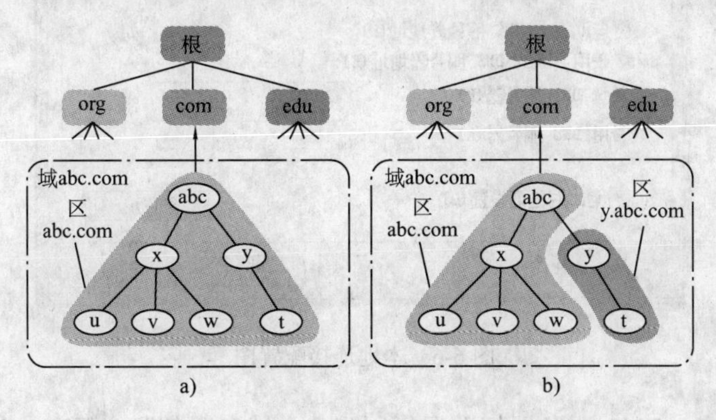

图 6-5　区的不同划分方法举例

a）区等于域　b）区小于域

因特网上的域名服务器系统是按照域名的层次来安排的，每个域名服务器都只对域名体系中的一部分进行管辖。因此，共有以下 4 种不同类型的域名服务器。

1）**根域名服务器**（最高层次的域名服务器）。根域名服务器是最重要的域名服务器。所有的根域名服务器都知道所有的顶级域名服务器的域名和 IP 地址。不管是哪一个本地域名服务器，若要对因特网上任何一个域名进行解析，只要自己无法解析，就**首先**求助于根域名服务器。

注意：根域名服务器用来管辖顶级域名（如.com），它并不直接把待查询的域名转换成 IP 地址，而是告诉本地域名服务器下一步应当找哪一个顶级域名服务器进行查询。

2）**顶级域名服务器**。这些域名服务器负责管理在该顶级域名服务器注册的所有二级域名。当收到 DNS 查询请求时，就给出相应的回答（可能是最后的结果，也可能是下一步应当找的域名服务器的 IP 地址）。

3）**权限域名服务器（授权域名服务器）**。这就是前面已经讲过的负责一个区的域名服务器。当一个权限域名服务器还不能给出最后的查询回答时，就会告诉发出查询请求的 DNS 客户，下一步应当找哪一个权限域名服务器。

4）**本地域名服务器**。本地域名服务器对域名系统**非常重要**。当一个主机发出 DNS 查询请求时，这个查询请求报文就发送给本地域名服务器。每一个因特网服务提供者（ISP）或一个大学，甚至一个大学里的系，都可以拥有一个本地域名服务器，这种域名服务器有时也称为默认域名服务器。人们在使用本地连接时，就需要填写 DNS 服务器，而这个就是本地 DNS 服务器的地址。在图 6-6 中，10.10.0.21 就是浙江大学使用的本地 DNS 服务器。

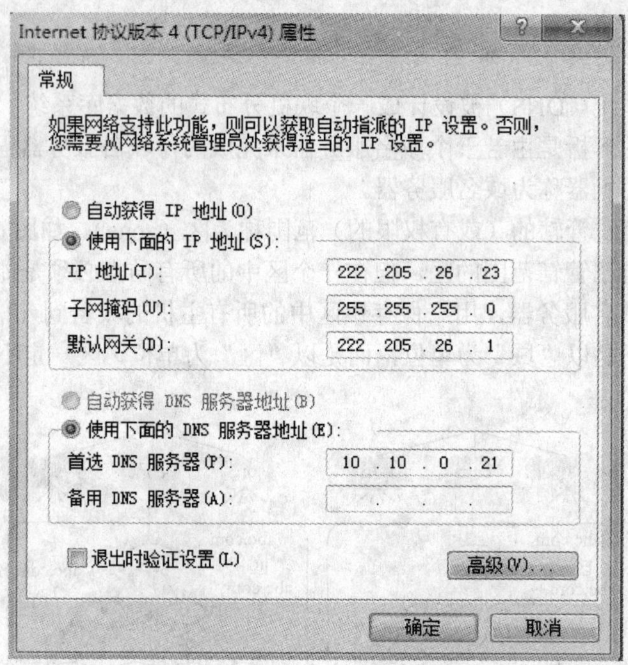

图 6-6　本地连接配置图

📖 **补充知识点：**DNS 服务器把数据复制到几个域名服务器来保存，其中的一个是主域名服务器，其他的是辅助域名服务器。当主域名服务器出现故障时，辅助域名服务器可以保证 DNS 的查询工作不会中断。主域名服务器定期把数据复制到辅助域名服务器中，而更改数据只能在主域名服务器中进行，这样就保证了数据的一致性。

DNS 服务器的树状结构，如图 6-7 所示。

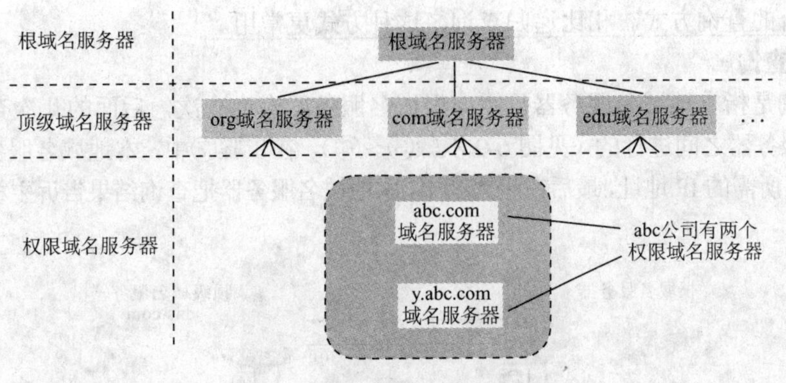

图 6-7　DNS 服务器的树状结构

6.2.3　域名解析过程

主机向本地域名服务器的查询都是采用递归查询（这个要记住，如图 6-8 和图 6-9 所示）。

如果主机所询问的本地域名服务器不知道被查询域名的 IP 地址，那么本地域名服务器就以 DNS 客户的身份向其他根域名服务器继续发出查询请求报文。

本地域名服务器向根域名服务器的查询通常采用迭代查询，当然也可以采用递归查询，这取决于最初的查询请求报文的设置要求使用哪一种查询方式。下面分别介绍这两种查询方式。

1．迭代查询

当根域名服务器收到本地域名服务器的迭代查询请求报文时，要么给出所要查询的 IP 地址，要么告诉本地域名服务器“下一步应当向哪一个域名服务器进行查询”，然后让本地域名服务器进行后续的查询，如图 6-8 所示。

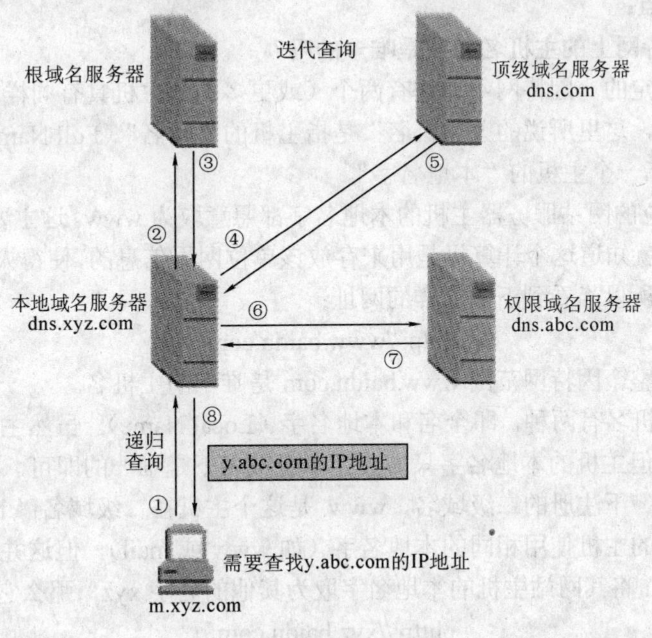

图 6-8　迭代查询

注意：因为主机向本地域名服务器的查询都是采用递归查询，所以迭代查询又称为递归与迭代相结合的查询方式。相比递归查询，这种方式更常用。

2．递归查询

递归查询是指本地域名服务器只需向根域名服务器查询一次，后面的几次查询都是在其他几个域名服务器之间进行的（见图 6-9 步骤③～⑥）。在步骤⑦中，本地域名服务器从根域名服务器得到了所需的 IP 地址，最后在步骤⑧中，本地域名服务器把查询结果告诉主机 m.xyz.com。

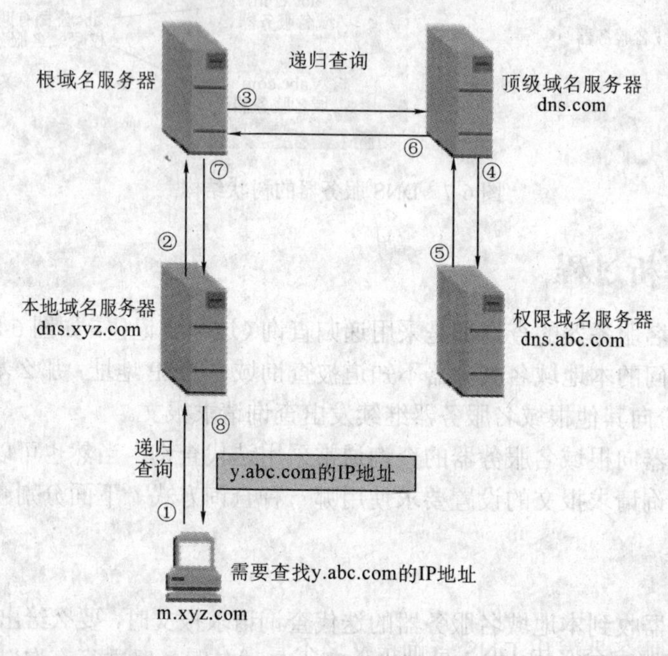

图 6-9　递归查询

📖 补充知识点：

1）连接在因特网上的主机名必须是唯一的吗？

解析：这是肯定的。因特网不允许有两个（或更多的）主机具有同样的主机名。

但是必须注意，这里所说的“主机名”是指主机的“全名”（Full Name），也就是“主机的域名”，而不是指一个主机的“本地名字”。

例如，很多单位的网站服务器主机的本地名字都愿意取为 www。这主要是为了便于记忆，使人一看见 www，就知道这个计算机是用来存放该单位网页信息的，使得人们可以利用 HTTP 来访问这个网站。所以当看到下面这样的网址：

http://www.baidu.com

就应当很明确，在整个因特网范围 www.baidu.com 是唯一的主机名。

但应注意，主机名有两种，即全名和本地名字（Local Name）。虽然主机的全名在因特网上必须是唯一的，但主机的本地名字只需要在本级域名下是唯一的即可。例如，“.baidu”是在顶级域名“.com”下注册的二级域名，www 是这个主机在二级域名“.baidu”下的本地名字。全世界有很多的主机使用相同的本地名字（如 www 或 mail），但这并不会产生混乱。可以看出，如果 baidu 将其网站主机的本地名字取为其他的名字 xyz，那么它的网址就要变成：

http://xyz.baidu.com

但这样做并没有什么好处，只能给别人增加一些记忆上的麻烦。

另外，虽然主机名在因特网中必须是唯一的，IP 地址在因特网中也必须是唯一的，但一

个主机名却可以对应多个 IP 地址。这个是完全可能的，如对域名 www.yahoo.com 进行解析就会出现这样的结果。产生这样的结果是为了使 Yahoo 这个万维网服务器的负载得到平衡(因为每天访问这个站点的次数非常多)。因此这个网站就设有好几个计算机，每一个计算机都运行同样的服务器软件。这些计算机的 IP 地址当然都是不一样的，但它们的域名却是相同的。这样，第一个访问该网址的人就得到第一个计算机的 IP 地址，而第二个访问者就得到第二个计算机的 IP 地址……这样可使每一个计算机的负荷不会太大。当然，多个域名也可以对应一个 IP 地址，如大学生最熟悉的 www.xiaonei.com 和 www.renren.com 都是对应人人网。

2）在因特网中通过域名系统查找某个主机的 IP 地址，和在电话系统中通过 114 查号台查找某个单位的电话号码相比，有何异同之处？

解析：

相同之处：

电话系统：在电话机上只能拨打被叫用户的电话号码才能进行通信。114 查号台将被叫用户名字转换为电话号码告诉主叫用户。

因特网：在 IP 数据报上必须填入目的主机的 IP 地址才能发送出去。域名系统将目的主机名字解析为（即转换为）32 位的 IP 地址返回给源主机。

不同之处：

电话系统：必须由主叫用户拨打 114 才能进行查号。如果要查找非本市的电话号码，则必须拨打长途电话。例如，要在南京查找北京的民航售票处的电话号码，则南京的 114 查号台无法给你回答。你在南京必须拨打 010-114（长途电话）进行查询。

因特网：只要源主机上的应用程序遇到目的主机名需要转换为目的主机的 IP 地址，就由源主机自动向域名服务器发出 DNS 查询报文。不管将该主机的域名解析出来的 DNS 服务器距离源主机有多远，它都能自动将解析的结果返回给源主机。所有这些复杂的查询过程对用户来说都是透明的。用户感觉不到这些域名解析过程。

有一种方法可以使用户体会到域名解析是需要一些时间的。在使用浏览器访问某个远地网站时，将网页地址中的域名换成为它的点分十进制 IP 地址，看找到这个网站时是否要节省一些时间。

3）ARP 和 DNS 是否有些相似？它们有何区别？

解析：ARP 和 DNS 的相似之处仅仅是在形式上都是主机发送出请求，然后从相应的服务器收到所需的回答。另外一点是，这两个协议经常是连在一起使用的。但重要的是，这两个协议是完全不同的。

DNS 是应用层协议，用来请求域名服务器将连接在因特网上的某个主机的域名解析为 32 位的 IP 地址。在大多数情况下，本地的域名服务器很可能还不知道所请求的主机的 IP 地址，于是还要继续寻找其他的域名服务器。这样很可能要在因特网上寻找多次才能得到所需的结果，最后将结果发送给原来发出请求的主机。

ARP 是网络层协议，它采用广播方式请求将连接在本地以太网上的某个主机或路由器的 32 位的 IP 地址解析为 48 位的以太网硬件地址。

4）名字的高速缓存是什么？

解析：每个域名服务器都维护一个高速缓存，存放最近用过的名字以及从何处获得名字映射信息的记录。这样可大大减轻根域名服务器的负荷，使因特网上的 DNS 查询请求和回答报文的数量大为减少。为保持高速缓存中的内容正确，域名服务器应为每项内容设置计时器，并处理超过合理时间的项（如每个项目只存放两天）。当权限域名服务器回答一个查询请求时，在响应中都指明绑定有效存在的时间值。增加此时间值可减少网络开销，而减少此时间值可提高域名转换的准确性。

5）关于递归和迭代的记忆方式。

解析：不少考生知道有递归和迭代两种解析方式，但是做题的时候，经常忘记了到底哪种是递归，哪种是迭代，于是又需要翻阅教材。下面给出一个过目不忘的记忆方法。

方法：递归中有一个“递”可以看做是“弟”。记住一句话：我一定要找到弟弟才回来，就是说递归一定要找到主机需要的IP地址才返回。

【例 6-1】（2010年统考真题）如果本地域名服务器无缓存，当采用递归方法解析另一个网络某主机域名时，用户主机和本地域名服务器发送的域名请求条数分别为（　　）。

A．1条，1条　　B．1条，多条

C．多条，1条　　D．多条，多条

解析：A。首先，如果主机所询问的本地域名服务器不知道被查询域名的IP地址，那么本地域名服务器就以DNS客户的身份向其他服务器继续发出查询请求报文，而不是让该主机自己进行下一步的查询，所以主机只需向本地域名服务器发送一条域名请求即可；其次，题目已经说明用递归方法解析另一个网络某主机域名，所以现在需要在脑海中形成一个概念（什么是递归），用一句话来记忆：递归=直到找到“弟弟”才回来（递和弟是谐音），就是说递归方法解析一定要查到主机需要的IP地址才返回。所以本地域名服务器只需发送一条域名请求给根域名服务器即可，然后依次递归，最后再依次返回结果。

6.3 FTP

文件传送协议（FTP）是因特网上使用的最广泛的传送协议。FTP提供交互式的访问，允许客户指明文件的类型与格式，并允许文件具有存取权限。FTP屏蔽了各计算机系统的细节，因而适合于在异构网络中任意计算机之间传送文件。

6.3.1 FTP的工作原理

FTP只提供文件传送的一些基本服务，它使用TCP可靠地传输服务。FTP使用客户/服务器模型。一个FTP服务器进程可同时为多个客户进程提供服务。FTP的服务器进程由两大部分组成：一个主进程负责接收新的请求；另外有若干个从属进程，负责处理单个请求。主进程的工作步骤如下：

1）打开熟知端口（端口号为21），使客户进程能够连接上。

2）等待客户进程发出连接请求。

3）启动从属进程来处理客户进程发来的请求。从属进程对客户进程的请求处理完毕后即终止，但从属进程在运行期间根据需要还可能创建一些其他子进程。

4）回到等待状态，继续接收其他客户进程发来的请求。主进程与从属进程的处理是并发进行的。

6.3.2 控制连接与数据连接

在进行文件传输时，FTP的客户和服务器之间要建立两个TCP连接，一个用于传输控制

命令和响应，称为**控制连接**；另一个用于实际的文件内容传输，称为**数据连接**，如图 6-10 所示。

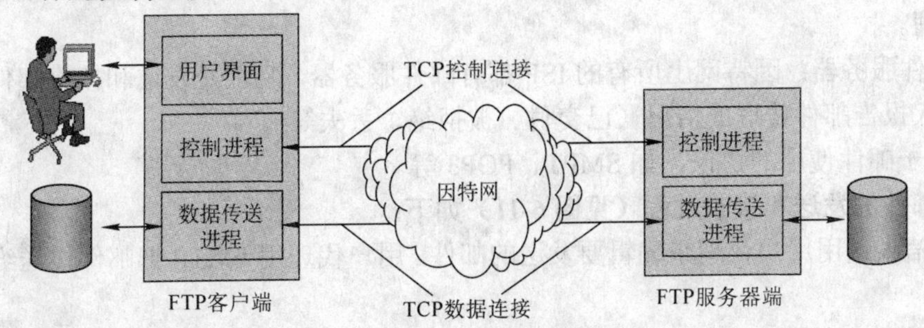

图 6-10　控制连接和数据连接

服务器监听在 21 号端口，等待客户连接，建立在这个端口上的连接称为控制连接，客户机可以通过这个连接向服务器发送各种请求，如登录、改变当前目录、切换数据传输模式、列目录内容、上传文件等。当需要传送文件时，服务器和客户机之间要建立另外一个连接，这个称为数据连接。

控制连接在整个会话期间一直保持打开，FTP 客户发出的传送请求通过控制连接发送给服务器端的控制进程，但控制连接不用于传送文件。实际用于传送文件的是数据连接。服务器端的控制进程在接收到 FTP 客户发送来的文件传输请求后就创建数据传送进程和数据连接，用来连接客户端和服务器端的数据传送进程。数据传送进程实际完成文件的传送，在传送完毕后关闭数据传送连接并结束运行。

☞ **可能疑问点：**FTP 在进行文件传输时，同时在端口 20 和端口 21 建立 TCP 连接，其端口 21 用于控制连接，端口 20 用于数据连接，既然是 TCP，不应该是端对端的吗？应该一个时间段内只被一个客户进程独占才对，这不是和一个 FTP 服务器可以同时为多个客户进程服务相矛盾了吗？

解析：服务器在收到客户机的请求后会和客户机重新商议端口的问题，即考虑使用临时端口来替换出 20 号、21 号端口。因此，服务器就可以继续使用 20 号和 21 号端口进行监听，所以不存在端口被一直占着的问题。这个问题不是重点，知道就好，不需要纠结。

【例 6-2】（2009 年统考真题）FTP 客户和服务器间传递 FTP 命令时，使用的连接是（　　）。

A．建立在 TCP 之上的控制连接　　B．建立在 TCP 之上的数据连接
C．建立在 UDP 之上的控制连接　　D．建立在 UDP 之上的数据连接

解析：A。FTP 需要保证可靠，故需要用到可靠的 TCP，而不使用不可靠的 UDP 协议，所以排除选项 C 和 D。显然，传输命令用控制连接，传输数据用数据连接。

6.4　电子邮件

电子邮件又称为 E-mail，是目前因特网上使用最频繁的一种服务。它为因特网用户提供了一种快速、便捷、廉价的通信方式。电子邮件把邮件发送到 ISP 的邮件服务器，并放在其中的收信人邮箱中，收信人可随时上网到 ISP 的邮件服务器进行读取。

6.4.1　电子邮件系统的组成结构

一个电子邮件系统有以下 3 个主要构件。

1）用户代理：用户与电子邮件系统的接口，如 Outlook、Foxmail。其基本功能是撰写、显示和处理。

2）邮件服务器：因特网上所有的 ISP 都有邮件服务器，功能是发送和接收邮件，同时还要向发信人报告邮件传送的情况（已交付、被拒绝、丢失等）。

3）电子邮件使用的协议，如 SMPT、POP3 等。

电子邮件的发送和接收过程（见图 6-11）如下：

1）发信人调用用户代理来编辑要发送的邮件。用户代理用 SMTP 把邮件传送给发送端邮件服务器。

2）发送端邮件服务器将邮件放入邮件缓存队列中，等待发送。

3）运行在发送端邮件服务器的 SMTP 客户进程发现在邮件缓存中有待发送的邮件，就向运行在接收端邮件服务器的 SMTP 服务器进程发起 TCP 连接的建立。

4）TCP 连接建立后，SMTP 客户进程开始向远程的 SMTP 服务器进程发送邮件。当所有的待发送邮件发完了，SMTP 就关闭所建立的 TCP 连接。

5）运行在接收端邮件服务器中的 SMTP 服务器进程收到邮件后，将邮件放入收信人的用户邮箱中，等待收信人在方便时进行读取。

6）收信人在打算收信时，调用用户代理，使用 POP3（或 IMAP）将自己的邮件从接收端邮件服务器的用户邮箱中取回（如果邮箱中有来信）。

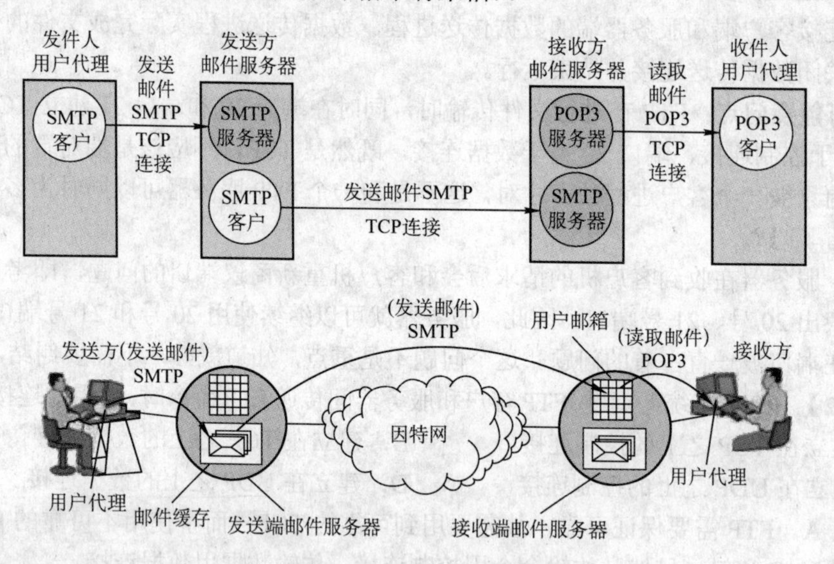

图 6-11　电子邮件的发送和接收过程

6.4.2　电子邮件格式与 MIME

1．电子邮件格式

电子邮件由信封和内容两部分组成。一般只规定了邮件内容中的首部格式，而邮件的主体部分由用户自由撰写。用户写好首部后，邮件系统自动将信封所需的信息提取出来并写在信封上。

邮件内容首部包含一些关键字，后面加上冒号，如“To:”是收信人的邮件地址、“Subject:”是邮件的主题等。

📖 **补充知识点：**电子邮件地址的格式。TCP/IP 体系的电子邮件系统规定电子邮件地址的格式如下：收件人邮箱名@邮箱所在主机的域名，符号“@”读作“at”，表示“在”的意思。例如，电子邮件地址 zhangsan@zju.edu.cn。

2．MIME

由于 SMTP 只限于传送一定长度的 7 位 ASCII 码邮件，于是提出了通用因特网邮件扩充（Multipurpose Internet Mail Extensions，MIME）。MIME 的**意图**是继续使用目前的[RFC 822]格式，但增加了邮件主体的结构，并定义了传送非 ASCII 码的编码规则。MIME 与 SMTP 的关系如图 6-12 所示。

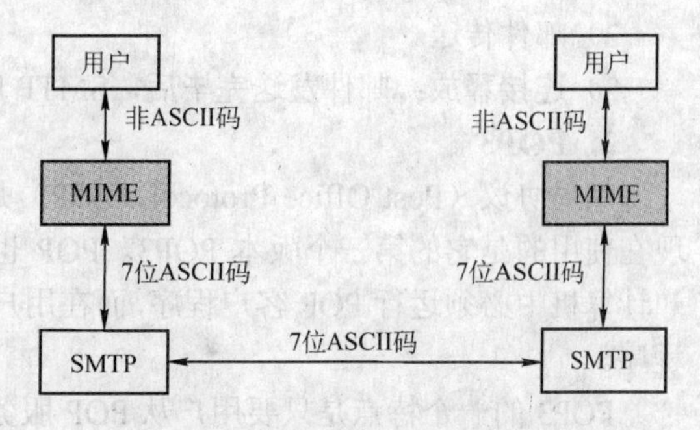

图 6-12　MIME 与 SMTP 的关系

关于 MIME 首部的格式不需要掌握，但是 MIME 定义了两种将非 ASCII 码字符转换为 ASCII 码字符的编码方法需要提一下（笔者认为考的概率不大，因为重点在 MIME 协议的作用上，而不在于协议），下面一一讲解。

（1）quoted-printable 编码

quoted-printable 编码方法适合所传数据中只有少量的非 ASCII 码，用一个等号“=”后面加两个数字字符来表示一个非 ASCII 码字符。这两个数字就是该字符的十六进制值，ASCII 码字符不作转换。例如，汉字“系统”二字的二进制编码是 11001111 10110101 11001101 10110011（共有 32 位，但这 4 个字节都不是 ASCII 码，因为数值都超过了 127），其十六进制数字表示为 CFB5CDB3，用 quoted-printable 编码表示为=CF=B5=CD=B3，这 12 个字符都是可打印的 ASCII 字符。再如，等号“=”的二进制代码为 00111101，即十六进制的 3D，因此等号“=”的 quoted-printable 编码为“=3D”。

（2）base64 编码

对于任意的二进制文件，可用 base64 编码。这种编码方法是先把二进制代码划分为一个个 24 位等长的单元，然后把每一个 24 位单元划分为 4 个 6 位组，每一个 6 位组按以下方法转换成 ASCII 码。6 位的二进制代码共有 64 种不同的值，从 0～63，用 A 表示 0，用 B 表示 1 等。26 个大写字母排列完毕后，排 26 个小写字母，再排 10 个数字，最后用“+”表示 62，用“/”表示 63。再用两个连在一起的等号“==”和一个等号“=”分别表示最后一组的代码只有 8 位或 16 位。回车和换行都忽略，它们可在任何地方插入，参考下面的例子。

24 位二进制代码：　01001001　00110001　01111001
划分为 4 个 6 位组：　010010　010011　000101　111001
对应的 base64 编码：　S　T　F　5
用 ASCII 编码发送：　01010011　01010100　01000110　00110101

不难看出，24 位的二进制代码采用 base64 编码后变成了 32 位，开销为(32−24)/24=33.33%。

6.4.3　SMTP 与 POP3

1．SMTP

简单邮件传送协议（Simple Mail Transfer Protocol，SMTP）所规定的就是在两个相互通信的 SMTP 进程之间应如何交换信息。SMTP 运行在 TCP 基础之上，使用 25 号端口，也使用客户/服务器模型。

SMTP 规定了 14 条命令和 21 种应答信息（不用记忆）。SMTP 通信的 3 个阶段如下：

1）连接建立。连接是在发送主机的 SMTP 客户和接收主机的 SMTP 服务器之间建立的。SMTP 不使用中间的邮件服务器。

2）邮件传送。

3）连接释放：邮件发送完毕后，SMTP 应释放 TCP 连接。

2．POP3

邮局协议（Post Office Protocol，POP）是一个非常简单，但功能有限的邮件读取协议。现在使用的是它的第三个版本 POP3。POP 也使用客户/服务器的工作方式。在接收邮件的用户计算机中必须运行 POP 客户程序，而在用户所连接的 ISP 的邮件服务器中运行 POP 服务器程序。

POP3 的一个特点是只要用户从 POP 服务器读取了邮件，POP 服务器就将该邮件删除。

总结：

（1）不要将邮件读取协议 POP 与邮件传送协议 SMTP 弄混

发信人的用户代理向源邮件服务器发送邮件以及源邮件服务器向目的邮件服务器发送邮件，都是使用 SMTP。而 POP 是用户从目的邮件服务器上读取邮件所使用的协议。

（2）邮件发送过程总结

1）客户端建立 TCP 连接至服务器。

2）服务器发送身份信息，确认连接已建立。

3）客户端发送身份信息，服务器确认收到。

4）客户端发送邮件接收者地址，服务器确认收到。

5）客户端发送邮件发送者地址，服务器确认收到。

6）客户端请求发送邮件内容，服务器确认准备好。

7）客户端发送邮件内容，最后以一个仅包含一个点（.）字符的行结束，服务器发回数据已收到的确认。

从上面这个过程可以看出，任何客户端都可以通过 SMTP 向邮件服务器发送邮件，而且邮件发送者的地址是完全可以伪造的，服务器也只有被动接收，这也是垃圾邮件泛滥的原因。

（3）邮件接收过程总结

1）客户端建立 TCP 连接至服务器。

2）服务器发送身份信息，确认连接已建立。

3）客户端发送 USER 命令+用户名，服务器确认收到。

4）客户端发送 PASS 命令+用户密码，服务器确认收到。

5）客户端发送 LIST 命令，服务器返回当前邮件箱的邮件个数列表。

6）客户端发送 RETR 命令+邮件编号，服务器发回相应的邮件内容。

7）客户端在接收完邮件后，可以选择是否发送 DELE 命令+邮件编号，通知服务器从邮箱中删除相应的邮件。

从上面这个过程可以看出，POP3 是由客户端决定是否将已收取的邮件保留在服务器的。此外，POP3 采用明文传送用户邮箱密码，这给邮件安全带来了隐患。

☞ **可能疑问点：**前面介绍 POP3 的时候说了 POP3 的一个特点是只要用户从 POP 服务

器读取了邮件，POP 服务器就将该邮件删除，与现在的描述不是矛盾了吗？不矛盾，POP 服务器会将用户的邮件从服务器上的信箱中下载到客户端的计算机上，并且在服务器删除这些邮件。虽然现在有些客户端通过设置可以在服务器上保留这些邮件，但是这些邮件只是作为副本保存。

注意：SMTP 与 POP3 2012 年已考查一道选择题。

6.5 WWW

6.5.1 WWW 的概念与组成结构

1. WWW 的概念

WWW（World Wide Web，万维网）简称为 3W，它并非某种特殊的计算机网络。万维网是一个大规模的、联机式的信息储藏所。它的特点在于用链接的方法能非常方便地从因特网上的一个站点访问另一个站点，从而主动地按需获取丰富的信息，如图 6-13 所示。WWW 还提供各类搜索引擎，使用户能够方便地查找信息。

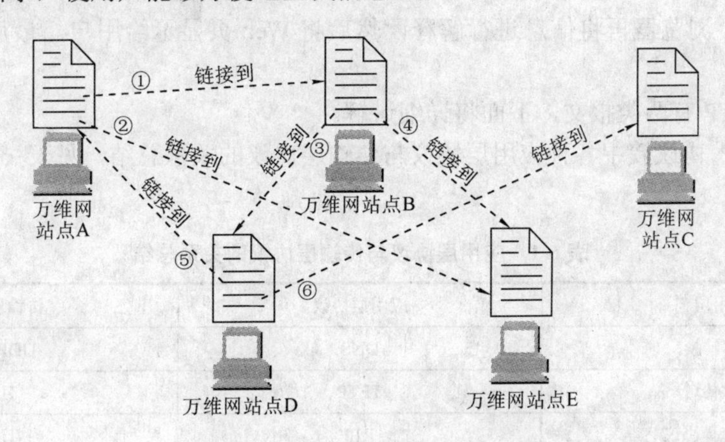

图 6-13　万维网提供分布式服务

2. WWW 的组成结构

WWW 把各种信息按照页面的形式组合，一个页面包含的信息可以有文本、图形、图像、声音、动画、链接等各种格式，这样一个页面也称为超媒体（如果页面中只有文字和链接，则称为超文本，注意区分），而页面的链接均称为超链接。

WWW 以客户/服务器模型工作。浏览器就是客户，WWW 文档所驻留的计算机则是 WWW 服务器。

WWW 使用统一资源定位符（URL）来标志 WWW 上的各种文档。URL 的一般格式为

<协议>：//<主机>：<端口号>/<路径>

其中常见的协议有 HTTP、FTP 等。主机部分是存储该文档的计算机，可以是域名也可以是 IP 地址，端口号是服务器监听的端口（根据协议可以知道端口号，一般省略），路径一般也可省略，并且在 URL 中的字符对大写或小写没有要求。

万维网以客户/服务器方式工作。浏览器是在用户计算机上的万维网客户程序，而万维网文档所驻留的计算机则运行服务器程序，这个计算机称为万维网服务器。客户程序向服务器

程序发出请求，服务器程序向客户程序送回客户所要的文档。完整的工作流程如下：

1）Web用户使用浏览器（指定URL）与Web服务器建立连接，并发送浏览请求。

2）Web服务器把URL转换为文件路径，并返回信息给Web浏览器。

3）通信完成，关闭连接。

6.5.2 HTTP

1. HTTP的操作过程

超文本传送协议（HTTP）是在客户程序（如浏览器）与WWW服务器程序之间进行交互所使用的协议。HTTP是面向事务的应用层协议，它使用TCP连接进行可靠传输，服务器默认监听在80端口。

从协议执行的过程来说，当浏览器要访问WWW服务器时，首先要完成对WWW服务器的域名解析。一旦获得了服务器的IP地址，浏览器将通过TCP向服务器发送连接建立请求。每个服务器上都有一个服务进程，它不断地监听TCP的端口80，当监听到连接请求后便与浏览器建立连接。TCP连接建立后，浏览器就向服务器发送要求获取某一Web页面的HTTP请求。服务器收到HTTP请求后，将构建所请求的Web页的必需信息，并通过HTTP响应返回给浏览器。浏览器再将信息进行解释，然后将Web页显示给用户。最后，TCP连接释放。

因此，HTTP有两类报文，下面将详细讲解。

总结：TCP协议簇中各种应用层协议与传输层协议的关系总结，见表6-1（重点记住后面3个。

表6-1 应用层协议与传输层协议的关系总结

应用层	应用层协议	传输层协议
域名转换	DNS	UDP/TCP
文件传送	TFTP	UDP
路由选择协议	RIP	UDP
网络管理	SNMP	UDP
IP地址配置	DHCP	UDP
电子邮件	SMTP	TCP
万维网	HTTP	TCP
文件传送	FTP	TCP

2. HTTP的报文结构（了解）

HTTP有两类报文：

1）请求报文——从客户向服务器发送请求报文，如图6-14所示。

2）响应报文——从服务器到客户的回答，如图6-15所示。

由于HTTP是面向正文的（text-oriented），所以在报文中的每一个字段都是一些ASCII码串，因而每个字段的长度都是不确定的。

报文由3个部分组成，即开始行、首部行和实体主体。在请求报文中，开始行就是请求行。

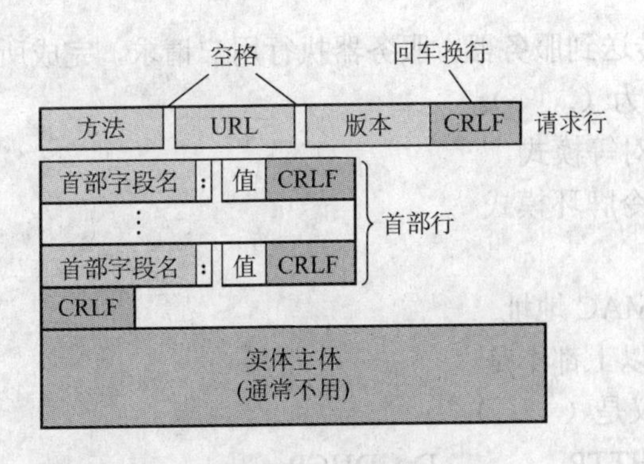

图 6-14　请求报文

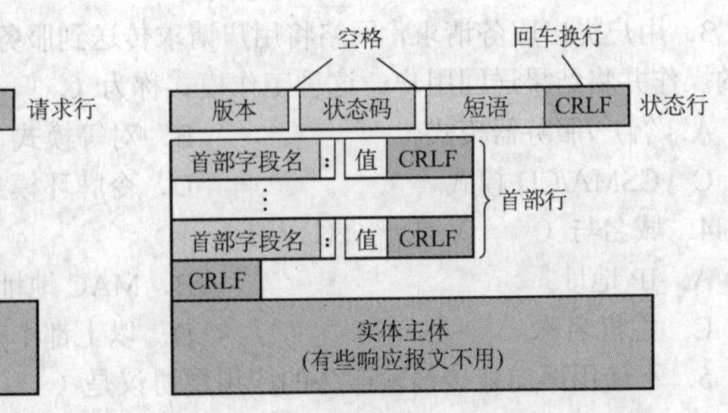

图 6-15　响应报文

从图 6-14 和图 6-15 中可以看出，两种报文格式的区别就是开始行不同。

1）**开始行**。用于区分是请求报文还是响应报文。在请求报文中的开始行称为请求行，而在响应报文中的开始行称为状态行。开始行的 3 个字段之间都以空格隔开。表 6-2 列出了 HTTP 请求报文中常用的几个方法。

2）**首部行**。用来说明浏览器、服务器或报文主体的一些信息。

3）**实体主体**。在请求报文中一般都不用这个字段，而在有些响应报文中也可能没有这个字段。

表 6-2　HTTP 请求报文中常用的几个方法

方　法	意　义
GET	请求读取由 URL 所标志的信息
HEAD	请求读取由 URL 所标志的信息的首部
POST	给服务器添加信息（如注释）
CONNECT	用于代理服务器

📖 **补充知识点：**HTTP 的工作方式。

解析：HTTP 既可以使用非持久连接，也可以使用持久连接。

非持久连接：每一个网页元素对象的传输都需要单独建立一个 TCP 连接（“三次握手”建立）。换句话说，每请求一个万维网文档所需的时间是该文档的传输时间加上两倍往返时间 RTT（一个 RTT 用于 TCP 连接，另一个 RTT 用于请求和接收文档）。

持久连接：万维网服务器在发送响应后仍然保持这条连接，同一个客户和服务器可以继续在这条连接上传送后续的 HTTP 请求和响应报文。持久连接又分为非流水线（2011 年已经出题）和流水线两种方式。对于非流水线方式，客户只能在接收到前一个请求的响应后才能发送新的请求。而流水线方式是 HTTP 客户每遇到一个对象引用就立即发出一个请求，因而 HTTP 客户可以一个接一个连续地发出各个引用对象的请求。如果所有的请求和响应都是连续发送的，那么所有引用到的对象共经历一个 RTT 延迟，而不是像非流水线那样，每个引用都必须有一个 RTT 延迟。

习题

1. 在 DNS 的递归查询中，由（　　）给客户端返回地址。

A．最开始连接的服务器　　B．最后连接的服务器
C．目的地址所在的服务器　　D．不确定

2. DNS 协议主要用于实现（　　）网络服务功能。

A．域名到 IP 地址的映射　　B．物理地址到 IP 地址的映射
C．IP 地址到域名的映射　　D．IP 地址到物理地址的映射

3．用户提出服务请求，网络将用户请求传送到服务器；服务器执行用户请求，完成所要求的操作并将结果送回用户，这种工作模式称为（　　）。

A．客户/服务器模式　　B．对等模式
C．CSMA/CD 模式　　D．令牌环模式

4．域名与（　　）是一一对应的。

A．IP 地址　　B．MAC 地址
C．主机名称　　D．以上都不是

5．不使用面向连接传输服务的应用层协议是（　　）。

A．SMTP　　B．FTP　　C．HTTP　　D．DHCP

6．匿名 FTP 访问通常使用（　　）作为用户名。

A．guest　　B．E-mail 地址　　C．anonymous　　D．主机 id

7．FTP 使用的传输层协议为__（1）__，FTP 默认的控制端口号为__（2）__。

（1）A．HTTP　　B．IP　　C．TCP　　D．UDP
（2）A．80　　B．25　　C．20　　D．21

8．一台主机希望解析域名 www.abc.com，如果这台主机配置的 DNS 地址为 A（或称为本地域名服务器），Internet 根域名服务器为 B，而存储域名 www.abc.com 与其 IP 地址对应关系的域名服务器为 C，那么这台主机通常先查询（　　）。

A．域名服务器 A　　B．域名服务器 B
C．域名服务器 C　　D．不确定

9．从协议分析的角度，WWW 服务的第一步操作是 WWW 浏览器完成对 WWW 服务器的（　　）。

A．地址解析　　B．域名解析
C．传输连接建立　　D．会话连接建立

10．在电子邮件应用程序向邮件服务器发送邮件时，最常使用的协议是（　　）。

A．IMAP　　B．SMTP　　C．POP3　　D．NTP

11．在因特网电子邮件系统中，电子邮件应用程序（　　）。

A．发送邮件和接收邮件都采用 SMTP
B．发送邮件通常使用 SMTP，而接收邮件通常使用 POP3
C．发送邮件通常使用 POP3，而接收邮件通常使用 SMTP
D．发送邮件和接收邮件都采用 POP3

12．WWW 上每个网页都有一个唯一的地址，这些地址统称为（　　）。

A．IP 地址　　B．域名地址
C．统一资源定位符　　D．WWW 地址

13．在因特网上浏览信息时，WWW 浏览器和 WWW 服务器之间传输网页使用的协议是（　　）。

A．IP　　B．HTTP　　C．FTP　　D．TELNET

14．WWW 浏览器所支持的基本文件类型是（　　）。

A．TXT　　B．HTML　　C．PDF　　D．XML

15．因特网提供了大量的应用服务，大致可以分为通信、获取信息和共享计算机三类。__（1）__是世界上使用极广泛的一类因特网服务，以文本形式或 HTML 格式进行信息传

递，而图像等文件可以作为附件进行传递。

__（2）__是用来在计算机之间进行文件传输的因特网服务。利用该服务不仅可以从远程计算机获取文件，还能将文件从本地计算机传送到远程计算机。

__（3）__是目前因特网最丰富多彩的应用服务，其客户端软件称为浏览器。

__（4）__应用服务将主机变成远程服务器的一个虚拟终端，在命令方式下运行时，通过本地计算机传送命令，在远程计算机上运行相应程序，并将相应的运行结果传送到本地计算机显示。

（1）A．E-mail　B．Gopher　C．BBS　D．TFTP

（2）A．DNS　B．NFS　C．WWW　D．FTP

（3）A．BBS　B．Gopher　C．WWW　D．NEWS

（4）A．ECHO　B．WAIS　C．Rlogin　D．TELNET

16．在 TCP/IP 协议簇中，应用层的各种服务是建立在传输层提供服务的基础上的。下列协议组中（　　）需要使用传输层的 TCP 建立连接。

A．DNS、DHCP、FTP　　B．TELNET、SMTP、HTTP

C．RIP、FTP、TELNET　　D．SMTP、FTP、TFTP

17．现给出一串二进制的文件：11001100　10000001　00111000，如果对该二进制文件进行 base64 编码，则最后所传送的 ASCII 码是（　　）。

A．8A 49 45 34　　B．7A 49 45 34

C．7A 49 34 45　　D．7A 34 49 45

18．因特网用户的电子邮件地址格式必须是（　　）。

A．用户名@单位网络名　　B．单位网络名@用户名

C．邮箱所在主机的域名@用户名　　D．用户名@邮箱所在主机的域名

19．FTP 客户发起对 FTP 服务器的连接建立的第一阶段建立（　　）。

A．控制传输连接　　B．数据连接

C．会话连接　　D．控制连接

20．下面给出一个 URL 地址：http://www.zju.edu.cn/docs/cindex.html，对它的描述错误的是（　　）。

A．http 表示使用超文本传输协议

B．www.zju.edu.cn 标识了要访问的主机名

C．www.zju.edu.cn/docs 标识了要访问的主机名

D．整个地址定位了要访问的特定网页的位置

21．最符合 WWW 服务器概念的选项是（　　）。

A．用于编辑网页的计算机叫 WWW 服务器

B．任何一台联入 Internet 并存储了网页的计算机就叫 WWW 服务器

C．能够接受请求并发送网页的计算机叫 WWW 服务器

D．安装了 WWW 服务器程序的计算机叫 WWW 服务器

22．下面关于客户/服务器模型的描述，（　　）存在错误。

A．客户端必须知道服务器的地址，而服务器则不需要知道客户端的地址

B．客户端主要实现如何显示信息与收集用户的输入，而服务器主要实现数据的处理

C．浏览器的现实内容来自服务器

D．客户端是请求方，即使连接建立后，服务器也不能主动发送数据

23．在客户/服务器模型中，客户指的是（　　）。

A．请求方　　B．响应方　　C．硬件　　D．软件

24．（　　）可以将其管辖的主机名转换为该主机的 IP 地址。

A．本地域名服务器　　B．根域名服务器

C．授权域名服务器　　D．代理域名服务器

25．当客户端请求域名解析时，如果本地 DNS 服务器不能完成解析，就把请求发送给其他服务器，当某个服务器知道了需要解析的 IP 地址，把域名解析结果按原路返回给本地 DNS 服务器，本地 DNS 服务器再告诉客户端，这种方式称为（　　）。

A．迭代解析　　B．递归解析

C．迭代与递归解析相结合　　D．高速缓存解析

26．（　　）协议不提供差错控制。

A．TCP　　B．UDP　　C．IP　　D．DNS

27．下列关于 FTP 的描述，（　　）存在错误。

A．FTP 可以在不同类型的操作系统之间传送文件

B．FTP 并不适合用在两台计算机之间共享读写文件

C．FTP 的控制连接用于传送命令，而数据连接用于传送文件

D．FTP 既可以使用 TCP，也可以使用 UDP，因为 FTP 本身具备差错控制能力

28．下面关于 POP3，（　　）是错误的。

A．由客户端选择接收后是否将邮件保存在服务器上

B．登录到服务器后，发送的密码是加密的

C．协议是基于 ASCII 码的，不能发送二进制数据

D．一个账号在服务器上只能有一个邮件接收目录

29．下面关于 SMTP，（　　）是错误的。

A．客户端不需要登录即可向服务器发送邮件

B．是一个基于 ASCII 码的协议

C．协议除了可以传送 ASCII 码数据，还可以传送二进制数据

D．协议需要客户端先与服务器建立 TCP 连接

30．电子邮件经过 MIME 扩展后，可以将非 ASCII 码内容表示成 ASCII 码内容，其中 base64 的编码方式是（　　）。

A．ASCII 码字符保持不变，非 ASCII 码字符用=XX 表示，其中 XX 是该字符的十六进制值

B．不管是否是 ASCII 码字符，每 3 个字符用另 4 个 ASCII 字符表示

C．以 64 为基数，将所有非 ASCII 码字符用该字符的十六进制值加 64 后的字符表示

D．将每 4 个非 ASCII 码字符用 6 个 ASCII 码字符表示

31．采用 base64 编码后，一个 99B 的邮件大小为（　　）。

A．99B　　B．640B　　C．132B　　D．256B

32．在 WWW 服务中，用户的信息查询可以从一台 Web 服务器自动搜索到另一台 Web 服务器，这里所使用的技术是（　　）。

A．HTML　　B．Hypertext　　C．Hypermedia　　D．Hyperlink

33．（2013 年统考真题）下列关于 SMTP 的叙述中，正确的是（ ）。

Ⅰ．只支持传输 7 比特 ASCII 码内容

Ⅱ．支持在邮件服务器之间发送邮件

Ⅲ．支持从用户代理向邮件服务器发送邮件

Ⅳ．支持从邮件服务器向用户代理发送邮件

A．仅Ⅰ、Ⅱ和Ⅲ　　B．仅Ⅰ、Ⅱ和Ⅳ

C．仅Ⅰ、Ⅲ和Ⅳ　　D．仅Ⅱ、Ⅲ和Ⅳ

34．为什么 FTP 要使用两个独立的连接，即控制连接和数据连接？

35．为什么要引入域名的概念？举例说明域名转换的过程以及域名服务器中的高速缓存的作用是什么？

36．什么是匿名 FTP？

37．假定要从已知的 URL 获得一个万维网文档。若该万维网服务器的 IP 地址开始时并不知道。试问：除 HTTP 外，还需要什么应用层协议和传输层协议？

38．为什么在服务器端除了使用熟知端口外，还需要使用临时端口？

39．（2011 年统考真题）某主机的 MAC 地址为 00-15-C5-C1-5E-28，IP 地址为 10.2.128.100（私有地址）。图 6-16 是网络拓扑。图 6-17 是该主机进行 Web 请求的一个以太网数据帧前 80B 的十六进制及 ASCII 码内容。

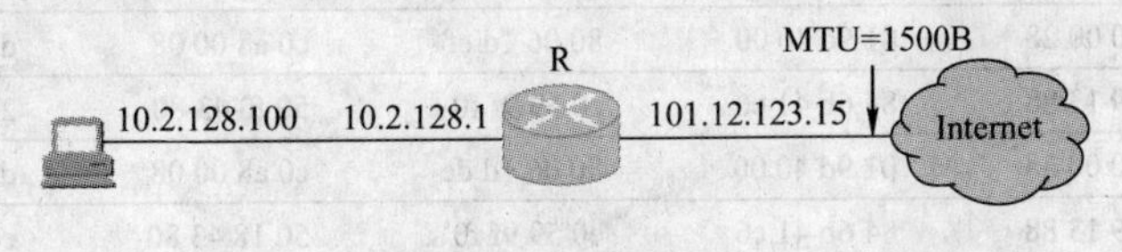

图 6-16　网络拓扑

```
0000  00 21 27 21 51 ee 00 15  c5 c1 5e 28 08 00 45 00   .!|!Q.....^(..E.
0010  01 ef 11 3b 40 00 80 06  ba 9d 0a 02 80 64 40 aa   ...:@... .....d@.
0020  62 20 04 ff 00 50 e0 e2  00 fa 7b f9 f8 05 50 18   b ...P.. ..{...P.
0030  fa f0 1a c4 00 00 47 45  54 20 2f 72 66 63 2e 68   ......GE T /rfc.h
0040  74 6d 6c 20 48 54 54 50  2f 31 2e 31 0d 0a 41 63   tml HTTP /1.1..Ac
```

图 6-17　以太网数据帧（前 80B）

请参考图中的数据回答以下问题：

1）Web 服务器的 IP 地址是什么？该主机的默认网关的 MAC 地址是什么？

2）该主机在构造图 6-17 的数据帧时，使用什么协议确定目的 MAC 地址？封装该协议请求报文的以太网帧的目的 MAC 地址是什么？

3）假设 HTTP/1.1 协议以持续的非流水线方式工作，一次请求-响应时间为 RTT，rfc.Html 页面引用了 5 个 JPEG 小图像，则从发出图 6-17 中的 Web 请求开始到浏览器收到全部内容为止，需要经过多少个 RTT？

4）该帧所封装的 IP 分组经过路由器 R 转发时，需修改 IP 分组首部中的哪些字段？

注意：以太网数据帧结构和 IP 分组首部结构分别如图 6-18 和图 6-19 所示。

6B	6B	2B	46~1500B	4B
目的MAC地址	源MAC地址	类型	数据	CRC

图 6-18　以太网数据帧结构

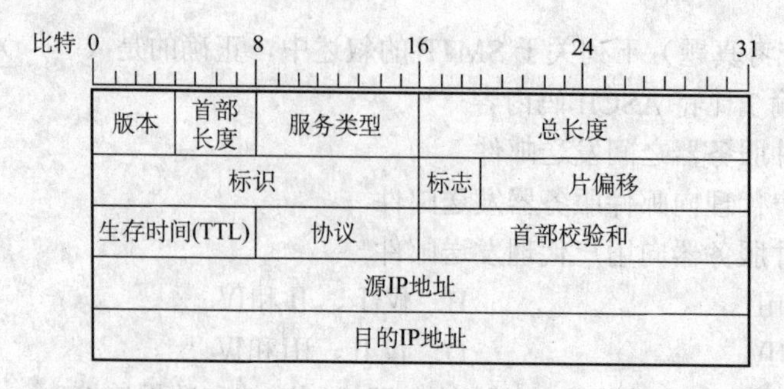

图 6-19 IP 分组首部结构

40.（2012 年统考真题）主机 H 通过快速以太网连接 Internet，IP 地址为 192.168.0.8，服务器 S 的 IP 地址为 211.68.71.80。主机 H 与 S 使用 TCP 通信时，在主机 H 上捕获的其中 5 个 IP 分组见表 6-3。

表 6-3

编号	IP 分组的前 40B 内容（十六进制）				
1	45 00 00 30	01 9b 40 00	80 06 1d c8	c0 a8 00 08	d3 44 47 50
	06 8b 11 88	84 6b 41 c5	00 00 00 00	70 02 43 80	5d b0 00 00
2	43 00 00 30	00 00 40 00	31 06 6e 83	d3 44 47 50	c0 a8 00 08
	13 88 0b d9	e0 59 9f ef	84 6b 41 c6	70 12 16 d0	37 e1 00 00
3	45 00 00 28	01 9c 40 00	80 06 1d ef	c0 a8 00 08	d3 44 47 50
	0b d9 13 88	84 6b 41 c6	e0 59 9f f0	50 f0 43 80	2b 32 00 00
4	45 00 00 38	01 9d 40 00	80 06 1d de	c0 a8 00 08	d3 44 47 50
	0b d9 13 88	84 6b 41 c6	e0 59 9f f0	50 18 43 80	e6 55 00 00
5	45 00 00 28	68 11 40 00	31 06 06 7a	d3 44 47 50	c0 a8 00 08
	13 88 0b d9	e0 59 9f f0	84 6b 41 d6	50 10 16 d0	57 d2 00 00

请回答下列问题：

1)表 6-3 中的 IP 分组中，哪几个是由主机 H 发送的？哪几个完成了 TCP 连接建立过程？哪几个在通过快速以太网传输时进行了填充？

2）根据表 6-3 中的 IP 分组，分析主机 S 已经收到的应用层数据字节数是多少？

3）若表 6-3 中的某个 IP 分组在主机 S 发出的前 40B（见表 6-4），则该 IP 分组到达主机 H 时经历了多少个路由器？

表 6-4

主机 S 发出的 IP 分组	45 00 00 28	68 11 40 00	40 06 ec ad	d3 44 47 50	ca 76 01 06
	13 88 a1 08	e0 59 9f f0	86 6b 41 d6	50 10 16 d0	b7 d6 00 00

IP 分组头和 TCP 段头结构分别如图 6-20 和图 6-21 所示。

0 4	4 8	8 16	16 19	19 24 31
版本	首部长度	区分服务	总长度	
标识			标志	片偏移
生存时间		协议	首部检验和	
源地址				
目的地址				

图 6-20 IP 分组头

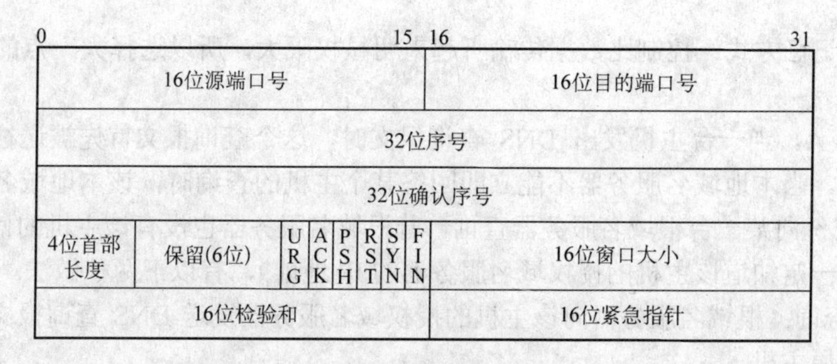

图 6-21　TCP 段头结构

41．主机 A 想下载文件 ftp://ftp.abc.edu.cn/file，大概描述下载过程中主机和服务器的交互过程。

42．试将数据 01001100 10011101 00111001 进行 quoted-printable 编码，并得出最后传送的 ASCII 数据。

43．解释以下名词。各英文缩写词的英文全称是什么？

WWW，URL，URI，HTTP，HTML，CGI，浏览器，超文本，超媒体，超链接，页面，表单，活动文档，搜索引擎。

习题答案

1．解析：A。在递归查询中，每台不包含被请求信息的服务器都转到别的地方去查找，然后它再往回发送结果。所以客户端最开始连接的服务器最终将返回正确的信息。

2．解析：A。可以用来标识一台主机的地址包括物理地址、IP 地址、域名。其中，物理地址也称为 MAC 地址或硬件地址，是数据链路层使用的地址形式；IP 地址是主机在网络层使用的地址形式；域名则在应用层标识了一台主机。从地址映射或转换来看，TCP/IP 协议簇中的 ARP 完成从 IP 地址到物理地址的映射，RARP 完成从物理地址到 IP 地址的映射，DNS 则完成域名到 IP 地址的映射。

3．解析：A。在客户/服务器模式中，客户请求服务，服务器提供服务。客户/服务器模式是 TCP/IP 体系结构中进程之间采用的主要工作模式。选项 B、C 是数据链路层的协议，所以不选；选项 D 只是网络拓扑的一种模式，所以不选。

补充对等模式的定义：服务器程序在 Windows 环境下工作，并且运行该服务器程序的计算机也作为客户机访问其他计算机上提供的服务，那么这种网络应用模型称为对等模式。

4．解析：D。尽管 DNS 能够完成域名到 IP 地址的映射，但实际上 IP 地址和域名并非一一对应。如果一个主机通过两块网卡连接在两个网络上，则具有两个 IP 地址，但这两个 IP 地址可能就映射到同一个域名上。如果一个主机具有两个域名管理机构分配的域名，则这两个域名就可能具有相同的 IP 地址。显然，域名和 MAC 地址也不是一一对应的（因为一个主机可以通过两块网卡连接在两个网络上，所以有两个 MAC 地址）。

5．解析：D。参考 6.5.2 小节的表 6-1。

6．解析：C，记住即可。

7．解析：（1）C、（2）D。FTP 是用来传输文件的，所以需要可靠的协议来完成该操作，使用的传输层协议为 TCP。而 FTP 默认的控制端口号为 21，数据传输端口号为 20，这个属于记忆性的。记忆方式：控制比数据传输听起来明显权限大，所以选择大一点的端口号，不要弄混了。

8．解析：A。当一台主机发出 DNS 查询报文时，这个查询报文首先被送往该主机的本地域名服务器。当本地域名服务器不能立即回答某个主机的查询时，该本地域名服务器就以 DNS 客户的身份向某一台根域名服务器查询。若根域名服务器也没有该主机的信息（但此时根域名服务器一定知道该主机的授权域名服务器的 IP 地址），有以下两种做法。

1）递归查询：根域名服务器向该主机的授权域名服务器发送 DNS 查询报文，查询结果再逐级返回给原主机。

2）递归与迭代相结合的方法（迭代查询）：根域名服务器把授权域名服务器的 IP 地址返回给本地域名服务器，由本地域名服务器再去查询。

9．解析：B。如果用户直接使用域名去访问一个 WWW 服务器，那么首先需要完成对该域名的解析任务。只有获得服务器的 IP 地址后，WWW 浏览器才能与 WWW 服务器建立连接，开始后续的交互。因此从协议执行过程来说，访问 WWW 服务器的第一步是域名解析。

10．解析：B。

11．解析：B。

12．解析：C。

13．解析：B。

14．解析：B。需要提醒一点，HTML 的编写不是大纲考查的范围，所以只需知道 WWW 浏览器所支持的基本文件类型是 HTML 即可。

15．解析：（1）A、（2）D、（3）C、（4）D。因特网上的各种应用协议都是针对特定的网络服务和网络环境而设计的。本题所出现的各种协议和服务中，电子邮件又称为 E-mail，在因特网上使用极为广泛，可以传输各种格式的文本信息，还可以传输图像、声音、视频等多种信息。WAIS、Gopher、NEWS 与 WWW 主要用于提供信息浏览服务，TELNET 和 Rlogin 用于远程登录，FTP、TFTP 和 NFS 用于文件共享服务，DNS 用于提供域名解析，电子公告牌（BBS）用于信息发布、浏览、讨论等服务。

16．解析：B。通常在传送对实时性要求较高，传送数据量较小时选择用 UDP，可以节省开销，减小时延。在传送数据量较大，可靠性要求较高时，采用 TCP 较合适。需要注意一点，**DNS 多数情况下使用 UDP，但有时也使用 TCP**。

17．解析：B。首先将 24 位二进制 11001100　10000001　00111000 分成 4 等份，即 110011　001000　000100　111000。根据转换原则：用 A 表示 0，用 B 表示 1 等。26 个大写字母排列完毕后，再排 26 个小写字母，再排 10 个数字，最后用“+”表示 62，用“/”表示 63。再用两个连在一起的等号“==”和一个等号“=”分别表示最后一组的代码只有 8 位或 16 位。**110011** 为 51，对应小写 z；**001000** 为 8，对应大写 I；**000100** 为 4，对应大写 E；**111000** 为 56，对应 4。而 z、I、E、4 对应的 ASCII 码分别是 01111010、01001001、01000101、00110100。将这 4 组 32 位二进制数转换成十六进制数为 7A、49、45、34。

18．解析：D。电子邮件是因特网最基本、最常用的服务功能。使用电子邮件服务，首先要拥有自己的电子邮件地址，其格式为：用户名@邮箱所在主机的域名。

19．解析：D。一个完整的 FTP 的工作过程需要历经连接建立、数据传输、释放连接 3 个阶段。其中，连接建立又分为控制连接建立和数据连接建立两个阶段。因此，FTP 客户端与 FTP 服务器连接建立的第一个阶段是控制连接的建立，主要用于传输 FTP 的各种命令。

20．解析：C。URL 用于标识网页的位置。每个 URL 地址都由两部分构成，即内容标识符和位置。例如，题目中的地址，其中 http 是内容标识符，表示使用的是 HTTP，而不是使用诸如 FTP 等协议。其中，http://www.zju.edu.cn/ docs/cindex.html 标识了特定网页的位置，这部分又可分为两部分来理解：http://www.zju.edu.cn 为域名或称为主机名；/docs/cindex.html 为特定 Web 资源名，即主机上的 Web 文件。

21．解析：C。WWW 服务器的概念是从它的功能角度定义的。一般来说，WWW 服务器是等待客户机请求的一个自动程序。WWW 服务器接受了请求后，执行相应的动作，并把所要求的数据发送给客户机。选项 A 错在 WWW 服务器不要求具备网页的编辑功能。选项 B 错在虽然用户已创建了网页，并且有了国际互联网络连接，但并不意味着用户的网页就已经自动成为 WWW 的一部分了。选项 D 错在仅仅安装了 WWW 服务器程序，如果没有进行正确的配置也不能完成 WWW 服务器的功能。

注意：WWW 仅仅是 Internet 上的一种**服务**，而不是**协议**，不要弄混！

22．解析：D。客户端是连接的请求方，在连接未建立之前服务器在某一个端口上监听。这时客户端必须要知道服务器的地址才能发出请求。显然服务器不需要知道客户端的地址。一旦连接建立后，服务器也能主动发送数据给客户端（即浏览器的现实内容来自服务器），用于一些消息的通知，如一些错误的通知。

23．解析：A。客户机既不是硬件也不是软件，只是服务的请求方，服务器才是响应方。

24．解析：C。每一台主机都必须在**授权域名服务器**处注册登记，授权域名服务器一定能够将其管辖的主机名转换为该主机的 IP 地址。

25．解析：B。

26．解析：D。在 TCP、UDP 以及 IP 的首部都有校验和字段，用于提供差错控制功能，但在 DNS 的格式中没有校验和字段，因此 DNS 无法提供差错控制功能。这里要提醒一点：IP 数据报只检查首部，而 TCP 和 UDP 既检查首部也检查数据部分。

27．解析：D。FTP 在传输层需要使用 TCP，FTP 本身是**不具备**差错控制能力的，它使用 TCP 的可靠传输来保证数据的正确性。

28．解析：B。POP3 是使用明文来传输密码的，并不对密码进行加密，所以 B 选项是错误的。POP3 是基于 ASCII 码的，如果要传输非 ASCII 码的数据，需要使用 MINE 协议来将数据转换成 ASCII 码的形式。

29．解析：C。SMTP 是一个基于 ASCII 码的协议，它只能够传送 ASCII 码，如果需要发送非 ASCII 码的内容，则需要使用 MIME 扩展。

30．解析：B。选项 A 是 quoted-printable 编码方式，所以排除；base64 编码方式不管是否是 ASCII 码字符，每 3 个字符用另外 4 个 ASCII 码字符表示。

31．解析：C。电子邮件经过 MIME 扩展后，可以将非 ASCII 码的内容表示成 ASCII 码的内容，其中的 base64 编码方式不管是否是 ASCII 码字符，每 3 个字符用另外 4 个 ASCII 码字符表示。99B 的邮件，按照每 3 个字符一组，可以分为 33 组。每一组数据使用 4 个字符表示，答案为 33B×4=132B。

32．解析：D。链接通过事先定义好的关键字或图形，允许用户只要单击该关键字或图形，就可以自动跳转到对应的其他文件。通过这种方式，用户的信息查询可以从一台 Web 服务器自动搜索到另一台 Web 服务器，实现不同网页间的跳转。

33．解析：A。SMTP 只支持传输 7 比特 ASCII 码内容，故 I 选项正确；用户代理到邮件服务器，邮件服务器到邮件服务器都是使用 SMTP，故 II 和 III 正确；而从邮件服务器到用户代理发送邮件使用的是 POP3，故 IV 错误。

34．解析：在 FTP 的实现中，客户与服务器之间采用了两条传输连接，其中控制连接用于传输各种 FTP 命令，而数据连接用于文件的传送。之所以这样设计，是因为使用两条独立的连接可以使 FTP 变得更加简单、更容易实现、更有效率。同时，在文件传输过程中，还可以利用控制连接控制传输过程，如客户可以请求终止传输。

35．解析：IP 地址很难记忆，引入域名后，便于人们记忆和识别。域名解析可以把域名转换成 IP 地址。域名转换的过程是向本地域名服务器申请解析，如果本地查不到，则向根域名服务器进行查询。如果根域名服务器中也查不到，则根据根域名服务器中保存的相应授权域名服务器进行解析，一定可以找到。请看下面的例子即可理解。假定域名为 m.xyz.com 的主机想知道另一个域名为 t.y.abc.com 的主机的 IP 地址。首先向其本地域名服务器 dns.xyz.com 查询。当查询不到时，就向根域名服务器 dns.com 查询。根据被查询的域名中的 abc.com 再向授权域名服务器 dns.abc.com 发送查询报文，最后再向授权域名服务器 dns.y.abc.com 查询。得到结果后，按照查询的路径返回给本地域名服务器 dns.xyz.com。

域名服务器的高速缓存的作用是优化查询的开销，减少域名查询花费的时间。

36．解析：使用 FTP 时必须首先登录，在远程主机上获得相应的权限以后，才能下载或上传文件。也就是说，要想向哪一台计算机传送文件，就必须具有哪一台计算机的适当授权。换言之，除非有用户 ID 和口令，否则便无法传送文件。这种情况违背了 Internet 的开放性，Internet 上的 FTP 主机何止千万，不可能要求每个用户在每一台主机上都拥有账号。匿名 FTP 就是为解决这个问题而产生的。

匿名 FTP 提供的是一种机制，用户可通过它连接到远程主机，并从其上下载文件，而无需成为其注册用户。系统管理员建立了一个特殊的用户 ID，名为 anonymous，Internet 上的任何人在任何地方都可以使用该用户 ID。通过 FTP 程序连接匿名 FTP 主机的方式同连接普通 FTP 主机的方式差不多，只是在要求提供用户 ID 时必须输入 anonymous，该用户 ID 的密码则是任意字符串。但是习惯上，用自己的 E-mail 地址作为密码，使系统维护程序能够记录谁在存取这些文件。匿名 FTP 不适用于所有的主机，它只适用于那些提供了这项服务的主机。为了安全起见，大多数匿名服务器只允许下载文件，而不允许上传文件。

37．解析：首先需要将域名转换成 IP 地址，所以应用层需要使用 DNS 协议。而 DNS 协议需要使用 UDP，HTTP 又需要使用 TCP，所以传输层需要使用 UDP 和 TCP。

38．解析：TCP/IP 只能有一个熟知端口（这样才能使各地的客户机找到这个服务器），但建立多条连接又必须有多个端口。因此，在按照并发方式工作的服务器中，主服务器进程在熟知端口等待客户机发来的请求。主服务器进程一旦接收到客户机的请求，就立即创建一个从属服务器进程，并指明从属服务器进程使用一个临时端口和该客户机建立 TCP 连接，然后主服务器进程继续在原来的熟知端口等待，向其他客户机提供服务。

故事助记：就好像我们打移动电信的客服 10086，这个 10086 就类似一个熟知端口，一旦和我们连接了，就会安排人工服务，每一个人工服务就类似于临时端口。然后 10086 又继续等待，向其他客户提供服务。

39．解析：解题之前首先说明，图 6-17 中每行前面的 0000、0010、0020 等都不属于以太网帧的内容。

1）首先，IP 分组是完整的作为 MAC 帧的数据部分，所以目的 IP 地址应该在 MAC 帧的

数据里面，如图 6-22 所示。

其次，以太网帧首部有 14B，IP 数据报首部目的 IP 地址前有 16B。所以目的 IP 地址在以太网帧中的位置应该是第 31、32、33、34B。查阅图 6-17，找到这 4 个字节的内容，即 40 aa 62 20（十六进制），转换成十进制为 64.170.98.96.32。

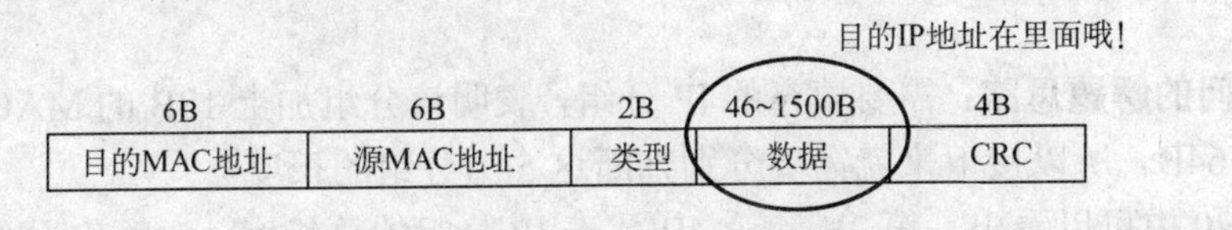

图 6-22 目的 IP 地址在 MAC 帧的数据中

从图 6-18 中可以知道，目的 MAC 地址就是前 6 个字节。查阅图 6-17，找到这 6 个字节的内容，即 00-21-27-21-51-ee。由于下一跳即为默认网关 10.2.128.1，所以所求的目的 MAC 地址就是默认网关 10.2.128.1 端口的物理地址。

2）本小问考查 ARP。ARP 主要用来解决 IP 地址到 MAC 地址的映射问题。当源主机知道目的主机的 IP 地址，而不知道目的主机的 MAC 地址时，主机的 ARP 进程就在本以太网上进行广播，此时以太网的目的 MAC 地址为全 1，即 ff-ff-ff-ff-ff-ff。

3）由于采用的是非流水线方式进行工作，所以客户机在收到前一个请求的响应后才能发送下一个请求。第一个请求用于请求 Web 页面，后续 5 个 JPEG 小图像分别需要 5 次请求，所以一共需要 6 次请求。

4）题目中已经说明 IP 地址 10.2.128.100 是私有地址，所以经过路由器转发源 IP 地址是要发生改变的，即变成 NAT 路由器的一个全球 IP 地址（一个 NAT 路由器可能不止一个全球 IP 地址，随机选一个即可，而本题只有一个）。也就是将 IP 地址 10.2.128.100 改成 101.12.123.15。计算得出，源 IP 地址字段 0a 02 80 64（在第一问的目的 IP 地址字段往前数 4 个字节即可）需要改为 65 0c 7b 0f。另外，IP 分组每经过一个路由器，生存时间都需要减 1，结合图 6-17 和图 6-19 可以得到初始生存时间字段为 80，经过路由器 R 之后变为 7f，当然还要重新计算首部校验和。最后，如果 IP 分组的长度超过该链路所要求的最大长度，则 IP 分组报就需要分片，此时 IP 分组的总长度字段、标志字段、片偏移字段都是要发生改变的。

40. 解析：

提醒：从近几年的考题可以看出，只要涉及 MAC 帧、IP 数据报首部的考点，题目一般都会给出首部格式，所以考生无需记忆字段的分布位置，只需理解每个字段的含义即可。但是相对简单的 UDP 报文首部格式，考生务必将字段分布及其含义都记住。

1）三个小问的解题思路。

第一小问的解题思路：数据由 H 发送，说明此 IP 数据报的源 IP 地址肯定是主机 H 的 IP 地址，主机 H 的 IP 地址为 192.168.0.8，转换成十六进制为 c0 a8 00 08。

从图 6-20 中可以看出，IP 分组的源地址是在 IP 分组头结构的第 13～16B，现在需要做的是：对照表 6-3，看看哪个分组的第 13～16B 恰好为 c0 a8 00 08。对照表 6-3，可以看出分组 1、3、4 的第 13～16B 恰好为 c0 a8 00 08。所以 1、3、4 号分组是由主机 H 发送的。

第二小问的解题思路：要想看出哪几个分组完成了 TCP 连接，首先考生需要非常清楚 TCP 建立连接的三次握手的详细过程。首先，第一次握手 ACK 必须为 0（一般不写出），而根据图 6-21 所示的结构可以看出，ACK 位于第 14B 的第 4 位，而 5 个分组中第 14B 的第 4 位只有分组 1 为 0，其余分组均为 1，所以第一次握手的分组必须为分组 1。而分组 1 的 32

位序号为 84 6b 41 c5，所以下一个分组的确认号必须为 84 6b 41 c6，并且 SYN 字段要为 1，只有分组 2 满足。而分组 3 的序号必须为 84 6b 41 c6，确认序号必须为分组 2 的序号加 1，即 e0 59 9f f0，而现在分组 3 和分组 4 都满足。但是，肯定是先建立连接，再发送数据。所以只能选择分组 3 为 TCP 连接建立的第三次握手，故分组 1、2、3 完成了 TCP 连接建立的过程。

第三小问的解题思路：需要填充的 IP 分组，表明该分组加上 18B 的 MAC 帧首部还达不到最短帧长 64B。所以接下来就需要分别判断这 5 个分组的长度。

从图 6-20 中可以看出，第 3B 和第 4B 代表 IP 分组的总长度。5 个 IP 分组的总长度分别是 00 30、00 30、00 28、00 38、00 28，转换成十进制分别为 48、48、40、56、40。所以可以看出第 3 个和第 5 个 IP 分组在通过快速以太网传输时需要填充。

2）由于到第三个报文为止，TCP 连接已经建立好。从第 3 个分组封装的 TCP 段可知，发送应用层数据初始序号为 846b 41c6H，由 5 号分组封装的 TCP 段可知，ack 为 846b 41d6H，所以主机 S 已经收到的应用层数据的字节数为 846b 41d6H−846b 41c6H=10H=16B。

3）由于主机 S 发出的 IP 分组的标识=6811H，而表 6-3 中的第 5 个分组的标识也为 6811H，因此该分组所对应的是表 6-3 中的第 5 个分组。从图 6-20 中可以看出，TTL 字段在 IP 分组头部的第 9 个字节，所以可得主机 S 发出的 IP 分组的 TTL=40H=64，而第 5 个分组的 TTL=31H=49，64−49=15，所以 IP 分组到达主机 H 时经过了 15 个路由器。

41．解析：大致过程如下。

1）建立一个 TCP 连接到 ftp.abc.edu.cn 的 21 号端口，然后发送登录账号和密码。

2）服务器返回登录成功信息后，主机 A 打开一个随机端口，并将该端口号发送给服务器。

3）主机 A 发送读取文件命令，内容为 get file，服务器使用 20 号端口建立一个 TCP 连接到主机 A 的随机打开的端口。

4）服务器把文件内容通过第二个连接发送给主机 A，传输完毕连接关闭。

42．解析：首先 01001100 和 00111001 是可打印的 ASCII 编码。将 10011101 用两个十六进制数字表示成 9D，在前面加上等号得到“=9D”。字符串“=9D”的 ASCII 编码是 00111101 00111001 01000100。因此，最后传送的 ASCII 数据是 01001100 00111101 00111001 01000100 00111001。对于字节 10011101 做 quoted-printable 编码的开销为(5−3)/3=66.7%。

43．解析：

WWW：英文全称是 World Wide Web（万维网），它是一个大规模的、联机式的信息储藏所。

URL：英文全称是 Uniform Resource Locator（统一资源定位符），它是对可以从因特网上得到的资源位置和访问方法的一种简洁的表示。

URI：英文全称是 Universal Resource Identifier（通用资源标示符），包括 URL 和统一资源名字（URN）。URN 是一种广义的 URL，定义了对任意命名和编址方式进行编码的语法。

HTTP：英文全称是 HyperText Transfer Protocol，它是一个应用层协议，使用 TCP 连接进行可靠的传送。

HTML：英文全称是 HyperText Markup Language（超文本标记语言），它是一种制作万维网页面的标准语言，消除了不同计算机之间信息交流的障碍。

CGI：英文全称是 Common Gateway Interface（通用网关接口），它规定了动态文档应当

如何创建，输入数据应该如何提供给应用程序以及输出结果应当如何使用。

浏览器： 英文为 Browser，它是一种允许用户查看万维网、其他网络或用户计算机上的HTML 文档、跟随上面的超链接以及传递文件的客户适配器。Microsoft Internet Explorer 就是一个示例。

超文本： 英文为 Hypertext，它是由多个信息源链接而成的一种文本信息。

超媒体： 英文为 Hypermedia，它不仅包含文本信息，还包含其他表示方式的信息，如图形、图像、声音、动画或者活动视频图像。

超链接： 英文为 Hyperlink，指超文本中的一种链接。对于以文字作为超链接的，往往用不同的颜色表示，有些还加上下画线，当把鼠标移动到一个超链接的起点时，鼠标的位置箭头变成一只手，单击超链接，这个超链接就被激活。

页面： 英文为 Page，它指在一个客户程序主窗口上显示出来的万维网文档。

表单： 英文为 Form，用来将用户数据从浏览器传递给万维网服务器。

活动文档： 英文为 Active Document，它是一种提供屏幕连续更新的技术，即将所有的工作都转移给浏览器端。每当浏览器请求一个活动文档时，服务器就返回一段程序的副本，使得该程序副本在浏览器端运行。这时，活动文档可与用户直接交互，并可连续地改变屏幕的显示。

搜索引擎： 英文为 Search Engine，它是在万维网中用来进行搜索的程序，如大家都熟悉的百度等。

第 7 章　非统考高校知识点补充

知识点一　组播路由算法（了解）

组播路由算法实际上就是要**找出以源主机为根结点的组播转发树**，其中每一个分组在每条链路上只传送一次，也就是在组播转发树上的路由器不会收到重复的组播数据报。不同的组播组对应于不同的组播转发树；同一个组播组，对不同的源点也会有不同的组播转发树，这样就能**避免路由环路**。

在第 4 章讲过，**能够运行组播协议的路由器称为组播路由器**。但是如果一个组播数据报发送到了一个不支持组播协议的路由器怎么办？没关系，组播数据报不会被丢弃。隧道技术可以解决这个问题。具体过程就是不支持组播协议的路由器会将组播数据报再次封装成普通数据报，再通过单播发送到支持组播的路由器上，使它又恢复成组播数据报。

为了使路由器知道组播成员的信息，需要利用到网际组管理协议 IGMP。**和 ICMP 相似，IGMP 使用 IP 数据报传递其报文（即 IGMP 报文加上 IP 首部构成 IP 数据报），IGMP 向 IP 提供服务。**IGMP 并非是在因特网范围内对所有组播组成员进行管理的协议。IGMP 并不知道 IP 组播组包含的成员数，也不知道这些成员都分布在哪些网络上。IGMP 协议是让连接在本地局域网上的组播路由器知道本局域网上是否有主机（严格地说是主机上的某个进程）参加或者退出了某个组播组。

IGMP 可以分为两个阶段。第一阶段：当某个主机加入新的组播组时，该主机应向组播组的组播地址发送 IGMP 报文，声明自己要成为该组的成员。本地的组播路由器收到 IGMP 报文后，将组成员关系转发给因特网上的其他组播路由器。第二阶段：因为组成员关系是动态的，因此本地组播路由器要周期性地探询本地局域网上的主机，以便知道这些主机是否还继续是组的成员。只要对某个组有一个主机响应，那么组播路由器就认为这个组是活跃的。但一个组在经过几次的探询后仍然没有一个主机响应，则不再将该组的成员关系转发给其他的组播路由器。

【例 7-1】　以下关于组播概念的描述中，错误的是（　　）。

A．IP 组播是指多个接收者可以接收到从同一个或一组源结点发送的相同内容的分组

B．支持组播协议的路由器叫做组播路由器

C．发送主机使用组播地址发送分组时不需要了解接收者的位置信息与状态信息

D．在设计组播路由时，为了避免路由环路，采用了 IGMP

解析：D。A 和 B 是基本概念，是正确的描述。发送者使用组播组地址发送分组时，发送者可以不知道任何有关接收者的信息，如接收者在什么位置等。实际上发送者也不需关心这些信息，而只需了解组播地址，故 C 正确。IGMP 是组管理协议，不是组播路由协议。在设计组播路由时，为了避免路由环路，采用了**构造组播转发树**，故 D 错误。

知识点二　数据链路层之 LLC 子层

数据链路层分为 LLC（逻辑链路控制）子层和 MAC（媒体访问控制）子层。在统考大纲中主要讲解的是 MAC 子层，MAC 子层**主要负责控制与连接物理层的物理介质**。在发送数据的时候，MAC 协议可以事先判断是否可以发送数据，如果可以发送将给数据加上一些控制信息，最终将数据以及控制信息以规定的格式发送到物理层；在接收数据的时候，MAC 协议首先判断输入的信息是否发生传输错误，如果没有错误，则去掉控制信息发送至 LLC（逻辑链路控制）层。总结来说，就是与接入到传输媒体有关的内容都放在 MAC 子层，而 LLC 子层则与传输媒体无关，不管采用何种协议的局域网对 LLC 子层来说都是透明的。LLC 子层只负责与上层的交互。

LLC 子层的主要功能如下：

① 建立和释放数据链路层的逻辑连接。

② 提供与网络层的接口。

③ 数据帧编号。

④ 差错控制。

LLC 子层向网络层提供 4 种不同的连接服务类型（了解）：无确认无连接、有确认无连接、面向连接、高速传送。

【例 7-2】　（2005 年华中科技大学）局域网体系结构中，数据链路层分为两个子层。其中与接入各种媒体相关的在（　　）子层，服务访问点 SAP 在（　　）子层与高层的交界面上。

A．LLC，LLC　　B．MAC，LLC

C．LLC，MAC　　D．MAC，MAC

解析：B。见上面的知识点讲解。

【例 7-3】　（2007 年重庆邮电大学，多选题）LLC 子层应有以下哪些功能？（　　）

A．寻址　　B．提供与高层的接口

C．差错控制　　D．给帧加序号

解析：B、C、D。帧的寻址是由 MAC 子层完成的，故 A 错误。其他 3 项都是 LLC 子层的功能。

知识点三　FDDI 环

FDDI 环称为**光纤分布式数据接口**。只需要把 FDDI 环看成是令牌环形网络的一种就行了，只不过其传输介质是多模光纤以及其他一些功能的改进。

FDDI 环仍然基于 IEEE 802.5 令牌环标准的 MAC 协议，上层仍采用与其他局域网相同的逻辑链路控制 LLC 协议，分组最大长度为 4500B。FDDI 环主要是用做**校园环境的主干网**。

FDDI 使用了比令牌环更复杂的方法访问网络。和令牌环一样，也需在环内传递一个令牌，而且允许令牌的持有者发送 FDDI 帧。和令牌环不同，FDDI 网络可在环内传送多个帧。因为令牌接受了传送数据帧的任务以后，FDDI 令牌持有者可以立即释放令牌，把它传给环内的下一个站点，无需等待数据帧完成在环内的全部循环。这意味着，第一个站点发出的数据帧仍在环内循环的时候，下一个站点可以立即开始发送自己的数据，故 FDDI 网络可在环内传送多个帧。

注意：由光纤构成的 FDDI 环，其基本结构为逆向双环。一个环为主环，另一个环为备用环。一个顺时针传送信息，另一个逆时针传送信息。当主环上的设备失效或光缆发生故障时，通过从主环向备用环的切换可继续维持 FDDI 的正常工作。这种故障容错能力是其他网络所没有的。

【例 7-4】（哈尔滨工业大学）光纤分布数据接口 FDDI 采用（　）拓扑结构。

A．星形　　B．环形　　C．总线型　　D．树形

解析：B。

【例 7-5】（中国科学院）一个大的 FDDI 环有 100 个站，令牌环行时间是 40ms。令牌保持时间是 10ms。该环可取得的最大效率是多少？

解析：由于共有 100 个站，且环行时间（围绕环转一圈的时间）是 40ms，所以令牌在两个邻接站之间的传播时间是 40ms/100=0.4ms。这样的话，一个站可以发送 10ms，接着是 0.4ms 的间隙，在此期间令牌移动到下一站。因此最好情况的效率是 10÷（10+0.4）≈96%，即该环可取得的最大效率是 96%。

【例 7-6】（中国科学院）假定信号在光纤中的传播延迟是每千米 5μs，令牌保持时间是 10ms，试计算以时间和比特表示的下列 FDDI 环配置的延迟。假定可用的速率是 100Mbit/s。

注：假定仅使用主环。

（a）2km 环，带有 20 个站。

（b）20km 环，带有 200 个站。

（c）100km 环，带有 500 个站。

解析：设信号传播延迟等于 T_p，一个站的延迟等于 T_s，N 表示站的数目，那么环延迟 $T_1=T_p+N\times T_s$。在这里，$T_s=0.01\ \mu s$。

（a）$T_1=2\times 5\mu s+20\times 0.01\mu s=10.2\ \mu s$，或 1020bit（$100Mbit/s\times 10.2\ \mu s$）

（b）$T_1=20\times 5\mu s+200\times 0.01\mu s=102\ \mu s$，或 10200bit（$100Mbit/s\times 102\ \mu s$）

（c）$T_1=100\times 5\mu s+500\times 0.01\mu s=505\ \mu s$，或 50500bit（$100Mbit/s\times 505\ \mu s$）

知识点四　虚拟局域网（VLAN）

背景知识：在第 3 章最后讲过只有通过划分子网才可以隔离广播域，也就是通过路由器来隔离广播域。既然路由器可以隔离广播域，为什么又要引入 VLAN 呢？难道 VLAN 可以不通过路由器就能隔离广播域吗？或者有更强大的功能？怎么去实现？一切答案慢慢道来！

问题一：为什么要引入 VLAN 呢？

传统的局域网使用的是 Hub，Hub 只有一根总线，一根总线就是一个冲突域。所以传统的局域网是一个扁平的网络，一个局域网属于同一个冲突域。任何一台主机发出的报文都会被同一冲突域中的所有其他机器接收到。后来，组网时使用交换机代替集线器（Hub），每个端口可以看成是一根单独的总线，冲突域缩小到每个端口，使得网络发送单播报文的效率大大提高，与此同时极大地提高了二层网络的性能。但是假如一台主机发出广播报文，连接在交换机的所有设备仍然可以接收到该广播信息，通常把广播报文所能传输的范围称为广播域。交换机在传递广播报文的时候依然要将广播报文复制多份，发送到网络的各个角落。所以随着网络规模的扩大，网络中的广播报文越来越多，严重影响网络性能，这就是所谓的广播风

暴的问题。由于交换机二层网络工作原理的限制，交换机对广播风暴的问题无能为力。为了提高网络效率，一般需要将网络进行分段：把一个大的广播域划分成几个小的广播域。

过去往往通过路由器对网络进行分段，这样可以使得广播报文的发送范围大大减小。这种方案解决了广播风暴的问题，但是用路由器是在网络层上分段将网络隔离，网络规划复杂，组网方式不灵活，并且大大增加了管理维护的难度。作为替代的LAN分段方法，虚拟局域网（VLAN）就出现了，专门用来解决大型的**二层**网络环境面临的问题。

问题二：难道VLAN可以不通过路由器就能隔离广播域吗？

解析：虚拟局域网（VLAN）逻辑上把网络资源和网络用户按照一定的原则进行划分，把一个物理上实际的网络划分成多个小的逻辑的网络。这些小的逻辑的网络形成各自的广播域，也就是虚拟局域网VLAN。从图7-1中可以看出，一共有3个虚拟局域网，它们形成各自的广播域，广播报文不能跨越这些广播域传送。从图7-1中还可以看出，各大主机都是不拘泥于所处的物理位置，因为它们**既可以挂接在同一个交换机中，也可以挂接在不同的交换机中**。

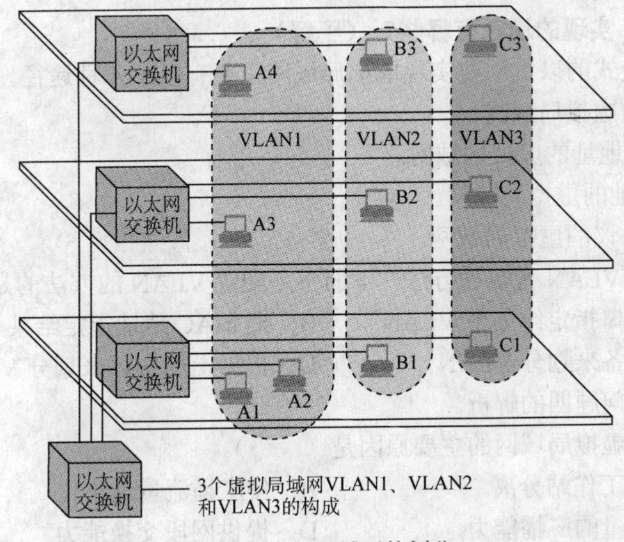

图7-1　虚拟局域网的划分

注意：不是所有交换机都具有此功能，只有VLAN协议的第三层以上交换机才具有此功能（三层交换机是指既可操作在网络层，起到路由决定的作用，又具有几乎达到第二层交换机的速度，但是三层交换机并不等同于路由器，也不能取代路由器）。

综上所述，VLAN可以不通过路由器就能隔离广播域。

问题三：VLAN还有哪些优点？

解析：

优点一：限制广播报，提高带宽的利用率。

VLAN有效地解决了广播风暴带来的性能下降问题。一个VLAN形成一个小的广播域，同一个VLAN成员都在由所属VLAN确定的广播域内，当一个数据报没有路由时，交换机只会将此数据报发送到所有属于该VLAN的其他端口，而不是所有的交换机的端口。这样，就将数据报限制到了一个VLAN内，在一定程度上可以节省带宽。

优点二：增强通信的安全性。

一个VLAN的数据报不会发送到另一个VLAN，这样其他VLAN用户的网络上是收不到任何该VLAN的数据报的，确保了该VLAN的信息不会被其他VLAN的人窃听，从而实现了信息的保密。

优点三：创建虚拟工作组。

使用VLAN的最终目标就是建立虚拟工作组模型。例如，在企业网中，同一个部门的人就好像在同一个LAN上一样，很容易进行互相访问，交流信息；同时，所有的广播报也都限制在该虚拟LAN上，而不影响其他VLAN的人。一个人如果从一个办公地点换到另外一个地点，而他仍然在该部门，那么该用户的配置无须改变；如果一个人虽然办公地点没有变，但更换了部门，那么只需网络管理员更改一下该用户的配置即可。这个功能的目标就是建立一个动态的组织环境。

优点四：增强网络的健壮性。

当网络规模增大时，部分网络出现问题往往会影响整个网络，引入VLAN之后，可以将一些网络故障限制在一个VLAN之内。由于VLAN是逻辑上对网络进行划分，组网方案灵活，配置管理简单，降低了管理维护的成本。

问题四：VLAN实现的途径有哪些？（了解）

解析：基于交换式的以太网要实现虚拟局域网主要有以下4种途径。

（1）基于端口的虚拟局域网。

（2）基于MAC地址的虚拟局域网。

（3）基于IP地址的虚拟局域网。

（4）基于上层协议的虚拟局域网。

【例7-7】 配置VLAN有多种方法，下面不是配置VLAN的方法的是（　　）。

A．把交换机端口指定给某个VLAN　　B．把MAC地址指定给某个VLAN

C．根据路由设备来划分VLAN　　D．根据上层协议来划分VLAN

解析：C。参考问题四的解析。

【例7-8】 建立虚拟局域网的主要原因是（　　）。

A．将服务器和工作站分离　　B．使广播流量最小化

C．增加广播流量的广播能力　　D．提供网段交换能力

解析：B。

【例7-9】 同一个VLAN中的两台主机（　　）。

A．必须连接在同一台交换机上　　B．可以跨越多台交换机

C．必须连接在同一集线器上　　D．可以跨越多台路由器

解析：B。见问题二的解析。

【例 7-10】 （2005 年中山大学）下面哪一种关于虚拟局域网（VLAN）的描述不正确（　　）？

A．只用交换机就可以构建VLAN

B．VLAN可以跨越地理位置的间隔

C．VLAN可以把各组设备归并进一个独立的广播域

D．VLAN可以只包括服务器和工作站

解析：A。必须是三层及以上的交换机才可以被用来构建VLAN，故A错误。B和C显然是对的，上面都已经详细讲解了。虚拟局域网包括服务器、工作站、打印机或其他任何能连接交换机的设备，当然可以只包括服务器和工作站，故D正确。

附　录

附录A　历年统考真题分值、考点统计表

第1章　计算机网络体系结构

年份	单项选择题	综合应用题	考查内容	小计
2014	1题×2	0题	OSI参考模型及其服务概念	2分
2013	1题×2	0题	OSI参考模型的表示层	2分
2012	1题×2	0题	服务	2分
2011	1题×2	0题	TCP/IP模型的网络层	2分
2010	1题×2	0题	网络体系结构	2分
2009	1题×2	0题	OSI参考模型的传输层	2分

第2章　物理层

年份	单项选择题	综合应用题	考查内容	小计
2014	1题×2	0题	香农定理	2分
2013	2题×2	0题	1. 曼彻斯特编码 2. 时延计算	4分
2012	1题×2	0题	物理层接口的特性	2分
2011	1题×2	0题	奈奎斯特定理	2分
2010	1题×2	0题	各种时延计算	2分
2009	1题×2	0题	数据率与波特率的关系	2分

第3章　数据链路层

年份	单项选择题	综合应用题	考查内容	小计
2014	3题×2	0题	1. 交换机转发 2. 后退N帧 3. CDMA	6分
2013	3题×2	0题	1. HDLC协议 2. 100BASE-T以太网 3. 各种介质访问控制的工作原理	6分
2012	2题×2	1小题×2	1. MAC协议 2. 后退N帧协议 3. 数据帧的填充	6分
2011	2题×2	1小题×2	1. 选择重传协议 2. 各种介质访问控制协议 3. MAC地址	6分
2010	0题	1题×9	CSMA/CD协议的基本工作原理	9分
2009	3题×2	0题	1. 后退N帧协议 2. 最短帧长的计算 3. 以太网交换机	6分

第4章 网络层

年份	单项选择题	综合应用题	考查内容	小计
2014	0题	1题×9	路由转发	9分
2013	0题	1题×9	路由聚合、最长匹配原则、网关协议	9分
2012	3题×2	2小题×2	1．路由器的功能 2．ARP协议的基本概念 3．广播分组地址格式 4．IP数据报首部格式	10分
2011	2题×2	1小题×2 1小题×3	1．路由表构造 2．广播地址	9分
2010	4题×2	0题	1．RIP协议 2．ICMP报文 3．子网划分 4．网络层设备	8分
2009	0题	1题×9	子网划分、路由表构造	9分

第5章 传输层

年份	单项选择题	综合应用题	考查内容	小计
2014	2题×2	0题	1．TCP连接 2．UDP协议	4分
2013	1题×2	0题	TCP的确认	2分
2012	0题	2小题×2	1．TCP的建立 2．TCP段的数据部分	4分
2011	2题×2	0题	1．三次握手 2．TCP分组中的序列号	4分
2010	1题×2	0题	拥塞控制机制	2分
2009	2题×2	0题	1．拥塞控制机制 2．TCP分组中的序列号	4分

第6章 应用层

年份	单项选择题	综合应用题	考查内容	小计
2014	1题×2	0题	计算机网络综合知识	2分
2013	1题×2	0题	SMTP协议	2分
2012	1题×2	0题	SMTP、POP3协议	2分
2011	0题	1小题×2	HTTP协议	2分
2010	1题×2	0题	域名递归解析	2分
2009	1题×2	0题	FTP协议的控制连接	2分

附录B　历年真题考点索引表

章节	已考知识点	未考知识点	核心考点
第1章　计算机网络体系结构	1. OSI参考模型 2. TCP/IP模型 3. 服务、协议	1. 计算机网络的概念、组成与功能 2. 计算机网络的分类 3. 计算机网络的标准化工作及相关组织 4. 计算机网络分层结构 5. 计算机网络接口的概念	1. 计算机网络协议、接口、服务等概念 2. OSI参考模型与TCP/IP模型（2009—2011年连续3年考查）
第2章　物理层	1. 信道、信号、带宽、码元、波特、速率、信源与信宿等概念 2. 奈奎斯特定理与香农定理 3. 物理层接口的特性 4. 编码	1. 调制 2. 电路交换、报文交换与分组交换 3. 数据报与虚电路 4. 双绞线、同轴电缆、光纤与无线传输介质 5. 中继器、集线器	1. 奈奎斯特定理与香农定理 2. 电路交换、报文交换与分组交换（未考，重点中的重点） 3. 中继器、集线器
第3章　数据链路层	1. 后退N帧协议（已考过两次） 2. 选择重传协议 3. 随机访问介质访问控制 4. 局域网交换机及其工作原理 5. 频分多路复用、时分多路复用、波分多路复用、码分多路复用的概念和基本原理 6. HDLC协议	1. 组帧、检错编码、纠错编码 2. 流量控制、可靠传输与滑动窗口机制、停止-等待协议 3. 令牌传递协议 4. 局域网的基本概念与体系结构、以太网与IEEE 802.3、IEEE 802.11、广域网的基本概念、PPP协议 5. 网桥的概念和基本原理	1. 流量控制与可靠传输机制、CSMA/CD，特别是争用期和截断二进制指数退避算法 2. 网桥的概念和基本原理 3. 组帧机制和差错控制机制
第4章　网络层	1. 异构网络互联 2. 路由与转发 3. 子网划分与子网掩码、CIDR 4. IPv4分组、IPv4地址 5. ARP协议、ICMP协议 6. 路由器的功能 7. 自治系统、域内路由与域间路由、RIP路由协议、OSPF路由协议、BGP路由协议	1. 拥塞控制 2. 静态路由与动态路由、距离-向量路由算法、链路状态路由算法、层次路由 3. NAT 4. DHCP协议 5. IPv6的主要特点、IPv6地址 6. 组播的概念、IP组播地址 7. 移动IP的概念、移动IP的通信过程 8. 路由器的组成	1. 异构网络互联与拥塞控制 2. 子网划分和CIDR 3. 路由与转发，即各种路由算法 4. IP地址的分类、IP数据报格式、NAT 5. 各种路由协议 6. 路由器的组成和功能
第5章　传输层	1. TCP段 2. TCP连接管理 3. TCP可靠传输 4. TCP流量控制与拥塞控制 5. UDP数据报 6. UDP校验	1. 传输层的功能 2. 传输层寻址与端口 3. 无连接服务与面向连接服务	1. TCP的流量控制和拥塞控制机制 2. TCP的连接和释放 3. TCP报文格式、UDP数据报格式
第6章　应用层	1. DNS系统 2. 域名解析过程 3. FTP的控制连接与数据连接 4. SMTP协议与POP3协议 5. HTTP协议	1. 客户/服务器模型 2. P2P模型 3. 层次域名空间 4. 域名服务器 5. FTP协议的工作原理 6. 电子邮件系统的组成结构 7. 电子邮件格式与MIME 8. WWW的概念与组成结构	1. 域名解析过程 2. FTP协议的工作原理 3. HTTP协议

参 考 文 献

[1] 谢希仁. 计算机网络[M]. 5版. 北京：电子工业出版社，2008.
[2] Stevens W R. TCP/IP 详解（卷1：协议）[M]. 北京：机械工业出版社，2007.

天勤考研高分笔记系列书籍之考研公共课

——一套让考研公共课变得更简单的辅导教材

天勤考研高分笔记系列书籍，一套写作风格极其独特的考研辅导书。高分笔记教会你的不仅仅是知识点的理解，而是一种学习的方法和态度。其实考研并不枯燥，我们应该学会从中汲取快乐。记得去年有位读者说，高分笔记把我的同学害惨了，因为在图书馆，同学在看高分笔记的时候，不知不觉的笑得很大声，被同学误以为考研考出了“神经病”。于是乎，大家都远离他了，呵呵。也许只有懂高分笔记的人才会明白，这才是高分笔记的精髓所在。高分笔记系列书籍在知识点的讲解中，大部分使用日常交流语言去讲解，并且偶尔会插入一些故事、笑话甚至善意的恶搞。让大家在看书的过程中，不再那么枯燥，在快乐中学会知识，真真正正的快乐考研。

2012 年 12 月 22 日，当“世界末日”过去的第一天，我们就已经体会到了，高分笔记应该被重新定义。高分笔记不应该再是“计算机考研”的代名词了。于是我们做出了一个艰难的决定，我们要将高分笔记的写作风格运用于考研公共课。我们的宗旨就是让所有的考研学子都成为高分笔记系列的受益者，我们要把快乐带给全国的每一位考生。

计算机考研高分笔记的编者均为浙江大学计算机学院的高分考生，之所以能写出让考生喜爱的书籍，借用歌名《懂你》，没错，师兄师姐们都懂你们！而在公共课方面我们相信天勤考研公共课名师比谁都更懂你们，下面把他们一一介绍给大家。

考研数学：陈启浩

——考研数学界的常青树

考研数学界的常青树——陈启浩。

陈启浩，浙江省宁波市人，北京邮电大学教授。1964 年毕业于浙江大学数学专业。1993 年受国家教委（现为教育部）派遣去日本进修。期间，与柳原二郎教授共同创立“模糊值”研究新领域，受到日本同行赞誉，被聘为千叶大学客座教授和早稻田大学特别研究员。

陈启浩老师在考研数学领域有将近 15 年的教学经验，也正是这 15 年的教学经验使得陈老师的书籍极具特色，该套书籍一共包含 12 本，列表如下：

（1）数学一：

基础篇：常考知识点解析

提高篇：常考问题的快捷解法与综合题解析

真题篇：十年真题精讲与热点问题

冲刺篇：模拟试题 5 套及详解

（2）数学二：

基础篇：常考知识点解析

提高篇：常考问题的快捷解法与综合题解析

真题篇：十年真题精讲与热点问题

……套及详解

基础篇：常考知识点解析

提高篇：常考问题的快捷解法与综合题解析

真题篇：十年真题精讲与热点问题

冲刺篇：模拟试题5套及详解

陈老师全套书籍的内容将加入口袋题库系统，包含考研数学必备公式定理、习题练习模块、历年真题模考模块、每月一赛功能以及最最方便的答疑功能。如果需要配合口袋题库系统，建议使用陈启浩老师的全套教材，这样效果会更好，购买陈老师的教材将会赠送口袋题库全年免费答疑服务（随书赠送）。

考研英语：北大钟平

——考研英语的颠覆与重建

北大钟平，央视教育频道特邀名师，在考研界每年辅导的学生不计其数。钟老师是一位真正让人颠覆与重建的重磅学者，以独创的数学思维，开创“机械化翻译公式”，以一个公式模型，提出并解决了一个能让你半夜笑醒的问题：以一个公式完成所有英文向中文的转换。目前钟老师是天勤论坛考研英语科目的负责人，负责高分笔记考研英语全套书籍的编写以及读者答疑。下面听听钟老师的介绍：

“通俗来说，我所写的《英文观止——英语长难句翻译妙法》一书只需学会一个公式，将不再有不认识的英文句子。掌握一个模型，你将脱胎换骨。对于阅读和写作部分更有彪悍的阅读无痛解法、写作豪奢版等口碑爆棚的研究，其深度与智慧，非一般可比，错过必悔。”

考研政治：天勤考研特邀名师——徐之明

——全国知名考研政治辅导一线名师

考研辅导新生派精英——徐之明。中国人民大学教授，学者型的考研辅导专家。讲课风格集深刻和生动于一体，能够极大地调动学生的积极性并激发其潜能。其独创的“口诀法”、“表格法”、“图形法”让人耳目一新，效果卓越。

作为目前考研界最受欢迎的政治辅导专家之一，徐之明幽默而不失主题。讲课坚持“一个中心”——以考题为中心，紧扣“两个基本点”——知识点，出题点。他上课很注意传授思想和方法，比如：徐氏逻辑图——记忆深刻有效不易忘。这种方法的特点：灵、巧、活、变、通……用简单的方法和比喻来解决复杂的问题。最大的特点是：通过多年的上课经验，总结、概括、提炼出经典的观点。学员评价：辅导效果比名气还响，你的辅导可以使学生走得比想象的还要远。

最后，非常感谢徐之明老师在日常的繁忙工作中，愿意抽出时间为天勤会员们的考研政治之路提供帮助！